普通高等教育"十二五"规划教材

# 接 口 技 术

主　编　李长青
副主编　孙君顶　李泉溪

中国水利水电出版社
www.waterpub.com.cn

# 内 容 提 要

  本书介绍了微型计算机的基本原理与常用接口的设计方法。主要内容包括微处理器结构、指令系统、存储器接口、输入/输出接口、中断技术、常用可编程接口芯片及其应用、人机交互接口以及总线技术，最后以矿井监控系统内置信息传输接口卡与监控工作站设计为例，介绍接口技术综合应用实例。

  本书可作为高等学校计算机科学与技术专业、通信工程专业、网络工程专业以及自动化专业或相关专业高年级学生以及研究生的"接口技术"课程教材，对从事微型计算机应用系统设计的科技人员也是一本有价值的参考书。

**图书在版编目（CIP）数据**

接口技术 / 李长青主编. -- 北京 ：中国水利水电
出版社，2014.8
　普通高等教育"十二五"规划教材
　ISBN 978-7-5170-2143-8

Ⅰ.①接… Ⅱ.①李… Ⅲ.①单片微型计算机-接口
-高等学校-教材 Ⅳ.①TP368.147

中国版本图书馆CIP数据核字(2014)第128920号

| 书　　名 | 普通高等教育"十二五"规划教材 **接口技术** |
| --- | --- |
| 作　　者 | 主编 李长青　副主编 孙君顶 李泉溪 |
| 出版发行 | 中国水利水电出版社 (北京市海淀区玉渊潭南路1号D座　100038) 网址：www.waterpub.com.cn E-mail：sales@waterpub.com.cn 电话：(010) 68367658 (发行部) |
| 经　　售 | 北京科水图书销售中心（零售） 电话：(010) 88383994、63202643、68545874 全国各地新华书店和相关出版物销售网点 |
| 排　　版 | 中国水利水电出版社微机排版中心 |
| 印　　刷 | 北京瑞斯通印务发展有限公司 |
| 规　　格 | 184mm×260mm　16开本　20.5印张　486千字 |
| 版　　次 | 2014年8月第1版　2014年8月第1次印刷 |
| 印　　数 | 0001—3000册 |
| 定　　价 | **39.00元** |

# 前　言

　　随着大规模集成电路制造技术的迅速发展，各类高性能的外围接口芯片随之出现，这就改变了过去一些微型计算机应用系统的设计思想，使我们设计出更高性能的微型计算机应用系统成为可能。接口技术是构成微型计算机应用系统的重要组成部分，其设计的合理与优越直接影响计算机应用系统的性能。为此，结合我们多年来从事微型计算机原理和接口应用技术的研究和教学经验，同时参考了国内外大量的文献资料，编写了《接口技术》这本教材。

　　本书主要从微型计算机系统设计与应用角度入手，淡化了微机原理部分的相关内容。本书较系统地介绍了微型计算机接口技术的相关内容和概念，在内容的安排上，注重系统性、实用性和先进性，以达到硬件上能够组成微机应用系统，软件上能够编程应用和系统开发的目的。在讲清基本原理的基础上，辅以实例介绍，尽可能做到理论联系实际，通俗易懂。这样使本教材更适宜于本科教学。

　　本教材共分10章，第1章介绍了微处理器运算基础与发展概况；第2章以8086 CPU为主讲述其基本结构和工作原理，然后简洁地介绍了80386 CPU、Pentium CPU及最新的酷睿微处理器；第3章介绍了8086汇编语言指令系统；第4章介绍了存储器接口技术；第5章介绍了输入输出接口技术；第6章介绍了中断技术；第7章介绍了常用的可编程接口芯片及其应用技术；第8章介绍了常用的人机接口技术；第9章介绍了总线技术；第10章以河南理工大学课题组开发的"KJ93型矿井监控系统"为例，介绍接口技术的综合设计与应用。

　　本书由河南理工大学的李长青教授任主编、孙君顶与李泉溪教授任副主编。编写分工为：李长青编写第1、7章和8.1节，李泉溪编写第2章，孙君顶编写第10章和附录，李静编写第4、5、9章，刘静编写第3章，陈锋编写第6章及8.2和8.3节。全书由李长青和孙君顶教授进行修改、统稿和审核。

　　由于编者水平有限，错误与不妥之处，敬请读者与专家指正。

编　者

2014 年 3 月于河南理工大学

# 目 录

# 第1章 微型计算机概述

本章主要介绍微型计算机的数字运算基础以及基本概念，如计算机运算基础、微处理器、微型计算机、微型计算机系统、总线、微型计算机的发展和分类等。

众所周知，传统的电子数字计算机由五大部分组成，即运算器、控制器、存储器、输入设备和输出设备，如图1.1所示。

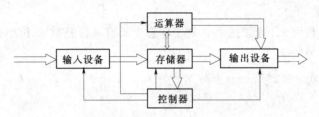

图 1.1　电子计算机的组成框图

其中：

运算器是能够完成各种运算（包括加、减、乘、除等算术运算、与或非等逻辑运算和比较等）的部件。

输入设备是用来将原始数据（包括程序）输入到存储器的部件；目前常用的输入设备有：键盘、鼠标、手写板、扫描仪、摄像头和麦克风等。

输出设备是用来将中间结果或最后结果输出的部件；目前常用的输出设备有：显示器和打印机等。

存储器是用来记录、存放原始数据（包括程序）、中间结果和运算结果的部件。

控制器是用来协调各部件工作的，发出控制命令的部件。

要想在图1.1所示的计算机中工作，首先需把原始数据和程序通过输入设备存入存储器里，然后操作计算机让其启动，所存的程序一条一条地被送到控制器，控制器根据每条指令的不同，发出不同的控制命令，自动进行运算，最后通过输出设备输出计算结果或将运算结果保存在存储器中。这就是迄今为止电子计算机所共同遵循的程序存储和程序控制的工作原理。这种原理称为冯·诺依曼型计算机原理。

在图1.1中，存在着两种信息，一种是数据，用双线表示，包括原始数据、中间结果、最终结果，以及表示程序的代码；另一种是控制命令，其流向用单线表示。不论是数据还是控制命令，在计算机中都用"0"和"1"表示的二进制数表示。

如图1.1所示的这五大部件是计算机的实体，统称为计算机的硬件（Hard ware）。其中存储器又分为内存储器和外存储器。外存储器、输入设备和输出设备统称为外部设备；运算器、控制器和内存储器合称为主机，而运算器和控制器两部分又合称为中央处理器CPU（Center Processing Unit）。

# 1.1　计算机运算基础

计算机是用来进行各种数据运算与信息处理的工具，虽然被处理的信息千差万别，但它们都是以二进制数据的形式来进行运算操作的。本节简要地概述了计算机中使用的数制及其几种常用的编码。这些内容有助于更好地理解指令系统。

## 1.1.1　无符号数

不管计算机如何发展，它的内部操作运算数总是基于由"0"与"1"组成的二进制数，换言之，计算机实质上只能识别出二进制的"0"和"1"，只是由不同长度的二进制位的排列与组合可以编制出各种不同的复杂操作以及字符。

### 1.1.1.1　二进制数

二进制数的基数为 2，逢二进一，对于任意个具有 $n$ 位整数 $m$ 位小数的二进制数，它的多项式展开表示为：

$$b_{n-1} \times 2^{n-1} + b_{n-2} \times 2^{n-2} + \cdots + b_1 \times 2^1 + b_0 \times 2^0 + b_{-1} \times 2^{-1} + b_{-2} \times 2^{-2} + \cdots b_{-m} \times 2^{-m}$$

$$= \sum_{i=-m}^{n-1} b_i \times 2^i$$

二进制整数部分的位权从小到大依次为 $2^0$、$2^1$、$2^2$、$2^3$、$2^4$、$2^5$、$2^6$、$2^7$、$\cdots$亦即为十进制数的 1、2、4、8、16、32、64、128、256、$\cdots$。

二进制小数部分的权位从大到小依次为 $2^{-1}$、$2^{-2}$、$2^{-3}$、$2^{-4}$、$\cdots$亦即为十进制数的 1/2、1/4、1/8、1/16、$\cdots$。

各位的系数只有"0"与"1"两种选择，例如：

$$(1101.11)_2 = 1 \times 2^3 + 1 \times 2^2 + 0 \times 2^1 + 1 \times 2^0 + 1 \times 2^{-1} + 1 \times 2^{-2}$$

求和计算后它等于十进制的 13.75。

科技文献中规定二进制数以英文字母"B"（Binary）为后缀标记，如 1101.11B。

在二进制中经常使用 K（Kilo）、M（Mega）、G（Giga）等作为计量单位，应注意它们同十进制表示的数有所差异。

$1K = 2^{10} = 1024$

$1M = 2^{20} = 1048576$

$1G = 2^{30} = 1073741824$

### 1.1.1.2　十六进制数

十六进制数的基数是 16，逢十六进一，对于任意个具有 $n$ 位整数 $m$ 位小数的十六进制数，它的多项式表示为：

$$h_{n-1} \times 16^{n-1} + h_{n-2} \times 16^{n-2} + \cdots + h_1 \times 16^1 + h_0 \times 16^0 + h_{-1}$$

$$\times 16^{-1} + h_{-2} \times 16^{-2} + \cdots h_{-m} \times 16^{-m}$$

$$= \sum_{i=-m}^{n-1} h_i \times 16^i$$

十六进制整数部分的位权从小到大依次为 $16^0$、$16^1$、$16^2$、$16^3$、$16^4$、$\cdots$亦即为十进制数的 1、16、256、4096、65536、…。

十六进制小数部分的位权从大到小依次为 $16^{-1}$、$16^{-2}$、$16^{-3}$、$16^{-4}$、…亦即为十进制数的 1/16、1/256、1/4096、1/65536、…。它的位系数有 16 种数字，前 10 个为十进制数字 0~9，后 6 个为英文字母 A、B、C、D、E、F 或者它们对应的小写字母，分别表示十进制数的 10、11、12、13、14、15。例如：

$$(89AB.4)_{16} = 8 \times 16^3 + 9 \times 16^2 + 10 \times 16^1 + 11 \times 16^0 + 4 \times 16^{-1}$$

它等于十进制的 35243.25。

科技文献中规定十六进制数以英文字母"H"（Hexadecimal）为后缀标记，如 89AB.4H。必须注意的是，当十六进制数的最高位为 A~F 中的任何一个字母数字时，为了与非数字的字符串相区别，规定应在最前面加一位数字"0"。例如，十六进制数 ABCD3456H 是非法的书写格式，而应改写为 0ABCD3456H。当最高位为数字 0~9 时，则默认为是数字而非字符串。例如，十六进制数 9FEDCH 是合法的书写格式。

在微型计算机的数据表示格式中，不带后缀标记或者带后缀标记"D"的数将默认为十进制数，例如 $(245)_{10}$ 记为 245D 或 245。

见表 1.1 列举了部分无符号二进制数、十进制数与十六进制数。这里所有的位都用来表示数值，是无正负符号位的数。

**表 1.1** 　　　　　　　　　　　无符号二进制数、十进制数和十六进制数的对照

| 二进制 | 十进制 | 十六进制 | 二进制 | 十进制 | 十六进制 | 二进制 | 十进制 | 十六进制 |
|---|---|---|---|---|---|---|---|---|
| 00000000B | 0 | 00H | 00001000B | 8 | 08H | 00010000B | 16 | 10H |
| 00000001B | 1 | 01H | 00001001B | 9 | 09H | 00010001B | 17 | 11H |
| 00000010B | 2 | 02H | 00001010B | 10 | 0AH | 00010010B | 18 | 12H |
| 00000011B | 3 | 03H | 00001011B | 11 | 0BH | 00010011B | 19 | 13H |
| 00000100B | 4 | 04H | 00001100B | 12 | 0CH | 00010100B | 20 | 14H |
| 00000101B | 5 | 05H | 00001101B | 13 | 0DH | 00010101B | 21 | 15H |
| 00000110B | 6 | 06H | 00001110B | 14 | 0EH | 00010110B | 22 | 16H |
| 00000111B | 7 | 07H | 00001111B | 15 | 0FH | 00010111B | 23 | 17H |

在计算机中将 8 位二进制数称为一个字节（Byte），数据的存储与处理通常以字节为计算单元。两个字节组成的 16 位二进制数称为一个字（Word），4 个字节组成的 32 位二进制数称为一个双字（Double Word），8 个字节组成的 64 位二进制数称为一个四字（Quit Word）。总结如下：

对于 8 位无符号的二进制数，能够表示的十进制数范围是 0~255；

对于 16 位无符号的二进制数，能够表示的十进制数范围是 0~65535；

对于 32 位无符号的二进制数，能够表示的十进制数范围是 0~4294967295。

### 1.1.2 数值转换

在上述二进制数与十六进制数的介绍中已经描述了将它们转换成十进制数的方法，这种方法也适用于其他任何非十进制数，亦即只需要将非十进制数以多项式的形式展开，然后计算它们的十进制数之和即可将其转化为十进制。

下面讨论十进制数转换为非十进制数以及二进制数同十六进制数之间的相互转化。

1. 十进制数转换为非十进制数

将十进制数整数部分转换成其他进制，只需要将该十进制数除以该进制的基数，将所得的商数再除以基数，直至不能整除为止，然后取每次相除所得的余数，按"后高前低"的顺序排列即为转换结果，即首次得到的余数为最低位系数，最后得到的余数是最高位系数。

将十进制数小数部分转换为其他进制，则应将该进制的基数乘以十进制数小数部分，取出乘积的小数部分再乘基数直至乘积为 0，或结果达到预定的精度，然后将每次乘积的整数按"前高后低"的顺序排列即为转换结果。

以下讨论几种常见的转换。

（1）十进制转换为二进制数，采用除 2 取余法，即将十进制整数除以 2，得到一个商数和余数，第一次的余数就是 $b_0$，再将商数除以 2 又得到一个商数和余数，第二次的余数就是 $b_1$，如此反复除下去直至不能整除为止。以最后所得的商数"1"作为最高位，将各次所得的余数按"后高前低"的顺序写下来即得到用二进制表示的结果。

【例 1.1】 100＝(?)B

转换过程见表 1.2。

**表 1.2　　　　　　　　　　除 2 取余法**

| 除　　数 | 被除数/商数 | 余　　数 | |
|---|---|---|---|
| 2 | 100 | | ↑ |
| 2 | 50 | 0 | |
| 2 | 25 | 0 | 最低位 |
| 2 | 12 | 1 | |
| 2 | 6 | 0 | |
| 2 | 3 | 0 | |
| | 1 | 1 | 次高位 |

结果得 100＝1100100B。

（2）同样的方法可将十进制数转换成十六进制数，采用除 16 取余法，即将十进制整数除以 16，得到一个商数和余数，第一次的余数就是 $h_0$，再将商数除以 16 又得到一个商数和余数，第二次的余数就是 $h_1$，如此继续下去直至不能整除为止。以最后所得的商数作为最高位，将各次所得的余数按"后高前低"的顺序写下来即得用十六进制表示的结果。

【例 1.2】 35243＝(?)H。

转化过程见表 1.3。

表 1.3                                   除 16 取 余 法

| 除　　数 | 被除数/商数 | 余　　数 | |
|---|---|---|---|
| 16 | 35243 | | ↑ |
| 16 | 2202 | 11 | 最低位 |
| 16 | 137 | 10 | |
| | 8 | 9 | ↑ 次高位 |

结果得 35243＝89ABH。

（3）将十进制数小数部分转换成二进制小数，采用乘 2 取整法，即将十进制纯小数部分乘 2，提取乘积中的整数后保留小数部分再乘 2，第一次提取的整数就是 $b_{-1}$，如此继续下去直至乘积小数部分为零或者得到要求的位数为止，即得到 $b_{-m}$。将各次获得的整数依次"前高后低"的顺序写出来即为转换后的二进制纯小数结果。

【例 1.3】　0.1875＝(?)B

转换过程见表 1.4。

表 1.4                                   乘 2 取 整 法

| | 积的整数部分 | 被乘数/积的小数部分 | 乘　　数 |
|---|---|---|---|
| 最高位 ↓ | | 0.1875 | 2 |
| | 0 | 0.375 | 2 |
| | 0 | 0.75 | 2 |
| | 1 | 0.5 | 2 |
| 最低位 ↓ | 1 | 0.0 | |

结果得 0.1875＝0.0011B。

（4）将十进制数小数部分转换为十六进制小数，采用乘 16 取整法，即将十进制纯小数部分乘以 16，摘除乘积中的整数后保留小数部分再乘以 16，第一次提取的整数就是 $h_{-1}$ 如此循环下去直至乘积小数部分为零或者得到要求的位数为止，即得到 $h_{-m}$。将各次摘取的整数依"前高后低"的顺序写出来即为转换后的十六进制纯小数结果。

【例 1.4】　0.78125＝(?)H

转换过程见表 1.5 所示。

表 1.5                                   乘 16 取 整 法

| | 积的整数部分 | 被乘数/积的小数部分 | 乘　　数 |
|---|---|---|---|
| 最高位 ↓ | | 0.78125 | 16 |
| | 12 | 0.5 | 16 |
| 最低位 ↓ | 8 | 0.0 | |

结果得 0.78125＝0.C8H。

2. 十六进制数与二进制数之间的转换

由于一位十六进制数实际上表示的是 4 位二进制数，所以两者之间的转换是比较容易

5

的。将二进制数转换成十六进制数时，以小数点为界，整数部分从右至左每 4 位一组，最高位部分不足 4 位时在左边补 0，每组用对应的一位十六进制数表示；而小数部分则自左至右每 4 位一组，最低位部分不足 4 位时在右边补 0，每组用对应的一位十六进制数表示。例如：

$$10\quad 1101\quad 1010\quad 0011.0110\quad 11\quad B$$
$$=2\quad\ \ D\quad\ \ A\quad\ \ 3.\ 6\quad\quad C\ H$$

注意：不要将十六进制数小数点最后一位"C"误认为是"3"，它的后面还有两个 0。

由此可见，引入十六进制数的主要目的是为了免除书写与阅读一长串二进制数码的麻烦，克服容易出错的弊病，计算机本身并不需要做转换运算。

如果要将十六进制数转换成二进制数，只需要将十六进制数的每一位用对应的 4 位二进制数表示，并依照原顺序排列即可。例如：

$$5\quad F\quad 8\quad 4\ .\ E\quad\ \ 4\ H$$
$$=0101\quad 1111\quad 1000\ 0100.\ \ 1110\quad 0100\quad B$$

### 1.1.3　带符号数

#### 1. 有符号数的原码表示法

如果用"+"、"−"符号表示正数与负数，那么当数据带符号时，一般规定计算机用数据的最高位作为符号位，且规定该位为"0"表示正数，该位为"1"表示负数。这样，在一个字节数据的 8 位二进制中就只有 7 位表示数值了。同理，在 16 位二进制的字节数据中就只有 15 位表示数值；32 位的双字节数据中则只有 31 个数据位。由于这里将符号位数字化，因此带符号数与无符号数两者在表达形式上看不出任何差别，但它们所表示的数值范围是完全不同的。

例如　00000100　表示+4，　10000100　表示−4。

8 位有符号二进制数表达的整数范围是：+127～−127，有+0，−0 两种。

16 位有符号二进制数表达的范围是：+32767～−32767，有+0，−0 两种。

#### 2. 有符号数的反码表示法

正数的反码与原码相同，负数的反码就是它的正数（连符号位）按位取反后得到：

例如　00000100　表示+4，　　　11111100　表示−3　（由 00000011 各位取反后得到）

$$(+127)=01111111\quad\ \ (−127)=10000000$$
$$(−31)=11100000$$
$$(−0)=11111111\quad\ \ (+0)=00000000$$

8 位带符号的反码所能表示数的范围：+127～−127。

#### 3. 负数的补码表示法

引入符号位之后，由于正数的符号位为 0，同不带符号的数相比并没有发生"质"的变化，只是能表示的数值范围变小了。

例如不带符号时，8 位二进制数 01111111B 表示 127，11111111B 表示 255，它是可以表示的最大数。考虑符号位后，+127 依然用 01111111B 来表示，然而它却成了用 8 位二进制可以表示的最大正数，因为再加 1 即为 10000000B，数值位向符号位进位，结果是负数了，运算出错，此种现象称为溢出。一定码长的数所能表达有符号数的范围一定，超出所能表达数的范围就称为溢出。

那么负数又如何表示呢？下面以 $-72$ 为例来说明它的表示方法与步骤：

（1）写出该负数对应的正数的二进制数，例如 $72=01001000B$。

（2）将该二进制数按位取反，即 1 改写为 0，0 改写为 1，这个过程简称为"取反"（Not），相当于逻辑非，例如 01001000B 取反得 10110111B。

（3）再在最低位加上 1，例如 10110111B 加 1 后得 10111000B。

整个过程称为"求补"（Complement），其结果就是负数的补码格式，因此 $-72=B8H$。

由于构成计算机的数字逻辑电路对于"取反"、"加1"、"进位"等操作轻而易举，所以引入补码表示负数为计算机的运算操作提供了极大的方便，提高了机器的运算速度，例如采用这种格式表示负数后，减法就可以当作加法来操作。

8 位带符号的补码所能表示数的范围：$+127\sim-128$。

【例 1.5】 $127-16=?$

因为 $127-16=127+(-16)$，而 $-16$ 的补码格式表示为：

```
    0 0 0 1 0 0 0 0
    1 1 1 0 1 1 1 1  ；取反
+                1  ；加 1
=   1 1 1 1 0 0 0 0
```

所以计算机只需做以下加法：

```
      0 1 1 1 1 1 1 1
  +   1 1 1 1 0 0 0 0
  = 1 0 1 1 0 1 1 1 1
```

忽略进位即为运算结果，用十六进制表示是 6FH。将其转换为十进制来验证：

$$01101111B=6FH=6\times16+15=111$$

补码加法的实质是引入了参考数的概念：

求 $(-16)$ 的补码可以写成：$2^8-16=100000000-10000=11110000$

计算机补码加法运算：

```
      0 1 1 1 1 1 1 1
  +   1 1 1 1 0 0 0 0
  = 1 0 1 1 0 1 1 1 1
```

为了得到正确的结果必须舍去最高位，即 $2^8=100000000$ 才能得到正确的结果。

将上面过程归纳：$127-16=127+2^8-2^8-16=127+2^8-16-2^8=127+16$ 的补码 $-2^8$

$$=01111111+11110000-100000000=01101111B$$

注意：正数的原码、反码和补码是一样。只有负数的原码、反码和补码是不一样，且只有负数才有补码。

### 1.1.4　符号数的运算

因为任何正数加上它对应的负数必为 0，所以它们互补。对正数求补可得到它对应的负数，对负数求补又可以得到对应的正数，也就是得到了绝对值。因此带符号数的换算并不复杂。

已知二进制的符号数，将它转换为十进制的方法如下：

（1）判断最高位，即符号位是 0，还是 1。如果符号位是 0，说明是正数，此时直接转换即可。

（2）如果符号位是 1，说明是负数，对该数求补。

（3）将所得结果转换成十进制数，该数对应的负数即为所求结果。

【例 1.6】　将符号数 88H 转换成十进制数。

88H＝10001000B，符号位为 1 是负数，因此要对 88H 求补：

$$
\begin{array}{l}
\phantom{+}1\ 0\ 0\ 0\ 1\ 0\ 0\ 0 \\
\phantom{+}0\ 1\ 1\ 1\ 0\ 1\ 1\ 1 \quad ;取反 \\
+\phantom{\ 0\ 1\ 1\ 1\ 0\ 1\ 1}1 \quad ;加 1 \\
=0\ 1\ 1\ 1\ 1\ 0\ 0\ 0\ =78\mathrm{H}
\end{array}
$$

因为 78H＝120，故结果得出符号数 88H＝－120。

表 1.6　　　　　　8 位/16 位/32 位二进制无符号/带符号数的表示法

| 8　位 | | | 16　位 | | | 32　位 | | |
|---|---|---|---|---|---|---|---|---|
| 十六进制 | 无符号<br>十进制 | 带符号<br>十进制 | 十六进制 | 无符号<br>十进制 | 带符号<br>十进制 | 十六进制 | 无符号<br>十进制 | 带符号<br>十进制 |
| 00H | 0 | 0 | 0000H | 0 | 0 | 00000000H | 0 | 0 |
| 01H | 1 | ＋1 | 0001H | 1 | ＋1 | 00000001H | 1 | ＋1 |
| … | … | … | … | … | … | … | … | … |
| 7FH | 127 | ＋127 | 7FFFH | 32767 | ＋32767 | 7FFFFFFFH | 2147483647 | ＋2147483647 |
| 80H | 128 | －128 | 8000H | 32768 | －32768 | 80000000H | 2147483648 | －2147483648 |
| 81H | 129 | －127 | 8001H | 32769 | －32767 | 80000001H | 2147483649 | －2147483647 |
| … | … | … | … | … | … | … | … | … |
| 0FEH | 254 | －2 | 0FFFEH | 65534 | －2 | 0FFFFFFFEH | 4294967294 | －2 |
| 0FFH | 255 | －1 | 0FFFFH | 65535 | －1 | 0FFFFFFFFH | 4294967295 | －1 |

表 1.6 列出了部分带符号数与不带符号数的对应关系，从中可以发现它们拥有以下一些特点：

1）8 位带符号数的数值范围为 $-2^7 \sim +2^7-1$（$-128 \sim +127$）。

2）16 位带符号数的数值范围为 $-2^{15} \sim +2^{15}-1$（$-32768 \sim +32767$）。

3）32 位带符号数的数值范围为 $-2^{31} \sim +2^{31}-1$（$-2147483648 \sim +2147483647$）。

4）当要将 8 位带符号数扩展成 16 位带符号数，或者将 16 位带符号数扩展成 32 位带符号数时，只需将最左边的符号再往左延伸至 16 位或者 32 位即可。

【例 1.7】　将 8 位带符号数 64H（100）扩展为 16 位带符号的二进制数。

64H＝01100100B，根据符号位向左扩展法则，用 16 位带符号的二进制表示则为：

$$00000000 \quad 01100100B=0064H$$

【**例 1.8**】 将 8 位带符号数 88H 扩展为 16 位带符号的二进制数。

88H=10001000B，根据符号位向左扩展法则，用 16 位带符号的二进制表示则为：

$$11111111 \quad 10001000B=0FF88H$$

带符号数的运算方法同不带符号数的运算方法相同，运算结果倘若发生了进位或借位，而且如果忽略了它们的影响，那么其结果必然是错误的。但是带符号数的运算除考虑进位或借位外，还必须注意溢出的问题。下面列举几个带符号数的运算实例。

【**例 1.9**】 $01000000B+00100011B=01100011B$。

这里两个正数相加的结果为正数，运算有效。

【**例 1.10**】 $01111111B+00000010B=10000001B$。

这里两个正数相加的结果为负数，产生了溢出，即两数之和超出了 8 位符号数所能表示的最大值 +127，结果出错。

【**例 1.11**】 $10000001B+10001111B=C+00010000B$。

这里两个负数相加的结果产生了进位，使得其和的 8 位符号数为正数，结果出错。

【**例 1.12**】 $01000001B-10101011B=01000000B+01010101B=10010110B$。

这里是一个正数减去一个负数，等于该正数同这个负数的补码相加，由于运算结果产生溢出，使得结果出错。

【**例 1.13**】 $1234H+4FEDH=6221H$。

这里两个正数相加的结果为正数，既无进位也无溢出，运算有效。

【**例 1.14**】 $0A9876543H-12345678H=97530ECBH$。

此例是一个负数减去一个正数，结果为负数，既无进位也无溢出，运算有效。

需要注意的是：以上的讨论绝不能得出以下错误的结论，即认为 8 位微型计算机只能处理 -128~+127 之间的数据，而 16 位微型计算机只能做 -32768~+32767 之间的运算。上面讨论的 8 位/16 位/32 位是指微型计算机单次操作的运算长度，计算机能够由多次操作来处理超出微处理器位长的大量程数据。从理论上讲，其数值范围的大小几乎没有什么限制。当然位数多的计算机，例如 32 位微型计算机，一次运算操作就相当于 8 位/16 位微型计算机的多次操作，从而大大提高了操作效率与数据处理能力。

### 1.1.5 运算方法

计算机中常用的数据运算方法见表 1.7。算数运算和逻辑运算用在传统的计算机技术中，不再赘述。这里引入了饱和运算这一个新的概念，下面举几个例子做一些简要的说明。

**表 1.7** 计算机常用运算方法

| 分　类 | 运　算 | 以字节举例 | 说　明 |
|---|---|---|---|
| 算术运算 | 加法 | 29H+A8H=D1H | 结果超出原数据类型范围时产生数值的溢出、进位或借位，置运算结果的相应状态为 1。用于数值计算 |
|  | 减法 | F8H-19H=DFH |  |
|  | 乘法 | 20H×03H=60H |  |
|  | 除法 | 66H÷06H=11H |  |

续表

| 分　类 | 运　算 | 以字节举例 | 说　　明 |
|---|---|---|---|
| 饱和运算 | 加法 | 85H＋7FH＝FFH | 超出原数据类型范围时不产生数值的进位、借位与溢出，将结果限定在最大值和最小值范围内，常用于多媒体数据的处理 |
| | 减法 | AAH－98H＝12H | |
| | 乘法 | 10H×0FH＝F0H | |
| 逻辑运算 | 或 | (10011011B)＋(11000011B)<br>＝11011011B | 按位进行逻辑运算处理，常用于逻辑控制类场合 |
| | 与 | (10011011B)·(11000011B)<br>＝10000011B | |
| | 异或 | (10011011B)⊕(11000011B)<br>＝01011000B | |

【例 1.15】　16 位运算时结果出现进位的实例。

1234H＋0FEDCH＝11110H，显然运算结果超出了 16 位，进位加至第 17 位，如果计算机运算字长只有 16 位，则进位的"1"实际上会丢失，此时运算结果的状态寄存器将设置一个产生了进位的标志，以供下一步作相应的处理。

饱和运算则不同，它将运算结果限定在指定的范围内，结果超出最大值后仍取最大值，不产生最高位进位，结果小于最小值仍取最小值，不产生最高位借位。

【例 1.16】　24 位饱和算法的实例之一。

778899H＋885533H＝0FFDDCCH，这里两个和数较小，没有产生进位现象。

【例 1.17】　24 位饱和算法实例之二。

708899H ＋ 905400H ＝ 0FFFFFFH。若按算术运算处理，此加法结果应为 100DC99H，然而第 25 位的 1 会丢失，实际结果为 00DC99H。可以想象，倘若它们是图像的亮度数据，则这两个信号相加之后会出现黑白倒置的现象；如果是两个较强的声音信号，则合成后的声音会变得很弱。这就是在声音、图像等多媒体数据处理中通常采用饱和算法的原因。Pentium 系列的 MMX 指令集就是基于这种算法。

### 1.1.6　常用的编码

计算机总是以量化的数据形式来进行操作的，但它处理的对象不一定都是"数"，例如现在阅读的就是"字符"。因此采用一些标准的二进制编码来表示部分常用的对象或信息就会方便得多，这里介绍最常用的 BCD 码与 ASCII 码。

1. BCD 码

通常人们已经习惯了十进制数，计算机中的数据多数也源自于十进制数，但十进制数不能直接在计算机中进行处理，必须用二进制为它编码，这样就产生了二进制编码的十进制数，简称 BCD（Binary Coded Decimal）码。

BCD 码用 4 位二进制码来表示 1 位十进制数 0～9，但 4 位二进制可以有 16 种不同编码，因而其中有 6 个编码是多余的，应该抛弃。最通常的方法是将十六进制数码中的 A～F 放弃不用，只使用 0～9 这 10 个编码，这种编码就称为 8421BCD 码。例如：

89 的 BCD 码为 10001001B；

105 的 BCD 码为 000100000101B；

2007 的 BCD 码为 0010000000000111B;

可见,用 BCD 码来表示十进制数就很直观,但是一定要区别于二进制数,两者表征的数值完全不同,例如,0010000000000001.1001B 为 BCD 码时表示 2001.9;为二进制数时则将 0010000000000001.1001B 换算为十进制数是 8193.5625,具体情况由程序设计者来严格区别。

以上用 4 位二进制表示 1 位十进制的编码为压(紧)缩性 BCD 码(Unpacked BCD),此时它的高 4 位始终为 0。例如 86 的压缩型 BCD 码是 10000110B,它的非压缩型 BCD 码是 0000100000000110B。用一个字节长二进制数表示二位十进制数为压缩性 BCD 码,表示一位十进制数为非压缩性 BCD 码。

2. ASCII 码与奇偶校验

计算机不仅仅只对数据进行运算,而且还要处理其他文字事务,所以还它应能识别字母与各种字符。

ASCII(American Standard Code for Information Interchange)码,即美国标准信息交换码就是一些最常用符号的编码。见表 1.8 列出了这些编码及其编码的规则。它们是一种 7 位的二进制编码,可表示 128 个可打印字符码和控制码,字符码中包括英文大小写字母、常用符号与数字 0~9。

由于存储器的基本单元为 8 位 1 个字节,故用 1 个字节来表示 ASCII 码,并认为最高位 b7 恒为 0,于是 0~9 的 ASCII 码为 30H~39H,大写英文字母 A~Z 的 ASCII 码为 41H~5AH,小写英文字母 a~z 的 ASCII 码为 61H~7AH。

对于 0~9 的数字而言,ASCII 码是将非压缩型 BCD 码的高半字节由"0"变为"3",其转换简单而方便,例如 18 的非压缩型 BCD 码是 0000 0001 0000 1000B,而它的 ASCII 码是 0011 0001 0011 1000B。因此某些科技文献又称非压缩型 BCD 码为 ASCII BCD 码。

表 1.8 常用标准 ASCII 码表

| b3b2b1b0 \ b6b5b4 | | 0 | 1 | 2 | 3 | 4 | 5 | 6 | 7 |
|---|---|---|---|---|---|---|---|---|---|
| | | 000 | 001 | 010 | 011 | 100 | 101 | 110 | 111 |
| 0 | 0000 | NUL | DLE | SP | 0 | @ | P | ` | P |
| 1 | 0001 | SOH | DC1 | ! | 1 | A | Q | a | q |
| 2 | 0010 | STX | DC2 | " | 2 | B | R | b | r |
| 3 | 0011 | ETX | DC3 | # | 3 | C | S | c | s |
| 4 | 0100 | EOT | DC4 | $ | 4 | D | T | d | t |
| 5 | 0101 | ENQ | NAK | % | 5 | E | U | e | u |
| 6 | 0110 | ACK | SYN | & | 6 | F | V | f | v |
| 7 | 0111 | BEL | ETB | ' | 7 | G | W | g | w |
| 8 | 1000 | BS | CAN | ( | 8 | H | X | h | x |
| 9 | 1001 | HT | EM | ) | 9 | I | Y | i | y |
| A | 1010 | LF | SUB | * | : | J | Z | j | z |
| B | 1011 | VT | ESC | + | ; | K | [ | k | { |

续表

| | b6b5b4 | 0 | 1 | 2 | 3 | 4 | 5 | 6 | 7 |
|---|---|---|---|---|---|---|---|---|---|
| b3b2b1b0 | | 000 | 001 | 010 | 011 | 100 | 101 | 110 | 111 |
| C | 1100 | FF | FS | , | < | L | \ | l | \| |
| D | 1101 | CR | GS | .. | = | M | ] | m | } |
| E | 1110 | SO | RS | · | > | N | ^ | n | ~ |
| F | 1111 | SI | US | / | ? | O | _ | o | DEL |

控制码中比较常用的有：

LF：换行的编码为 0AH；CR 回车的编码为 0DH；

BS：退格的编码为 08H；SP 空格的编码为 20H；

DEL：删除的编码为 7FH；ESC 换码的编码为 1BH。

需要注意的是：在许多实际的通信场合中，最高位 b7 又常常用来作为 ASCII 码的奇/偶校验位。奇校验时该位的取值应使得 ASCII 码 8 位中 "1" 的个数为奇数，偶校验时该位的取值应使得 ASCII 码 8 位中 "1" 的个数为偶数。例如：

"8" 的奇校验 ASCII 码为 00111000B，偶校验 ASCII 码为 10111000B；

"B" 的奇校验 ASCII 码为 11000010B，偶校验 ASCII 码为 01000010B。

奇偶校验的主要目的是用于数据传输中供接收方检测其收到的数据是否有错。收发双方先预约为何种校验，接收方收到数据后检验一下 "1" 的个数，判断是否与预约的校验相符，倘若不符则说明传输出错，可请求重新发送。

# 1.2　微处理器、微型计算机和微型计算机系统

## 1.2.1　定义

1. 微处理器（Microprocessor）

微处理器又称微处理机，它是指采用大规模集成技术，集成在一片芯片上的包括运算器和控制器的中央处理器 CPU，简称 $\mu$P 或 MPU，或直接用 CPU 表示。为提高微处理器的处理速度，在微处理器内部集成了寄存器组，用来暂时存放数据，其简单结构如图 1.2 所示。从微处理器的结构可知：微处理器本身不是计算机，而是微型计算机的控制和运算部分。微处理器不仅是构成微型计算机、微型计算机系统、微型计算机开发系统和计算机网络工作站的核心部件，而且也是构成多微处理器系统和现代并行结构计算机的基础。

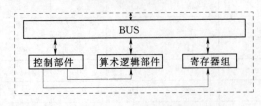

图 1.2　微处理器的简单结构图

尽管各种 CPU 的性能指标各不相同，但是一般都具备下列功能：

（1）可以进行算术和逻辑运算。

（2）可保存少量数据。

（3）能对指令进行译码并执行规定的动作。

（4）能和存储器、外设交换数据。

（5）提供整个系统所需要的定时和控制。

（6）可以响应其他部件发来的中断请求。

2. 微型计算机（Microcomputer）

微型计算机就是以微处理器为核心，配上大规模集成电路的随机存取存储器 RAM（Random Access Memory）、只读存储器 ROM（Read Only Memory）、I/O（Input/Output）接口电路和相应的辅助电路而构成的微型化的计算机装置，简称 μC，是具有完整运行功能的计算机。其结构图如图 1.3 所示。

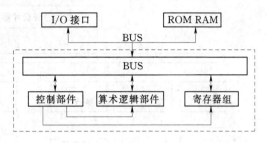

图 1.3　微型计算机的结构图

3. 微型计算机系统（Microcomputer System）

微型计算机系统是以微型计算机为主体，配上系统软件和相应的外部设备（如打印机、显示器、磁盘机等）及其他专用电路、电源、面板、机架之后，就组成了微型计算机系统。系统软件包括操作系统和一系列系统实用程序，比如编辑程序、汇编程序、编译程序和调试程序等。有了系统软件，才能发挥微型计算机系统中的硬件功能，并为用户使用计算机提供了方便的手段。

### 1.2.2　微处理器、微型计算机和微型计算机系统的关系

微处理器、微型计算机和微型计算机系统三者之间的关系如下：

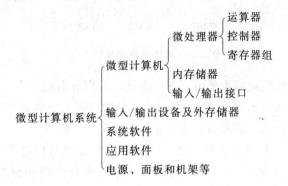

## 1.3　微型计算机系统的总线结构

如第 1.2 节所述，微型计算机系统从其硬件结构来说是微型计算机配以相应的外围设备；而微型计算机则是以微处理器为基础，配以输入输出（I/O）接口电路和相应的辅助电路而构成的计算机；至于微处理器则是微型化的中央处理器（CPU），当然这是原始意义下的微处理器，至于现代微处理器，已在一块或封装在一起的几块芯片中集中了更多的功能部件，如 Intel80486 和 Pentium 系列微处理器。必须指出的是不论是微

处理器、微型计算机还是微型计算机系统，它们都是通过总线结构连接各部分组件而构成一个整体。

### 1.3.1  微处理器的典型结构

一个典型的也是原始意义上的微处理器的结构如图 1.4 所示。

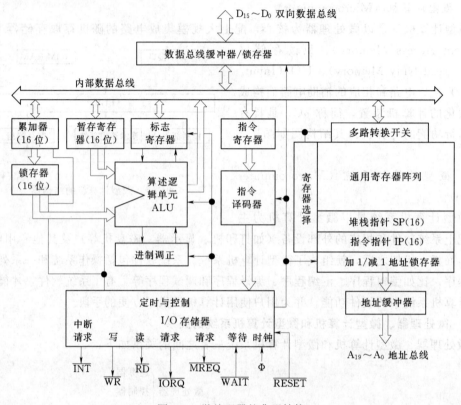

图 1.4  微处理器的典型结构

从图 1.4 可知，微处理器主要由三部分组成，它们分别是：

（1）运算器，包括算术逻辑单元（ALU），是专门用来处理各种数据信息的，它可以进行加、减、乘、除算术运算和与、或、非、异或等逻辑运算。

（2）控制器，包括指令寄存器、指令译码器以及定时与控制电路。指令寄存器存放从存储器中取出的指令码。指令译码器则对指令码进行译码和分析，从而确定指令的操作，并确定操作数的地址，再得到操作数，以完成指定的操作。指令译码器对指令进行译码时，产生相应的控制信号送到时序和控制逻辑电路，从而组合成外部电路所需要的时序和控制信号。这些信号送到微型计算机的其他部件，以控制这些部件协调工作。

（3）寄存器阵列，包括一组通用寄存器和专用寄存器。通用寄存器组用来临时存放参与运算的数据以及运算的中间结果。累加器也是一个通用寄存器，不过它有特殊性，即许多指令的执行过程以累加器为中心，往往在运算指令执行前，累加器中存放一个操作数，指令执行后，由累加器保存运算结果，另外，输入/输出指令一般也通过累加器来完成。

专用寄存器通常有指令指针 IP（或程序计数器 PC）和堆栈指针 SP 等。

在微处理器内部，这三部分之间的信息交换是采用总线结构来实现的，总线是各组件之间信息传输的公共通路，这里的总线称为"内部总线"（或"片内总线"）。用户无法直接控制内部总线的工作，因此内部总线是不透明的。

### 1.3.2 微型计算机的基本结构

一个微型计算机的结构，如图 1.5 所示。

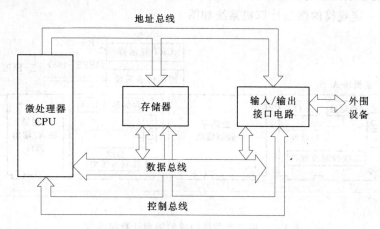

图 1.5 微型计算机结构图

微型计算机由微处理器、存储器和 I/O 接口电路组成。CPU 如同微型计算机的心脏，它的性能决定了整个微型机的各项指标。存储器包括 RAM 和 ROM，用来存储程序和数据。输入/输出接口电路是用来使外部设备和微型计算机相连的。微型计算机也是采用总线结构来实现相互之间的信息传送。总线是微处理器、存储器和 I/O 接口之间相互交换信息的公共通路。

微型计算机的总线结构是一个独特的结构。有了总线结构以后，系统中各功能部件之间的相互关系变为各个部件面向总线的单一关系。一个部件只要符合总线标准，就可以连接到采用这种总线标准的系统中，使系统功能得到扩展。

尽管各种微型计算机的总线类型和标准有所不同，但大体上都包含 3 种不同功能的总线，即数据总线 DB（Data Bus）、地址总线 AB（Address Bus）和控制总线 CB（Control Bus）。

数据总线用来传输数据。从结构上看，数据总线是双向的，即数据既可以从 CPU 送到其他部件，也可以从其他部件送到 CPU。数据总线的位数（也称为宽度）是微型计算机的一个很重要的指标，它和微处理器的位数相对应。在微型计算机中，数据的含义也是广义的。数据总线上传送的不一定是真正的数据，而可能是指令代码、状态量，有时还可能是一个控制量。

地址总线专门用来传送地址信息。因地址总是从 CPU 送出去的，所以和数据总线不同，地址总线是单向的。地址总线的位数决定了 CPU 可以直接寻址的内存范围。比如，8 位微型机的地址总线一般是 16 位，因此，最大内存容量为 $2^{16}=64\text{KB}$；16 位微型机的地址总线为 20 位，所以，最大内存容量为 $2^{20}=1\text{MB}$。

控制总线用来传输控制信号。其中包括 CPU 送往存储器和输入/输出接口电路的控制信号，如读信号、写信号和中断响应信号等；还包括其他部件送到 CPU 的信号，比如，时钟信号、中断请求信号和准备就绪信号等。

这里的总线称为"片总线"，是微处理器的引脚信号，它是微处理器同存储器、I/O 接口电路之间的连接纽带。

### 1.3.3　用三类总线构成的微型计算机系统

一个具有一定规模的微型计算机系统如图 1.6 所示。

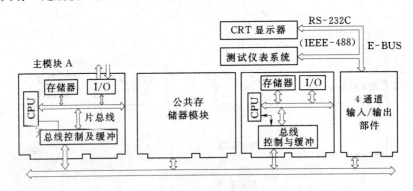

图 1.6　用三类总线构成的微型计算机系统

在这一微型计算机系统中由三类总线把组成系统的各部件互连在一起，这三类总线是：

(1) 片总线：又称元件级总线。

(2) 内总线 (I-BUS)：又称"系统总线"、"微机总线"或"板级总线"。

(3) 外总线 (E-BUS)：又称"通信总线"。

三类总线的概念将在后面章节中详述。

从上面的简单介绍中可见，总线结构是构成微型计算机系统的主要框架。

## 1.4　微型计算机的发展简史

计算机的发展从一开始就和电子技术，特别是微电子技术密切相关。通常按照构成计算机所采用的电子器件及其电路的变革，把计算机划分为若干"代"来标志计算机的发展。自 1946 年世界上第一台电子计算机 ENIAC 诞生以来，计算机技术飞速发展，在短短的几十年里，计算机的发展已经经历了 4 代：电子管计算机、晶体管计算机、中小规模集成电路计算机和大规模、超大规模集成电路计算机。目前，各国正加紧研制开发第 5 代计算机，其目标主要是：采用超大规模集成电路，在系统结构上要类似人脑的神经网络，在材料上使用常温超导材料和光器件，在计算机体系结构上采用并行的数据流计算等。

微型计算机属于第 4 代计算机，是 20 世纪 70 年代初期研制成功的。

自 1971 年微型计算机问世以来，微处理器和微型计算机迅速发展，几乎每 2 年微处理器的集成度就要翻一番，每 2～4 年更新换代一次，至今已经历了 6 个阶段的演变。

第一阶段（1971—1973 年）是 4 位或低档 8 位微处理器和微型计算机时代，其典型产品是 Intel 公司 1971 年研制成功的 4 位微处理器 4004，以它为核心再配以 RAM、ROM 和 I/O 接口芯片就构成了 MCS-4 微型计算机，随后又推出低档 8 位微处理器 8008 及 MCS-8 微型计算机，它们的基本特点是采用 PMOS 工艺，集成度低（1200～2000 只晶体管/片），系统结构和指令系统比较简单，主要采用机器语言或简单的汇编语言，没有操作系统，运算能力差，速度低（指令的平均执行时间约 $10～20\mu s$），主要用于工业仪表、过程控制或计算器中。

第二阶段（1974—1977 年）是中高档 8 位微处理器和微型计算机时代，其典型产品是 Intel 公司的 8080/8085，Motorola 公司的 MC6800 以及 Zilog 公司的 Z80 微处理器。它们的特点是采用 NMOS 工艺，集成度提高 4 倍左右（5000～9000 只晶体管/片），运算速度提高 10～15 倍（指令的平均执行时间约 $1～2\mu s$），指令系统相对比较完善，已具有典型计算机体系结构以及中断、DMA 等控制功能。由第二代微处理器构成的微型计算机系统（如 Apple-Ⅱ等）已经配有单用户操作系统（如 PC/M），并可使用汇编语言及 BAS-IC、FORTRAN 等高级语言编程。

第三阶段（1978—1984 年）是 16 位处理器和微型计算机时代，其典型产品是 Intel 公司的 8086/8088，Motorola 公司的 MC68000 及 Zilog 公司的 Z8000 微处理器。它们的特点是采用 HMOS 工艺，集成度（20000～70000 只晶体管/片）和运算速度（指令的平均执行时间约 $0.5\mu s$）比第二代产品提高了一个数量级，指令系统更加丰富、完善，采用多处理机系统、多级中断系统、多种寻址方式、段式存储器管理、硬件乘除部件，并配置了强有力的软件系统。这一时期的微型计算机有 IDM PC/XT（8088）、IBM PC/AT（80286）及其兼容机等。

第四阶段（1985—1991 年）是 32 位微处理器和微型计算机时代，其典型产品是 Intel 公司的 80386/80486，Motorola 公司的 MC68030/68040 等微处理器以及相应的 IBM PC 兼容机，如 386、486 等。它们的特点是采用 HMOS 或 CMOS 工艺，集成度高达 100 万只晶体管/片以上，具有 32 位数据和 32 位地址总线，工作主频达 25MHz 以上，基本指令的工作速度达到或超过 25MIPS（million of instructions per second）。微型计算机的功能已经达到甚至超过超级小型机，完全可以胜任多用户、多任务的作业。

第五阶段（1992—2005 年）是奔腾系列微处理器和奔腾系列微型计算机时代，其典型产品是 Intel 公司的 Pentium，内部采用超标量指令流水结构，具有相互独立的指令和数据高速缓存，工作频率越来越高，基本指令的工作速度越来越快。随着 MMX（multi-media extended）和 Pentium Ⅱ/Pentium Ⅲ 微处理器的出现，使微型计算机的发展在网络化、智能化和多媒体化方面跨上了更高的台阶。

第六阶段（2005 年至今）是酷睿（core）系列微处理器时代，通常称为第 6 代微处理器。"酷睿"是一款领先节能的新型微架构，设计的出发点是提供卓然出众的性能和能效，提高每瓦特性能，也就是所谓的能效比。

表 1.9 列出了 Intel 公司历代微处理器典型产品。

**表 1.9**　　　　　　　　　　**Intel 公司历代微处理器典型产品**

| 型　号 | 推出年份 | 时钟频率 | 处理器位宽 | 地址总线 | 外部数据总线 | 晶体管集成度 |
|---|---|---|---|---|---|---|
| 4004 | 1971 | 108kHz | 4 | | | 0.23 万 |
| 8080 | 1974 | 2Mz | 8 | 16 | 8 | 0.5 万 |
| 8085 | 1976 | 3Mz | 8 | 16 | 8 | 0.6 万 |
| 8086 | 1978 | 8Mz | 16 | 20 | 16 | 2.9 万 |
| 8088 | 1979 | 8Mz | 16 | 20 | 8 | 2.9 万 |
| 80186 | 1982 | 8Mz | 16 | 20 | 16 | 5.6 万 |
| 80286 | 1982 | 12.5Mz | 16 | 24 | 16 | 13.4 万 |
| 80386 | 1985 | ≥20Mz | 32 | 32 | 32 | 27.5 万 |
| 80486 | 1989 | ≥25Mz | 32 | 32 | 32 | 120 万 |
| Pentium | 1993 | ≥60Mz | 32 | 32 | 64 | 310 万 |
| Pentium Pro | 1995 | ≥200Mz | 32 | 36 | 64 | 550 万 |
| Pentium MMX | 1997 | ≥166Mz | 32 | 36 | 64 | 450 万 |
| Pentium 2 | 1997 | ≥266Mz | 32 | 36 | 64 | 750 万 |
| Pentium 3 | 1998 | ≥500Mz | 32 | 36 | 64 | 950 万 |
| Pentium 4 | 2000 | ≥1.3GHz | 32 | 36 | 64 | 3400 万 |
| Pentium M 二代 | 2004 | ≥1GHz | 32 | 36 | 64 | 1.4 亿 |
| Pentium D 双核 | 2005 | 3.2GHz | 32 | 36 | 64 | 2.3 亿 |
| Core2（酷睿2） | 2006 | 1.66~2.93GHz | 64 | 36 | 64 | 2.91 亿 |
| Itanium2（安腾 2 双核） | 2006 | 2×1.6GHz | 64 | 36 | 64 | 17 亿 |

# 习 题 与 思 考 题

1.1　无符号数 0AAAH 转换为十进制数是＿＿＿＿＿。

1.2　无符号数 1000100010001000B 转换为十进制数是＿＿＿＿＿。

1.3　253 转换为 8 位二进制数是＿＿＿＿＿。

1.4　0.1H 对应的十进制数为＿＿＿＿＿，用二进制数表示为＿＿＿＿＿B。

1.5　0.1B 对应的十进制数为＿＿＿＿＿，用十六进制表示则为＿＿＿＿＿H。

1.6　0.1B 对应的 8 位二进制数为＿＿＿＿＿B，用十六进制表示则为＿＿＿＿＿H。

1.7　无符号数 110.0625 的 16 位二进制数表示为＿＿＿＿＿B，十六进制数表示为＿＿＿＿＿H。

1.8　无符号数 65536 的 32 位二进制数表示为＿＿＿＿＿B，十六进制数表示为＿＿＿＿＿H。

1.9　+200 的 16 位二进制数表示为＿＿＿＿＿B，十六进制数表示为＿＿＿＿＿H。

1.10　−200 的 16 位二进制补码表示为＿＿＿＿＿B，十六进制数表示为＿＿＿＿＿H。

1.11  带符号的 8 位二进制数 10101010B 表示的十进制数是_____，带符号的 8 位二进制数 01101010B 表示的十进制数是_____。

1.12  ＋128 表示的 16 位二进制数是_____，－128 表示的 16 位二进制数是_____。

1.13  －55 用 8 位二进制补码表示为_____B，扩展为 16 位是_____B。

1.14  无符号字数据 89ABH 扩展为四字后是_____，带符号字数据 89ABH 扩展为四字后是_____。

1.15  在位数不变的条件下，计算下列符号数的结果，说明结果是否有效，且陈述其理由。

44H＋55H＝_____，

5678H－89ABH＝_____，

12345678H＋EDCBA987H＝_____。

1.16  89ABCDEFH＋789ABCDEH 的 32 位算术运算结果是_____H，89ABCDEFH＋789ABCDEH 的 32 位饱和运算结果是_____H。

1.17  011001101010100B 同 0011001100110101B 逻辑或的结果是_____，1011001101010100B 同 0011001100110101B 逻辑与的结果是_____，1011001101010100B 同 0011001100110101B 逻辑异或的结果是_____。

1.18  十进制年份数据 2007，用 16 位二进制表示应为_____，用压缩型 BCD 码表示应为_____，用非压缩型 BCD 码表示应为_____。

1.19  将 8 位二进制数 96H 视为补码数时表示的十进制数是_____，视为无符号数时表示的十进制数是_____，视为压缩型 BCD 数时表示的十进制数是_____。

1.20  98 的 ASCII 码是_____H，对应的压缩型 BCD 码是_____H。

1.21  "OK!" 这 3 个字符的偶校验 ASCII 码串是_____B。

1.22  试举例说明奇偶校验位的作用？奇偶校验能检测出传输中的全部错误吗？

1.23  根据 ASCII 码的原理，试联想一下汉字该怎样编码。

1.24  试述微处理器、微型计算机和微型计算机系统的关系。

1.25  试从微型计算机的结构说明数据总线、控制总线和地址总线的作用。

# 第2章 微处理器结构

第1章全面介绍了微型计算机的概况和发展历史。微型计算机的中枢大脑是微处理器，微处理器 MP（Micro Processor）是采用大规模集成技术，集成在一片芯片上的包括运算器和控制器的中央处理器（Central Processing Unit，CPU），通常，在微型计算机中直接用 CPU 表示微处理器。如图 2.1 所示给出了历代典型的 CPU 图片。

4004 CPU

8080 CPU

8086 CPU

80386 CPU

Pentium CPU

酷睿（Core）

图 2.1　历代典型的 CPU 图片

本章以 8086 CPU 为主要对象讲述其基本结构和工作原理，然后讲述 80386 CPU 的主要技术，Pentium CPU 的技术要点，最后简要介绍最新的酷睿（core）微处理器。

## 2.1　16 位微处理器 8086

### 2.1.1　8086 的编程结构

8086 是 Intel 系列的 16 位微处理器，它是采用 HMOS 工艺技术制造的，内部包含约29000 个晶体管（见表 1.9）。

8086 有 16 根数据线和 20 根地址线。因为可用 20 位地址，所以可寻址的地址空间为

$2^{20}$，即 1MB。

　　在推出 8086 微处理器的同时，Intel 公司还推出了一款准 16 位微处理器 8088。8088 的内部寄存器、内部运算部件以及内部操作都是按 16 位设计的，但对外的数据总线只有 8 条。1981 年，美国 IBM 公司将 8088 芯片用于其研制的 IBM－PC 机中，从而开创了全新的微机时代。

　　要掌握一个 CPU 的工作性能和使用方法，首先应该了解它的编程结构。所谓编程结构，就是指从程序员和使用者的角度看到的结构，当然，这种结构与 CPU 内部物理结构和实际布局是有区别的。在编程结构图（如图 2.2 所示）中可以看到，从功能上 8086 分为两部分，即总线接口部件（Bus Interface Unit，BIU）和执行部件（Execution Unit，EU）。图 2.2 就是 8086 的编程结构图。

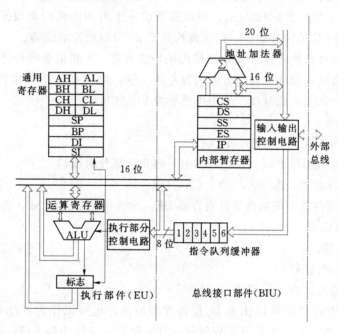

图 2.2　8086 的编程结构图

### 2.1.1.1　总线接口部件

　　总线接口部件的功能是负责与存储器、I/O 端口传送数据。具体讲，总线接口部件要从内存取指令送到指令队列、CPU 执行指令时，总线接口部件要配合，执行部件从指定的内存单元或者外设端口中取数据，将数据传送给执行部件，或者把执行部件的操作结果传送到指定的内存单元或外设端口中。

　　（1）总线接口部件由下列各部分组成：

　　1）4 个地址寄存器，即：

　　a. CS 16 位的代码段寄存器（Code Segment）。

　　b. DS 16 位的数据段寄存器（Data Segment）。

　　c. ES 16 位的附加段寄存器（Extra Segment）。

　　d. SS 16 位的堆栈段寄存器（Stack Segment）。

2) 16 位的指令指针寄存器 IP (Instruction Pointer)。

3) 20 位的地址加法器。

4) 6 字节的指令队列缓冲器。

(2) 对总线接口部件，作下面两点说明：

1) 8086 的指令队列为 6 个字节，8088 的指令队列为 4 个字节。不管是 8086 还是 8088，都会在执行指令的同时，从内存中取下面 1 条指令或几条指令，取来的指令就放在指令队列缓冲器中。这样，一般情况下，8086/8088 执行完一条指令就可以立即执行下一条指令，而不像以往的计算机那样，轮番地进行取指令和执行指令的操作，从而提高了 CPU 的效率。

2) 地址加法器用来产生 20 位地址。8086 可用 20 位地址寻址 1MB 的内存空间，但 8086 内部所有的寄存器都是 16 位的，所以需要由一个附加的机构来根据 16 位寄存器提供的信息计算出 20 位的物理地址，这个机构就是 20 位的地址加法器。

比如，一条指令的物理地址就是根据代码段寄存器 CS 和指令指针寄存器 IP 的内容得到的。具体计算时，要将段寄存器的内容左移 4 位，然后再与 IP 的内容相加。假设 CS =FE00H，IP=0200H，此时指令的物理地址为 FE200H。

### 2.1.1.2 执行部件

执行部件的功能就是负责指令的执行。

(1) 从编程结构图可见到，执行部件由下列几个部分组成：

1) 4 个通用寄存器，即 AX，BX，CX，DX。

2) 4 个专用寄存器，即基数指针寄存器 BP，堆栈指针寄存器 SP，源变址寄存器 SI，目的变址寄存器 DI。

3) 标志寄存器。

4) 算术逻辑部件 ALU。

(2) 对执行部件，有 4 点说明：

1) 4 个通用寄存器既可以作为 16 位寄存器使用，也可以作为 8 位寄存器使用。比如，BX 寄存器作为 8 位寄存器时，分别称为 BH 和 BL，BH 为高 8 位，BL 为低 8 位。

2) AX 寄存器也称为累加器，8086 指令系统中有许多指令都是利用累加器来执行的。当累加器作为 16 位来使用时，可以进行按字乘操作，按字除操作，字输入输出和其他字传送等；当累加器作为 8 位来使用时，可以实现按字节乘操作，按字节除操作，字节输入输出，其他字节传送和十进制运算等。

3) 算术逻辑部件主要是加法器，绝大部分指令的执行都是由加法器完成的。

4) 标志寄存器共有 16 位，其中 7 位未用，所用的各位含义如下：

| 15 | 14 | 13 | 12 | 11 | 10 | 9 | 8 | 7 | 6 | 5 | 4 | 3 | 2 | 1 | 0 |
|---|---|---|---|---|---|---|---|---|---|---|---|---|---|---|---|
| | | | | OF | DF | IF | TF | SF | ZF | | AF | | PF | | CF |

熟悉 8 位微处理器 Intel8085 的读者一眼就会看出，在 0~7 位的标志 CF，PF，AF，ZF，SF 是和 8080/8085 的标志一样的。这突出表现了后来的 CPU 对前面 CPU 的兼容性。根据功能，8086 的标志可以分为两类：一类叫状态标志，另一类叫控制标志。状态

标志表示前面的操作执行后，算术逻辑部件处在怎样一种状态，这种状态会像某种先决条件一样影响后面的操作。控制标志是人为设置的，指令系统中有专门的指令用于控制标志的设置的清除，每个控制标志都对某一种特定的功能起控制作用。状态标志位由运行操作结果动设置。

a. 状态标志有 6 个，即 SF、ZF、PF、CF、AF 和 OF。

（a）符号标志 SF（sing flag）它和运算结果的最高位相同。众所周知，当数据用补码表示时，负数的最高位为 1，所以符号标志指出了前面的运算结果是正还是负。

（b）零标志 ZF（zero flag）如果当前的运算结果为零，则零标志为 1；如果当前的运算结果为非零，则零标志为 0。

（c）奇偶标志 PF（parity flag）如果运算结果的低 8 位中所含的 1 的个数为偶数，则 PF 为 1，否则为 0。

（d）进位标志 CF（carry flag）当执行一个加法运算使最高位产生进位时，或者执行一个减法运算引起最高位产生借位时，则 CF 为 1。除此之外，移位指令也会影响这一标志位，这在后面讨论。

（e）辅助进位标志 AF（auxiliary carry flag）当加法运算时，如果第 3 位往第 4 位有进位，或者减法运算时，如果第 3 位往第 4 位有借位，则 AF 为 1。辅助进位标志一般在 BCD（binary coded decimal）码运算中作为是否进行十进制调整的判断依据。

（f）溢出标志 OF（overflow flag）当运算过程中产生溢出时，会使 OF 为 1。所谓溢出，对于有符号数来说，就是当字节运算的结果超出了范围 $-128 \sim +127$，或者当字运算的结果超出了范围 $-32768 \sim +32767$ 时称为溢出。

比如，执行下面两个数的加法：

$$
\begin{array}{r}
0010 \quad 0011 \quad 0100 \quad 0101 \\
+ \quad 0011 \quad 0010 \quad 0001 \quad 1001 \\
\hline
0101 \quad 0101 \quad 0101 \quad 1110
\end{array}
$$

由于运算结果的最高位为 0，所以，SF＝0；而运算结果本身不为 0，所以，ZF＝0；低 8 位所含的 1 的个数为 5 个，即有奇数个 1，所以，PF＝0；由于最高位没有产生进位，所以，CF＝0；又由于第 3 位没有往第 4 位产生进位，所以，AF＝0；由于运算结果没有超出有效范围，所以，OF＝0。

当然，在绝大多数情况下，一次运算后，并不对所有标志进行改变，程序也并不需要对所有的标志作全面的关注。一般只是在某些操作之后，对其中某些标志进行检测。

b. 控制标志有 3 个，即 DF、IF、TF。

（a）方向标志 DF（direction flag）这是控制串操作指令用的标志。如果 DF 为 0，则串操作过程中地址会不断增值；反之，如果 DF 为 1，则串操作过程中地址会不断减值。

（b）中断允许标志 IF（interrupt enable flag）这是控制可屏蔽中断的标志。如果 IF 为 0，则 CPU 不能对可屏蔽中断请求作出响应；如果 IF 为 1，则 CPF 可以接受可屏蔽中断请求。

（c）跟踪标志 TF（trap flag）又称为单步标志。如果 TF 为 1，则 CPU 按跟踪方式执行指令。这些控制标志一旦设置之后，便对后面的操作产生控制作用。

### 2.1.1.3 8086 总线周期的概念

为了取得指令或传送数据，就需要 CPU 的总线接口部件执行一个总线周期。这是多处动作的一个协调办法。

在 8086/8088 中，一个基本的总数周期由 4 个时钟周期组成，时钟周期是 CPU 的基本时间计算单位，它由计算机主频决定。比如，8086 的主频为 5MHz，1 个时钟周期就是 200ns；8086－1 的主频为 10MHz，1 个时钟周期为 100ns。在一个最基本的总线周期中。习惯上将 4 个时钟周期分别称为 4 个状态（也有教材称 4 个节拍），即 T1 状态、T2 状态、T3 状态和 T4 状态。

（1）在 T1 状态，CPU 往多路复用总线上发出地址信息，以指出要寻址的存储单元或外设端口的地址。

（2）在 T2 状态，CPU 从总线上撤销地址，而使总线低 16 位浮置成高阻状态，为传输数据作准备。总线的最高 4 位（A19～A16）用来输出本总线周期状态信息。这些状态信息用来表示中断允许状态、当前正在使用的段寄存器名等。

（3）在 T3 状态，多路总线的高 4 位继续提供状态信息，而多路总线的低 16 位（8088 则为低 8 位）上出现由 CPU 写出的数据或者 CPU 从存储器或端口读入的数据。

（4）在有些情况下，外设或存储器速度慢，不能及时配合 CPU 传送数据。这时，外设或存储器通过“READY”信号线在 T3 状态启动之前向 CPU 发一个“数据未准备好”信号，于是 CPU 会在 T3 之后插入 1 个或多个附加的时钟周期 TW。TW 也叫等待（wait）状态，在 TW 状态，总线上的信息情况和 T3 状态的信息情况一样。当指定的存储器或外设完成数据传送时，便在“READY”线上发出“准备好”信号，CPU 接收到这一信号后，会自动脱离 TW 状态而进入 T4 状态。

（5）在 T4 状态，总线周期结束。在有中断技术的 CPU 中，在 T4 期间要查询中断请求信号。

需要指出，只有在 CPU 和内存或 I/O 接口之间传输数据，以及填充指令队列时，CPU 才执行总线周期，如图 2.3 所示，可见，如果在 1 个总线周期之后，不立即执行下一个总线周期，那么，系统总线就处在空闲状态 $T_i$，此时，执行空闲周期 $T_i$。

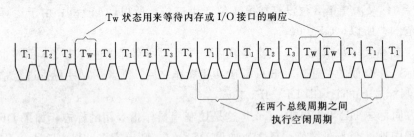

图 2.3 典型的 8086 总线周期序列

### 2.1.2 8086 的引脚信号和工作模式

#### 2.1.2.1 最小模式和最大模式的概念

为了尽可能适应各种各样的使用场合，在设计 8086/8088CPU 芯片时，使它们可以在两种模式下工作，即最小模式和最大模式。

所谓最小模式，就是在系统中只有 8086 或者 8088 一个微处理器。在这种系统中，所有的总线控制信号都直接由 8086 或 8088 产生，因此，系统中的总线控制电路可减到最少。这些特征就是最小模式名称的由来。MN/$\overline{\text{MX}}$=1（5V）

最大模式是相对最小模式而言的。最大模式用在中等规模或者大型的 8086/8088 系统中。在最大模式系统中，总是包括有两个或多个微处理器，其中一个主处理器就是 8086 或者 8088，其他的处理器称为协处理器，他们是协助主处理器工作的。MN/$\overline{\text{MX}}$=0

和 8086/8088 配合的协处理器有两个，一个是数值运算协处理器 8087，一个是输入输出协处理器 8089。

8087 是一种专用于数值运算的处理器，它能实现多种类型的数值操作，比如高精度的整数和浮点运算，也可以进行超越函数（如三角函数、对数函数）的计算。在通常情况下，这些运算往往通过软件方法来实现，而 8087 是用硬件方法来完成这些运算的，所以，在系统中加入协处理器 8087 之后，会大幅度地提高系统的数值运算速度。

8089 在原理上有点像带有两个 DMA（direct memory access）通道的处理器，它有一套专门用于输入输出操作的指令系统，但是，8089 又和 DMA 控制器不同，它可以直接为输入输出设备服务，使 8086 或 8088 不再承担这类工作。所以，在系统中增加协处理器 8089 后，会明显提高主处理器的效率，尤其是在输入输出频繁的场合。

关于 8086/8088 到底工作在最大模式还是最小模式，这完全由硬件决定。

**2.1.2.2 8086/8088 的引脚信号的功能**

如图 2.4 所示是 8086 和 8088 的引脚信号图。

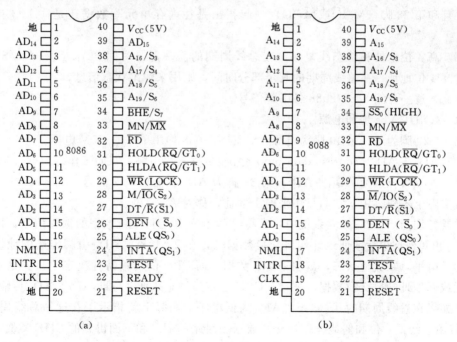

图 2.4 8086/8088 的引脚信号（括号中为最大模式时引脚名）
(a) 8086 的引脚信号；(b) 8088 的引脚信号

(1) 对于 8086/8088 的数据线和地址线是复用的，所以常把 8086/8088 的总线称为多路总线，即某一时刻总线上出现的是地址，另一时刻。总线上出现的是数据。正是这种引脚的分时使用方法才能使 8086/8088 用 40 条引脚实现 20 位地址、16 位数据及众多的控制信号和状态信号的传输。

(2) 8086 有 16 根数据线，可用高 8 位数据线传送 1 个字节，也可用低 8 位数据线传送 1 个字节，还可一次传送 1 个字，BHE (bus high enable) 信号就是用来区分这几类传输的。8088 只能进行 8 位传输，所以第 34 脚只用来指出状态信息，而不作复用。

(3) 第 21 脚（RESET）是输入复位信号用的。大部分计算机系统中都有一根对系统进行启动的复位线，复位线和系统中所有的部件相连。在系统开机时，有一个脉冲发送到复位线上，表示现在系统进行启动，此时，CPU 和各部件都会接收到这个复位脉冲；此外，在操作员按下 RESET 键时，也会有一个复位脉冲发送到复位线上，使系统重新启动。复位脉冲的有效电平为高电平。

(4) 第 22 引脚用于从内存或 I/O 接口往 CPU 输入"准备好"（READY）信号。"准备好"信号用来告诉 CPU，在下一个时钟周期中，内存或外设接口将在总线上放一个输入数据；或者将在下一个时钟周期中，内存或外设完成从数据总线上接收一个数据。

(5) 第 23 脚（$\overline{\text{TEST}}$）是在多处理器系统中使用的，后面再作具体讲述。第 32 脚（$\overline{\text{RD}}$）指出当前要执行一个输入操作。在最小模式中，第 32 脚还和第 28 脚（8086 中为 M/$\overline{\text{IO}}$，8088 中为 $\overline{\text{M}}$/IO）一起使用，以区分当前进行的是 CPU 和内存之间的数据传输还是 CPU 和 I/O 接口之间的数据传输第 29 脚在最小模式中用来指出将要执行一个输出操作，并且和第 28 脚（M/$\overline{\text{IO}}$或$\overline{\text{M}}$/IO）一起指出是往内存单元写数据还是往 I/O 接口写数据。

(6) 高 4 位地址和状态线复用。在总线周期的前一部分时间，$A_{19}/S_6 \sim A_{16}/S_3$ 脚用来输出高 4 位地址，在总线周期的其余部分时间，则用来输出状态信息。

下面，逐一介绍 8086/8088 各引脚信号。

(1) GND、Vcc 地和电源。

第 1、20 脚为地；第 40 脚为电源，8086 和 8088 均用单一的 +5V 电压。

(2) $AD_{15} \sim AD_0$ (address data bus) 地址/数据复用引脚，双向工作。

第 2～16 脚分别为 $AD_{14} \sim AD_0$，第 39 脚为 $AD_{15}$。需要说明的是，在 8088 中，高位地址线实际上不作复用，它们只用来输出地址，称为 $A_{15} \sim A_8$。

需要特别指出，在 8086 系统中，常将 $AD_0$ 信号作为低 8 位数据的选通信号，因为每当 CPU 和偶地址单元或偶地址端口交换数据时，在 $T_1$ 状态，$AD_0$ 引脚传送的地址信号必定为低电平，在其他状态，则用来传送数据。而 CPU 的传输特性决定了只要是和偶地址单元或偶地址端口交换数据，那么，CPU 必定通过总线低 8 位即 $AD_7 \sim AD_0$ 传输数据。可见，如果在总线周期的 $T_1$ 状态，$AD_0$ 为低电平，实际上就指示了在这一总线周期中，CPU 将用总线低 8 位和偶地址端口交换数据。因此，$AD_0$ 和下面讲到的 BHE 类似，可以用来作为接于数据总线低 8 位上的 8 位外设接口芯片的选通信号。这一点，在后面讲述接口芯片的章节中将会作进一步的说明。

(3) $A_{19}/S_6 \sim A_{16}/S_3$ (address/status) 地址/状态复用引脚，输出。

第 35~38 脚分别为 $A_{19}/S_6 \sim A_{16}/S_3$，这些引脚在总线周期的 $T_1$ 状态用来输出地址的最高 4 位，在总线周期的 $T_2$、$T_3$、$T_w$ 和 $T_4$ 状态时，用来输出状态信息。

其中 $S_6$ 为 0 表示 8086/8088 当前与总线相连，所以，在 $T_2$、$T_3$、$T_w$ 和 $T_4$ 状态，8086/8088 总是使 $S_6$ 等于 0，以表示 8086/8088 当前连在总线上。

$S_5$ 表明中断允许标志的当前设置，如为 1，表示当前允许可屏蔽中断请求；如为 0，则禁止一切可屏蔽中断。

$S_4$ 和 $S_3$ 合起来指出当前正在使用哪个段寄存器，具体规定见表 2.1。

表 2.1                    $S_4$、$S_3$ 的代码组合和对应的含义

| $S_4$ | $S_3$ | 含 义 |
|---|---|---|
| 0 | 0 | 当前正在使用 ES |
| 0 | 1 | 当前正在使用 SS |
| 1 | 0 | 当前正在使用 CS，或者未用任何段寄存器 |
| 1 | 1 | 当前正在使用 DS |

(4) $\overline{BHE}/S_7$（bus high enable/status）高 8 位数据总线允许/状态复用引脚，输出。

在总线周期的 $T_1$ 状态，8086 在 $\overline{BHS}/S_7$ 引脚输出 $\overline{BHE}$ 信号，表示高 8 位数据线 $D1_{15} \sim D_8$ 上的数据有效；在 $T_2$、$T_3$、$T_4$ 及 $T_w$ 状态，$\overline{BHE}/S_7$ 引脚输出状态信号 $S_7$。

$\overline{BHE}$ 信号和 $A_0$ 合起来告诉连接在总线上的寄存器和接口，当前的数据在总线上将以何种格式出现。归纳起来，一共有见表 2.2 4 种格式。

表 2.2                    $\overline{BHE}$ 和 $A_0$ 的代码组合和对应的操作

| $\overline{BHE}$ | $A_0$ | 操 作 | 所用的数据引脚 |
|---|---|---|---|
| 0 | 0 | 从偶地址开始读写 1 个字 | $AD_{15} \sim AD_0$ |
| 1 | 0 | 从偶地址单元或端口读写 1 个字节 | $AD_7 \sim AD_0$ |
| 0 | 1 | 从奇地址单元或端口读写 1 个字节 | $AD_{15} A \sim D_8$ |
| 0<br>1 | 1<br>0 | 从奇地址开始读写 1 个字<br>在第 1 个总线周期，将低 8 位数字送到 $AD_{15} \sim AD_8$，在第 2 个总线周期，将高 8 位数字送到 $AD_7 \sim AD_0$ | $AD_{15} A \sim D_8$<br>$AD_7 \sim AD_0$ |

在 8086 系统中，如果要读写从奇地址单元开始的 1 个字，需要用 2 个总线周期，这是特别要指出的一点。

(5) NMI（non - maskable interrupt）非屏蔽中断输入引脚。

非屏蔽中断信号是一个由低到高的上升沿。这类中断不受中断允许标志 IF 的影响，也不能用软件进行屏蔽。每当 NMI 端进入一个正沿触发信号时，CPU 就会在结束当前的指令后，执行对应于中断类型号为 2 的非屏蔽中断处理程序。

(6) INTR（interrupt request）可屏蔽中断请求信号输入。

第 18 脚为可屏蔽中断请求信号输入端。可屏蔽中断请求信号为高电平有效。CPU 在执行每条指令的最后一个时钟周期会对 INTR 信号进行采样，如果 CPU 的中断允许标志为 1，并且又接受到 INTR 信号，那么 CPU 就会在结束当前指令后响应中断请求，执行

一个中断处理子程序。

（7）$\overline{\text{RD}}$（read）读信号输出。

第 32 脚为读信号输出端，此信号指出将要执行一个对内存或 I/O 端口的操作。最终是读取内存单元中的数据还是 I/O 端口中的数据，这决定于 M/$\overline{\text{IO}}$ 信号。

（8）CLK（clock）时钟输入。

第 19 脚为时钟输入端，8086 和 8088 要求时钟的占空比为 33%，既 1/3 周期为高电平，2/3 周期为低电平，时钟信号为 CPU 和总线控制逻辑电路提供定时手段。

（9）RESET（reset）复位信号输入。

第 21 脚为复位信号输入端，高电平有效。8086/8088 要求输入信号至少维持 4 个时钟周期的高电平才有效。复位信号来到后，CPU 便结束当前操作，并对处理器标志寄存器 IP、DS、SS、ES 及指令队列清零，而将 CS 设置为 FFFFH。当复位信号变为低电平时，CPU 从 FFFF0H 开始执行程序。

（10）READY（ready）"准备好"信号输入。

第 22 脚为"准备好"信号输入端。"准备好"信号是由所访问的存储器或者 I/O 设备发来的响应信号，高电平有效。"准备好"信号有效时，表示内存或 I/O 设备准备就绪，马上可进行一次数据传输。CPU 在每个总线周期的 $T_3$ 状态开始对 READY 信号进行采样。如果检测到 READY 为低电平，则在 $T_3$ 状态之后插入等待状态 $T_w$。在 $T_w$ 状态，CPU 也对 READY 进行采样，如 READY 为低电平，则会继续插入 $T_w$，所以 $T_w$ 可以插入 1 个或多个。直到 READY 变为高电平后，才进入 $T_4$ 状态，完成数据传送过程，从而结束当前总线周期。

（11）$\overline{\text{TEST}}$（test）测试信号输入。

第 23 脚为测试信号输入端，低电平有效。$\overline{\text{TEST}}$信号是和指令 WAIT 结合起来使用的，在 CPU 执行 WAIT 指令时，CPU 处于空转状态进行等待；当 8086 的 TEST 信号有效时，等待状态结束，CPU 继续往下执行被暂停的指令。后面将讲到 WAIT 指令是用来使处理器与外部硬件同步用的。

（12）MN/$\overline{\text{MX}}$（minimum/maximum mode control）最小和最大模式控制信号输入。

第 33 脚为最小模式和最大模式的选择控制端，它决定了 8086/8088 芯片本身到底工作在最小模式，还是工作在最大模式。如果此引脚固定接 +5V，则 CPU 处于最小模式；如果接地，则 CPU 处于最大模式。上述信号是 8086/8088 工作在最小模式和最大模式时都要用的。此外，8086/8088 第 24～31 脚还有 8 个控制信号，它们在最小模式下有不同的名称和定义。

### 2.1.2.3　最小模式

当 8086/8088 的第 33 脚 MN/$\overline{\text{MX}}$固定接到 +5V 时，就处于最小工作模式。在最小工作模式下，第 24～31 脚的信号含义如下：

（1）$\overline{\text{INTA}}$（interrupt acknowledge）中断响应信号输出。

在最小模式下，第 24 脚作为中断响应的输出端，用来对外设的中断请求作出响应。对于 8086/8088 来讲，$\overline{\text{INTA}}$信号实际上是位于连续周期中的两个负脉冲，在每个总线周期的 $T_2$、$T_3$ 和 $T_w$ 状态，$\overline{\text{INTA}}$端处于低电平。第一个负脉冲通知外部设备的接口，它发出的中断请求已经得到允许；外设接口收到第二个负脉冲后，往数据总线上放中断类型码，从而 CPU 便得到了有关此中断请求的详尽信息。

(2) ALE（address latch enable）地址锁存允许信号输出。

第 25 脚在最小模式下为地址锁存允许信号输出端，这是 8086/8088 提供给地址锁存器 8282/8283 的控制信号，高电平有效。在任何一个总线周期的 $T_1$ 状态，ALE 输出有效电平，以表示当前在地址/数据复用总线上输出的是地址信息，地址锁存器 ALE 作为锁存信号，对地址进行锁存。要注意的是 ALE 端不能浮空。

(3) $\overline{DEN}$（data enable）数据允许信号。

第 26 脚在最小模式下作为数据允许信号输出端。在使用 8286/8287 作为数据总线收发器时，$\overline{DEN}$ 为收发器提供一个控制信号，表示 CPU 当前准备发送或接收一个数据。总线收发器将 $\overline{DEN}$ 作为输出允许信号。

(4) DT/$\overline{R}$（data transmit/receive）数据收发信号输出。

第 27 脚在最小模式中作为数据收发方向的控制信号。在使用 8286/8287 作为数据总线收发器时，DT/$\overline{R}$ 信号用来控制 8286/8287 的数据传送方向。如果 DT/$\overline{R}$ 为高电平，则进行数据发送；如果 DT/$\overline{R}$ 为低电平，则进行数据接收。在 DMA 方式时，DT/$\overline{R}$ 被浮置为高阻状态。

(5) M/$\overline{IO}$（memory/input and output）存储器/输入输出控制信号。

第 28 脚在最小模式下作为区分 CPU 进行存储器访问还是输入输出访问的控制信号。在 8086 中，如为高电平，表示 CPU 和存储器之间进行数据传输；如为低电平，表示 CPU 和输入输出端口之间进行数据传输。

(6) $\overline{WR}$（write）写信号输出。

第 29 脚在最小模式下作为写信号输出端，低电平有效。$\overline{WR}$ 有效时，表示 CPU 当前正在进行存储器或 I/O 写操作，具体到底为哪种写操作，则由 M/$\overline{IO}$ 信号决定。

(7) HOLD（hold/request）总线保持请求信号输入。第 31 脚在最小模式下作为其他部件向 CPU 发出总线请求信号的输入端。当系统中 CPU 之外的另一个主模块要求占用总线时，通过此引脚向 CPU 发一个高电平的请求信号。这时，如果 CPU 允许让出总线，就在当前总线周期完成时，于 $T_4$ 状态从 HLDA 引脚发出一个响应信号，对刚才的 HOLD 请求作出响应。同时，CPU 使地址/数据总线和控制/状态线处于浮空状态。总线请求部件收到 HLDA 信号后，就获得了总线控制权，在此后一段时间，HOLD 和 HLDA 都保持高电平。在总线占有部件用完总线之后，会把 HOLD 信号变为低电平，表示放弃对总线的占有。8086/8088 收到低电平的 HOLD 信号后，也将 HLDA 变为低电平，这样，CPU 又获得了对地址/数据总线和控制/状态线的占有权。

(8) HLDA（hold acknowledge）总线保持响应信号输出。

第 30 脚为总线保持响应输出端，高电平有效。当 HLDA 有效时，表示 CPU 对其他主部件的总线请求作出响应，同时，所有三态门相接的 CPU 的引脚呈现高阻抗，从而让出了总线。

除了各引脚的信号名称和含义外，我们更关心最小模式下系统是怎样配置的。即除了 CPU 外，还需要哪些芯片来构成一个最小模式系统？这些芯片和 CPU 之间的主要连接关系是怎么样的？

如图 2.5 所示是 8086 在最小模式下的典型配置。

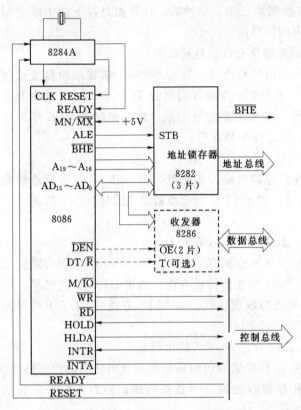

图 2.5　8086 在最小模式下的典型配置

由图 2.5 可看到，在 8086 的最小模式中，硬件连接有以下几个特点：

1）MN/$\overline{\text{MX}}$ 端接 +5V。决定了 8086 工作在最小模式。

2）有 1 片 8284A，作为时钟发生器。

3）有 3 片 8282 或 74LS373 用来作为地址锁存器。

4）当系统中所连接的存储器和外设较多时，需要增加数据总线的驱动能力，这时，要用 2 片 8286/8287 作为总线收发器。

在总线周期的前一部分时间，CPU 总是送出地址信息，为了告示地址已经准备好，可以被锁存，CPU 此时会送出高电平的 ALE 信号。所以 ALE 就是允许锁存的信号。

除了地址信号外，$\overline{\text{BHE}}$ 信号也需要被锁存。因为有了锁存器对地址和 $\overline{\text{BHE}}$ 进行锁存，所以在总线周期的后半部分，地址和数据同时出现在系统的地址总线和数据总线上；同样，此时 $\overline{\text{BHE}}$ 也在锁存器输出端呈现有效电平，于是，确保了 CPU 对存储器和 I/O 端口的正常读写操作。

8282 是典型的锁存器芯片，不过它是 8 位的，而 8086/8088 系统采用 20 位地址，加上 $\overline{\text{BHE}}$ 信号，所以需要 3 片 8282 作为地址锁存器。除了 8282 之外，8086/8088 系统中也常用 74LS373 作为地址锁存器。

下面以 8282 为例简要讲述一下锁存器的信号连接，具体连线图如图 2.6 所示。

8282 的选通信号输入端 STB 和 CPU 的 ALE 端相连。以第一个锁存器为例，8282 的 $DI_7 \sim DI_0$ 接 CPU 的 $AD_7 \sim AD_0$，8282 的输出 $DO_7 \sim DO_0$ 就是系统地址总线的低 8 位。$\overline{\text{OE}}$（output enable）为输出允许信号，当 $\overline{\text{OE}}$ 为低电平时，8282 的输出信号 $DO_7 \sim DO_0$ 有效；而当 $\overline{\text{OE}}$ 为高电平时，$DO_7 \sim DO_0$ 变为高阻抗。在不带 DMA 控制器的 8086/8088 单处理器系统中，将 $\overline{\text{OE}}$ 接地就行了。

如果用 74LS373 作为锁存器，使用方法和 8282 几乎一样。只是在 74LS373 中，芯片选通信号不用 STB 表示，而用 LE（Latch Enable）表示，这更符合锁存功能的含义。

当一个系统中所含的外设接口较多时，数据总线上需要有发送器和接收器来增加驱动能力。发送器和接收器简称为收发器，也常常称为总线驱动器。

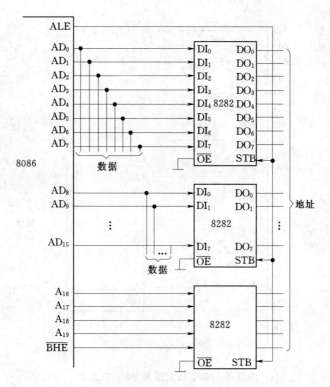

图 2.6  8282 锁存器和 8086 的连接

Intel 系列芯片的典型收发器为 8 位的 8286。所以，在数据总线为 8 位的 8088 系统中，一片 8286 就可以构成数据总线收发器，而在数据总线为 16 位的 8086 系统中，则要用 2 片 8286。

如图 2.7 所示，可以看到 8286 具有两组对称的数据引线，$A_7 \sim A_0$ 为输入数据线，$B_7 \sim B_0$ 为输出数据线，当然，由于在收发器中数据是双向传输的，所以实际上输入线和输出线也可以交换。用 T 表示的引脚信号就是用来控制数据传输方向的。当 T＝1 时，就使 $A_7 \sim A_0$ 为输入线，当 T＝0 时，则使 $B_7 \sim B_0$ 为输入线。在系统中，T 端和 CPU 的 $DT/\overline{R}$ 端相连，$DT/\overline{R}$ 为数据收发信号。当 CPU 进行数据输出时，$DT/\overline{R}$ 为高电平，于是数据流由 $A_7 \sim A_0$ 进入，从 $B_7 \sim B_0$ 送出。CPU 进行数据输入时，$DT/\overline{R}$ 为低电平，于是数据流由 $B_7 \sim B_0$ 进入，从 $A_7 \sim A_0$ 送出。

$\overline{OE}$ 是输出允许信号，此信号决定了是否允许数据通过 8286。当 $\overline{OE}$＝1 时，数据在两个方向上都不能传输。只有当 $\overline{OE}$＝0 时，如果 T 为 1，才使数据从 $A_7 \sim A_0$ 流向 $B_7 \sim B_0$；同样，只有当 $\overline{OE}$＝0 时，如果 T 为 0，才使数据从 $B_7 \sim B_0$ 流向 $A_7 \sim A_0$。在 8086 和 8088 系列中，$\overline{OE}$ 端和 CPU 的 $\overline{DEN}$ 端相连。在介绍引脚信号时介绍过，在 CPU 的存储器访问周期和 I/O 访问周期中，$\overline{DEN}$ 为低电平，在中断响应周期，$\overline{DEN}$ 也为低电平。正是在这些总线周期中，需要 8286 开启，以允许数据通过，从而完成 CPU 和其他部件之间的数据传输。

通常，在一个工作于最小模式的系统中，控制线并不需要总线收发器驱动。当然，如

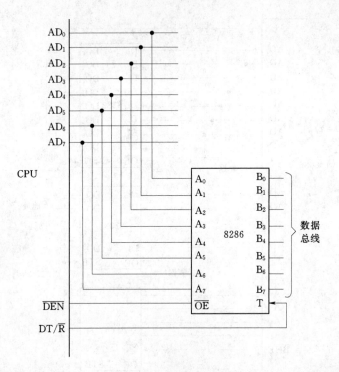

图 2.7　8286 收发器和 8088 的连接

果系统中存储器和外设接口芯片多,出于需要,也可以使用总线收发器。

　　最小模式系统中,信号 M/$\overline{\text{IO}}$、$\overline{\text{RD}}$ 和 $\overline{\text{WR}}$ 组合起来决定了系统数据传输的方式。具体讲,其组合方式和对应功能见表 2.3。

**表 2.3**　　　　　　　　　　　**信号 M/$\overline{\text{IO}}$、$\overline{\text{RD}}$、$\overline{\text{WR}}$ 和读写操作的对应关系**

| M/$\overline{\text{IO}}$ | $\overline{\text{RD}}$ | $\overline{\text{WR}}$ | 功　　能 |
|:---:|:---:|:---:|:---:|
| 0 | 0 | 1 | I/O 读 |
| 0 | 1 | 0 | I/O 写 |
| 1 | 0 | 1 | 存储器读 |
| 1 | 1 | 0 | 存储器写 |

　　下面对 8086/8088 系统中的时钟发生器 8284A 作一简要说明。8284A 和 CPU 的连接如图 2.8 所示。8284A 除了提供频率恒定的时钟信号外,还对准备好(READY)信号和复位(RESET)信号进行同步。外界的准备好信号输入到 8284A 的 RDY,同步的准备好信号 READY 从 8284A 输出。同样,外界的复位信号输入到 8284A 的 $\overline{\text{RES}}$,同步的复位信号 RESET 从 8284A 输出。这样,从外部来说,可以在任何时候发出这两个信号。但是,8284A 的内部逻辑电路设计成在时钟后沿(下降沿)处使 READY 和 RESET 有效。

　　根据不同的振荡源,8284A 和振荡源之间有两种不同的连接方式。一种方法是用脉冲发生器作为振荡源,这时,只要将脉冲发生器的输出端和 8284A 的 EFI 端相连即可;

另一种方法是更加常用的，这种方法利用晶体振荡器作为振荡源，这时，要将晶体振荡器连在8284A的 $X_1$ 和 $X_2$ 的两端上。如果用前一种方法，必须将 $F/\overline{C}$ 接为高电平，用后一种方法，则须将 $F/\overline{C}$ 接地。不管用哪种连接方法，8284A 输出的时钟频率均为振荡源频率的 1/3。

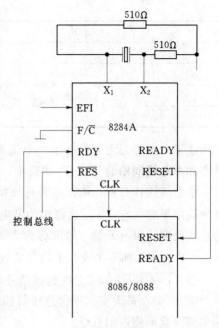

图 2.8　8284A 和 8086/8088 的连接

### 2.1.2.4　最大模式

将 8086 / 8088 的 MN/$\overline{MS}$ 引脚接地，就使 CPU 工作于最大模式了。最大模式下第 24～31 脚的信号含义如下：

（1）$QS_1$、$QS_2$（instruction queue status）指令队列状态信号输出。

第 24 和 25 脚在最大模式下作为 $QS_1$ 和 $QS_0$ 信号输出端，这两个信号组合起来提供了前一个时钟周期（即总线周期的前一个状态）中指令队列的状态，以便于外部对 8086 / 8088 内部指令队列的动作跟踪。$QS_1$、$QS_0$ 的代码组合和对应的含义见表 2.4。

表 2.4　　　　　　　　　$QS_1$、$QS_0$ 的代码组合和对应的含义

| $QS_1$ | $QS_0$ | 含　　义 |
|---|---|---|
| 0 | 0 | 无操作 |
| 0 | 1 | 从指令队列的第一个字节中取走代码 |
| 1 | 0 | 队列为空 |
| 1 | 1 | 除第一个字节外，还取走了后续字节中的代码 |

（2）$\overline{S_2}$、$\overline{S_1}$、$\overline{S_0}$（bus cycle status）总线周期状态信号输出。

在最大模式下，第 26、27、28 脚分别为 $\overline{S_2}$、$\overline{S_1}$、$\overline{S_0}$ 信号输出端，这些信号组合起来可以指出当前总线周期中所进行的数据传输过程的类型。最大模式系统中的总线控制器 8288 就是利用这些状态信号来产生对存储器和 I/O 接口的控制信号的。

$\overline{S_2}$、$\overline{S_1}$、$\overline{S_0}$ 和具体的物理过程之间的对应关系见表 2.5。

表 2.5　　　　　　　　　$\overline{S_2}$、$\overline{S_1}$、$\overline{S_0}$ 的代码组合和对应的操作

| $\overline{S_2}$ | $\overline{S_1}$ | $\overline{S_0}$ | 操　作　过　程 |
|---|---|---|---|
| 0 | 0 | 0 | 发中断响应信号 |
| 0 | 0 | 1 | 读 I/O 端口 |
| 0 | 1 | 0 | 写 I/O 端口 |
| 0 | 1 | 1 | 暂停 |

续表

| $\overline{S_2}$ | $\overline{S_1}$ | $\overline{S_0}$ | 操 作 过 程 |
|---|---|---|---|
| 1 | 0 | 0 | 取指令 |
| 1 | 0 | 1 | 读内存 |
| 1 | 1 | 0 | 写内存 |
| 1 | 1 | 1 | 无源状态 |

这里，需要对无源状态作一个说明，对于 $\overline{S_2}$、$\overline{S_1}$、$\overline{S_0}$ 来讲，在前一个总线周期的 $T_4$ 状态和本总线周期的 $T_1$、$T_2$ 状态中，至少有一个信号为低电平，每种情况下，都对应了某一个总线操作过程，通常称为有源状态。在总线周期的 $T_3$ 和 $T_w$ 状态并且 REDAY 信号为高电平时，$\overline{S_2}$、$\overline{S_0}$、$\overline{S_1}$ 都成为高电平，此时，一个总线操作过程就要结束，另一个新的总线周期还没有开始，通常称为无源状态。而在总线周期的最后一个状态即 $T_4$ 状态，$\overline{S_2}$、$\overline{S_0}$、$\overline{S_1}$ 中任何一个或几个信号的改变，都意味着下一个新的总线周期的开始。

（3）$\overline{LOCK}$（lock）总线封锁信号输出。

第 29 脚在最大模式下为总线封锁信号输出端。当 $\overline{LOCK}$ 为低电平时，系统中其他总线主部件就不能占用总线。

$\overline{LOCK}$ 信号是由指令前缀 LOCK 产生的。在 LOCK 前缀后面的一条指令执行完后，便撤消了 LOCK 信号。此外，在 8086/8088 的 2 个中断响应脉冲之间，$\overline{LOCK}$ 信号也自动变为有效电平，以防其他总线主部件在中断响应过程中占有总线而使一个中断响应过程被间断。

（4）$\overline{RQ}/\overline{GT_1}$、$\overline{RQ}/\overline{GT_0}$（request/grant）总线请求信号输入、总线授权信号输出。

在最大模式下，第 30、31 脚分别为 $\overline{RQ}/\overline{GT_1}$ 端和 $\overline{RQ}/\overline{GT_0}$ 端。这 2 个信号端可供 CPU 以外的 2 个主模块用来发出使用总线的请求信号和接收 CPU 对总线请求的授权信号。$\overline{RQ}/\overline{GT_1}$ 和 $\overline{RQ}/\overline{GT_0}$ 都是双向的，总线请求信号和授权信号在同一引脚上传输，但方向却相反。其中，$\overline{RQ}/\overline{GT_0}$ 比 $\overline{RQ}/\overline{GT_1}$ 的优先级要高。

那么，8086/8088 在最大模式下有什么特点呢？在最大模式下的系统结构是怎样的呢？

如图 2.9 所示是 8086 在最大模式下的典型配置。

从图 2.9 中可以清楚地看到，最大模式配置和最小模式配置有一个主要的差别，就是在最大模式下，需要用外加电路来对 CPU 发出的控制信号进行变换和组合，以得到对存储器和 I/O 端口的读写信号和对锁存器 8282 及对总线收发器 8286 的控制信号。8288 总线控制器就是完成上面这些功能的专用芯片。

在最大模式系统中，需要用总线控制器来变换和组合控制信号的原因就在于：在最大模式系统中，一般包含 2 个或多个处理器，这样就要解决主处理器和协处理器之间的协调工作问题和对总线的共享控制问题，为此，要从软件和硬件两个方面去寻求解决措施。8288 总线控制器就是出于这种考虑而加在最大模式系统中的。

在最大模式系统中，一般还有中断优先级管理部件，当然，在系统所含的设备较少时，也可以省去。反过来，即使在最小模式系统中，如果所含的设备比较多，也要加上中

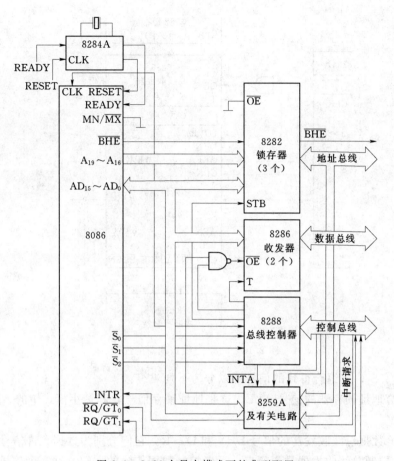

图 2.9  8086 在最大模式下的典型配置

断优先级管理部件。在图 2.9 中，用 8259A 作为中断优先级管理部件。

大家还记得在最小模式系统中，控制信号 M/$\overline{\text{IO}}$（或 $\overline{\text{M}}$/IO）$\overline{\text{WR}}$、$\overline{\text{INTA}}$、ALE、DT/$\overline{\text{R}}$ 和 $\overline{\text{DEN}}$ 是直接从 8086/8088 的第 24～29 脚送出的，它们指出了数据传送过程的类型，提供锁存器控制信号和总线收发器控制信号，还提供了中断响应信号。在最大模式系统中，状态信号 $\overline{\text{S}_2}$、$\overline{\text{S}_1}$、$\overline{\text{S}_0}$ 隐含了上面这些信息，使用 8288 后，就可以从 $\overline{\text{S}_2}$、$\overline{\text{S}_1}$、$\overline{\text{S}_0}$ 状态信息中组合出完成这几方面功能的信息。

从前面给出的 $\overline{\text{S}_1}$、$\overline{\text{S}_2}$、$\overline{\text{S}_0}$ 和各操作过程的对应关系中，可以看到，除了 $\overline{\text{S}_1}$＝$\overline{\text{S}_0}$＝1 的情况外，只要 $\overline{\text{S}_2}$ 为 0，便表示数据传输是在 I/O 接口和 CPU 之间进行的，而 $\overline{\text{S}_2}$ 为 1 则表示数据传输是在内存和 CPU 之间进行的。所以，$S_2$ 可以看成是区分内存传输和 I/O 传输的标志。

与上面类似，可以得出，$\overline{\text{S}_1}$ 指出了执行的操作是输入还是输出。

如图 2.10 所示表明了最大模式系统中，总线控制器 8288 的详细连接。

从图 2.10 中可以看到，8288 接收时钟发生器的 CLK 信号和来自 CPU 的 $\overline{\text{S}_2}$、$\overline{\text{S}_1}$、$\overline{\text{S}_0}$ 信号，产生相应的各种控制信号和时序，并且提高了控制总线的驱动能力。

时钟信号 CLK 使得 8288 和 CPU，及系统中的其他部件同步。

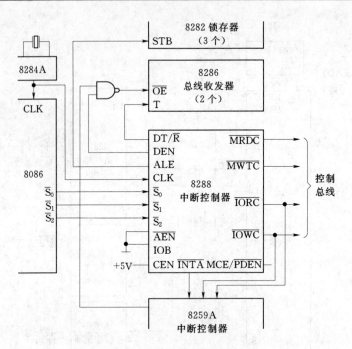

图 2.10　8288 总线控制器的连接

根据$\overline{S_2}$、$\overline{S_1}$、$\overline{S_0}$组合得到的信号可以分为下列 4 组：

1）送给地址锁存器的信号 ALE。这是地址锁存信号，和最小模式中的 AIE 的含义一样。

2）送给数据总线收发器的信号 DEN 和 DT/$\overline{R}$。它们分别为数据允许信号和数据收发信号，前者控制总线收发器是否开启，后者控制数据传输的方向。这 2 个信号和最小模式中的$\overline{DEN}$和 DT/$\overline{R}$含义相同，只是数据允许信号的相位在两种模式下相反。

3）用来作为 CPU 进行中断响应的信号$\overline{INTR}$，与最小模式中的中断响应信号含义相同。

4）两组读写控制信号$\overline{MRDC}$、$\overline{MWTC}$、$\overline{IORC}$、$\overline{IOWC}$，分别控制存储器读写和 I/O 端口的读写。

a. $\overline{MRDC}$就是读存储器命令（memory read command）信号，此信号用来通知内存将所寻址的单元中的内容送到数据总线。

b. $\overline{MWTC}$是写存储器命令（memory write command）信号，此信号用来通知内存接收数据总线上的数据，并将数据写入所寻址的单元中。

c. $\overline{IORC}$是读 I/O 命令（I/O read command）信号，此信号用来通知 I/O 接口将所寻址的端口中的数据送到数据总线。

d. $\overline{IOWC}$是写 I/O 命令（I/O write command）信号，此信号用来通知 I/O 接口去接收数据总线上的数据，并将数据送到所寻址的端口中。

这 4 个信号全是低电平有效，而且都是在总线周期的中间部分输出。很显然，在任何一个总线周期内，上面 4 个信号中只能有 1 个可发出，以执行对一个物理部件的读写操作。

在图 2.10 中，8288 有 2 个输出信号未注上，一个叫提前的写 I/O 命令（advanced I/O write command）信号，另一个叫提前的写内存命令（advanced memory write command）信号。这 2 个命令的功能分别和 $\overline{IOWC}$ 及 $\overline{MWTC}$ 一样，只是和 $\overline{IOWC}$ 及 $\overline{MWTC}$ 比起来，前面 2 个信号是 8288 提前一个时钟周期向外设端口或存储器发出的，这样，一些较慢的设备或者存储器芯片就得到一个额外的时钟周期去执行写入操作。

### 2.1.3　8086 的操作和时序

一个微型机系统在运行过程中，需要 CPU 执行许多操作。8086 的主要操作有以下几个方面：

（1）系统的复位和启动操作。

（2）暂停操作。

（3）总线操作。

（4）中断操作。

（5）最小模式下的总线保持。

（6）最大模式下的总线请求/允许。

**1. 系统的复位和启动操作**

8086/8088 的复位和启动操作是通过 RESET 引脚上的触发信号来执行的。

8086/8088 要求复位信号 RESET 起码维持 4 个时钟周期的高电平，如果是初次加电引起的复位，则要求维持不小于 $50\mu s$ 的高电平。

RESET 信号一进入高电平，CPU 就会结束现行操作，并且，只要 RESET 信号停留在高电平状态，CPU 就维持在复位状态。在复位状态，CPU 各内部寄存器都被设为初值，见表 2.6。

**表 2.6**　　　　　　　　　　　　　　复位时各内部寄存器的值

| 标 志 寄 存 器 | 清　　零 |
| --- | --- |
| 指令指针（IP） | 0000H |
| CS 寄存器 | FFFFH |
| DS 寄存器 | 0000H |
| SS 寄存器 | 0000H |
| ES 寄存器 | 0000H |
| 指令队列 | 空 |
| 其他寄存器 | 0000H |

从表 2.6 中看到，在复位的时候，代码段寄存器 CS 和指令指针寄存器 IP 分别初始化为 FFFFH 和 0000H。所以，8086/8088 在复位之后再重新启动时，便从内存的 FFFF0H 处开始执行指令。因此，一般在 FFFF0H 处存放一条无条件转移指令，转移到系统程序的入口处。这样，系统一旦被启动，便自动进入系统程序。这个程序也可以是初始化程序，也可以是引导监控程序。

在复位时，由于标志寄存器被清零，即 IF 和其他标志位一起被清除，这样，所有从 INTR 引脚进入的可屏蔽中断都得不到允许。因而，系统程序在适当时候，总是要通过指令（后面要讲述的开放中断指令 STI）来设置中断允许标志。

复位信号 RESET 从高电平到低电平的跳变会触发 CPU 内部的一个复位逻辑电路，经过 7 个时钟周期之后，CPU 就被启动而恢复正常工作，即从 FFFF0H 处开始执行程序。

如图 2.11 所示是复位操作的时序，表 2.7 指出了复位操作时，8086 的总线信号。

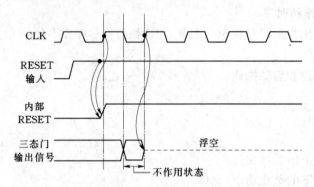

图 2.11　8086 的复位操作时序

表 2.7　　　　　　　　　　　　　复位操作时 8086 的总线信号

| 信　　号 | 状　　态 |
|---|---|
| $AD_{16} \sim AD_0$ | |
| $A_{19}/S_6 \sim A_{16}S_3$ | |
| $\overline{BHE}/S_7$ | |
| $S_2$（$M/\overline{IO}$） | |
| $S_1$（$DT/\overline{R}$） | 先置成不作用状态，再进入三态。不作用状态占进入三态前的半个时钟周期（即时钟为低电平期间） |
| $S_0$（$\overline{DEN}$） | |
| $\overline{LOCK}$（$\overline{WR}$） | |
| $\overline{RD}$ | |
| $\overline{INTA}$ | |
| ALE | 低 |
| HLDA | 低 |
| $\overline{RQ}/\overline{GT_0}$ | 高 |
| $\overline{RQ}/\overline{GT_1}$ | 高 |
| $QS_0$ | 低 |
| $QS_1$ | 低 |

2. 总线操作

本章开头已经讲到，CPU 为了要与存储器 I/O 端口交换数据，需要执行一个总线周期，这就是总线操作。

按照数据传输方向来分，总线操作可分为总线读操作和总线写操作。总线读操作就是指 CPU 从存储器或 I/O 端口读取数据；总线写操作是指 CPU 将数据写入存储器或 I/O

端口。

下面，针对 8086 讲述总线读操作和总线写操作的时序关系和具体操作过程。

（1）最小方式下的总线读操作。

如图 2.12 所示表示 CPU 从存储器或 I/O 端口读取数据的时序。

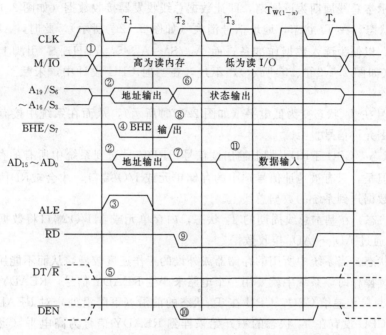

图 2.12　CPU 从存储器或 I/O 端口读取数据的时序

一个最基本的读周期包含 4 个状态，即 $T_1$，$T_2$，$T_3$，$T_4$。在存储器和外设速度较慢时，要在 $T_3$ 之后插入 1 个或几个等待状态 $T_W$。

1）$T_1$ 状态。为了从存储器或 I/O 端口读出数据，首先要用 M/$\overline{\text{IO}}$ 信号指出 CPU 是要从内存还是 I/O 端口读，所以，M/$\overline{\text{IO}}$ 信号在 $T_1$ 状态成为有效。如果是从存储器读数据，则 M/$\overline{\text{IO}}$ 为高，如果是从 I/O 端口读数据，则 M/$\overline{\text{IO}}$ 为低。M/$\overline{\text{IO}}$ 信号的有效电平一直保持到整个总线周期的结束即 $T_4$ 状态。

此外 CPU 要指出所读取的存储单元或 I/O 端口的地址。8086 的 20 位地址信号是通过多路复用总线输出的，高 4 位地址通过地址/状态线 $A_{19}/S_6 \sim A_{16}/S_3$ 送出，低 16 位地址通过地址/数据线 $AD_{15} \sim AD_0$ 送出。在 $T_1$ 状态的开始，20 位地址信息就通过这些引脚送到存储器和 I/O 端口（如图 2.12②所示）。

地址信息必须被锁存起来，这样才能在总线周期的其他状态，往这些引脚上传输数据和状态信息。为了实现对地址的锁存，CPU 便在 $T_1$ 状态从 ALE 引脚上输出一个正脉冲作为地址锁存信号（如图 2.12③所示）。在 ALE 的下降沿到来之前，M/$\overline{\text{IO}}$ 信号、地址信号均已有效。锁存器 8282 正是用 ALE 的下降沿对地址锁存。

$\overline{\text{BHE}}$ 信号也在 $T_1$ 状态通过 $\overline{\text{BHE}}/S_7$ 引脚送出（如图 2.12④所示），它用来表示高 8 位数据总线上的信息可以使用。$\overline{\text{BHE}}$ 信号常常作为奇地址存储体的体选信号，配合地址信号来实现存储单元的寻址，因为奇地址存储体中的信息总是通过高 8 位数据线来传输。顺便提一句，偶地址存储体的体选信号就是最低位地址 $A_0$。

除此以外，当系统中接有数据总线收发器时，要用到 DT/$\overline{R}$和$\overline{DEN}$作为控制信号。前者作为对数据传输方向的控制，后者实现数据的选通。为此，在 $T_1$ 状态，DT/$\overline{R}$端输出低电平，表示本总线周期为读周期，即让数据总线收发器接收数据（如图 2.12⑤所示）。

2）$T_2$ 状态。在 $T_2$ 状态，地址信号消失（如图 2.12⑦所示），此时，$AD_{15}\sim AD_0$ 进入高阻状态，以便为读入数据作准备；而 $A_{19}/S_6\sim A_{16}/S_3$ 及$\overline{BHE}/S_7$ 引脚上输出状态信息 $S_7\sim S_3$（如图 2.1 2⑥、⑧所示），不过，在当时 CPU 设计中，未赋予 $S_7$ 任何实际意义。

$\overline{DEN}$信号在 $T_2$ 状态变为低电平（如图 2.12⑩所示），从而在系统中接有总线收发器时，获得数据允许信号。

在 $T_2$ 状态，CPU 于$\overline{RD}$引脚上输出读信号，$\overline{RD}$信号送到系统中所有的存储器和 I/O 接口芯片，但是，只有被地址信号选中的存储单元或 I/O 端口，才会被$\overline{RD}$信号从中读出数据，而将数据送到系统的数据总线上。

3）$T_3$ 状态。在基本总线周期的 $T_3$ 状态，内存单元或者 I/O 端口将数据送到数据总线上，CPU 通过 $AD_{15}\sim AD_0$ 接收数据。

4）$T_w$ 状态。当系统中所用的存储器或外设的工作速度较慢，从而不能用最基本的总线周期执行读操作时，系统中就要用一个电路来产生 READY 信号，READY 信号通过时钟发生器 8284A 传递给 CPU。CPU 在 $T_3$ 状态的前沿（下降沿处）对 READY 信号进行采样。如果 CPU 没有在 $T_3$ 状态的一开始采样到 READY 信号为高电平（当然，在这种情况下，在 $T_3$ 状态，数据总线上不会有数据），那么，就会在 $T_3$ 和 $T_4$ 之间插入等待状态 $T_w$。$T_w$ 可以为 1 个，也可以为多个。以后，CPU 在每个 $T_w$ 的前沿处对 READY 信号进行采样，等到 CPU 接收到高电平的 READY 信号后，再把当前 $T_w$ 状态执行完，便脱离 $T_w$ 而进入 $T_4$。

5）$T_4$ 状态。在 $T_4$ 状态和前一个状态交界的下降沿处，CPU 对数据总线进行采样，从而获得数据。

（2）最小方式下的总线写操作。

如图 2.13 所示表示了 8086 CPU 往存储器或 I/O 端口写入数据的时序。和读操作一样，最基本的写操作周期也包含 4 个状态，即 $T_1$、$T_2$、$T_3$ 和 $T_4$。当存储器和外设速度较慢时，在 $T_3$ 和 $T_4$ 状态之间，CPU 会插入 1 个或几个等待状态 $T_w$，下面，对总线写周期各状态中 CPU 的输出信号情况作一个具体说明。

1）$T_1$ 状态。在 $T_1$ 状态，CPU 要用 M/$\overline{IO}$信号指出当前执行的写操作是将数据写入内存还是写入 I/O 端口。如果是写入内存，则 M/$\overline{IO}$为高电平，如果是写入 I/O 端口，则 M/$\overline{IO}$为低电平。所以，在 $T_1$ 状态，M/$\overline{IO}$便进入有效电平（如图 2.13 所示①），此有效电平一直保持到 $T_4$ 状态才结束。

CPU 在 $T_1$ 状态还提供了地址信号来指出具体要往哪一个存储单元或 I/O 端口写入数据（如图 2.13 所示②）。

高 4 位地址是和状态信号从同一组引脚上分时送出的，低 16 位地址是和数据从同一

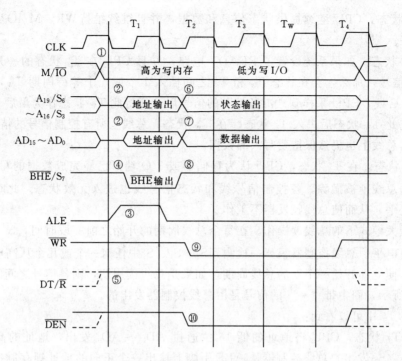

图 2.13   8086 写周期的时序

组引脚上分时传输的，所以，必须把地址信息锁存起来。为了实现地址的锁存，CPU 在 $T_1$ 状态从 ALE 引脚送出一个地址锁存信号。地址锁存信号是一个正向脉冲（如图 2.13 所示③），在 ALE 的下降沿到来之前，地址信号和 $\overline{BHE}$、$M/\overline{IO}$ 都已经有效，地址锁存器 8282 就是利用 ALE 的下降沿对地址信号、$\overline{BHE}$ 和 $M/\overline{IO}$ 信号进行锁存的。

$\overline{BHE}$ 信号是数据总线高位有效信号，CPU 在 $T_1$ 状态的开始就使 $\overline{BHE}$ 信号有效。$\overline{BHE}$ 信号在实际系统中作为存储体的体选信号，配合地址信号来实现对奇地址存储体中存储单元的寻址。偶地址存储体的体选信号一般用 $A_0$，当地址最低 $A_0$ 为 0 时，选中偶地址存储体。

当系统中有数据收发器时，在总线写周期中，要用 $\overline{DEN}$ 信号作为数据收发器的允许信号，而用 $\overline{DT/R}$ 信号来控制收发器的数据传输方向。为此，CPU 在 $T_1$ 状态就使 $DT/\overline{R}$ 信号成为高电平，以表示本总线周期执行写操作。

2）$T_2$ 状态。

地址信号发出之后，CPU 立即往地址/数据复用引脚 $AD_{15} \sim AD_0$ 发出数据，数据信息会一直保持到 $T_4$ 状态的中间。与此同时，CPU 在 $A_{19}/S_6 \sim A_{16}/S_3$ 引脚上发出状态信号 $S_6 \sim S_3$，而 $\overline{BHE}$ 信号则消失。

在 $T_2$ 状态，CPU 从 $\overline{WR}$ 引脚发出写信号 $\overline{WR}$，写信号与读信号一样，一直维持到 $T_4$ 状态。在实际系统中，写信号送到所有的存储器和 I/O 接口。但是，只有被地址信号寻中的存储单元或 I/O 口，才被 $\overline{WR}$ 信号写入数据。

3）$T_3$ 状态。

在 $T_3$ 状态，CPU 继续提供状态信息和数据，并且继续维持 $\overline{WR}$、$M/\overline{IO}$ 及 $\overline{DEN}$ 信号为有效电平。

4）$T_w$ 状态。如果系统设置了 READY 电路，并且 CPU 在 $T_3$ 状态的一开始未收到"准备好"信号，那么，会在状态 $T_3$ 和 $T_4$ 之间插入 1 个或几个等待周期 $T_w$，直到在某个 $T_w$ 的前沿处，CPU 采样到"准备好"的信号后，便将此 $T_w$ 状态作为最后一个等待状态，执行完此 $T_w$ 状态后进入 $T_4$ 状态。在 $T_w$ 状态，总线上所有控制信号的情况和 $T_3$ 时一样，数据总线上也仍然保持要写入的数据。

5）$T_4$ 状态。在 $T_4$ 状态，CPU 认为存储器或 I/O 端口已经完成数据的写入，因而，数据从数据总线上被撤除，各控制信号线和状态信号线也进入无效状态。此时，$\overline{DEN}$ 信号进入高电平，从而使总线收发器不工作。

（3）最大模式下的总线读操作。在每个总线周期的开始之前一段时间，$\overline{S_2}$、$\overline{S_1}$、$\overline{S_0}$ 必定被置为高电平。总线控制器只要一检测到 $\overline{S_2}$、$\overline{S_1}$、$\overline{S_0}$ 中任何一个或几个从高电平状态开始有变化，便立即开始一个新的总线周期。如果是总线读周期，则各信号之间的时序关系如图 2.14 所示，图中带"*"的信号是由总线控制器发出的。

从图 2.14 中可以看到：

1）在 $T_1$ 状态，CPU 将地址的低 16 位通过 $AD_{15} \sim AD_0$ 发出，地址的高 4 位通过 $A_{19}/S_6 \sim A_{16}/S_3$ 发出，总线控制器从 ALE 引脚上输出一个正向的地址锁存脉冲，系统中的地址锁存器利用这一脉冲将地址锁存起来，此外，总线控制器还为总线收发器提供数据传输方向控制信号 $DT/\overline{R}$。

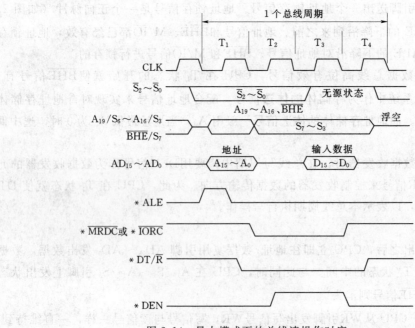

图 2.14　最大模式下的总线读操作时序

2）在 $T_2$ 状态，CPU 输出状态信号 $S_7 \sim S_3$；总线控制器在 $T_2$ 状态的时钟上升沿处，使 DEN 信号有效，于是，总线收发器启动；总线控制器还根据 $\overline{S_2}$、$\overline{S_1}$、$\overline{S_0}$ 的电平组合发出读信号$\overline{MRDC}$或者$\overline{IORC}$，送到存储器或者输入输出设备端口，去执行存储器读操作或者输入输出端口读操作。

3）在 $T_3$ 状态，如果所读取的存储器或者外设速度足够快，则在 $T_3$ 状态已经把数据送到数据总线上，于是 CPU 就可以获得数据。

4）在 $T_4$ 状态，数据从总线上消失，状态信号引脚 $S_7 \sim S_3$ 进入高阻状态，而 $\overline{S_2}$、$\overline{S_1}$、$\overline{S_0}$ 则按照下一个总线周期的操作类型产生电平变化。

和最小模式下的总线读操作类似，如果存储器和外设的速度比较慢，则需要使 READY 信号来联络。如果在 $T_3$ 状态开始时，READY 仍没有达到高电平，则在 $T_3$ 状态和 $T_4$ 状态之间插入 $T_W$ 状态，$T_W$ 状态可为一个或几个。

（4）最大模式下的总线写操作。

在 8086/8088 按最大模式工作时，CPU 通过总线控制器为存储器和输入输出设备端口提供两组写信号：一组是普通的存储器写信号 $\overline{MWTC}$ 和普通的输入输出端口写信号 $\overline{IOWC}$；另一组是提前的存储器写信号 $\overline{AMWC}$ 和提前的输入输出端口写信号 $\overline{AIOWC}$。提前的写信号比普通的写信号提前一个时钟周期开始起作用。

如图 2.15 所示是最大模式下总线写操作的时序图。图中带 " * " 的信号由总线控制器提供。

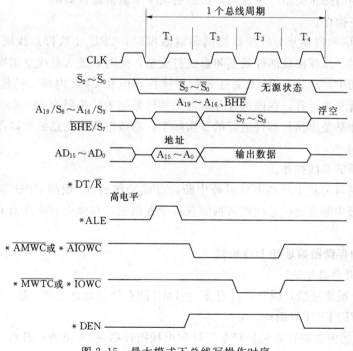

图 2.15　最大模式下总线写操作时序

从图 2.15 中可以见到，和读操作一样，在写操作总线周期开始之前，$\overline{S_2}$、$\overline{S_1}$、$\overline{S_0}$ 就已经按照操作类型设置好相应的电平。

从 $T_1$ 状态开始，整个总线周期的时序关系如下：

1）在 $T_1$ 状态，CPU 从 $AD_{15} \sim AD_0$ 引脚上输出要写入的存储器单元或输入输出设备端口地址的低 16 位，而从 $A_{19}/S_6 \sim A_{16}/S_3$ 引脚输出地址的高 4 位。CPU 还使数据总线高 8 位有效信号 $\overline{BHE}$ 进入低电平。在 $T_1$ 状态，总线控制器使 $DT/\overline{R}$ 输出高电平，以表示本总线周期进行写操作，数据总线收发器根据 $DT/\overline{R}$ 为高电平决定了数据传输方向为发送方向。

2）在 $T_2$ 状态，总线控制器使 DEN 输出高电平；于是数据总线收发器启动。在 DEN 输出高电平的同时，提前的存储器写信号 $\overline{AMWC}$ 或者提前的输入输出端口写信号 $\overline{AIOWC}$ 也为低电平即有效电平，并且一直维持到 $T_4$。在总线写周期中，CPU 从 $T_2$ 状态开始就把数据送到数据总线上。

3）在 $T_3$ 状态，总线控制器使普通的存储器写信号 $\overline{MWTC}$ 或者普通的输入输出端口写信号 $\overline{IOWC}$ 成为低电平，并且一直维持到 $T_4$。由此可见，两个提前的写信号 $\overline{AMWC}$ 和 $\overline{AIOWC}$ 比普通的写信号 $\overline{MWTC}$ 和 $\overline{IOWC}$ 超前了整整一个时钟周期，这样，一些较慢的设备或者存储器芯片就可以得到一个额外的时钟周期执行写操作。

4）在 $T_4$ 状态，CPU 将地址/数据引脚 $AD_{15} \sim AD_0$ 以及地址/状态引脚 $A_{19}/S_6 \sim A_{16}/S_3$ 设置为高阻状态。写信号 $\overline{AMWC}$、$\overline{MWTC}$ 或者 $\overline{AIOWC}$、$\overline{IOWC}$ 都被撤销。而且，数据允许信号 DEN 也进入低电平，这样，便使数据总线收发器停止工作。$\overline{S_2}$、$\overline{S_1}$、$\overline{S_0}$ 则按照下一个总线周期的操作类型产生变化，从而启动一个新的总线周期。

（5）总线空操作。

只有在 CPU 和内存及 I/O 接口之间传输数据时，CPU 才执行总线周期。CPU 在不执行总线周期时，总线接口部件就不和总线打交道，此时，进入总线空闲周期 $T_1$。

在空闲周期中，尽管 CPU 对总线进行空操作，但在 CPU 内部，仍然进行着有效的操作。比如执行某个运算，在内部寄存器之间传输数据等，按照 8086/8088 编程结构，可以想到这些动作都是由执行部件进行的。实际上，总线空操作是总线接口部件对执行部件的等待。

（6）外中断的总线操作。

外中断包括可屏蔽中断和不可屏蔽中断，总线操作的 $T_4$ 期间 CPU 要查询中断请求信号。对可屏蔽中断要通过总线的数据线获得中断向量，具体内容将在第 6 章中断技术中详述。

### 2.1.4 8086 的存储器编址和 I/O 编址

1. 8086 的存储器编址

8086 有 20 根地址线，因此，具有 $2^{20} = 1MB$ 的存储器地址空间。这 1MB 的内存单元按照 00000 ～FFFFFH 来编址。

但是 8086 的内部寄存器包括指令指针和堆栈指针都是 16 位的，显然用寄存器不能直接对 1MB 的内存空间进行寻址，为此引入了分段概念。一个段最多可为 64KB，在通常的程序设计中，一个程序可以有代码段、数据段、堆栈段和附加段，各段的段地址分别由 CS（code segment）、DS（data segment）、SS（stack segment）和 ES（extra segment）这 4 个段寄存器给出。

段寄存器都是 16 位的。要计算一个存储单元的物理地址时，先要将它对应的段寄存器的 16 位值左移 4 位（相当于乘十进制数 16），得到一个 20 位的值，再加上 16 位的偏移量。偏移量也叫有效地址，它可能放在指令指针寄存器 IP 中，也可能放在堆栈指针 SP 或者基址指针 BP 中，还可能放在变址寄存器 SI、DI 中，甚至可能放在通用寄存器 BX 中。

如图 2.16 所示表示了物理地址的计算方法。

下面以刚复位后的取指令动作为例来说明物理地址的合成。复位时，除 CS＝FFFFH 外，8086 的其他内部寄存器的值均为 0，指令的物理地址应为 CS 的值乘 16，再加 IP 的值，所以，复位后执行的第一条指令的物理地址为

$$
\begin{array}{r}
F\ F\ F\ F \\
+\quad 0\ 0\ 0\ 0 \\
\hline
F\ F\ F\ F\ 0
\end{array}
$$

可见复位后 8086 自动指向物理地址 FFFF0H，因此，在存储器编址时，将高地址端分配给 ROM，而在 FFFF0H 开始的几个单元中固化了一条无条件转移指令，转到系统初始化程序。

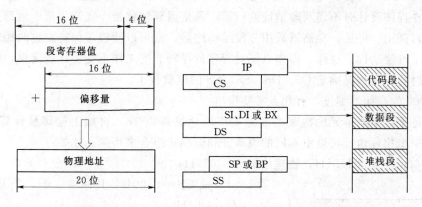

图 2.16 存储器物理地址的　　图 2.17 CS、DS、SS 和其他寄存器组合
　　　计算方法　　　　　　　指向存储单元的示意图

如图 2.17 所示，在 8086 运行过程中，物理地址形成因操作而异：每当取指令时，CPU 就会选择代码段寄存器 CS，再和指令指针 IP 的内容一起形成指令所在单元的 20 位物理地址；而当进行堆栈操作时，CPU 就会选择堆栈段寄存器 SS，再和堆栈指针 SP 或者基址指针 BP 形成 20 位堆栈地址；当要往内存写一个数据或者从内存读一个数据时，CPU 就会选择数据段寄存器 DS，然后和变址寄存器 SI、DI 或者通用寄存器 BX 中的值形成操作数所在存储单元的 20 位物理地址。

存储器中的操作数可以是 1 个字节，也可以是 1 个字。如果是字操作数，那么低位字节放在较低的地址单元，高位字节放在较高的地址单元。

附加段一般是作为辅助的数据段来使用的，后面将会讲到，8086 对数据的串操作指令多数都要用到附加段寄存器。

存储器采用分段方法进行编址，带来了下列好处：

首先，可以使指令系统中的大部分指令只涉及 16 位地址，减少了指令长度，提高了

执行程序的速度，也就是说，尽管 8086 的存储空间高达 1MB，但在程序执行过程中，一般不需要在 1MB 范围内转来转去，多数情况下只在一个较小的存储空间中运行，因此段寄存器的值是很少改变的，实际上，大多数指令运行时，并不涉及段寄存器的值，而只涉及 16 位的偏移量。

此外，内存分段也为程序的浮动装配创造了条件。随着系统复杂性的增加，往往使得同一时刻在内存中装配的程序越来越多。比如一个实时的汉字网络通信系统，就是在外文操作系统的基础上加上汉字软件，又加上网络软件，再加上实时通信软件而构成的。因此，实时的网络通信系统包含了 4 个层次的软件。在每一个层次设计时，程序员都希望系统不计较新设计的软件层次具体装在哪一个区域而都能正确运行，就是说，程序可以浮动地装配在内存任何一个区域中运行，这中间并不需要程序员为了使程序装配在某一处而修改程序代码。为了做到浮动装配，这要从两个方面提出要求：①系统能够根据当时的内存使用情况将新引入的软件自动装配在合适的地方，这一点是由操作系统来实现的；②要求程序本身是可浮动的，这就要求程序不涉及物理地址，进一步地讲，就是要求程序和段地址没有关系，而只与偏移地址有关，这样的程序装在哪一段都能正常工作。要做到这一点，只需在程序设计时不涉及段地址就行了，凡是遇到转移指令或调用指令则都采用相对转移或相对调用。可见，存储器采用分段结构之后，就可以使程序保持完整的相对性，也就是具备了可浮动性。这样，操作系统对程序的浮动装配工作也变得比较简单，装配时只要根据当时的内存情况确定 CS、DS、SS、ES 的值就行了。

对 8086 的存储器编址，有几点需要指出：

（1）每个存储器单元的物理地址都是将段地址乘以 16，再加上偏移量计算得到的，这样，同一个物理地址可以由不同的段地址和偏移量组合来得到。比如：

CS＝0000，IP＝1051H，物理地址为 01051H；

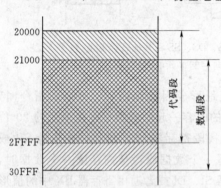

而 CS＝0100H，IP＝0051H，物理地址也是 01051H。

当然，还可以有许多别的组合。

（2）尽管代码段、数据段、堆栈段及附加段都可为 64KB，但实际应用中这些段之间可以有互相覆盖的部分。比如：

CS＝2000H，DS＝2100H，则：

代码段的物理地址为 20000～2FFFFH；

数据段的物理地址为 21000～30FFFH。

图 2.18　两个段互相重叠的情况

这样，代码段和数据段之间有相当大的一个区域是相互重叠的，如图 2.18 所示。

在存储器中，有几个部分的用处是固定的：

（1）00000～003FFH 共 1KB 区域用来存放中断向量，这一区域称为中断向量表。中断向量实际上就是中断处理子程序的入口地址。每个中断向量占 4 个字节，前 2 个字节为中断处理子程序入口地址的偏移量，后 2 个字节为中断处理子程序入口地址的段地址。因此 1KB 的中断向量表中可以存放对应于 256 个中断处理程序的入口地址。当然，对一个具体系统来说，一般并不需要多达 256 个中断处理程序，因此，实际系统中的中断向量表的大部分区域是空白的。

（2）B0000H～B0F9FH 约 4KB 是单色显示器的显示缓冲区，存放单色显示器当前屏幕显示字符所对应的 ASCII 码和属性。

（3）B8000H～BF3FH 约 16KB 是彩色显示器的显示缓冲区，存放彩色显示器当前屏幕像素所对应的代码。

（4）从 FFFF0H 开始到存储器底部 FFFFFH 共 16 个单元，一般用来存放一条无条件转移指令，转到系统的初始化程序。这是因为系统加电或者复位时，会自动转到 FFFF0H 执行。

实际上，存储区首尾两部分的用法适用于所有 8086/8088 系统。

2. 8086 的 I/O 编址

8086 系统和外部设备之间都是通过 I/O 芯片来联系的。每个 I/O 芯片都有一个端口或者几个端口，一个端口往往对应了芯片内部的一个寄存器或者一组寄存器。微型机系统要为每个端口分配一个地址，此地址叫端口号。当然，各个端口号不能重复。

8086 允许有 65535（64K）个 8 位的 I/O 端口，两个编号相邻的 8 位端口可以组合成一个 16 位端口。指令系统中既有访问 8 位端口的输入输出指令，也有访问 16 位端口的输入输出指令。

CPU 在执行访问 I/O 端口的指令，即输入（IN）指令和输出（OUT）指令时，从硬件上会产生有效的 $\overline{RD}$ 信号或者 $\overline{WR}$ 信号，同时使 M/$\overline{IO}$ 信号处于低电平，通过外部逻辑电路的组合产生对 I/O 端口的读信号或者对 I/O 端口的写信号。

系统设计时，也可以通过硬件将 I/O 端口和存储器统一编址，这样就可以用对存储器的访问指令来实现对 I/O 端口的读写。而对存储器的读写指令的寻址方式很多，功能很强，使用起来也很灵活。当然在这种情况下，CPU 访问 I/O 端口时和访问存储器时的情况一样，从硬件上是在使 $\overline{RD}$ 信号或者 $\overline{WR}$ 信号有效的同时，使信号 M/$\overline{IO}$ 处于高电平，通过外部逻辑电路的组合，产生对存储器的读信号或者对存储器的写信号。

## 2.2　32 位微处理器 80386

1985 年 10 月，Inter 公司推出了 32 位微处理器 80386。这个新一代的处理器在一个芯片上集成了 275000 个晶体管，采用 32 位数据总线，32 位地址总线，直接寻址能力达 4GB。最初的 80386 芯片采用 16MHz 时钟，不久，Intel 又推出 40MHz 主频的 80386 芯片。在 16MHz 主频下，CPU 每秒钟可执行 $3 \times 10^6 \sim 4 \times 10^6$ 条指令，其速度可与 10 年前的大型机相比，80386 是微处理器发展的一个里程碑。

32 位微型机可以更有效地处理数据，文字，图形，图像，语音等各种信息，因此可以在数据处理，工程计算，事务管理，办公自动化，实时控制和传输，人工智能以及 CAD/CAM 等方面发挥更好的作用。

如果说，微处理器从 8 位到 16 位主要是总线的加宽，那么，32 位微处理器和 16 位相比，则是从体系结构设计上有了概念性的改变和革新。比如，32 位微处理器普遍采用了流水线和指令重叠技术，虚拟存储技术，片内存储管理技术，存储体管理分段分页保护技术，这些技术为在 32 位微型机环境下实现多用户多任务操作系统提供了有力的支持。本节在结合 80386 介绍 32 位微处理器的时候，重点讲解这些重要技术。

### 2.2.1　80386 的体系结构

从功能上看，80386 芯片内部除了 CPU 外，还包括存储器管理部件 MMU 和总线接口部件 BIU，再细分一点，CPU 包括指令预取部件 IPU，指令译码部件 IDU 和执行部件 EU，MMU 包括分段部件 SU 和分页部件 PU，再加上总线接口部件 BIU，如图 2.19 所示，80386 可看成由 6 个功能部件组成。

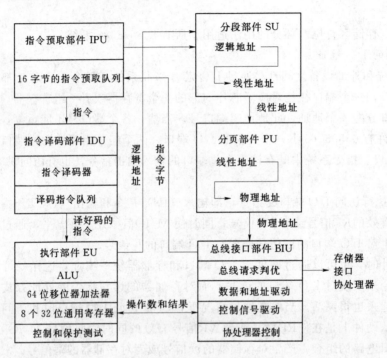

图 2.19　80386 的功能部件

指令预取部件将存储器中的指令按顺序取到长度为 16B 的预取指令队列中，以便在 CPU 执行当前指令时，指令译码部件对下一条指令进行译码。只要指令队列向指令译码部件输送一条指令，从而使指令队列有部分空字节，指令预取部件就会向总线接口部件发出总线请求，如总线接口部件此时处于空闲状态，则会响应此请求，从存储器取指令填充指令预取队列。

指令译码部件中除了指令译码器外，还有译码指令队列，此队列能容纳 3 条译好码的指令。只要译码指令队列有剩余空间，译码部件就会从指令预取队列取下一条指令进行译码。

在 Intel 80386 中，为了加快 CPU 的速度，采用指令重叠执行技术。具体讲，就是将一条访问存储器的指令和前一条指令的执行重叠起来，使两条指令并行执行，指令预取队列和译码指令队列为这种功能的实现建立了前提。

执行部件包括运算器 ALU，8 个 32 位的通用寄存器和 1 个 64 位的多位移位器加法器，它们共同执行各种数据处理和运算。此外，执行部件中还包括 ALU 控制部分和保护测试部分，前者实现有效地址的计算，乘除法的加速等功能，后者检验指令执行中是否符合涉及的存储器分段规则。

80386 系统中允许使用虚拟存储器。所谓虚拟存储器就是系统中有一个速度较快的，容量比较小的内部存储器，还有一个速度较慢但容量很大的外部存储器，通过存储管理机制，使后者和前者有机地，灵活地结合在一起，这样从程序员的角度看，系统中似乎有一个容量非常大的，速度也相当快的主存储器，但它并不是真正的物理上的主存，故称为虚拟存储器。80386 的虚拟存储器容量可高达 64TB，这样，就可以运行要求存储器容量比实际主存储器容量大得多的程序。

在 Intel 80386 系统中，存储器仍按段划分，但每个段的容量可变，最大可达 4GB。每个段又划分为多个页面，一个页固定为 4KB。分页的作用是便于实现虚拟存储管理，通常在内存和磁盘进行映象时，都以页为单位把 CPU 的地址空间映像到磁盘。

MMU 的功能就是实现存储器的管理，它由分段部件 SU 和分页部件 PU 组成。前者管理面向程序员的逻辑地址空间，并且将逻辑地址转换成线性地址；后者管理物理地址空间，将分段部件或者指令译码部件产生的线性地址转换为物理地址。有了物理地址后，总线接口部件就可以据此进行存储器访问和输入输出操作。

总线接口部件 BIU 是 80386 和外界之间的高速接口。在 80386 的内部，指令预取部件从存储器取指令时，执行部件在执行指令过程中访问存储器和外设以读写数据时，都会发出总线周期请求，总线接口部件会根据优先级对这些请求进行仲裁，从而有条不紊地服务于多个请求，并产生相应总线操作所需要的信号，包括地址信号，读写控制信号等。此外，总线接口部件也实现 80386 和协处理器之间的协调控制。

### 2.2.2  80386 的 3 种工作方式

80386 有 3 种工作方式，一种叫实地址方式（real address mode），另一种叫保护虚拟地址方式（protected virtual address mode），也叫保护方式或本性方式，还有一种叫虚拟8086 方式（virtual 8086 mode）。

80386 在刚加电或者复位时，便进入实地址方式。实地址方式主要是为 80386 进行初始化用的。常常在实地址方式，为 80386 保护方式所需要的数据结构做好各种配置和准备，因此，这是一种为建立保护方式作准备的方式。实地址方式下，采用类似于 8086 的体系结构。归纳起来，有如下几个特点：

（1）寻址机构、存储器管理、中断处理机构均和 8086 一样。

（2）操作数默认长度为 16 位，但允许访问 80386 的 32 位寄存器组，在使用 32 位寄存器组时，指令中要加上前缀以表示越权存取。

（3）不用虚拟地址的概念，存储器容量最大为 1MB；采用分段方式，每段大小固定为 64KB。因为在实地址方式下不允许分页，所以线性地址和物理地址相同，均为段寄存器内容左移 4 位再加上有效地址而得到的值。

（4）实地址方式下，存储器中保留两个固定区域，一个为初始化程序区，另一个为中断向量区。前者为 FFFF0H～FFFFFH，后者为 00000～003FFH。

保护方式是 80386 最常用的方式，通常开机或复位后，先进入实地址方式完成初始化，便立即转到保护方式。此种方式提供了多任务环境中的各种复杂功能以及对复杂存储器组织的管理机制，只有在保护方式下，80386 才充分发挥其强大的功能和本性，因此，也称为本性方式。所谓保护，主要是指对存储器的保护。在保护方式下，有如下特点：

（1）存储器用虚拟地址空间、线性地址空间和物理地址空间 3 种方式来描述，虚拟地址也就是逻辑地址。在保护方式下，寻址机构不同于 8086，需要通过一种称为描述符表的数据结构来实现对内存单元的访问。

（2）程序员可以使用的存储空间称为逻辑地址空间，在保护方式中，借助于存储器管理部件 MMU 的功能将磁盘等存储设备有效地映射到内存，使逻辑地址空间大大超过实际的物理地址空间，这样，使主存储器容量似乎非常大。

（3）既能运行 16 位运算，也能进行 32 位运算。

在保护方式下，可以通过软件切换到虚拟 8086 方式。虚拟 8086 方式有如下特点：

（1）可以执行 8086 的应用程序。

（2）段寄存器的用法和实地址方式是一样的，即段寄存器内容左移 4 位加上偏移量为线性地址。

（3）存储器寻址空间为 1MB，将 1MB 分为 256 个页面，每页 4KB。在 80386 多任务系统中，可以使其中一个或几个任务使用虚拟 8086 方式。此时，一个任务所用的全部页面可以定位于某个物理地址空间，另一个任务的页面可以定位于其他区域，即对各个任务可以转换到物理存储器的不同位置，这样，把存储器虚拟化了。虚拟 8086 方式的名称正是由此而来。

虚拟 8086 方式是 80386 很重要的设计特点，它可以使大量的 8086 软件有效地与 80386 保护方式下的软件并发运行。

从上面看到，80386 有两种模拟 8086 的方式，一种是实地址方式，另一种是虚拟 8086 方式。实地址方式和虚拟 8086 方式都与原始 8086 方式有类似之处，但又有如下区别：

（1）实地址方式下，CPU 不支持多任务，所以，实地址是针对整个 CPU 而言的，而虚拟 8086 方式往往是 CPU 工作于多任务状态下的某一个任务对应的方式。

（2）实地址方式下的整个系统的寻址空间最大为 1MB，而虚拟 8086 方式下则是每个任务的寻址空间是 1MB。

（3）实地址方式下，内存采用分段方式，而虚拟 8086 方式下，内存除了用分段方式，还用分页方式，两者合起来实现对内存的管理。

在 80386 保护方式下，支持多任务操作，这时，可能某一个任务是在虚拟 8086 方式，而另一些任务在保护方式。可见，虚拟 8086 方式可以是 80386 保护方式中多任务操作的某一个任务。而实地址方式总是针对整个 80386 系统。

### 2.2.3　80386 的寄存器

80386 内部共有 30 多个寄存器，如图 2.20 所示。它们可以分为 7 类。

1. 通用寄存器

80386 有 8 个 32 位的通用寄存器，它们都是 8086 中 16 位通用寄存器的扩展，故命名为 EAX、EBX、ECX.EDX、ESI、EDI、EBP 和 ESP，用来存放数据或地址。

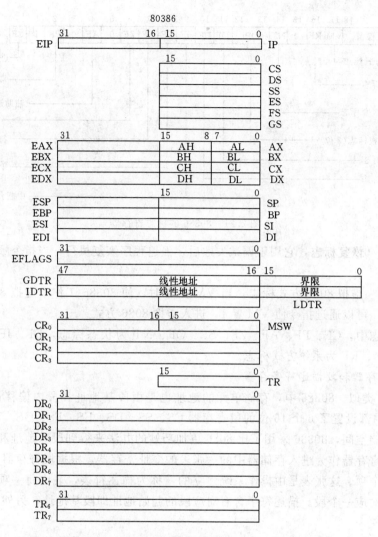

图 2.20　80386 的寄存器

　　为了和 8086 兼容，每个通用寄存器的低 16 位可以独立存取，此时，它们的名称分别
为 AX、BX、CX、DX、SI、DI、BP、SP。此外，为了和 8 位 CPU 兼容，前 4 个寄存器
的低 8 位和高 8 位也可独立存取，分别称为 AL、BL、CL、DL 和 AH、BH、CH、DH。

　　**2. 指令指针寄存器和标志寄存器**

　　32 位的指令指针寄存器 EIP 用来存放下一条要执行的指令的地址偏移量，寻址范围
为 4GB。为了和 8086 兼容，EIP 的低 16 位可作为独立指针，称为 IP。

　　32 位的标志寄存器 EFLAGS 是在 8086 标志寄存器基础上扩展的。如图 2.21 所示，
其中，CF、PF、AF、ZF、SF、TF、IF、DF、HEOF 这 9 个标志的含义、作用和 8086
中的一样，下面几个标志是新扩展的，含义如下：

　　IOPL　　　I/O 特权级别标志，仅用于保护方式，它用来限制 I/O 指令的使用特权级；

　　NT　　　　任务嵌套标志，指出当前执行的任务是否嵌套于另一任务中；

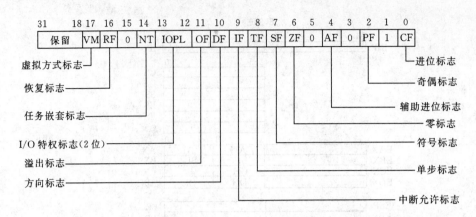

图 2.21 80386 的标志寄存器

RF　　　　　恢复标志，它用于调试失败后，强迫程序恢复执行，当指令顺利时，RF 自动清 0；

VM　　　　　虚拟 8086 方式标志，当 VM 为 1 时，使 80386 工作于虚拟 8086 方式，在保护方式下，可以通过指令使 VM 置 1，进入虚拟 8086 方式。

上述标志中，CF、PF、AF、ZF、SF、OF、NT 为状态标志，DF、IF、IOPL 为控制标志，VM、RF 为系统方式标志。

**3. 段寄存器和段描述符寄存器**

和 8086 类似，80386 中，存储单元的地址也是由段基地址和段内偏移量构成的。为此，80386 内部设置了 6 个 16 位的段寄存器 CS、SS、DS、ES、FS、GS。不过，为了得到更大的存储空间，80386 采用了比 8086 更加巧妙的办法来得到段基地址和段内偏移量。在这里，段寄存器作为进入存储器中的一张表的变址寄存器，根据段寄存器的值可以从这表中找到一个项。这张表是由操作系统建立的，称为描述符表，表内每一项称为描述符，每个描述符对应一个段。描述符中含有对应段的起始地址即段基地址，另外还含有一些其他信息。

可见，除了和 8086 的工作方式类似的实地址方式外，在其他情况下，80386 的段寄存器并不真正存放段地址，只是从名称上沿用了 8086 中的叫法而已。在此，CS 寄存器指向代码段对应的段描述符，由此可以找到当前代码段的段基地址。与此类似，SS 指向当前堆栈段对应的段描述符，DS 寄存器指向当前数据段对应的段描述符，而 ES、FS、GS 指向当前 3 个附加段对应的段描述符。

下面，具体看一下 80386 中段寄存器的功能。

在实地址方式，每段的大小固定为 64KB，因此，分段部件只要把段寄存器中的值左移 4 位，就得到对应段的基地址，再加上偏移量，就得到了存储单元的地址，这个地址称为线性地址。但是在保护方式下，每一段的大小是可选择的，对应于粒度为 0 或者 1，分为两档，一档为 1B～1MB 另一档为 4KB～4GB（关于粒度的含义在 2.2.5 节说明），所以，并不能从段寄存器中的 16 位地址算出对应的段基地址。为此，在系统中设置了一个系统全局描述符表和一个局部描述符表，这两个表中列出了每一个段的线性基地址即段起始地址，还指出了此段长度即界限值。表中还指出段的属性，即位置、大小、类型（代码

段，堆栈还是数据段）及保护特性，
在访问存储器的时候，系统会对相应
的属性进行检测，看涉及的存储空间
是否符合访问请求的类型。在这种方
式下，通过段寄存器的16位地址从描
述符表中选择一个描述符，所以，此
时段寄存器中的内容称为选择子（se-
lector）。根据描述符，便可查到段基地
址，如图2.22所示。

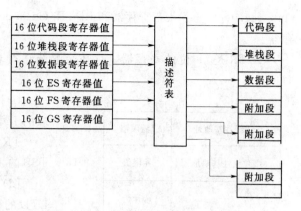

图 2.22 保护方式下段地址的产生

段描述符寄存器有6个，它们和6
个段寄存器一一对应。段描述符寄存
器的结构和段描述符表中每一项的结构一样，如图2.23所示。

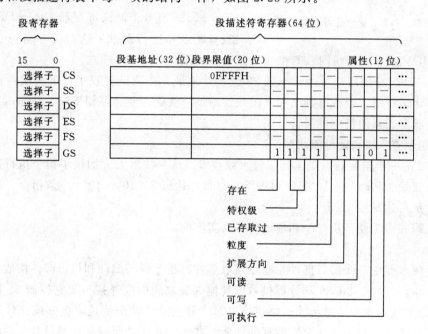

图 2.23 80386 的段寄存器和段描述符寄存器

每个描述符寄存器容纳了一个32位的段基地址，一个20位的段界限值，还有多个属性标志。

### 4. 控制寄存器

80386内部有4个32位的控制寄存器$CR_0$，$CR_1$，$CR_2$和$CR_3$，用来保存机器的各种全局性状态，这些状态影响系统所有任务的运行。它们主要是供操作系统使用的，因此操作系统设计人员需要熟悉这些寄存器。

### 5. 系统地址寄存器

系统地址寄存器有4个，即GDTR（global descriptor table register）全局描述符表寄存器，IDTR（interrupt descriptor table register）中断描述符表寄存器，TR（task state register）任务状态寄存器和 LDTR（local descriptor table register）局部描述符表寄存器。

GDTR 是 48 位的寄存器，存放全局描述符表 GDT 的 32 位线性基地址和 16 位界限值。

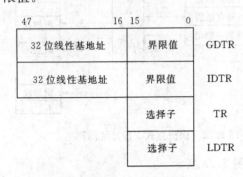

| 47 | 16 | 15 | 0 | |
|---|---|---|---|---|
| 32 位线性基地址 | | 界限值 | | GDTR |
| 32 位线性基地址 | | 界限值 | | IDTR |
| | | 选择子 | | TR |
| | | 选择子 | | LDTR |

图 2.24  4 个系统地址寄存器的结构

IDTR 也是 48 位寄存器，存放中断描述符表的 IDT 的 32 位线性基地址和 16 位界限值。

TR 是 16 位寄存器，它存放任务状态段 TSS 的 16 位选择子。

LDTR 是 16 位寄存器，存放局部描述符表 LTD 的 16 位选择子。

如图 2.24 所示表示了这 4 个寄存器的结构。

6. 调试寄存器和测试寄存器

80386 有 8 个调试寄存器 $DR_0 \sim DR_7$，用于设置断点和进行调试。这些寄存器可在实地址方式用 MOV 指令进行访问，其格式如图 2.25 所示。

$DR_0 \sim DR_3$ 分别用来写入断点的 32 位线性地址，在调试过程中，可一次性设置 4 个断点。程序运行时，当执行到与断点的线性地址一致处，便会停顿下来，并显示当前各个寄存器的状态，以便程序员进行分析。

### 2.2.4  指令流水线和地址流水线

80386 的一个重要特点是采用了流水线技术。这一技术大大加快了指令执行速度，加大了信息流量。80386 在 16MHz 时钟下，每秒可执行 $3 \times 10^6 \sim 4 \times 10^6$ 条指令，总线接口的信息流量可达每秒 32MB。

流水线技术主要是从指令和地址两方面实施的。

1. 指令流水线

指令流水线由总线接口部件、指令预取部件、指令译码部件和执行部件构成。

总线接口部件是 80386 和计算机系统其他部件之间的高速接口，它控制 32 位数据总线和 32 位地址总线的信息传输。总线接口部件最主要的操作就是响应分段部件和分页部件的请求，实现读取指令和存取数据的功能。在 80386 中，所有部件都是独立地相互并行地运行，这样，同一个时候，可能有多个访问总线的请求，为此，80386 的总线接口部件具有同时接收多个总线请求的功能，并能按优先级进行选择。由于取指令所发出的总线请求优先级最低，所以，只有在没有操作数传送请求和其他总线访问请求即总线空闲时，才读取指令。但由于有指令预存部件和指令译码部件进行预工作，所以，这种优先级安排并不影响指令的执行。

80386 的基本总线周期仅由 2 个时钟周期组成。

指令预取部件 IPU 在总线空闲时从存储器读取指令放入 16 字节的指令预取队列，每当队列有一部分空字节或者产生一次控制转移后，指令预取部件就向总线接口部件发总线请求信号，如果没有其他总线周期请求，那么，总线接口部件就会响应请求，使指令预取队列得到补充。

指令译码部件 IDU 对指令进行译码，它从指令预存队列中取出指令并将其译为内部代码，再将这些代码送入 3 条指令长度的先进先出（FIFO）译码指令队列中，等待执行部件处理。

执行部件 EU 由运算器，一系列寄存器包括控制 ROM 在内的控制部件和测试部件组成，后者能对复杂的存储器保护功能进行快速测试。

80386 中，所有的指令都是在微程序控制下执行的。

对微程序概念说明如下。我们知道，每条指令的功能都是通过一系列有次序的基本操作完成的，比如加法指令包含取指令地址、计算、取数、加法运算 4 步，而每一步中又包含若干个基本操作，通常将这些基本操作称为微操作。在微程序控制类型的计算机中，把同时发出的控制信号所执行的一组微操作称为一条微指令。比如，加法指令就由 4 条微指令实现。这样，一条指令就对应了一个微指令的序列，这个序列就称为微程序。可见，执行一条指令实际上就是执行一段响应的微程序，微程序通常放在控制 ROM 中。

在 80386 中，译为内部代码的指令包含多个字段，其中一个字段指向该指令对应的微程序的开始地址，在指令流水线设计中，当前一条指令对应的微程序接近完成时，就启动接收下一个微程序的开始地址，通过这种指令提取和指令执行的重叠，有效地提高了指令执行速度。

此外，在流水线设计中，还采用了指令执行的重叠方法。因为在程序中，访问存储器的指令（包括堆栈操作指令）占很大的比例，所以，采用特殊的技术减少这类指令实际占用的时钟周期数对提高系统的整体速度十分重要。在 80386 中，将每条访存指令和前一条指令的执行过程部分地重叠，采用这种措施，可使总体速率提高 9% 左右。

2. 地址流水线

为了弄清地址流水线的操作，先对逻辑地址、线性地址和物理地址作简要的说明。

逻辑地址就是程序员所看到的地址，也叫虚拟地址，它是在程序中使用的。逻辑地址由 16 位的选择子和 32 位的偏移量组成，选择子对应于一个段基地址，它指向一个逻辑地址空间，偏移量则指向逻辑空间中的一个字节。在指令中，偏移量可能是由基址、变址、位移量等多个因素构成，习惯上，也常将最后计算出的真正的偏移量称为有效地址。因为段地址并不需要程序员确定，这样，程序员只需关注有效地址。80386 的每个任务最多可拥有 16384（$2^{14}$）个段，每段可长达 4GB（即 $2^{32}$B），所以，一个任务的逻辑地址空间可达 64TB（即 $2^{46}$B）。

分段部件将包含选择子和偏移量的逻辑地址转换为 32 位线性地址，这种转换是通过段描述符表来实现的。段描述符表中的每一项即为段描述符，段描述符为 64 位，包含对应逻辑空间的线性基地址、界限、特权级、存取权（只读或可读写）等地址空间的信息。线性地址空间的寻址能力也是 32 位。

分页部件将线性地址转换为物理地址，如果分页部件处于禁止状态，即段内不分页，那么，线性地址就是物理地址。物理地址和芯片引脚上的地址信号相对应，指出存储单元在存储体中的具体位置。

地址流水线就是由分段部件、分页部件和总接线口部件组成的。

在 80386 的程序中，一个偏移量可能由立即数和另外一两个寄存器给出的值构成，分段部件把各地址分量送到一个加法器中，形成有效地址，然后，再经过另一个加法器和段基址相加，得到线性地址，同时还要通过一个 32 位的减法器和段的界限值比较，检查是否越界。

接着，分段部件把线性地址送到分页部件，由分页部件将线性地址转换为物理地址，并且负责向总线接口部件请求总线服务。

在 80386 中，地址流水线技术具体体现在有效地址的形成、逻辑地址往线性地址的转换、线性地址往物理地址的转换这 3 个动作的重叠进行，通常，当前一个操作还在总线上进行时，下一个物理地址就已经算好了，这充分体现了流水线的特点。

此外，为了提高性能，80386 还将存储管理过程用到的段描述符表、页组目录表、页表等都放在 MMU 的高速缓冲存储器中，而且把分段部件和分页部件集成到 80386 芯片中，这样，使多级地址转换快速进行。在典型情况下，可用 1.5 个时钟周期完成逻辑地址往物理地址的转换，而且，由于转换是和微处理器的其他动作重叠的，所以，从程序员的角度看，转换时间几乎为 0。

### 2.2.5 80386 的虚拟存储机制和片内两级存储管理

80386 充分重视了对多任务操作系统的支持性。主要体现在两方面：一是从硬件上为任务之间的切换提供了良好的条件；二是支持容量极大的虚拟存储器。并且为了管理如此大的存储空间，采用片内两级存储管理。

#### 1. 虚拟储存技术

虚拟存储技术的最终体现是建立一个虚拟存储器。虚拟存储器是相对物理存储器而言的，物理存储器指由地址总线直接访问的存储空间，其地址称为物理地址。显然，地址总线的位数决定了物理存储器的最大容量。比如，32 位微型机系统中，物理存储器对应 4GB 的空间，其物理地址为 00000000H～FFFFFFFFH。虚拟存储器是指程序员使用的逻辑存储空间，这可以比物理存储器大的多，因此，可运行大型的程序。

虚拟存储器机制由主存储器、辅助存储器和存储管理部件共同组建。通过管理软件，达到主存和辅存密切配合，使整个存储系统具有接近主存的速度和接近辅存的容量。这种技术不断改进完善，就形成了虚拟存储系统。

程序运行时，CPU 用虚拟地址即逻辑地址访问主存，在此过程中，先通过硬件和软件找出逻辑地址到物理地址之间的对应关系，判断要访问单元的内容是否已装入主存，如是，则直接访问，否则，存储器管理软件和相应硬件会将要访问的单元及有关数据块从辅存调入主存，覆盖主存中原有的一部分数据，并且将虚拟地址变为物理地址。

从上可见，虚拟存储器是由存储器管理软件在主存和辅存基础上建立的一种存储体系。从整体上看，这种体系的速度接近于主存的速度，但其容量却接近于辅存的大小。这种机制解决了存储器的大容量和低成本之间的矛盾。

有了虚拟存储器，用户程序就可以不必考虑主存的容量大小了。程序运行时，存储管理软件会把要用到的程序和数据从辅存一块一块调入主存，好像主存的容量变得足够大，从而程序不再受到主存容量的限制。实际上，这是由于辅存在不断地更新主存数据的缘故，这就是虚拟存储器一词的由来。

按照对主存的划分方式，虚拟存储器有段式虚拟储存器和页式虚拟存储器两类。

段式虚拟存储器机制把主存按段来进行管理，这种方式中不按固定长度对主存进行划分，而是按程序模块将主存划分为段。程序中的一个模块、数组或表格分别对应主存中的一个段，这种方式很适用于模块化结构的复杂程序。

段式虚拟管理机制的长处是段和程序模块相对应，易于管理和维护。缺点是由于各段长度不一，给主存空间的分配带来不便，且容易在段间留下碎片式存储空间，造成存储器浪费和效率降低。

页式虚拟存储器机制按页来划分主存，页的长度固定。一个页面的起点和终点也固定。主存中的页叫实页，虚拟存储器的空间也按页划分，称为虚页。实页和虚页大小相同，只是由于虚拟空间大得多，所以虚页数目也多得多。CPU 访问主存时用逻辑地址即虚拟地址，在访问过程中，首先要判断该地址对应的内容是否在主存中，如在主存中，则要找到对应的实页号，否则需要将所在页从辅存调入主存。

页式虚拟存储器机制的长处是存储器可充分利用，但不便于和模块化程序相衔接。

为此，80386 系统中，采用段页式虚拟存储器机制。这种机制采用两级存储管理，综合了段式虚拟存储器和页式虚拟存储器对主存空间的划分方法，也综合了两者的优点。这种机制也被后来的 80486、Pentium 所继承。

2. 片内两级存储管理

传统上，将存储管理部件 MMU 单独做在一块集成电路芯片中。在这种情况下，如果程序访问的地址不在当前 MMU 管理范围内，就会出现故障，产生一个出错信号，并将控制权交给操作系统，这时，操作系统需要运行一些专用程序进行故障处理。由此，一方面减慢了系统速度，另一方面，又为操作系统的设计带来不少麻烦，80386 不用传统的片外 MMU，而是将 MMU 和 CPU 做在同一个芯片中，并使 MMU 能管理大容量的虚拟存储器。这种片内的 MMU 免去了通常片外 MMU 带来的种种延迟，而且，程序员可以使用的存储空间，即逻辑地址空间大大超过物理地址空间，所以极大地减少了存储空间出现故障的几率，减轻了操作系统的负担。

在两级存储管理中，段的大小可以选择，因此，可以随数据结构和代码模块的大小而确定，使用起来很灵活，另外，对每一段还可赋予属性和保护信息，从而可以有效地防止在多任务环境下各个模块对存储器的越权访问。

下面，具体分析 80386 中怎样实现两级存储管理。

为了实现分段管理，把有关段的信息即段基地址、长度、属性全部存放在一个称为段描述符（简称描述符）的 8 字节长的数据结构中，并把系统中所有的描述符编成表以便硬件查找和识别。80386 共设置了 3 种描述符表，即全局描述符表 GDT（global descriptort-able）、局部描述符表 LDT（10cal descriptor table）和中断描述符表 IDT（interruptde-scriptor table）。前两个表定义了 80386 系统中使用的所有的段。IDT 则包含了指向多达256 个中断处理程序入口的中断描述符。这些表都放在存储器中，因为它们实际上都是长度为 8B~64KB 之间可变的数组，每个表中的描述符均为 8B 长，所以，前两个表中最多可有 8 192 个描述符。我们已经讲过 16 位段寄存器中存放着选择子，实际上，选择子的高 13 位就是此段对应的段描述符在表中的索引地址。

采用描述符表带来如下 3 方面的优点：

1）可以大大扩展存储空间。有了描述符表后，段地址不再由 16 位的段寄存器直接指出，而是由段描述符指出，因此，存储器的长度只受到段描述符长度的限制。在 80386 中，每个段描述符为 8 个字节，其中，4 个字节（32 位）用来存放段地址，所以，每段的长度最大为 $2^{32}$（4G）字节。

2）可以实现虚拟存储。在 80386 系统中，并不是所有的段都放在内存，而是将大部分段放在磁盘上，但用户程序并不觉察这一点。这就是虚拟存储，而虚拟存储的实现正是利用描述符表来实现的。在每个段描述符中，专用一位属性指示当前此描述符所对应的段驻留在磁盘还是在内存。如果一个程序试图访问当前不在内存而在磁盘上的段，则 80386 会通过一个中断处理程序将此段调入内存，然后，再往下执行程序。

3）可以实现多任务隔离。在多任务系统中，希望多个任务互相隔离。有了描述符表，就很容易做到这一点。只要在系统中除了设置一个公用的全局描述符表外，再为每个任务建一个局部描述符表就行了，这样，每个任务除了一些和系统有关的操作要访问全局描述符表外，其他时候只能访问本任务相关的局部描述符表，因此，每个任务都有独立的地址空间，就像每个任务独享一个 CPU 一样。

因为描述符表是位于存储器中的，为此，分别用一个寄存器来指出其位置。这 3 个寄存器分别称为全局描述符表寄存器 GDTR、局部描述符表寄存器 LDTR 和中断描述符表寄存器 IDTR。由于 GDTR 和 IDTR 是面向系统中所有任务的，是全局性的，所以，GDTR 和 IDTR 所在的存储区用 32 位线性地址和 16 位界限指出，即 GDTR 和 IDTR 均为 6 字节寄存器，而 LDTR 是面向某个任务的，所以，LDTR 中每一项所定义的存储区作为对应任务的一个段，其位置用一个 16 位选择子指出，LDTR 就是容纳这个选择子的 16 位寄存器。如图 2.25 所示。

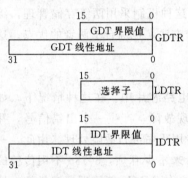

图 2.25　描述符表寄存器 GDTR、LDTR 和 IDTR

如上所述，GDTR 含有可供系统中所有任务使用的段描述符，另外，系统把每个局部描述符表也看成一种特殊的段，并分别赋予描述符，这样，GDTR 中还包含各个局部描述符表 LDTR 的描述符。而 LDTR 只含有与系统中某一个给定任务相关的各个段的描述符。通常，80386 的多任务操作系统除了设置一个 GDTR 外，还使每个任务有一个独立的 LDTR，这样，就可以使每一个任务的代码段、数据段、堆栈段和系统其他部分隔离开来，但和所有任务有关的公用段（通常为操作系统数据段、堆栈段及表示任务状态的任务状态段）的描述符仍放在全局描述附表中。如果某一任务的段描述符不包含在 GDTR 和当前 LDTR 中，那么，该任务就不能访问相应的段，这样，既保证了全局性数据被所有任务共享，又保证了每个任务的自我保护和相互隔离。

IDTR 含有指出各中断服务程序位置的描述符，每个中断服务程序对应一个描述符；如图 2.26 所示说明了 IDTR 的功能。

80386 有两类段，即非系统段和系统段，这两类段的描述符有些差别，下面分别

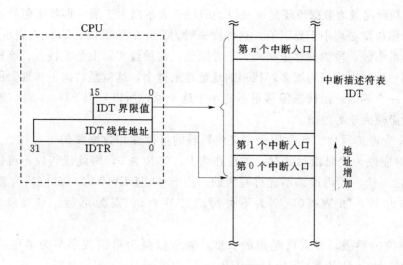

图 2.26　IDTR 的功能

讨论：

a. 非系统段描述符。

非系统段即通常的代码段、数据段，另外，堆栈段被看成数据段。如图 2.27 所示是非系统段描述符的格式和含义。

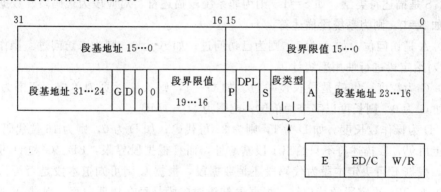

图 2.27　非线性段描述符的格式和含义

从图 2.27 中可见，非系统段描述符中包含了如下内容：

（a）32 位的段基地址。

（b）3 位的段类型，用来定义段的可读写类型、可执行类型以及段偏移量和界限值之间的关系。3 位段类型的具体含义如下：

① E 称为可执行位。此位用来区分代码段和数据段。如 E 为 1，且 S＝1，则对应段为代码段，可执行；如 E 为 0，且 S＝1，则对应段为数据段，不可执行。其他情况无意义。

② ED/C 称为扩展方向/符合位。当 E＝1 且 S＝1，对应段为可执行代码段，本位作为符合位 C，此时，如 C＝1，则本代码段可以被调用并执行，否则不能被当前任务调用。当 E＝0 且 S＝1 时，对应段为数据段（包括堆栈段），本位作为扩展方向 ED 用，据扩展

方向 ED 可判断此段为数据段还是堆栈段。ED＝0 表示向上扩展，即界限值为最大值，使用时，段的偏移量必须小于界限值，这种段一般为真正的数据段。ED＝1 表示向下扩展，即界限值为最小值，段的偏移量必须大于界限值，这种段实际上是堆栈段。堆栈底部的地址最大，随着堆栈中数据的增多，栈顶的地址越来越小，这就是"向下扩展"的含义。为此，要规定一个界限，使栈顶偏移量不能小于这个值，所以，当 ED＝1 时，规定了在使用中偏移量必须大于界限值。

③W/R 为可读写位。此位用来定义代码段的可读性和数据段的可写性。当 S＝1 且 E＝1 时，对应段为代码段，此时，本位作为 R，如 R 为 0，则此代码段不可读；如 R＝1，此代码段可读。代码段是不允许写入的。当 S＝1 且 E＝0 时：对应段为数据段，此时，本位作为 W，如 W＝0，则为不可写；如 W＝1，则为可写。堆栈段的 W 必须为 1。

(c) 20 位的界限。界限就是段的长度，通常以页为单位或字节为单位。最长可为 $(2^{20}-1)$ 页，计为 $4KB \times (2^{20}-1) = 4GB$。

(d) P 为存在位。如 P＝1，则对应段已装入主存储器；如 P＝0，则对应段目前并不在主存储器中，而要从磁盘调进来，所以，如此时访问该段，就会出现段异常。

(e) DPL 是描述符特权级。它指出了对应段的保护级，从高到低可为 0～3 级，0 级最高，3 级最低。特权级用来防止一般用户程序任意访问操作系统的对应段。

(f) S 是描述符类型。如 S＝1，则为非系统段描述符，对应段为代码段、数据段或堆栈段；如 S＝0，则为系统段描述符。

(h) A 是访问位。如 A 为 1，则为已访问过；如 A 为 0，则为未访问过。操作系统利用 A 位对给定段进行使用率统计。

(h) G 为粒度，也就是段长度单位。如 G＝1，则长度以页为单位，范围为 4KB～4GB；如 G 为 0，则长度以字节为单位，范围为 1B～1MB。

(i) D 为操作数长度。如 D 为 1，则为 32 位代码；如 D 为 0，则为 16 位代码。

由上可见，段描述符不只给出了段基地址，而且根据段界限，ED、G 和 D 可决定段的长度，根据 E 可决定本段为代码段还是数据段，根据 C 则可知道本段是否可执行，此外还可根据 DPL 决定段的特权级，根据 P 知道对应段是否在物理主存，根据 A 则可知段的使用情况。

b. 系统段描述符。

当描述符中的 S 为 0 时，此描述符对应一个系统段。系统段包括任务状态段 TSS 和各种门，另外，局部描述符表 LDT 也作为一种系统段，任务状态段是多任务系统中的一种特殊数据结构，它对应一个任务的各种信息。

所谓门，实际上是一种转换机构，门的类型有调用门、任务门、中断门及陷阱门。调用门用来改变任务或者程序的特权级别；任务门像个开关一样，用来执行任务切换；中断门和陷阱门用来指出中断服务程序的入口。

如图 2.28 所示，系统段描述符大多数字段和非系统段描述符相同，只是在系统段描述符中，A 位不再存在，第 24～27 共 4 位作为段类型值，而且也不再按 E、ED/C、W/R 来划分类型。4 位类型值决定了 16 种类型，见表 2.8。

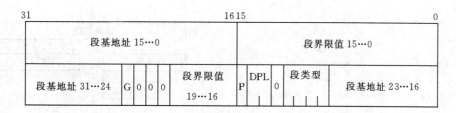

图 2.28　系统段描述符的格式与含义

**表 2.8**　　　　　　　　　　　　　　　　**系统段的 16 种类型**

| 类型值 | 段类型 | 类型值 | 段类型 |
|---|---|---|---|
| 0 | 未定义 | 8 | 未定义 |
| 1 | 作为 80286 的任务状态段 TSS | 9 | 80386 的任务状态段 TSS |
| 2 | LDT 描述符 | A | 未定义 |
| 3 | 80286 的忙碌任务状态段 TSS | B | 80386 的忙碌任务状态段 TSS |
| 4 | 80286 的调用门 | C | 80386 的调用门 |
| 5 | 80286 或 80386 的任务门 | D | 未定义 |
| 6 | 80286 的中断门 | E | 80386 的中断门 |
| 7 | 80286 的陷阱门 | F | 80386 的陷阱门 |

对 16 种类型，作以下几点说明：

（a）TSS 是任务状态段的缩写，当描述符中 S＝0 且 TYPE 为 1、3、9、B 时，即为 TSS 描述符。TSS 是一种特殊的固定格式的段，它属于系统段。

（b）LDT 描述符对应于一个局部描述符表 LDT。对于一个特定的任务来说，只有一个 LDT，当然在一个多任务系统中，会有多个 LDT 描述符，它们分别对应于各个任务的 LDT。

（c）门描述符也是系统段描述符，当描述符中的 S＝0 且 TYPE 为 4、5、6、7、C、E、F 时，均为门描述符。

每个任务可以定义很多段，最多可为 16384 段，再与 32 位的偏移量组合，便可以提供 64TB 的地址空间。每段对应一个段描述符。一个任务运行时，可以使用系统中两个描述符表，一个是所有任务公用的 GDT，另一个是专为此任务设置的 LDT。

在任务运行过程中，通过段寄存器中的段选择子来选择 GDT 或 LDT 中对应项，如图 2.29 所示。

从图 2.29 中可见，段选择子的第 0、1 位 PRL 用来定义此段使用的特权级别，可为 0～3 级。第 2 位 TI 称为描述符表的指示符，用来指出此描述符在哪个描述符表中，如 TI 为 1，则在 LDT 中，如 TI 为 0，则在 GDT 中。高 13 位是段描述符索引，以此指出所选项在描述符表中的位置。一个描述符表最多可含有 8k 个描述符，故用 13 位便可确定表中一个描述符的位置。每个描述符为 8 个字节，因此，描述符表的长度最大可达 64KB。

到此，可以利用如图 2.30 所示来了解一下逻辑地址到线性地址的转换，进而可以从图 2.31 来初步了解逻辑地址到物理地址的转换。

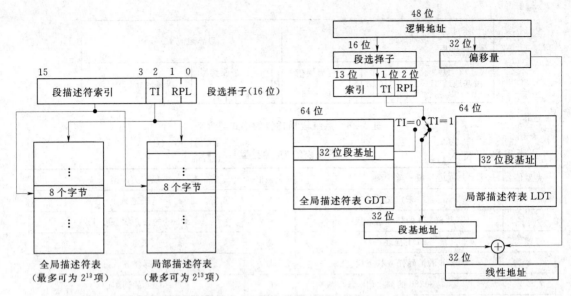

图 2.29  段选择子的功能和含义        图 2.30  从逻辑地址到线性地址的转换

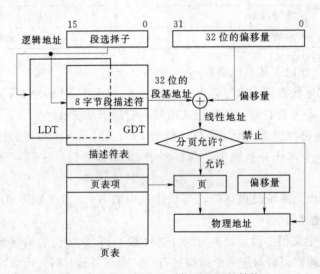

图 2.31  从逻辑地址到物理地址的转换

    在指令中，所用的是由 16 位的段寄存器指出的段选择子和 32 位的偏移量构成的逻辑地址。段选择子用来指向两个描述符表中的某一个段描述符，即先依据段选择子的 TI 值选中 GDT（TI＝0）或 LDT（TI＝1），再由高 13 位索引值在某个描述符表中选中一个描述符。段描述符提供一个 32 位的段基地址，此基地址加上偏移量是线性地址，线性地址经过分页部件的转换，便得到物理地址，在禁止分页的情况下，线性地址就是物理地址。

    实地址方式和保护方式在机制上的主要差别在于分段部件将逻辑地址转换为线性地址的方法不同。用实地址方式时，段寄存器中的值就是段地址，分段部件将它左移 4 位，再加上 16 位的偏移量即为现行地址；用保护方式时，段寄存器中的内容作为段选择子，而段选择子和描述符中一个 32 位的线性基地址相联系，将这个基地址和 32 位偏移量相加得到线性地址。

分段部件除了将逻辑地址转换为线性地址外，还进行保护检验，如果出现违反保护权限的访问，则出现异常指示。

不管是GDT还是LDT，两者都在主存储器中。如果每次对存储器的访问都要通过位于主存储器中的描述符表进行逻辑地址到物理地址的转换，那会大大降低系统的性能。为此，80386为6个段寄存器设置了一个64位的段描述符寄存器，实际上这是一个高速缓冲存储器，其中保存着相应段寄存器中的选择子所对应的段描述符，每次装入选择子时，段描述符一起装入，这样，以后访问存储器时，就不必通过描述符表查找段描述符而代之以高速缓存中的描述符信息，从而节省了访问存储器的时间。段描述符寄存器中的信息也是程序员看不见的，在段寄存器的内容改变时，对应的段描述符寄存器的内容跟着改变。

（2）分页管理。

在80386系统中，段的长度是可变的，而页的长度是固定的，每页为4KB。

分页的优越性很突出。在多任务系统中，有了分页功能，就只需把每个活动任务当前所需的少量页面放在存储器中，这样，提高了存取效率。这里不再对分页管理展开具体讨论，感兴趣的读者可参考戴梅萼、史嘉权编写的《微型计算机技术及应用》，该书是由清华大学出版社出版。

### 2.2.6 80386的信号和总线状态

1. 80386的信号

80386采用132引脚的栅状阵列封装（PGA），不过实际上其中8条引脚为空，21条为Vs、20条为Vcc，剩下的为34条地址线（$A_2 \sim A_{31}$，$\overline{BE_0} \sim \overline{BE_3}$），32条数据线（$D_0 \sim D_{31}$）及17条控制线，如图2.32所示。

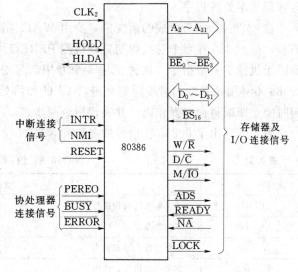

图2.32 80386的信号

对这些信号线作简要说明如下：

（1）80386的数据线是三态双向的，数据传送时，可按16位传送，也可按32位传送，这是通过$\overline{BS_{16}}$信号来控制。当$\overline{BS_{16}}$为低电平时，在$D_0 \sim D_{15}$进行16位数据传送，当$\overline{BS_{16}}$为高电平时，在$D_0 \sim D_{31}$进行32位数据传送。在地址线$\overline{BE_0} \sim \overline{BE_3}$配合下数据总线还可按字节传送。具体为：

1）$\overline{BE_0}$为低电平，则$D_0 \sim D_7$实现数据传送。

2）$\overline{BE_1}$为低电平，则$D_8 \sim D_{15}$实现数据传送。

$\overline{BE_2}$为低电平，则$D_{16} \sim D_{23}$实现数据传送。

$\overline{BE_3}$为低电平，则$D_{24} \sim D_{31}$实现数据传送。

（2）地址线由$A_2 \sim A_{31}$组成，它们也是三态的，但为单向输出。这些三态的地址输出线, 提供了物理存储器的地址和 I/O 端口的地址, 能寻址 4GB(00000000H～FFFFFFFFH) 的物理存储器和 64KB(00000～FFFFH) 的 I/O 端口。$\overline{BE_0}$～$\overline{BE_3}$ 充当了地址总线的一部分, 提供了对 4 个字节的选择。

(3) $CLK_2$ 是外部时钟芯片 82384 提供的信号, 它为 80386 提供最基本的定时功能。在 80386 内部, 将 $CLK_2$ 二分频, 得到 16MHz 主频。

(4) 80386 芯片的 PEREQ、$\overline{BUSY}$ 和 $\overline{ERROR}$ 是和协处理器 80287、80387 的接口信号。

PEREQ 是协处理器请求信号, 当协处理器请求和存储器之间传送数据时, 此信号有效。80386 响应后, 便会提供正确的传送方向和存储器地址来控制传送, 因为协处理器正在执行的指令是存储在 80386 中的。

$\overline{BUSY}$ 是协处理器忙信号, 这是一个状态信号。$\overline{BUSY}$ 有效, 表示协处理器正在执行指令, 因而不能接收新的指令。

$\overline{ERROR}$ 是协处理器出错信号, 这也是一个状态信号。80386 在查到 $\overline{ERROR}$ 信号时, 会转到错误处理程序。

在 8086 和 8087 组成的系统中, 要用 WAIT 指令来使 CPU 和协处理器之间实现指令同步, 但 80386 在每个总线周期自动检测 PEREQ、$\overline{BUSY}$ 和 $\overline{ERROR}$ 信号, 以决定协处理器能否执行下一条指令, 这种采用 3 个专用信号对协处理器进行持续性检测的方法, 使80386 不必用预备性的总线周期来进行 CPU 和协处理器之间的通信, 而使协处理器在空闲时能立即取得命令操作码, 并实现指令同步。

表 2.9 列出了 80386 各信号的名称和含义。

表 2.9  80386 的 信 号

| 名 称 | 含 义 |
|---|---|
| CLK2 | 外部输入的时钟信号 |
| $D_0 - D_{31}$ | 双向数据总线 |
| $A_2 - A_{31}$ | 地址总线, 三态输出 |
| $\overline{BE_0}$～$\overline{BE_3}$ | 字节控制信号, 输出 |
| $W/\overline{R}$ | 读写控制信号, 输出 |
| $D/\overline{C}$ | 数据/控制信号, 指出是数据传送周期还是控制周期, 输出 |
| $M/\overline{IO}$ | 访问存储器和 I/O 端口的控制信号, 输出 |
| $\overline{LOCK}$ | 总线封锁信号, 输出 |
| $\overline{ADS}$ | 地址状态信号, 表示地址信号有效, 类似于 8086 的 ALE, 三态输出 |
| $\overline{NA}$ | 下一个地址请求信号, 有效时允许地址流水线操作, 输入 |
| $\overline{BS_{16}}$ | 总线宽度控制信号, 有效时, 只在低 16 位传输数据, 输入 |
| RESET | 复位信号, 输入 |
| $\overline{READY}$ | 准备好信号, 有效时表示当前总线周期已完成, 输入 |
| INTR | 外部可屏蔽中断请求信号, 输入 |
| NMI | 外部非屏蔽中断请求信号, 输入 |

| 名　称 | 含　义 |
|---|---|
| HOLD | 总线保持信号，由要求占用总线的协处理器发出，输入 |
| HLDA | 总线保持响应信号，有效时，CPU 让出总线给其他处理器使用，输出 |
| PEREQ | 协处理器请求信号，有效时，表示协处理器要求 80386 控制存储器和协处理器之间的信息输入，输入 |
| $\overline{BUSY}$ | 协处理器忙信号，输入 |
| $\overline{ERROR}$ | 协处理器出错信号，输入 |

**2. 80386 的总线周期**

CPU 使用总线周期来完成对存储器和 I/O 接口的读写操作以及中断响应，每个总线周期与 3 组信号有关，即：

(1) $M/\overline{IO}$、$W/\overline{R}$、$D/\overline{C}$ 为周期定义信号，它们决定了总线周期的操作类型和操作对象。

(2) $A_2 \sim A_{21}$、$\overline{BE_0} \sim \overline{BE_3}$ 为地址信号。

(3) $\overline{ADS}$ 为地址状态信号，它决定 CPU 什么时候启动新的总线周期并使地址信号有效。

当地址在总线上有效、总线周期定义信号指明了对应的总线周期类型、且 $\overline{ADS}$ 信号为低电平时，一个总线周期就开始了。

80386 中，一个 $CLK_2$ 时钟周期称为一个总线状态，最快的 80386 总线周期需要 2 个总线状态。如果外设或存储器足够快，便可用 2 个总线状态作为一个总线周期实现对 I/O 接口或存储器的访问。

80386 的总线周期按照 CPU 工作状态可分为读写总线周期、中断响应周期、暂停和停机周期。

1) 读写总线周期。读写总线周期有两种定时方式，一种为流水线方式的地址定时，另一种为非流水线方式的地址定时，这两种方式通过 $\overline{NA}$（下一个地址）信号选择。当 $\overline{NA}$ 为 0 时，为流水线方式的地址定时，当 NA 为 1 时，为非流水线方式的地址定时。

在流水线方式地址定时情况下，总线周期一个接一个地执行，在前一个总线周期结束前，下一个总线周期的地址信号 $\overline{BE_0} \sim \overline{BE_3}$，$A_2 \sim A_{31}$ 以及和总线周期有关的控制信号 $W/R$、$D/C$、$M/10$ 都已处于有效状态。

对非流水线方式有如下规则：

a. 非流水线方式地址定时情况下可能出现 4 个状态，即 $T_1$、$T_2$、$T_i$ 和 $T_h$。其中 $T_1$ 和 $T_2$ 是总线周期的两个基本状态，在 $T_1$ 状态下，CPU 驱动新的地址信号，$\overline{ADS}$ 处于有效电平，并确立读写信号 $W/\overline{R}$ 总线宽度信号 $\overline{BS_{16}}$。跟在 $T_1$ 状态后面的必定为 $T_2$。在 $T_2$ 状态，如 $\overline{READY}$ 处于有效电平，则当前总线周期结束。$T_i$ 为空闲状态，$T_h$ 则为保持响应状态，在 $T_h$ 和 $T_i$ 状态，$\overline{BS_{16}}$ 不起作用。

b. 在总线空闲状态 $T_i$ 之后，CPU 总是使用非流水线方式地址定时。

c. 在 $T_2$ 状态，CPU 会检查 $\overline{NA}$ 信号和 $\overline{READY}$ 信号是否处于有效电平，如 $\overline{NA}$ 无效且

$\overline{READY}$有效，则不插入等待状态而结束这个总线周期，如$\overline{READY}$也为无效，则插入等待状态 $T_2$，且在此 $T_2$ 状态再重复上述信号检测，这样可能会插入多个 $T_2$ 状态。

d. 在 $T_2$ 状态末尾，如检测到$\overline{NA}$信号处于有效电平，且 HOLD 也处于有效电平，则转入流水线方式的地址定时。

e. 在非流水线地址方式，如果$\overline{BS_{16}}$和$\overline{NA}$均为有效电平，则$\overline{BS_{16}}$的优先级高，即在下一个状态，CPU 只是转到 16 位传送而不能转到流水线地址方式，这样下一个周期将仍为非流水线地址方式。

2）中断响应周期。当外部中断请求信号从 INTR 进入时，如中断允许标志 IF 为 1，则 80386 就会进入两个中断响应周期，这两个周期类似于由总线周期定义信号所定义的读周期，每个周期都要持续到$\overline{READY}$信号有效才终止。

两个中断响应周期由 $A_2$ 信号来区分。在第 1 个周期，$A_2$ 为高电平，$\overline{BE_1} \sim \overline{BE_3}$ 为高电平，$\overline{BE_0}$ 为低电平，而 $A_3 \sim A_{31}$ 为低电平，使此时字节地址为 4。在第 2 个周期，$A_2$ 为低电平，$\overline{BE_1} \sim \overline{BE_3}$ 为高电平，$\overline{BE_0}$ 为低电平，$A_3 \sim A_{31}$ 为低电平，使此时字节地址为 0。

在这两个中断响应周期中，封锁信号$\overline{LOCK}$一直为低电平即有效电平，在两个中断响应周期之间插入了 4 个空闲状态 $T_i$，这样做的目的是为了在 80386 速度进一步提高时，使 CPU 和速度较慢的 8259A 兼容。在两个响应周期中，数据线 $D_0 \sim D_{31}$ 处于浮空状态，直到第 2 个中断响应周期结束时，CPU 才从 $D_0 \sim D_7$ 上读取一个处于 0~255 之间的中断类型号。

3）暂停周期和停机周期。CPU 在执行 HALT 指令时，则处于暂停状态，进入总线暂停周期；而当 CPU 处理故障时，则进入停机周期。暂停周期和停机周期从信号上的区别就是$\overline{BE_0}$和$\overline{BE_2}$的值不同。当$\overline{BE_0}=1$，$\overline{BE_2}=0$ 即字节地址为 2 时，为暂停周期；当$\overline{BE_0}=0$，$\overline{BE_2}=0$ 即字节地址为 0 时，为停机周期。在这两种周期中，数据总线上的数据没有意义。

当 NMI 或 RESET 处于有效电平，即有非屏蔽中断请求或者复位时，会使 CPU 脱离暂停周期或停机周期而进入执行状态。在 IF＝1 时，外部可屏蔽中断请求也可使 CPU 从暂停周期或停机周期进入执行状态。

## 2.3　32 位微处理器 Pentium

### 2.3.1　Pentium 系列微处理器的技术发展

奔腾（pentium）系列微处理器，通常称为第 5 代微处理器。

Intel 公司在 1993 年推出 Pentium 以后，1995 年 11 月至 2000 年 11 月期间，Intel 又相继推出增强型 Pentium Pro、多媒体专用指令集型 Pentium MMX，接着连续推出 Pentium Ⅱ、Pentium Ⅲ 和 Pentium Ⅳ。在此过程中，CPU 的集成度和主频不断提高，Pentium Ⅳ 时钟频率可达 3.8GHz。每一个新的 CPU 的推出都带来重大的技术革新。

在 1995 年推出 Pentium Pro 内部设置了 3 条指令流水线，含 36 条地址线，直接寻址范围为 64GB。在结构上，Pentium Pro 其实是由两个芯片共同构成的，一个是真正的 CPU，内部含有 550 万个晶体管，另一个是 512KB 的二极 Cache，两者之间通过 64 位的专用总线连接。大容量二级 Cache 的加入大大提高了运行速度。但是两个芯片之间采用连接来构成 CPU 的方式使得成品率很低，以至于价格居高不下，从而使得 Pentium Pro 只用于一些高档工作站和服务器。

Pentium MMX 集成了 450 万个晶体管，虽然片内没有二级 Cache，但是其代码 Cache 和数据 Cache 均高达 16KB，主频达 266MHz。Pentium MMX 最主要的特点是 MMX 功能的加入，MMX 是多媒体扩展指令集（multi media extension）的缩写，这是在常用指令集基础上增加的 57 条多媒体指令构成的，通过这些指令，可以大大加快多媒体程序的运行速度，使 Pentium MMX 在多媒体处理方面有独到之处。此时，它定义了 4 种紧缩型数据类型，这些数据类型非常有利于多媒体处理中图像数据的表达、传输和处理。按照这种数据类型，要求每次将 8 字节的数据作为一个数据包进行传输和处理，为此，CPU 内部增加了 8 个 64 位的 MMX 寄存器。

1997 年 5 月推出了 Pentium II 内部含有 750 万个晶体管，最高频率达 500MHz，它汇总了 Pentium Pro 和 Pentium MMX 两者之长，不但支持指令集 MMX，而且除了 16KB 的一级指令 Cache 和 16KB 的一级数据 Cache 外，还含有 512KB 的内部二级 Cache。在结构上，它用一块印刷电路板使 CPU 和二级 Cache 装在一起，再用外壳封装。此后，Intel 又推出只配置 128KB 二级 Cache 的 Pentium Celeron（即赛扬），这种 CPU 由于减少了 Cache 容量，使得价格显著降低。

Pentium II 最重要的创新技术是增加了由多分支预测技术、数据统计分析技术和推测执行技术相结合而实现的动态执行机制。多分支预测技术类似于 Pentium 的分支预测技术，其思想是 CPU 读取指令时在遇到多分支情况下通过查看前面的历史状态来预测程序的流程走向；数据统计分析技术着重分析哪些指令依赖于其他指令的执行结果，从而建立优化的指令执行队列；推测执行技术通过数据相关情况分析和程序执行过程分析，从而更正确更有效地提高流水线的执行效率。

1999 年 2 月，Intel 又推出内部集成了 950 万个晶体管的 Pentium III，开始的工作频率为 450 MHz，后来高达 1GHz 以上。这是一个专门为了提高微型机的网络性能而设计的 CPU，至今共有 3 个系列 15 种 Pentium III 产品，每一种的主频不相同。

Pentium III 除了一级 Cache 外，还有 512KB 的二级 Cache，最大寻址空间达 64GB。它通过 8 个 64 位 MMX 寄存器和 8 个 128 位的 SSE 寄存器，达到既支持 MMX 指令集，又可执行含 70 条互联网流式单指令多数据的指令集（streaming SIMD extension，SSE）。

SSE 中有 8 条连续数据流优化指令，这种指令通过新的数据流预取技术减少了处理如音频、视频和数据库这些连续数据的中间环节，大大提高了 CPU 处理连续数据的效率；SSE 中还有 50 条多数据浮点运算指令，每一条指令能处理多组浮点运算数据，从而可有效提高浮点数据处理速度；另外，还有 12 条多媒体指令，它们采用改进的算法，显著提高了视频处理和图片处理的质量。

2001 年 11 月，最新的 Pentium IV 走向市场，其内部含有 4200 万个晶体管，Pentium IV 主频高达 3.06GHz。它采用如下一系列新技术来面向网络功能和图像功能。

（1）超级流水线技术。Pentium IV 将指令流水线划分为 20 级，而 Pentium III 的指令流水线只有 10 级。指令流水线的级数越多，会使每级的执行过程越简单，每一步可以更快完成，对应电路结构也更简化。这样，有利于提高时钟频率，使系统的其他环节速度加快，从而提高总体速度。

（2）跟踪性指令 Cache 技术。这种技术将指令 Cache 和数据 Cache 彻底分开，并且只把数据 Cache 作为一级 Cache。将指令 Cache 作为二级 Cache，并采用一种跟踪性机制，在分支预测出错时，由于是跟踪性的，所以，可很快从指令 Cache 取指重建指令流水线。

（3）采用双沿指令快速执行机制。Pentium Ⅳ 采用时钟缓冲电路，使 ALU 在时钟的上升沿和下降沿都可进行运算，即采用双沿机制，从而对应半个时钟周期就可以完成一次算术运算，这使总体运算速度显著提高。

（4）能执行 SSE2 指令集。SSE2 指令集含 144 条指令，在 SSE 指令集基础上进一步提升了多媒体的性能。

### 2.3.2 Pentium 的原理结构

1. Pentium 的主要部件

Pentium 内部的主要部件如图 2.33 所示，其中包括：

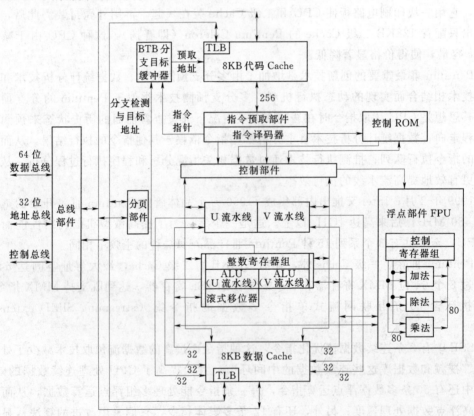

图 2.33　Pentium 的主要部件和原理结构

（1）总线接口部件。

（2）U 流水线和 V 流水线。

（3）指令 Cache。

（4）数据 Cache。

（5）指令预取部件。

（6）指令译码器。

（7）浮点处理部件 FPU。

（8）分支目标缓冲器 BTB。

（9）控制 ROM。

（10）寄存器组。

2. 原理结构

Pentium 中，总线接口部件实现 CPU 与系统总线的连接，其中包括 64 位数据线、32 位地址线和众多控制信号线。以此实现互相之间的信息交换，并产生相应的总线周期信号。

Pentium 采用两条流水线 U 和 V，两者独立运行，这两条流水线中均有独立的 ALU、U 流水线可执行所有整数运算指令，V 流水线只能执行简单的整数运算指令和数据交换指令。每条流水线含有 5 级：取指令、译码、地址生成、指令执行和回写。回写是指一些指令将运算结果写回存储器，只有运算指令才含有这一步。

高速缓存即 Cache 是容量较小、速度很高的可读写 RAM，用来存放 CPU 最近要使用的数据和指令，Cache 可以加快 CPU 存取数据的速度，减轻总线负担。Cache 中的数据其实是主存中一小部分数据的复制品，所以，要时刻保持两者的相同，即保持数据一致性。有关 Cache 的组织方式、数据更新方法以及控制的详细内容将在后面的章节中讲述。

在 Pentium 中，指令 Cache 和数据 Cache 两者分开，从而减少了指令预取和数据操作之间可能发生的冲突，并可提高命中率。Cache 命中是指读取数据时，此数据正好已经在 Cache 中，这样使存取速度很快，所以，命中率成为 Cache 的一个重要的性能指标。两个 Cache 分别配置了专用的转换检测缓冲器（translation look——aside buffer，TLB），用来将线性地址转换为 Cache 的物理地址。Pentium 的数据 Cache 有两个端口，分别用于两条流水线，以便能在相同时间段中分别和两个独立工作的流水线进行数据交换。

指令预取部件每次取两条指令，如果是简单指令，并且后一条指令不依赖于前一条指令的执行结果，那么，指令预取部件便将两条指令分别送到 U 流水线和 V 流水线独立执行。

指令 Cache、指令预取部件将原始指令送到指令译码器，分支目标缓冲器则在遇到分支转移指令时用来预测转移是否发生。

浮点处理部件 FPU 主要用于浮点运算，内含专用的加法器、乘法器和除法器，加法器和乘法器均能在 3 个时钟周期内完成相应的运算，除法器则在每个时钟周期产生 2 位二进制商。浮点运算部件也是按流水线机制执行指令，其流水线分为 8 级，这样，可对应每个时钟周期完成一个浮点操作。实际上，它是 U 流水线的补充，浮点运算指令的前 4 级也在 U 流水线中执行，然后移到 FPU 中完成运算过程。浮点运算流水线的前 4 个步骤与整数流水线的前 4 级一样，即取指、译码、地址生成和指令执行，后 4 步为一级浮点操作、二级浮点操作、四舍五入及写入结果。此外，由于对加、乘、除这些常用浮点指令采用专门的硬件电路实现，所以，大多数浮点运算指令可对应 1 个时钟周期即执行完毕。有了浮点运算部件以后，使得在运行密集的浮点运算指令的程序时，运算速度大大提高。

控制 ROM 中，含有 Pentium 的微代码，控制部件则直接控制流水线。

### 2.3.3 Pentium 的寄存器

Pentium 的寄存器分为如下几类：

1. 基本寄存器组

（1）通用寄存器。

（2）指令寄存器。

（3）标志寄存器。

（4）段寄存器。

2. 系统寄存器组

（1）地址寄存器。

（2）调试寄存器。

（3）控制寄存器。

（4）模式寄存器。

3. 浮点寄存器组

（1）数据寄存器。

（2）标记字寄存器。

（3）状态寄存器。

（4）控制字寄存器。

（5）指令指针寄存器和数据指针寄存器。

和 80386 相比，Pentium 的基本寄存器中，除了标志寄存器外，其余寄存器的命名和使用方法都没有改变。

Pentium 对标志寄存器作了扩充。如图 2.34 所示，这些扩充的标志位对应含义如下所述：

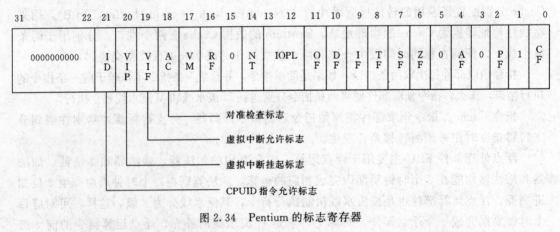

图 2.34　Pentium 的标志寄存器

1）AC 对准检查标志。在对字、双字、四字数据访问时，此位用来指出地址是否对准字、双字或四字的起始字节单元。

2）VIF 虚拟中断允许标志。这是虚拟 8086 方式下，中断允许标志的复制。

3）VIP 虚拟中断挂起标志。提供在虚拟 8086 方式下有关中断的状态信息，为 1 表示挂起。

4）ID CPU ID 指令允许标志。此位为 1 时，允许使用 CPU 标识指令 CPUID 来读取标识码。

复位以后，标志寄存器的内容为 00000002H。

### 2.3.4 Pentium 的主要信号

Pentium 由于增加了许多功能，使得信号数量大大增加，如图 2.35 所示按功能类型标出了 Pentium 的主要信号，下面对这些信号作说明。

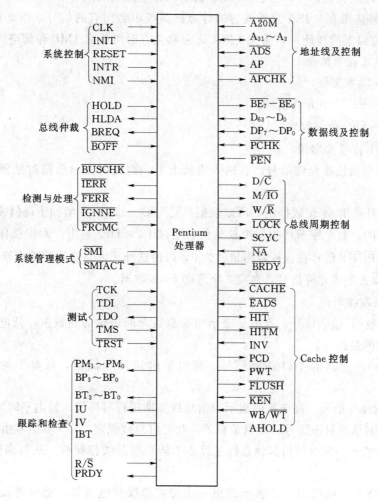

图 2.35 Pentium 的主要信号

1. 地址线及控制信号

(1) $A_{31} \sim A_3$ 地址线。

(2) AP 地址的偶校验码位。

(3) $\overline{ADS}$ 地址状态输出信号。

(4) $\overline{M20M}$ $A_{20}$ 以上的地址线屏蔽信号。

(5) 地址校验出错信号。

由于 Pentium 有片内 Cache，所以，地址线是双向的，既能对外选择主存和 I/O 设备，也能对内选择片内 Cache 的单元。Pentium 的 32 位地址线可寻址 4GB 内存和 64KB

的 I/O 空间，32 位地址信号中，低 3 位地址 $A_2 \sim A_0$ 组合成字节允许信号 $\overline{BE_7} \sim \overline{BE_0}$，所以，$A_2 \sim A_0$ 不对外。

当 $A_{31} \sim A_3$ 有输出时，AP 上输出偶校验码，供存储器对地址进行校验。在读取 Cache 时，Pentium 会对地址进行偶校验，如校验有错，则地址校验信号 $\overline{APCHK}$ 输出低电平。$\overline{ADS}$ 为地址状态信号，它表示 CPU 已启动 1 个总线周期。

$\overline{A20M}$ 信号是所有与 ISA 总线兼容的计算机系统中必须有的信号，当此信号为 0 时，将屏蔽第 20 位以上的地址，以便在访问 Cache 和主存时可仿真 1MB 存储空间。

2. 数据线及控制信号

(1) $D_{63} \sim D_0$ 数据线。

(2) $\overline{BE_7} \sim \overline{BE_0}$ 字节允许信号。

(3) $DP_7 \sim DP_0$ 奇偶校验信号。

(4) $\overline{PCHK}$ 读校验出错。

(5) $\overline{PEN}$ 奇偶校验允许信号，若输入为低电平，则在读校验出错时处理器会自动作异常处理。

Pentium 对外用 64 位数据线，所以数据总线为 $D_{63} \sim D_0$，并增加了奇偶校验，在对存储器进行读写时，每个字节产生 1 个校验位，通过 $DP_7 \sim DP_0$ 输出，而读操作时，则按字节进行校验。$\overline{PCHK}$ 信号在读校验出错时为 0，以便送外部电路告示校验出错。

$\overline{BE_7} \sim \overline{BE_0}$ 为字节允许信号，对应 8 字节即 64 位数据。

3. 总线周期控制信号

(1) $D/\overline{C}$ 数据/控制信号。高电平表示当前总线周期传输的是数据，低电平表示当前总线周期传输的是指令。

(2) $M/\overline{IO}$ 存储器和 I/O 访问信号。高电平时访问存储器，低电平时则访问 I/O 端口。

(3) $W/\overline{R}$ 读写信号。高电平时表示当前总线周期进行写操作，低电平时则为读操作。

(4) $\overline{LOCK}$ 总线封锁信号。低电平有效，此时将总线锁定，$\overline{LOCK}$ 信号由 LOCK 指令前缀设置，总线被锁定时使得其他总线主设备不能获得总线控制权，从而确保 CPU 完成当前操作。

(5) $\overline{BRDY}$ 突发就绪信号。表示结束一个突发总线传输周期，此时外设处于准备好状态。

(6) $\overline{NA}$ 下一个地址有效信号。低电平有效，从此端输入低电平时，CPU 会在当前总线周期完成之前就将下一个地址送到总线上，从而开始下一个总线周期，构成所谓总线流水线工作方式，Pentium 允许 2 个总线周期构成总线流水线。

(7) $\overline{SCYC}$ 分割周期信号。表示当前地址指针未对准字、双字或四字的起始字节，因此，要采用 2 个总线周期完成数据传输，即对周期进行分割。

$M/\overline{IO}$、$D/\overline{C}$ 和 $W/\overline{R}$ 信号和 80386 的对应信号相同。$\overline{BRDY}$ 和 $\overline{RDY}$ 信号类似，$\overline{RDY}$ 信号有效，表示结束 1 个普通传输周期，$\overline{BRDY}$ 有效，表示结束 1 个突发传输周期。在 $\overline{RDY}$ 和 $\overline{BRDY}$ 均有效时，CPU 会忽略 $\overline{BRDY}$。

4. Cache 控制信号

(1) $\overline{Cache}$ Cache 控制信号。在读操作时，如此信号输出低电平，表示主存中读取的数据正在送入 Cache；写操作时，如此信号为低电平，表示 Cache 中修改过的数据正写回到主存。

(2) $\overline{EADS}$ 外部地址有效信号。此信号为低电平时外部地址有效，此时可访问片内 Cache。

(3) $\overline{KEN}$ Cache 允许信号。确定当前总线周期传输的数据是否送到 Cache。

(4) $\overline{FLUSH}$ Cache 擦除信号。此信号有效时，CPU 强制对片内 Cache 中修改过的数据回写到主存，然后擦除 Cache。

(5) AHOLD 地址保持/请求信号。高电平有效，用以强制 CPU 浮空地址信号，为从 $A_{31} \sim A_4$ 输入地址访问 Cache 作准备。

(6) PCD Cache 禁止信号。高电平时，禁止对片外 Cache 的访问。

(7) PWT 片外 Cache 的控制信号。高电平时使 Cache 为通写方式，低电平时为回写方式。

(8) WB/$\overline{WT}$ 片内 Cache 回写/通写选择信号。此信号为 1，则为回写方式，为 0 则为通写方式。

(9) $\overline{HIT}$ 和 $\overline{HITM}$ Cache 命中信号和命中 Cache 的状态信号。$\overline{HIT}$ 低电平时，表示 Cache 被命中。$\overline{HITM}$ 低电平时，表示命中的 Cache 被修改过。

(10) INV 无效请求信号。此信号为高电平时，使 Cache 区域不可再使用而成为无效。

如外部存储器子系统将 $\overline{KEN}$ 信号设置为低电平，就会在存储器读周期中将数据复制到 Cache。

PCD 和 PWT 是用来控制片外 Cache 的。PCD 信号用来向外接 Cache 告示，当前访问的页面已在片内 Cache 中，所以，不必启用外接 Cache。PWT 信号有效时，对外接 Cache 按通写方式操作，否则按回写方式操作。

AHOLD 和 $\overline{EADS}$ 信号用来保证 Cache 数据的一致性。这种情况发生在 DMA 传输中，主存和外设直接交换数据，当主存中某个数据被修改时，如这两个信号有效，Pentium 会马上检查此处原来的数据是否在 Cache 中，如是，则应使 Cache 中的数据无效，以保证数据的正确性和一致性。为此，主存系统在写操作后，通过外部电路将 AHOLD 置 1，Pentium 收到此信号以后，使地址处于高阻状态即无效状态，然后，外部电路把被修改单元的地址送到地址总线，并将 $\overline{EADS}$ 置 0，使外部地址有效，此时，Cache 系统如检测到 Cache 有此地址的数据，则会作无效处理，从而保证 Cache 和主存的数据保持一致。

$\overline{HIT}$、$\overline{HITM}$ 和 INV 用于一种特殊的称为询问周期的操作，在这种总线周期中，通过一个专用端口查询数据 Cache 和指令 Cache，以确定当前地址是否命中 Cache，如命中，则 $\overline{HIT}$ 为低电平，如不但命中 Cache，而且此数据已修改过，则 $\overline{HITM}$ 也为低电平。而 INV 端输入高电平时，使 Cache 不能访问。

### 2.3.5 Pentium 的总线状态和总线周期

1. Pentium 的总线状态

一个总线周期通常由多个时钟周期组成，一个时钟周期对应一个总线状态，所以，一个总线周期由多个总线状态组成。

（1）$T_1$ 状态。这是总线周期的第一个时钟周期即第一个状态，此时，地址和状态信号有效，$\overline{ADS}$信号也有效。同时，外部电路可以将地址和状态送入锁存器。

（2）$T_2$ 状态。此时数据出现在数据总线上，CPU 对$\overline{BRDY}$信号采样，如$\overline{BRDY}$信号有效，则确定当前周期为突发式总线周期，否则为单数据传输的普通总线周期。

（3）$T_{12}$ 状态。这是流水线式总线周期中所特有的状态，此时系统中有两个总线周期并行进行，第一个总线周期进入 $T_2$ 状态，正在传输数据，并且 CPU 采样$\overline{BRDY}$信号，第 2 个总线周期进入 $T_1$ 状态，地址和状态信号有效，并且$\overline{ADS}$信号也有效。

（4）$T_{2P}$ 状态。这是流水线式总线周期中所特有的状态，此时系统中有两个总线周期，第一个总线周期正在传输数据，并且 CPU 对$\overline{BRDY}$采样，但由于外设或存储器速度较慢，所以，$\overline{BRDY}$仍未有效，也因此仍未结束总线周期，第 2 个总线周期也进入第 2 个或后面的时钟周期。$T_{2P}$一般出现在外设或存储器较慢的情况下。

（5）$T_D$ 状态。这是 $T_{12}$状态后出现的过渡状态，一般出现在读写操作转换的情况下，此时数据总线需要一个时钟周期进行过渡，这种状态下，数据总线上的数据还未有效，CPU 还未对$\overline{BRDY}$进行采样。

（6）$T_i$ 状态。这是空闲状态，不在总线周期中，$\overline{BOFF}$信号或 RESET 信号会使 CPU 进入此状态。

$T_i$、$T_2$ 和 $T_{2p}$处都可能等待，$T_i$ 处 CPU 无总线请求，所以总线处于空闲状态等待。$T_2$ 处是由于外设或存储器没有准备好，从而$\overline{BRDY}$信号不是处于有效电平，而且又不是总线流水线方式，即$\overline{NA}$无效，于是，在 $T_2$ 状态等待。如为流水线操作，由于外设和存储器没有准备好，而第一个总线周期未完成，所以在 $T_{2p}$状态等待。

2. Pentium 的总线周期

Pentium 支持多种数据传输方式，可以是单数据传输方式，也可以是突发式传输方式。单数据传输时，一次读写操作至少要用两个时钟周期，可进行 32 位数据传输，也可进行 64 位数据传输。突发式传输方式是 40486、Pentium 特有的一种新型传输方式，用这种方式传输时，在一个总线周期中可传输 256 位数据。与此相应，Pentium 的总线周期有多种类型。

按总线周期之间的组织方式来分，有流水线和非流水线类型，在流水线类型中，前一个总线周期中已为下一个总线操作进行地址传输，而在非流水线类型中，每个总线周期独立进行一次完整的读操作或写操作，与其他总线周期无关。

按总线周期本身的组织方式来分，有突发式传输和非突发式传输类型。突发式传输时，连续 4 组共 256 位数据可在 5 个时钟周期中完成传输。非突发式传输时，通常用两个时钟周期构成一个总线周期传输单个数据，可为 8 位、16 位、32 位或 64 位。

## 2.4　酷睿（core）微处理器简介

2005 年以来，微处理器已由奔腾时代变成是酷睿（core）时代。酷睿通常称为第 6 代微处理器。"酷睿"是一款领先节能的新型微架构，设计的出发点是提供卓然出众的性能和能效，提高每瓦特性能，也就是所谓的能效比。早期的酷睿是基于笔记本处理器的，后来其应用范围已覆盖了服务器、台机等所有计算机领域。典型的酷睿系列是 2010 年 6 月 Intel 推出的第二代 Core i3/i5/i7。第二代 Core i3/i5/i7 隶属于第二代智能酷睿家族，全部基于全新的 Sandy Bridge 微架构。

Intel Core i7 处理器是面向高端用户的 64 位 CPU 家族标识，频率分别为 3.2GHz、2.93GHz 和 2.66GHz。Intel Core i7 是一款 45nm 原生四核处理器，处理器拥有 8MB 三级缓存，支持三通道 DDR3 内存。处理器采用 LGA 1366 针脚设计，支持第二代超线程技术，也就是处理器能以八线程运行。

Intel Core i5 是 Intel Core i7 派生的中低级版本，面向性能级用户的 CPU 家族标识。与 Core i7 支持三通道存储器不同，Core i5 只会集成双通道 DDR3 存储器控制器。另外，Core i5 会集成一些北桥的功能，集成 PCI - Express 控制器。接口亦与 Core i7 的 LGA 1366 不同，Core i5 采用全新的 LGA 1156。

Intel Core i3 是 Intel Core i5 的精简版，是面向主流用户的 CPU 家族标识。Core i3 是 32nm 工艺版本（核心工艺为 Clarkdale，架构是 Nehalem）。Core i3 最大的特点是整合 GPU（图形处理器），也就是说 Core i3 将由 CPU＋GPU 两个核心封装而成。由于整合的 GPU 性能有限，用户想获得更好的 3D 性能，可以外加显卡。

在规格上，Core i3 的 CPU 采用双核心设计，2011 年 2 月，Intel 公司发布了 4 款新酷睿 i 系列处理器和六核芯旗舰酷睿 i7 - 990X。其中包括新版的 I3，也就是 I3 2100。新版的 I3 - I3 2100 与旧 I3 相比，主频提高到 3100MHz，总线频率提高到 5.0GT/s，倍频提高到 31 倍，最重要的是采用最新且与新 I5、新 I7 相同的构架 Sandy Bridge。如图 2.36 所示给出了 Sandy Bridge 全系列酷睿微处理器。

| 定位 | 旗舰级 | 主流级 | | 入门级 |
|---|---|---|---|---|
| 处理器 | ＊Core i7 - 2720M | ＊Core i5 - 2520M | ＊Core i5 - 2410M | ＊Core i3 - 2310M |
| 主频 | 2.20GHz | 2.50GHz | 2.30GHz | 2.10GHz |
| 核心/线程 | 四核八线程 | 双核四线程 | | 双核四线程 |
| 功耗 | 45W | 35W | | |
| 缓存 | 6MB L3 | 3MB L3 | | |
| 芯片组 | HM67 | | | |
| 显示核心 | 英特尔核芯显卡（Intel HD Graphic 3000） | | | |
| 显存容量 | 64MB | | | |
| 内存 | 4GB DDR3 1066 | | | |
| 硬盘 | S - ATA SDD/5400rpm S - ATA HDD | | | |
| 电池 | 53.28Wh | | | |
| 屏幕 | 15″1366×768 | | | |
| 无线模块 | Intel Centrino Advanced - N 6200 | | | |
| 操作系统 | Windows 7 Ultimate 32bit | | | |
| 备注 | 标"＊"为第二代智能英特尔酷睿处理器 | | | |

图 2.36 Sandy Bridge 全系列微处理器与统一硬件测试平台

## 习 题 与 思 考 题

2.1　8086 的总线接口部件由哪几部分组成？

2.2　段寄存器 CS＝1200H，指令指针寄存器 IP＝FF00H，此时，指令的物理地址为多少？指向这一物理地址的 CS 值和 IP 值是唯一的吗？

2.3　8086 的执行部件有什么功能？有哪几部分组成？

2.4　状态标志和控制标志有何不同？程序中是怎样利用这两类标志的？8086 的状态标志和控制标志分别有哪些？

2.5　总线周期的含义是什么？8086/8088 的基本总线周期由几个时钟组成？如一个 CPU 的时钟频率为 24MHz，那么，它的一个时钟周期为多少？一个基本总线周期为多少？如主频为 15MHz 呢？

2.6　在总线周期 $T_1$、$T_2$、$T_3$、$T_4$ 状态，CPU 分别执行什么动作？什么情况下需要插入等待状态 $T_w$？$T_w$ 在哪儿插入？怎样插入？

2.7　在存储器和 I/O 设备读写时，要用到 $\overline{IOR}$、$\overline{IOW}$、$\overline{MR}$、$\overline{MW}$ 信号，这些信号在最大模式和最小模式时分别可用怎样的电路得到？请画出示意图。

2.8　CPU 启动时，有哪些特征？如何寻找系统的启动程序？

2.9　8086 是怎样解决地址线和数据线的复用问题的？$\overline{ALE}$ 信号何时处于有效电平？

2.10　RESET 信号来到后，CPU 的状态有哪些特征？

2.11　概述 80386 的主要功能部件的数据流通方向。

2.12　80386 的存储段和 8086 有什么区别？把每个存储段又分为页面将起什么作用？

2.13　80386 的 MMU 功能块具体有什么功能？逻辑地址、线性地址和物理地址分别由其中什么部件管理？

2.14　80386 有哪 3 种工作方式？为什么要这么多工作方式？

2.15　实地址方式和虚拟 8086 方式都是类似于 8086 的方式，从使用场合和工作特点上看，这两种方式有什么主要区别？

2.16　80386 的段描述符寄存器中包含哪些内容？

2.17　80386 的逻辑地址、线性地址、物理地址分别指什么？它们的寻址能力分别为多少？它们又是如何转换的？

2.18　80386 对多任务功能是如何体现支持性的？

2.19　80386 的地址线中没有 $A_1$ 和 $A_0$，而用 $\overline{BE_0}$～$\overline{BE_3}$ 来产生 $A_1$ 和 $A_0$ 应起的作用，这样做有什么优点？结合数据线 $D_0$～$D_{31}$ 说明这一点。

2.20　Pentium 采用了哪些主要的先进技术？

2.21　Pentium 中，U 流水线和 V 流水线有什么区别？

2.22　Pentium 的标志寄存器和 80386 相比扩展了哪些标志位？

2.23　Pentium 有哪几种总线状态？分别有什么特点？

# 第 3 章  8086 汇编语言指令系统

计算机中的指令由操作码字段和操作数字段两部分组成。即指令的格式一般是：

| 操作码 | 操作数 | … | 操作数 |
|---|---|---|---|

操作码字段指示计算机所要执行的操作，而操作数字段则指出在指令执行操作的过程中所需要的操作数。操作数字段可以是操作数本身，也可以是操作地址或是地址的一部分，还可以是指向操作数地址的指针或其他有关操作数的信息。也就是说操作数字段指出了操作数的来源，这就是操作数的寻址方式。

## 3.1  8086 的 寻 址 方 式

8086 的寻址方式包括数据寻址方式和程序寻址方式。数据寻址方式指获取指令所需的操作数或操作数地址的方式，程序寻址方式指程序中出现转移和调用时的程序定位方式。

### 3.1.1  数据寻址方式

这种寻址方式用来确定操作数地址从而找到操作数。在 8086 微处理器的字长是 16 位，可处理 8 位和 16 位数，只是在乘、除指令中才会涉及 32 位数。本节下面所述例子，数据寻址方式的讨论中均以 MOV d，s 为例，这是传送指令，第 1 操作数为目的操作数 d，第 2 操作数为源操作数 s，指令的功能是把 s 指定的操作数送到 d。

1. 立即寻址方式（immediate addressing）

操作数直接存放在指令中，紧跟在操作码之后，它作为指令的一部分存放在代码段里，这种操作数成为立即数。立即数可以是 8 位的或 16 位的。如果是 16 位数，则高位字节存放在高地址中，低位字节存放在低地址中。

立即数用来表示常数，立即寻址方式经常用于给寄存器赋初值，因为操作数可以从指令中直接取得，不需要使用总线周期，所以立即寻址方式的显著特点就是速度快。另外需要注意的是，立即数只能用于源操作数字段，不能用于目的操作数字段，且源操作数长度应与目的操作数长度一致。

【例 3.1】 MOV  AL，  8

则指令执行后，（AL）＝08H

【例 3.2】 MOV  AX，  1234H

则指令执行后，（AX）＝1234H，1234H 是立即数，它是指令的一个组成部分。

2. 寄存器寻址方式（register addressing）

操作数在寄存器中，指令指定寄存器号。对于 16 位操作数，寄存器可以是 AX、BX、

CX、DX、SI、DI、SP 和 BP；对于 8 位操作数，寄存器可以是 AL、AH、BL、BH、CL、CH、DL 和 DH；采用这种寻址方式的指令在执行时，由于操作数就在 CPU 内部，不需要使用总线周期，因而可以得到较高的运算速度。

【例 3.3】　MOV　AX，　BX

如指令执行前（AX）＝3064H，（BX）＝1234H；则指令执行后，（AX）＝1234H，（BX）保持不变。

除上述两种寻址方式外，以下各种寻址方式的操作数都存放在除代码段以外的存储区中。通过不同的寻址方式求得操作数地址，从而取得操作数。任何内存单元的地址由段基地址和偏移地址组合而得，而段基地址由段寄存器提供，而操作数的偏移地址可以由以下 3 种成分组成：

（1）位移量（displacement），它是存放在指令中的一个 8 位或 16 位的数，但它不是立即数，而是一个地址。

（2）基址（base），它是存放在基址寄存器中的内容。它是有效地址中的基址部分，通常用来指向数据段中数组或字符串的首地址。

（3）变址（index），它是存放在变址寄存器中的内容。它通常用来访问数组中的某个元素或字符串中的某个字符。

一般将这 3 种成分按某种计算方法组合形成的偏移地址称为有效地址（effective address，EA），即有效地址的表达式为：

$$EA＝基址＋变址＋位移量 \tag{3.1}$$

这 3 个成分都是可修改的，以保证指针移动的灵活性。

8086 只能使用 16 位寻址，其中使用 8 位或 16 位的位移量，用 BX 或 BP 作为基址寄存器，SI 和 DI 作为变址寄存器。选择寻址方式所对应的寄存器时，必须符合这一规定。

为了简化指令系统，8086 的指令在形式上只给出了地址偏移量（有效地址），未指明当前段寄存器是哪一个。见表 3.1 说明了各种访存类型下所对应的段的默认选择。

表 3.1　　　　　　　　　　　　　　段寄存器的默认选择

| 访 存 类 型 | 所用段及段寄存器 | 选 择 规 则 |
|---|---|---|
| 指令 | 代码段 CS 寄存器 | 用于取指令 |
| 堆栈 | 堆栈段 SS 寄存器 | PUSH、POP 类代码，任何用 SP 或 BP 作为基址寄存器的访存 |
| 局部数据 | 数据段 DS 寄存器 | 除相对于堆栈以及串处理指令的目的串外的所有数据访问 |
| 串操作的目的串 | 附加段 ES 寄存器 | 串处理指令的目的串 |

实际上，在某些情况下，8086 允许程序员用段跨越前缀来改变系统所指定的默认段，如允许数据存放在除数据段以外的其他段中，此时程序中应使用段跨越前缀。但在以下 3 种情况下，不允许使用段跨越前缀，分别是：

（1）串处理指令的目的串必须使用附加段。

（2）PUSH 指令的目的和 POP 指令的源操作数必须用堆栈段。

（3）指令必须存放在代码段中。

下面介绍访问存储器的数据寻址方式。式（3.1）中的 3 种成分可以任意组合使用，在各种不同组合下其中每一种成分均可空缺，这样可以得到以下 5 种不同组合的寻址方式。

3. 直接寻址方式（direct addressing）

操作数的有效地址只包含位移量一种成分，并存放在代码段中指令的操作码之后。位移量就是操作数的有效地址。

【例 3.4】　MOV　AX，[2000H]

如（DS）=3000H，（32000H）=3050H，（这里用实模式来计算物理地址，本章中其他例子也如此处理。）则执行结果为：（AX）=3050H。该指令的有效地址为 2000H，操作数的物理地址＝数据段基地址×16＋有效地址（2000H）。

在汇编语言指令中，可以用符号地址代替数值地址，如：

MOV　AX，VALUE

此时 VALUE 为存放操作数单元的符号地址。如写成：

MOV　AX，[VALUE]

也是可以的，两者是等效的。如 VALUE 在附加段中，则应使用段跨越前缀：

MOV　AX，ES：VALUE 或 MOV　AX，ES：[VALUE]

直接寻址方式适用于处理单个变量，一般多用于存取某个存储器单元中的操作数，比如从存储器单元中取操作数或者将一个操作数存入存储器单元中。

注意：8086 中为了使指令字不要过长，规定双操作数指令的两个操作数中，最多只能有一个使用存储器寻址方式。

4. 寄存器间接寻址方式（register indirect addressing）

这种寻址方式中操作数的有效地址只包含一种成分即基址寄存器的内容或变址寄存器的内容，因而有效地址就在基址或变址寄存器中，而操作数则在存储器中。这种寻址方式与直接寻址方式的区别是：在指令中不直接给出操作数的有效地址，而是由寄存器给出。根据之前的规定，这时可用的寄存器是 BX、BP、SI 和 DI，这些寄存器可称为间址寄存器，其中 BX、BP 称为基址寄存器，SI 和 DI 称为变址寄存器。又根据表 3.1 中的规定，凡使用 BP 时，其默认段为堆栈段。其他寄存器的默认段为数据段。

【例 3.5】　MOV　AX，　[BX]

如果（DS）=2000H，（BX）=1000H，（21000H）=3050H

则物理地址＝20000H＋1000H＝21000H

执行结果为：（AX）=3050H

指令中也可指定段跨越前缀来访问其他段中的数据。如：

MOV　AX，ES：[BX]

这种寻址方式可以用于表格处理，执行完一条指令后，只需修改间接寄存器的内容就可以访问表格的下一项。

5. 寄存器相对寻址方式（register relative addressing）（或称直接变址方式）

操作数的有效地址为基址寄存器或变址寄存器的内容与指令中指定的位移量之和，因而有效地址由两种成分组成。这种寻址方式所允许使用的寄存器及其对应的默认段情况与寄存器间接寻址方式中所说明的相同，这里不再赘述。

【例 3.6】　MOV　AX，DISP[SI]

（也可以表示为 MOV　AX，[DISP+SI]）

其中 DISP 为 16 位位移量的符号地址，指令中源操作数的寻址方式为寄存器相对寻址，其有效地址为：(SI)+DISP。

如果(DS)=3000H，(SI)=2000H，DISP =3000H，(35000H)=1234H

则 EA=2000+3000=5000H，物理地址=30000H+5000H=35000H，执行结果是：(AX)=1234H。

这种寻址方式同样可用于表格处理，表格的首地址可设置为位移量，利用修改基址或变址寄存器的内容来取得表格中的值。

这种寻址方式也可以使用段跨越前缀。例如：

MOV　DL，ES：STRING[SI]

6. 基址变址寻址方式（based indexed addressing）

操作数的有效地址是一个基址寄存器和一个变址寄存器的内容之和，因而有效地址由两种成分组成。这种寻址方式所允许使用的寄存器及其对应的默认段与以上所描述的相同。

【例 3.7】　MOV　AX，[BX][DI]（也可表示为 MOV　AX，[BX+DI]）

如(DS)= 2100H，(BX)= 0158H，(DI)= 10A5H，(221FDH)=1234H，则 EA = 0158H+10A5H = 11FDH，物理地址 = 21000H+11FDH = 221FDH。因此执行结果为：(AX)=1234H。

这种寻址方式同样适用于数组或表格处理，其首地址可存放在基址寄存器中，而通过修改变址寄存器的内容来访问数组中的各个元素。由于两个寄存器都可以修改，所以它比直接变址方式更加灵活。

此种寻址方式使用段跨越前缀时的格式为：

MOV　AX，ES：[BX+SI]

7. 相对基址变址寻址方式（relative based indexed addressing）

操作数的有效地址是一个基址寄存器与一个变址寄存器的内容以及指令中指定的位移量三者之和，因而有效地址由 3 种成分组成。这种寻址方式所允许使用的寄存器及其对应的默认段依然不变。

【例 3.8】　MOV　AX，MASK[BX][SI]

（也可表示为 MOV　AX，MASK[BX+SI]或 MOV　AX，[MASK+BX+SI]）。

如(DS)=3000H，(BX)=2000H，(SI)=1000H，MASK=0250H，

则物理地址=16d×(DS)+ (BX) + (SI) +MASK=30000H+2000H+1000H+0250H=33250H 而 (33250H)=1234H，因此执行结果为：(AX)=1234H。

这种寻址方式通常用于对二维数组寻址。同时也为堆栈处理提供了方便，一般 (BP)

可指向栈顶，从栈顶到数组的首址可用位移量表示，变址寄存器可用来访问数组中的某个元素。

这种寻址方式使用段跨越前缀的方式与以前所述类似，不再赘述。

### 3.1.2 程序寻址方式

与程序有关的寻址方式用来确定转移指令及调用指令的转向地址。

1. 段内直接寻址方式 (intrasegment direct addressing)

段内直接寻址方式是指把指令本身提供的位移量加到指令指针寄存器 IP 中以形成目标有效地址的寻址方式。这种方式的转向有效地址用相对于当前的 IP 值的位移量来表示，所以它是一种相对寻址方式。指令中的位移量是转向的有效地址与当前的 IP 值之差，所以当这一程序段在内存中的不同区域运行时，这种寻址方式的转移指令本身不会发生变化，这是符合程序的再定位要求的。这种寻址方式适用于条件转移及无条件转移指令。当它用于条件转移指令时，位移量只允许 8 位；当它用于无条件转移指令时，位移量可为 8 位或 16 位。无条件转移指令在位移量为 8 位时称为短跳转，位移量为 16 位时则称为近跳转。

无条件转移指令的汇编格式为：

JMP　NEAR PTR PROGIA

JMP　SHORT QUEST

其中，PROGIA 和 QUEST 均为转向的符号地址，在机器指令中，用位移量来表示。在汇编指令中，如果位移量为 16 位，则在符号地址前加操作符 NEAR PTR；如果位移量为 8 位，则在符号前加操作符 SHORT。由于位移量本身就是个带符号数，所以 8 位位移量的跳转范围在 $-128 \sim +127$ 的范围内；16 位位移量的跳转范围为 $\pm 32K$。

2. 段内间接寻址方式 (intrasegment indirect addressing)

程序转向的有效地址存放在寄存器或存储单元中。其寻址方式可以是数据寻址方式中除立即数以外的任何一种寻址方式，所得到的转向的有效地址用来取代 IP 的内容。

这种寻址方式以及以下的两种段间寻址方式都不能用于条件转移指令。也就是说，条件转移指令只能适用于段内直接寻址方式的 8 位位移量，而 JMP 和 CALL 指令则可用 4 种寻址方式中的任何一种。

段内间接寻址转移指令的汇编格式可以表示为：

JMP　BX　　　　　　　　　　　　　;转移有效地址由 BX 给出

JMP　WORD PTR [BP+TABLE]　　　　;转移有效地址由(BP)+TABLE 所指的存储单元给出

其中 WORD PTR 为操作符，用以指出其后的寻址方式所取得的转向地址是一个字的有效地址，也就是说它是一种段内转移。

3. 段间直接寻址方式 (intersegment direct addressing)

这种寻址方式是指令中直接给出了 16 位的段基址和 16 位偏移地址，所以只要用指令中指定的偏移地址取代 IP 的内容，用指令中指定的段基址取代 CS 的内容就完成了从一个段到另一个段的转移操作。

指令的汇编语言格式可表示为：

```
JMP  FAR PTR NEXT   ;NEXT 为转向的符号地址,FAR PTR 表示段间转移的操作符
JMP 2500H:3600H          ;转移的段基址和偏移地址都在指令中直接给出
```

其中，NEXT 为转向的符号地址，FAR PTR 则是表示段间转移的操作符。

4. 段间间接寻址方式（intersegment indirect addressing）

用存储器中的两个相继字的内容（即转移的目的的地址）来取代 IP 和 CS 寄存器中的原始内容，以达到段间转移的目的，其用低字更新 IP，用高字更新 CS。这里，存储单元的地址是由指令指定的除立即数方式和寄存器方式以外的任何一种数据寻址方式取得。

这种指令的汇编语言格式可表示为：

```
JMPDWORD PTR [DI]   ;转移地址在 DI, DI+1, DI+2, DI+3 所指的内存单元中,
                    ;前 2 个单元存放偏移量,后 2 个单元存放段基址
```

其中，DWORD PTR 为双字操作符，说明需取出双字作为段间间接转移的转向地址。

## 3.2  8086 的 指 令 系 统

8086 指令系统中包含 133 条基本指令，后继机型对其指令系统进行了不断地扩充，这种扩充不仅体现在增加了指令的种类，也体现在操作方式已经指令的功能上。指令机器码的格式如下：

```
        前缀        操作码        寻址方式        位移量        立即数
     0～3 字节    1～2 字节    0～2 字节     0～4 字节    0～4 字节
```

指令的最大长度为 15 字节，前缀部分依次有 LOCK 前缀、寻址宽度前缀、操作数宽度前缀、重复前缀和段跨越前缀。

本节对 8086 的指令系统分类进行综述，可以分为以下 6 类：数据传送指令；串处理指令；算术指令；控制转移指令；逻辑指令；处理机控制指令。

下面分别加以说明。

### 3.2.1  数据传送指令

数据传送指令负责把数据、地址或立即数传送到寄存器或存储单元中，又可分为 5 种。

1. 通用数据传送指令

（1）MOV 传送指令。

格式为：MOV DST，SRC

执行操作：(DST)←(SRC)

其中 DST 表示目的操作数，SRC 表示源操作数。

MOV 指令根据操作数寻址方式的不同可有 7 种格式：

1）MOV mem/reg1, mem/reg2

其中 mem 表示操作数存放在存储器中，reg1、reg2 表示操作数存放在通用寄存器中。当然，双操作数指令不允许两个操作数都使用存储器，因而两个操作数中必须有一个是寄存器。这种方式不允许指定段寄存器。

2）MOV reg, data

其中 reg 指定寄存器，data 为立即数。当然，这种方式也不允许指定段寄存器。

3）MOV ac, mem

其中 ac 为累加器。

4）MOV mem, ac

5）MOV segreg, mem/reg

其中 segreg 指定段寄存器，但不允许使用 CS 寄存器。此外，这条指令执行完后不响应中断，要等下一条指令执行完后才可能响应中断。

6）MOV mem/reg, segreg

7）MOV mem/reg, data

这种方式的目的操作数只用存储器寻址方式而不用寄存器寻址方式。

以上 7 种方式说明 MOV 指令可以在 CPU 内或 CPU 与存储器之间传送字或字节。它传送的信息可以从寄存器到寄存器，立即数到寄存器，立即数到存储单元，从存储单元到寄存器，从寄存器到存储单元，从寄存器或存储单元到除 CS 外的段寄存器（立即数不能直接送段寄存器），从段寄存器到寄存器或存储单元。但是 MOV 指令的目的操作数不允许用立即数方式，也不允许用 CS 寄存器，而且除源操作数为立即数的情况外，两操作数中必须有一个是寄存器。也就是说，不允许用 MOV 指令在两个存储单元之间直接传送数据。此外，也不允许在两个段寄存器间直接传送信息。还应该注意的是 MOV 指令不影响标志位。

【例 3.9】 MOV AX, DATA__SEG

　　　　　 MOV DS, AX

段地址必须通过寄存器（如 AX 寄存器）送到 DS 寄存器。

【例 3.10】 MOV AL, 'E'

把立即数（字符 E 的 ASCII 码）送到 AL 寄存器。

【例 3.11】 MOV BX, OFFSET TABLE

把 TABLE 的偏移地址（不是内容）送到 BX 寄存器。其中 OFFSET 为属性操作符，表示应把其后跟着的符号地址的偏移地址（不是内容）作为操作数。

【例 3.12】 MOV AX, Y[BP][SI]

把堆栈段中有效地址为 (BP)+(SI)+移位量 Y 的存储单元的内容送给 AX 寄存器。

（2）堆栈操作指令。

8086 处理器只支持 16 位的堆栈操作。

①进栈指令 PUSH。

格式为：PUSH SRC

所执行的操作：$(SP)\leftarrow(SP)-2$

　　　　　　　 $[(SP)+1,(SP)]\leftarrow(SRC)$

②出栈指令 POP。

格式为：POP DST

所执行的操作：$(DSP)\leftarrow[(SP)+1,(SP)]$

$$(SP) \leftarrow (SP)+2$$

这是两条堆栈的进栈和出栈指令。堆栈是以"后进先出"的方式工作的一个存储区，它必须存在于堆栈段中，因而其段地址存放于 SS 寄存器中。堆栈只有一个出入口，所以寄存器 SP 为堆栈指针寄存器，SP 的内容在任何时候都指向当前的栈顶，所以 PUSH 和 POP 指令都必须根据当前 SP 的内容来确定进栈或出栈的存储单元，而且必须及时修改指针，以保证 SP 指向当前的栈顶。

在 8086 处理器中堆栈的存取必须以字为单位（不允许字节堆栈），所以 PUSH 和 POP 指令只能做 16 位的字操作。

PUSH 指令可以有 3 种格式：

PUSH reg/mem/segment

也就是说，它可使用除立即数寻址方式以外的所有的寻址方式。

POP 指令允许的格式有：

POP reg/mem/segment

同样的，POP 指令不允许使用立即数寻址方式。还应该说明的是，POP 指令的目的操作数为段寄存器时，不允许使用 CS 寄存器。

PUSH 和 POP 指令均不影响标志位。

【例 3.13】　PUSH　AX

指令执行情况如图 3.1 所示。

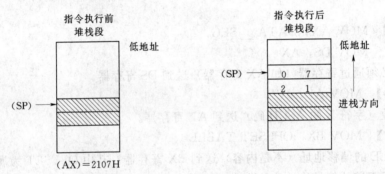

图 3.1　PUSH AX 指令的执行情况

【例 3.14】　POP　AX

指令执行情况如图 3.2 所示。

堆栈在计算机工作中起着重要的作用，如果在程序中要用某些寄存器，但它们的内容却在将来还要用，这时就可以用 PUSH 指令把它们保存在堆栈中，然后在需要时再用 POP 指令恢复其原始内容。子程序结构的程序和中断程序中就经常会用到它们。

（3）XCHG 交换指令。

格式为：XCHG OPR1，OPR2

执行操作：(OPR1)↔(OPR2)

其中 OPR 表示操作数。该指令用于交换两个操作数。这条指令实际上起到了 3 条 MOV 指令的作用。指令中的两个操作数必须有一个在寄存器中，因此它可以在寄存器之

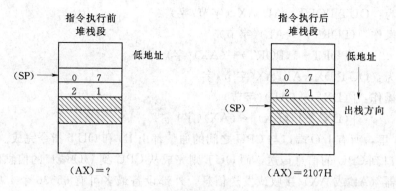

图 3.2 POP AX 指令的执行情况

间或者在寄存器与存储器之间交换信息，但不允许使用段寄存器。该指令允许字或字节操作，可用除立即数外的任何寻址方式，当一个操作数是存储器操作数时，XCHG 指令自动地激活 LOCK 信号，这一特性在多处理器访问共享临界资源时非常有用。该指令不影响标志位。

【例 3.15】 XCHG BX，[BP+SI]

如指令执行前：

(BX)=6F30H,(BP)=0200H,(SI)=0046H,(SS)=2F00H,(2F246H)=4154H

OPR2 的物理地址=2F000H+0200H+0046H=2F246H

则指令执行后：

(BX)=4154H,(2F246)=6F30H

XCHG 指令的执行需两个总线周期。前一周期，将地址为 2F246H 的存储字单元的内容传给微处理器内部的暂存器；后一周期，再将寄存器 BX 的内容传给地址为 2F246H 的字单元中，并将暂存器内容传给 BX。只有在整条指令的执行过程中都确保总线的使用权，才不致引起同时使用同一资源的混乱。LOCK 前缀的作用保证了 XCHG 指令在执行过程中始终拥有总线的使用权。

2. 累加器专用传送指令

IN (input)　　　　　输入

OUT (output)　　　　输出

XLAT (translate)　　换码

这组指令只限于使用累加器 AX 或 AL 传送信息。

(1) 输入指令 IN。

长格式为：IN AL/AX，PORT (字节/字)

执行的操作：(AL)←(PORT)(字节)

　　　　　　(AX)←(PORT+1,PORT)(字)

短格式为：IN　AL/AX，DX(字节/字)

执行的操作：(AL)←[(DX)](字节)

　　　　　　(AX)←[(DX)+1,(DX)](字)

(2) OUT 输出指令。

长格式为：OUT PORT，AL/AX（字节/字）

执行的操作：(PORT)←(AL)（字节）

(PORT+1,PORT)←(AX)（字）

短格式为：OUT DX，AL/AX（字节/字）

执行的操作：[(DX)]←(AL)（字节）

[(DX)+1,(DX)]←(AX)（字）

在 8086 里，所有 I/O 端口与 CPU 之间的通信都由 IN 和 OUT 指令完成。其中 IN 完成从 I/O 端口到 CPU 的信息传送，而 OUT 则完成从 CPU 到 I/O 端口的信息传送。CPU 只能用累加器（AL 或 AX）接收或发送信息。外部设备最多可有 65536 个 I/O 端口，端口号（即外部设备的端口地址）为 0000～FFFFH。其中前 256 个端口（0～FFH）可以直接在指令中指定，这就是长格式中的端口号 PORT，此时机器指令用两个字节表示，第 2 个字节就是端口号。当端口号≥256 时，只能使用短格式，此时必须先把端口号放到 DX 寄存器中（端口号可以从 0000～FFFFH），然后再用 IN 或 OUT 指令来传送信息。必须注意的是：这里的端口号或 DX 的内容均为地址，而传送的是端口中的信息，而且在用短格式时 DX 内容就是端口号本身，不需要由任何段寄存器来修改它的值。

IN 和 OUT 指令提供了字和字节两种使用方式，选用哪一种，则取决于外设端口宽度。如端口宽度只有 8 位，则只能用字节指令传送信息。I/O 指令不影响标志位。

【例 3.16】 IN　AX，28H

MOV　DATA＿WORD，AX

这两条指令把端口 28H 的内容经过 AX 传送到存储单元 DATA＿WORD 中。

【例 3.17】 OUT　5，AL

从 AL 寄存器输出一个字节到端口 5。

(3) XLAT 换码指令。

格式为：XLAT OPR

或 XLAT

执行操作：(AL)←[(BX)+(AL)]

经常需要把一种代码转换为另一种代码。例如，把字符的扫描码转换成 ASCII 码，或者把数字 0～9 转换成 7 段数码管所需要的相应代码等，XLAT 就是为这种用途而设置的指令。在使用这条指令之前，应先建立一个字节表格，表格首地址的偏移量提前存入 BX 寄存器，需要转换的代码应该是相对于表格首地址的位移量也提前存放在 AL 寄存器中，表格的内容则是所要换取的代码，该指令执行后就可在 AL 中得到转换后的代码。该指令可用 XLAT 或 XLAT OPR 两种格式中的任意一种，使用 XLAT OPR 时，OPR 为表格的首地址（一般为符号地址），但这里的 OPR 只是为提高程序的可读性而设置的，指令执行时只使用预先已存入 BX 中的表格首地址的偏移量，而并不用汇编格式中指定的值，该指令不影响标志位。

【例 3.18】 如当(BX)=0040H，(AL)=0FH，(DS)=F000H 以及所建立的表格如图 3.3 所示。

那么指令 XLAT 执行的操作是把 F000H+0040H+0FH=F004FH 的内容送 AL（请

注意，相加时 AL 的内容应零扩展到 16 位），所以指令执行后：(AL)＝2CH，即指令把 AL 中的代码 0FH 转换为 2CH。

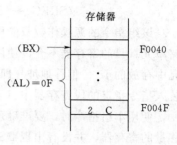

图 3.3 ［例 3.18］所用的表格

需要注意的是由于 AL 寄存器只有 8 位，所以表格的长度不能超过 256。

3. 地址传送指令

（1）取有效地址指令 LEA（load effective address）。

格式为：LEA　REG，SRC

执行的操作：(REG)←SRC 的有效地址

该指令的目的操作数可使用 16 位寄存器，但不能使用段寄存器。源操作数要求必须为内存单元的地址。通常这条指令用来使一个寄存器作为地址指针，其执行的操作见表 3.2，该指令不影响标志位。

**表 3.2** LEA 指令执行的操作

| 操作长度（位） | 地址长度 | 执 行 操 作 |
|---|---|---|
| 16 | 16 | 计算得的 16 位有效地址存入 16 位目的寄存器 |
| 16 | 32 | 计算得的 32 位有效地址，截取低 16 位存入 16 位目的寄存器 |
| 32 | 16 | 计算得的 32 位有效地址，零扩展后存入 32 位目的寄存器 |
| 32 | 32 | 计算得的 32 位有效地址存入 32 位目的寄存器 |

【例 3.19】　LEA BX，[BX＋SI＋0F62H]

如指令执行前：(BX)＝0400H，(SI)＝003CH，那么源操作数的有效地址为：

EA＝0400H＋003CH＋0F62H＝139EH。

则指令执行后：(BX)＝139EH。

注意：在这里 BX 寄存器得到的是有效地址而不是该存储单元的内容。如果指令为：

MOV　BX，[BX＋SI＋0F62H]

则 BX 中得到的是偏移地址为 139EH 单元的内容而不是其偏移地址。而如果指令中源操作数以符号地址的形式出现，那么则有：

1）LEA　BX，LIST

2）MOV BX，OFFSET LIST

这两条指令在功能上是相同的，BX 寄存器中都可得到符号地址 LIST 的值，而且此时 MOV 指令的执行速度会比 LEA 指令更快。但是，OFFSET 只能与简单的符号地址相连，而不能和诸如 LIST[SI] 或 [SI] 等复杂操作数相连。

（2）取全地址指针指令 LDS(load DS with pointer) 和 LES(load ES with pointer)，全地址指针在实地址和虚拟地址方式下是一个 16 位的段基址和 16 位的偏移量。下面以 LDS 为例。

格式为：LDS　REG，SRC

其他指令格式与 LDS 指令格式相同，仅指定的段寄存器不同。

执行的操作：(REG)←(SRC)

$$(SREG)\leftarrow(SRC+2)(16 位的偏移量)$$

该组指令的源操作数只能用存储器寻址方式，根据任一种存储器寻址方式找到一个存储单元；目的寄存器不允许使用段寄存器。当指令指定的是 16 位寄存器时，把该存储单元中存放的 16 位偏移地址［即(SRC)］装入该寄存器中，然后把 (SRC+2) 中的 16 位数装入指令指定的段寄存器中。

使用本组指令时，要准确理解指令的含义，在目的操作数字段中尽管只指出了存放偏移量的寄存器，并没有出现 DS 或者 ES，但是在指令执行以后，分别往这两个段寄存器中传送了段基址。读者可以认为在指令的操作符中指出了段寄存器，本组指令不影响标志位。

【例 3.20】 LES　DI,[BX]

如指令执行前：(DS)＝B000H,(BX)＝080AH,(0B080AH)＝05AEH,(0B080CH)＝4000H

则指令执行后：(DI)＝05AEH,(ES)＝4000H

4. 标志寄存器传送指令

(1) LAHF (load AH with flags) 标志寄存器的低 8 位送入 AH。

SAHF(store AH into flags)AH 的内容送入标志寄存器的低 8 位。

格式为：LAHF

　　　　SAHF

执行的操作：LAHF 指令用于将标志寄存器的低 8 位送入 AH 中，SAHF 指令用于将 AH 的内容送入标志寄存器的低 8 位。

(2) 标志寄存器内容进栈和出栈指令。

进栈指令的格式为：PUSHF

出栈指令的格式为：POPF

执行的操作：

PUSHF:(SP)←(SP)−2

　　　　[(SP)+1,(SP)]←(FLAGS)

POPF:(FLAGS)←[(SP)+1,(SP)]

　　　　(SP)←(SP)+2

这组标志寄存器传送指令中的 LAHF 和 PUSHF 不影响标志位，SAHF 和 POPF 则由装入的值来确定标志位的值。

5. 符号扩展指令

CBW(convert byte to word)、CWD(convert word to double word) 指令用于将操作数的位数加倍。

格式：CBW/CWD

执行的操作：CBW 指令是将 AL 中的 8 位符号数带符号扩展为 16 位放入 AX 中，形成字。即如果 (AL) 的最高有效位为 0，则指令 CBW 执行后 (AH)＝0，(AL) 的内容不变；如果 (AL) 的最高有效位为 1，则 (AH)＝0FFH。CWD 指令是将 AX 中的 16 位符号数带符号扩展为 32 位，将扩展后的高 16 位存放在 DX 中，形成 DX, AX 中的双字。

### 3.2.2 算术指令

8086 的算术运算指令包括二进制运算指令和十进制运算指令。算术指令用来执行加、减、乘、除运算的,它们中有双操作数指令,也有单操作数指令。如前所述,双操作数指令的两个操作数中除源操作数为立即数的情况外,必须有一个操作数在寄存器中,单操作数指令不允许使用立即数方式。算术指令的寻址方式均遵循这一规则。

算术运算指令涉及两种类型的数据,即无符号数和有符号数。8 位无符号的二进制数可以表示十进制数的范围是:0~255,16 位无符号的二进制数可以表示十进制数的范围是:0~65535。有符号数的最高位为符号位,数据本身由补码表示。

那么,能否有一套加、减、乘、除指令既能实现对无符号数的运算,又能实现对有符号数的运算呢?对这个问题的回答是,对加法和减法来说,无符号数和有符号数可以采用同一套指令,而对乘法和除法来说,无符号数和有符号数不能采用同一套指令。无符号数和有符号数采用同一套加法及减法指令有两个条件:首先就是要求参与加法或减法运算的加数、被减数或者减数必须同为无符号数或有符号数;其次,参与运算的操作数若是有符号数,则必须是补码。

1. 加法指令

(1) ADD 加法指令。

格式:ADD DST,SRC

执行的操作:(DST)←(SRC)+(DST)

(2) ADC 带位加法指令。

格式:ADD DST,SRC

执行的操作:(DST)←(SRC)+(DST)+CF

其中 CF 为进位的值。ADC 指令为实现多字节的加法运算提供了方便。

(3) INC 加 1 指令。

格式:INC OPR

执行的操作:(OPR)←(OPR)+1

以上 3 条指令都可以作字或字节运算。除 INC 指令不影响 CF 标志外,它们都影响条件标志位。

条件标志(或称条件码)位中最主要的是 CF、ZF、SF 和 OF 4 位,分别表示进位、结果为零、符号和溢出的情况。其中 ZF 和 SF 位的设置比较简单,不再赘述。这里将进一步分析 CF 和 OF 位的设置情况。

执行加法指令时,CF 位是根据最高有效位是否有向高位进位设置的。有进位时 CF=1,无进位时 CF=0。OF 位只有在两个操作数的符号相同,而结果的符号与之相反时 OF=1,否则 OF=0。那么溢出位 OF 是根据数的符号及其变化来设置的,当然它是用来表示带符号数的溢出的,从其设置条件来看结论也是明显的。那么,进位 CF 的意义是什么呢?CF 位可以用来表示无符号数的溢出。一方面,由于无符号数的最高有效位只有有效数值意义而无符号意义,所以从该位产生的进位应该是结果的实际进位值,但是在有限数位的范围内就可以说明了结果的溢出情况;另一方面,它所保存的进位值有时是有用的。例如,双字长数运算时,可以利用进位值把低位字的进位计入高位字中。这可以根据不同情况在程序中加以处理。

下面以 8 位数为例分析一下数的溢出情况。

1）带符号数和无符号数都不溢出。

| 二进制加法 | 看作无符号数 | 看作带符号数 |
|---|---|---|
| 0000　0100 | 4 | +4 |
| + 0000　1011 | + 11 | + （+11） |
| 0000　1111 | 15 | +15 |
| | CF＝0 | 0F＝0 |

2）无符号数溢出。

| 二进制加法 | 看作无符号数 | 看作带符号数 |
|---|---|---|
| 0000　0111 | 7 | +7 |
| + 1111　1011 | + 251 | + −5 |
| 0000　0010 | 258 | +2 |
| | CF＝1 | 0F＝0 |
| | 现为 2，结果错 | |

3）带符号数溢出。

| 二进制加法 | 看作无符号数 | 看作带符号数 |
|---|---|---|
| 0000　1001 | 9 | +9 |
| + 0111　1100 | + 124 | + （+124） |
| 1000　0101 | 133 | +133 |
| | CF＝0 | 0F＝1 |
| | | 现为 −123，结果错 |

4）带符号数和无符号数都溢出。

| 二进制加法 | 看作无符号数 | 看作带符号数 |
|---|---|---|
| 1000　0111 | 135 | （−121） |
| + 1111　0101 | + 254 | + （−11） |
| 0111　1100 | 380 | −132 |
| | CF＝1 | 0F＝1 |
| | 现为 124，结果错 | 现为 124，结果错 |

上面 4 个例子清楚地说明了 OF 位可以用来表示带符号数的溢出，CF 位则可用来表示无符号数的溢出。注意：如果 2）和 4）中的进位值以 $2^8$＝256 为其权值考虑在内时，得到的运算结果应该是正确的。

ADC 及 INC 对条件码的设置方法与 ADD 指令相同，但 INC 指令不影响 CF 位标志。

【例 3.21】　ADD　DX,0F0F0H

如指令执行前：(DX)＝4652H 则：

$$\begin{array}{r} 4652 \\ +\text{F0F0} \end{array} \rightarrow \begin{array}{r} 0100\quad 0110\quad 0101\quad 0010 \\ +1111\quad 0000\quad 1111\quad 0000 \\ \hline 1\quad 0011\quad 0111\quad 0100\quad 0010 \end{array}$$

指令执行后：(DX)＝3742H，ZF＝0，SF＝0，CF＝1，OF＝0，若操作数为有符号数则结果正确；若操作数为无符号数，则把进位值以 $2^{16}$ 为其权值考虑在内时，得到的结果也是正确的。

【例 3.22】 下列指令序列可在 8086 中实现两个双精度数的加法。设目的操作数存放在 DX 和 AX 寄存器中，其中 DX 存放高位字。源操作数存放在 BX、CX 中，其中 BX 存放高位字。

如指令执行前：(DX)＝0002H,(AX)＝0F365H,(BX)＝0005H,(CX)＝0E024H

指令序列为：ADD AX，CX

ADC DX，BX

则第一条指令执行后：(AX)＝0D389H,SF＝1,CF＝1,OF＝0

第二条指令执行后：(DX)＝0008H,SF＝0,ZF＝0,CF＝1,OF＝0

因此该指令执行完后：(DX)＝0008H,(AX)＝0D389H

可以看出，为了实现双精度加法，必须用两条指令分别完成低位字和高位字的加法，而且高位字相加时，应该使用 ADC 指令，以便把前一条 ADD 指令作低位字加法所产生的进位值加入高位字之内。另外，带符号的双精度数的溢出，应该根据 ADC 指令的 OF 位来判断，而作低位加法用的 ADD 指令的溢出是无意义的。

2. 减法指令

(1) SUB 减法指令。

格式：SUB DST，SRC

执行的操作：(DST)←(DST)－(SRC)

(2) SBB 带借位减法指令。

格式：SBB DST，SRC

执行的操作：(DST)←(DST)－(SRC)－CF

其中 CF 为进位位的值。

(3) DEC 减 1 指令。

格式：DEC OPR

执行的操作：(OPR)←(OPR)－1

(4) NEG 求补指令。

格式：NEG OPR

执行的操作：把操作数按位求反后末尾加 1，因而执行的操作也可表示为：

$$(OPR)\leftarrow 0FFFFH-(OPR)+1$$

(5) CMP 比较指令。

格式：CMP OPR1 OPR2

执行的操作：(OPR1)－(OPR2)

该指令与 SUB 指令一样执行减法操作，但它并不保存结果，只是根据结果设置条件标志位。CMP 指令后往往跟着条件转移指令，根据比较结果执行不同的程序分支。

以上 5 条指令都可以作字或字节运算，除 DEC 指令不影响 CF 标志外，其他指令都影响条件标志位。

减法运算的条件码设置情况与加法类似，这里只说明其设置方法。减法的 CF 值反映无符号数运算中的借位情况，因此当作为无符号数的减法运算时，若减数大于被减数，此时有借位，则 CF＝1 否则 CF＝0。减法的 OF 位的设置方法为：若两个数的符号相反，而结果的符号与减数的相同，则 OF＝1；除上述情况外，OF＝0。OF＝1 说明带符号数的减法溢出，结果是错误的。

【例 3.23】　SUB　[SI+14H]，0136H

如指令执行前：(DS)＝3000H，(SI)＝0040H，(30054)＝4336H

则：

$$
\begin{array}{r}
4336 \\
-0136 \\
\hline
\end{array}
\rightarrow
\begin{array}{r}
0100\ 0011\ 0011\ 0110 \\
-0000\ 0001\ 0011\ 0110 \\
\hline
\end{array}
\rightarrow
\begin{array}{r}
0100\ 0011\ 0011\ 0110 \\
+1111\ 1110\ 1100\ 1010 \\
\hline
0100\ 0010\ 0000\ 0000
\end{array}
$$

指令执行后：(30054H)＝4200H，SF＝0，ZF＝0，CF＝0，OF＝0

3. 乘法指令

(1) MUL 无符号数乘法指令。

格式：MUL　SRC

执行的操作：字节操作数：(AX)←—(AL)×(SRC)

字操作数：(DX，AX)←—(AX)×(SRC)

(2) IMUL 带符号数乘法指令。

格式：IMUL SRC

IMUL 在功能和形式上与 MUL 类似，只是要求操作数必须都是带符号数，而 MUL 的操作数为无符号数。

在乘法指令里，目的操作数必须隐含为累加器，字运算为 AX，字节运算为 AL，两个 8 位数相乘得到的是 16 位乘积存放在 AX 中，两个 16 位数相乘得到的是 32 位乘积，存放在 DX、AX 中，其中 DX 存放高位字，AX 存放低位字。指令中的源操作数可以使用除立即数方式以外的任何一种寻址方式。

为什么要对无符号数和有符号数提供两种乘法指令呢？下面来看一个简单的例子。对于 (11111111b)×(11111111b)，当把它们看作无符号数时应为 255d×255d＝65025d；而把它们看作带符号数时则为(−1)×(−1)＝1。MUL 指令和 IMUL 指令的使用条件是由操作数的类型决定的。因此，必须根据所要相乘的数的类型决定选用哪一种指令。

乘法指令对除 CF 位和 OF 位以外条件码无定义，即 AF、PF、SF、ZF 的状态不确定。对于 MUL 指令，如果乘积的高一半为 0，则 CF 位和 OF 位均为 0；否则，CF 位和 OF 位均为 1。这样的条件码设置可以用来检查字节相乘的结果是字节还是字，或者可以检查字相乘的结果是字还是双字。对于 IMUL 指令，如果乘积的高一半是低一半的符号扩展，则 CF 位和 OF 位均为 0，否则均为 1。

4. 除法指令

8086 执行除法运算时，规定除数必须为被除数的一半字长，即被除数为 16 位时，除数为 8 位,被除数为 32 位时,除数为 16 位。16 位的被除数放在 AX 中,32 位的被除数放在 DX、AX 中。计算机根据给定的除数的位数来确定被除数的位数。

(1) DIV 无符号数除法指令。

格式:DIV SRC

执行的操作:字节操作:(AL)←(AX)/(SRC)的商,(AH)←(AX)/(SRC)的余数

字操作:     (AX)←(DX,AX)/(SRC)的商

(DX)←(DX,AX)/(SRC)的余数

商和余数均为无符号数。

(2) IDIV 带符号数除法指令。

格式:IDIV SRC

执行的操作:与 DIV 相同,但操作数必须是带符号数,商和余数也都是有符号数,且余数的符号和被除数的符号相同。

除法指令的寻址方式与乘法指令相同,目的操作数必须存放在 AX 或 DX、AX 中,而源操作数可以用除立即数以外的任一种寻址方式。

除法指令对所有条件码均无定义。

由于除法指令的字节操作要求被除数为 16 位,字操作要求被除数为 32 位,因此往往需要用符号扩展的方法取得除法指令所需要的被除数位数。此类指令的使用方法请参阅"符号扩展指令"。

在使用除法指令时,还需要注意一个问题,除法指令要求字节操作时商为 8 位,字操作时商为 16 位。如果字节操作时,被除数的高 8 位绝对值不小于除数的绝对值;或者字操作时,被除数的高 16 位绝对值不小于除数的绝对值,则商就会产生溢出。在 8086 中这种溢出是由系统直接转入 0 号中断处理的。为避免出现这种情况,必要时程序应进行溢出判断及处理。

5.BCD 码运算指令

前面提到的所有算术运算指令都是二进制数的算术运算指令,但是人们最常用的是十进制数。这样,当计算机进行计算时,必须先把十进制数转换成二进制数,然后再进行二进制的计算,计算结果又转换成十进制数输出。计算机也可以对 BCD 码进行加、减、乘、除运算,通常采用两种方法:一种是在指令系统中设置一套专用于 BCD 码运算的指令;另一种方法是利用对普通二进制数的运算指令算出结果,然后用专门的指令对结果进行调整,或者先对数据进行调整,再用二进制数指令进行运算。

8086 的十进制调整指令分为两组,下面分别加以说明:

(1) 压缩的 BCD 码调整指令。

DAA (decimal adjust for addition)     加法的十进制调整指令。

DAS (decimal adjust for subtraction) 减法的十进制调整指令。

格式:DAA/DAS

功能:对在 AL 中的两个压缩十进制数相加/减的结果进行调整,结果仍放在 AL 中。

调整步骤为:

若(AL)and 0FH>9,或者 AF=1,则(AL)←(AL)±6,AF←1;

若(AL)and 0F0H＞90H，或者 CF＝1，则(AL)←(AL)±60H，CF←1。

这两条指令对 OF 标志无定义，但影响所有其他条件标志。

【例 3.24】　ADD　AL，BL

　　　　　　DAA

如指令执行前：(AL)＝28，(BL)＝68

执行 ADD 指令后：(AL)＝90，CF＝0，AF＝1

执行 DAA 指令时，因 AF＝1 而作(AL)←(AL)＋6，得(AL)＝96，CF＝0，AF＝1，结果正确。

(2) 非压缩的 BCD 码调整指令。

AAA（ASCII adjust for addition）　　加法的 ASCII 调整指令。

AAS（ASCII adjust for subtraction）　减法的 ASCII 调整指令。

AAM（ASCII adjust for multiplication)乘法的 ASCII 调整指令。

AAD（ASCII adjust for division）　　除法的 ASCII 调整指令。

这组指令适用于数字 ASCII 的调整，也适用于一般的非压缩 BCD 码的十进制调整，下面分别说明各条指令的功能。

格式：AAA/AAS/AAM/AAD

AAA 加法的 ASCII 调整指令执行的操作：

(AL)←把 AL 中的和调整到非压缩的 BCD 格式，（AH)←(AH)＋调整产生的进位值。

AAS 减法的 ASCII 调整指令执行的操作：

(AL)←把 AL 中的差调整到非压缩的 BCD 格式，(AH)←(AH)－调整产生的借位值。

这两条调整指令在执行之前，必须先执行加法（ADD 或 ADC）指令或者减法（SUB 或 SBB）指令。也就是必须把两个非压缩的 BCD 码相加/减，并把结果存放在 AL 寄存器中。AAA/AAS 这两条指令的调整步骤如下：

1) 如 AL 寄存器的低 4 位在 0～9 之间，且 AF 位为 0，则跳过第 2) 步，执行第 3) 步。

2) 如 AL 寄存器的低 4 位在十六进制数 A～F 之间或 AF 为 1，则 AL 寄存器的内容加/减 6，AH 寄存器的内容加/减 1，并将 AF 位置 1。

3) 清除 AL 寄存器的高 4 位。

4) AF 位的值送入 CF 位。

另外，这两条指令除影响 AF 和 CF 标志外，对其余标志位均无定义。

AAM 乘法的 ASCII 调整指令执行的操作：

(AX)←把 AL 中的积调整到非压缩的 BCD 格式

在执行这条指令之前，必须先执行 MUL 指令，把两个非压缩的 BCD 码相乘（这时要求其高 4 位为 0），结果存放在 AL 寄存器中。调整的方法是：把 AL 寄存器的内容除以 0AH，商放在 AH 寄存器中，余数保存在 AL 寄存器中。本指令根据 AL 寄存器的内容设置条件码 SF、ZF 和 PF，但对 OF、CF 和 AF 无定义。

AAD 除法的 ASCII 调整指令执行的操作：

$(AL) \leftarrow 10 \times (AH) + (AL), (AH) \leftarrow 0$

前面所述的加、减和乘法的 ASCII 调整指令都是用加法、减法和乘法指令对两个非压缩的 BCD 码运算以后，再使用调整指令来对运算结果进行十进制调整的。除法的情况则不同，如果被除数是存放在 AX 寄存器中的两位非压缩 BCD 数，AH 中存放十位数，AL 中存放个位数，而且要求 AH 和 AL 的高 4 位均为 0。除数是一位非压缩的 BCD 数，同样要求高 4 位为 0。在把这两个数用 DIV 指令相除之前，必须先用 AAD 指令把 AX 中的被除数调整成二进制数，并存放在 AL 寄存器中。本指令根据 AL 寄存器的内容设置条件码 SF、ZF 和 PF，对 OF、CF 和 AF 无定义。

### 3.2.3 逻辑指令

1. 逻辑运算指令

逻辑运算指令可以对字执行逻辑运算。由于逻辑运算是按位操作的，因此一般来说，其操作数应该是位串而不是数。

（1）AND 逻辑与指令。

格式：AND  DST，SRC

执行的操作：$(DST) \leftarrow (DST) \wedge (SRC)$

（2）OR 逻辑或指令。

格式：OR  DST，SRC

执行的操作：$(DST) \leftarrow (DST) \vee (SRC)$

（3）NOT 逻辑非指令。

格式：NOT  OPR

执行的操作：$(OPR) \leftarrow (OPR)$ 的非

（4）XOR 异或指令。

格式：XOR  DST，SRC

执行的操作：$(DST) \leftarrow (DST) XOR (SRC)$

（5）TEST 测试指令。

格式：TEST  OPR1，OPR2

执行的操作：$(OPR1) \wedge (OPR2)$，两个操作数相与的结果不保存，只根据其特征置条件码。

在以上 5 种指令中，NOT 指令不允许使用立即数，其他 4 条指令都是双操作数指令，两个操作数不能够同时为由存储器寻址方式取得的操作数。本组指令对标志位的影响是：NOT 指令不影响标志位，其他 4 种指令将使 CF 位和 OF 位为 0，AF 位无定义，而 SF 位、ZF 位和 PF 位则根据运算结果设置。

这些指令对处理操作数的某些位很有用，例如可屏蔽某些位（将这些位置 0），或使某些位置 1 以及使某些位取反，或者用来测试某些位的状态等。

2. 移位指令

根据移位方式的不同，移位指令分为算术移位、逻辑移位和循环移位。各种移位指令的移位方式如图 3.4 所示。

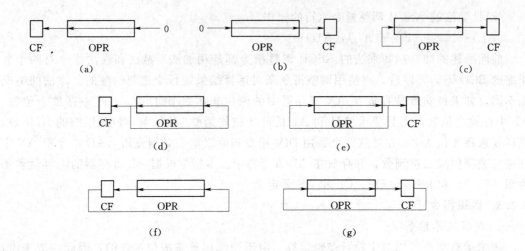

图 3.4　移位指令的操作

(a) 逻辑及算术左移；(b) 逻辑右移；(c) 算术右移；(d) 循环左移；
(e) 循环右移；(f) 带进位循环左移；(g) 带进位循环右移

以下分为 3 组加以说明。

(1) 移位指令。

1) SHL (shift logical left) 逻辑左移。

2) SAL (shift arithmetic left) 算术左移。

3) SHR (shift logical right) 逻辑右移。

4) SAR (shift arithmetic right) 算术右移。

格式：SHL/SAL/SHR/SAR OPR，CNT

执行的操作分别如图 3.4 (a) ～ (c) 所示。

其中 OPR 可用除立即数外的任何寻址方式。移位次数由 CNT 决定，在 8086 中它可以是 1 或 CL。CNT 为 1 时只移一位；如需要移位的次数大于 1，则可以在移位指令前把移位次数置于 CL 寄存器中，而移位指令中的 CNT 写为 CL 即可。

从图 3.4 中可以看出，算术左移和逻辑左移完全相同，逻辑右移和算术右移的区别在于：逻辑右移是将最高有效位右移，同时用 0 填入的；而算术右移的最高有效位右移同时再用自身的值填入，即如果原来是 0 则为 0，原来是 1 则仍为 1。

(2) 循环移位指令。

1) ROL (rotat left) 循环左移。

2) ROR (rotate right) 循环右移。

3) RCL (rotate left through carry) 带进位循环左移。

4) RCR (rotate right through carry) 带进位循环右移。

格式：ROL/ROR/RCL/RCR OPR，CNT

执行的操作分别如图 3.4 (d) ～ (g) 所示。

以上 (1) 和 (2) 两组指令都可以作字或字节操作。它们对条件码的影响是：CF 位根据各条指令的规定设置。OF 位只有当 CNT=1 时才是有效的，否则该位无定义。当

CNT＝1时，若移位后最高有效位的值发生变化时（原来为0，移位后为1；或原来为1，移位后为0），则OF位置1，否则置0。循环移位指令不影响除CF和OF以外的其他条件标志。而移位指令则根据移位后的结果设置SF、ZF和PF位，对AF位则无定义。可以看出，循环移位指令可以改变操作数中所有位的位置，在程序中还是很有用的。当CNT＝1时移位指令则常用来做乘以2或除以2的操作。其中算术移位指令适用于带符号数运算，SAL用来乘以2，SAR用来除以2；而逻辑移位指令则用于无符号数运算，SHL用来乘以2，SHR用来除以2。

【例3.25】 MOV CL，5

SAR ［DI］，CL

如指令执行前：(DS)＝0F800H,(DI)＝180AH,(0F980A)＝0064H

则指令执行后：(0F980A)＝0003H,CF＝0,相当于100d/32d＝3d

### 3.2.4 串处理指令

串处理指令处理存放在存储器里的数据串，所有串处理指令都可以处理字节或字。单独的串操作指令只能对单个串元素进行操作。只有在串操作指令前加上重复前缀，才能实现对整个串的操作。在重复前缀的作用下，串指令的基本操作不断重复，串的源指针和目的指针的值自动修改指向下一个串元素，直到串长计数器中的值减至0，或者ZF为0或为1为止。

与基本串处理指令配合使用的前缀有：

REP（repeat）重复。

REPE/REPZ（repeat while equal/zero）相等/为零则重复。

REPNE/REPNZ（repeat while not equal/not zero）不相等/不为零则重复。

下面分两组进行说明：

1. 与REP相配合工作的MOVS（move string）、STOS（store in to string）及LODS（load from string）指令

重复前缀REP的功能是重复串操作直到计数寄存器Count reg的内容为0为止。

格式：REP String Primitive

其中，String Primitive可为MOVS、STOS、LODS、INS和OUTS指令

执行的操作：(1) 如(CX)＝0则退出rep，否则转 (2)。

(2) (count reg)←(count reg)－1。

(3) 执行 MOVS/STOS/LODS。

(4) 重复步骤 (1)～(3)。

其中，所处理串的地址长度为16位，CX作为count reg。

(1) MOVS串传送指令。

格式：MOVS[B/W] DST，SRC

其中，MOVSB传送字节，MOVSW传送字。MOVS则应在操作数中表明是字节或是字，例如：

MOVS ES:BYTE PTR[DI],DS:[SI]

实际上MOVS的寻址方式是隐含的，所以这种格式中的DST及SRC只提供给汇编

程序做类型检验用，并且不允许用其他寻址方式来确定操作数，所以指令中的 DST、SRC 可省略。

执行的操作：MOVS 指令可以把由源变址寄存器指向的数据段中的一个字（或双字，或字节）传送到由目的变址寄存器指向的附加段中的一个字（或双字，或字节）中去，同时根据方向标志及数据类型（字，或双字，或字节）对源变址寄存器和目的变址寄存器进行修改。在上述操作中，当方向标志 DF＝0 时使变址寄存器的内容自增，DF＝1 时使变址寄存器的内容自减。其中当其地址长度为 16 位时用 SI 作为源变址寄存器，用 DI 作为目的变址寄存器。这一有关源和目的变址寄存器的说明适用于以下的所有串处理指令。

该指令不影响状态标志位。

当该指令与前缀 REP 连用时，则可以将数据段中的整串数据传送到附加段中去。这里，源串必须在数据段中，目的串必须在附加段中，但源串允许使用段跨越前缀来修改。在与 REP 连用时还必须把数据串的长度值送到计数器中，以便控制重复执行的结束。因此在执行指令前，应该先做好以下准备工作：

1）把存放在数据段中的源串首地址（如反向传送时的末地址）放入源变址寄存器中。

2）把将要存放数据串的附加段中的目的串首地址（或反向传送时的末地址）放入目的变址寄存器中。

3）把数据段长度放入计数寄存器。

4）建立方向标志。

为了建立方向标志，这里介绍两条指令：

a. CLD（clear direction flag）指令使 DF＝0，在执行串处理指令时可使变址寄存器自动增量。

b. STD（set direction flag）指令使 DF＝1，在执行串处理指令时可使变址寄存器自动减量。

（2）STOS 存入串指令。

格式：STOS[B/W] DST

执行的操作：把 AL、AX 的内容存入由目的寄存器指向的附加段的某单元中，并根据 DF 的值以及数据类型修改目的变址寄存器的内容。当它与 REP 连用时，可把 AL、AX 的内容存入一个长度为（count reg）的缓冲区中。上述有关串处理指令的特性也适用于 STOS 指令，该指令也不影响标志位。STOS 指令在初始化某一缓冲区时很有用。

（3）LODS 从串取指令。

格式：LODS[B/W] SRC

执行的操作：把由源变址寄存器指向的数据段中某单元的内容送到 AL、AX 中，并根据方向标志和数据类型修改源变址寄存器的内容。指令允许使用段跨越前缀来指定非数据段的存储区。该指令也不影响标志位。

一般来说，该指令不和 REP 连用。有时缓冲区中的一串字符需要逐次取出来测试时，可使用本指令。

2. 与 REPE/REPZ 和 REPNE/REPNZ 联合工作的 CMPS 和 SCAS 指令

（1）REPE/REPZ 当相等/为零时重复串操作。

格式：REPE/REPZ String Primitive

其中 String Primitive 可为 CMPS 或 SCAS 指令。

执行的操作：

1) 如（Count Reg）＝0 或 ZF＝0（即某次比较的结果两个操作数不等）时退出，否则往下执行。

2) （Count Reg)←(Count Reg)－1。

3) 执行其后的串指令。

4) 重复步骤1）～3）。

有关 Count reg 的规定和 REP 相同。实际上 REPE 和 REPZ 是完全相同的，只是表达的方式不同而已。与 REP 相比，除满足（Count Reg）＝0 的条件可结束操作外，还增加了 ZF＝0 的条件。也就是说，在（Count Reg)≠0 时，只要两数相等就可继续比较，如果遇到两数不相等时便可提前结束操作。

（2）REPNE/REPNZ 当不相等/不为零时重复串操作。

格式：REPNE/REPNZ String Primtive

其中 String Primitive 可为 CMPS 或 SCAS 指令。

执行的操作：除退出条件为（Count Reg）＝0 或 ZF＝1 外，其他操作与 REPE 完全相同。也就是说，在（Count Reg)≠0 时只要两数比较不相等，就可以继续执行串处理指令；如果某次两数比较相等或（Count Reg）＝0 时，就可以结束操作。

（3）CMPS 串比较指令。

格式：CMPS [B/W] SRC, DST

执行的操作：把由源变址寄存器指向的数据段中的一个字节或字与由目的变址寄存器所指向的附加段中的一个字节或者字相减，但不保存结果，只根据结果置条件码。指令的其他特征和 MOVS 指令的规定相同。

（4）SCAS 串扫描指令。

格式：SCAS [B/W] DST

执行的操作：把 AL、AX 的内容与由目的变址寄存器指向的在附加段中的一个字节或字进行比较，并不保存结果，只根据结果设置条件码。指令的其他特征和 MOVS 的规定相同。

以上（3）和（4）两条串处理指令与 REPE/REPZ 或 REPNE/REPNZ 相结合可以用来比较两数据串，或从一个字符串中查找一个指定的字符。

综上所述，对于串处理指令需要注意下面两个问题：

（1）或1）串处理指令是在不同的段之间传送或比较数据，如果需要在同一段内处理数据，可以在 DS 和 ES 中设置相同的地址，或者在源操作字段使用段跨越前缀来实现。

（2）或2）当使用重复前缀时，（Count Reg）是每次减1的，因此对于字指令来说，预置时设置的值应该是字的个数而不是字节数。

### 3.2.5 控制转移指令

一般情况下指令是顺序地逐条执行的，但实际上程序不可能全部顺序执行，经常需要改变程序的执行流程，控制转移指令就是用来控制程序的执行流程的。

**1. 无条件转移指令 JMP(jump)**

JMP 指令无条件地将程序转移到指令所指定的目标地址去执行从该地址开始的指令序列。可以看出 JMP 指令必须指定目标地址（或称转向地址）。根据目标地址相对于转移指令的位置，转移可分为段内转移和段间转移。段内转移是指在同一段的范围内进行转移，此时只需改变 IP 寄存器的内容，即用新的转移目标偏移地址代替原有的 IP 的值就可达到转移的目的。段间转移则是要转移到另一个段去执行程序，此时不仅要修改 IP 寄存器的内容，还需要修改 CS 寄存器的内容。因此，此时的转移目标地址应由新的段地址和偏移地址两部分组成。

**2. 条件转移指令**

条件转移指令是否发生转移是根据上一条影响标志位的指令所设置的微处理器的条件码来确定的。每一种条件转移指令都有它的测试条件，满足测试条件则转移到由指令指定的转向地址去执行程序，如不满足条件则顺序执行下一条指令。因此当满足条件时：IP 与 8 位或 16 位位移量相加得到转向地址；如不满足测试条件，则 IP 值不变。在 8086 中只提供短转移格式，目标地址应在本转移指令下一条指令地址的 $-128 \sim +127$ 字节的范围之内。所有的条件转移指令都不影响条件码。下面把条件转移指令分为 4 组来分别介绍。

(1) 根据单个条件码的设置情况实现的条件转移，一般用于测试某一次运算的结果并根据其不同特征产生程序分支做不同处理的情况。其指令的汇编格式及功能如下：

1) JZ /JE OPR　　　　　　测试条件：ZF＝1，结果为零转移。

2) JNZ/JNE OPR　　　　　测试条件：ZF＝0，结果不为零转移。

3) JS OPR　　　　　　　　测试条件：SF＝1，结果为负转移。

4) JNS OPR　　　　　　　测试条件：SF＝0，结果不为负转移。

5) JO OPR　　　　　　　　测试条件：OF＝1，结果溢出转移。

6) JNO OPR　　　　　　　测试条件：OF＝0，结果不溢出转移。

7) JP OPR　　　　　　　　测试条件：PF＝1，奇偶位为 1 转移。

8) JNP OPR　　　　　　　测试条件：PF＝0，奇偶位为 0 转移。

9) JC(JNAE，JB)OPR　　　测试条件：CF＝1，低于（不高于或等于，或进位位为 1），则转移。

10) JNC (JAE，JNB)OPR　　测试条件：CF＝0，不低于（高于或等于，或进位位为 0），则转移。

最后两种指令在这一组指令中可以只看作 JC 或 JNC，它们只用 CF 的值来判别是否转移。

(2) 比较两个无符号数，并根据比较的结果转移。本组指令的汇编格式及功能如下：

1) JB/JNAE OPR　　测试条件：CF＝1，低于（不高于或等于，或进位位为 1），则转移。

2) JNB/JAE OPR　　测试条件：CF＝0，不低于（高于或等于，或进位位为 0），则转移。

3) JBE/JNA OPR　　测试条件：CF∨ZF＝1，低于或等于（不高于），则转移。

4) JNBE/JA OPR　　　测试条件：CF∨ZF＝0，不低于或等于（高于），则转移。

（3）比较两个带符号数，并根据比较的结果转移。本组指令的汇编格式及功能如下：

1) JL/JNGE OPR　　　测试条件：SF XOR OF＝1，小于（不大于或等于），则转移。

2) JNL/JGE OPR　　　测试条件：SF XOR OF＝0，不小于（大于或等于），则转移。

3) JLE/JNG OPR　　　测试条件：（SF XOR OF）OR ZF＝1，小于或等于（不大于），则转移。

4) JNLE/JG OPR　　　测试条件：（SF XOR OF）OR ZF＝0，不小于或等于（大于），则转移。

（2）和（3）两组条件转移指令用于对两个数进行比较，并根据比较结果的"＜"、"≥"、"≤"、"＞"几种不同的情况来判断是否转移。其中（2）组的 4 种指令适用于判断无符号数的比较情况，如用于地址比较或双精度数的低位字的比较等；而（3）组的 4 种指令则适用于带符号数的比较情况。两组指令的测试条件是完全不同的，所以在使用时必须严格加以区别，否则会引起错误。例如，11111111 和 00000000 两个数相比较，如果把它们看作无符号数则前者大于后者（255＞0），但如果把它们看作带符号数则前者小于后者（−1＜0），因而要根据数的不同类型来选择条件转移指令的道理是很明显的。

（4）测试 CX 的值为零则转移指令，其汇编格式及其功能如下：

JCXZ　OPR　测试条件：（CX）＝0，CX 寄存器的内容为零则转移；

本条指令与前面所有条件转移指令不同，它不是根据条件码的测试而是根据 CX 寄存器的内容是否为零来确定是否转移，CX 寄存器经常用来设置计数值，因此这条指令是根据计数值的变化情况来产生两个不同的程序分支的。还应该说明的是，这条指令只能提供 8 位位移量，也就是说它们只能作短转移，而且它也不影响标志码。

下面举例说明转移指令的使用方法。

【例 3. 26】　设 X、Y 均为存放在 X 和 Y 单元的 16 位操作数，先判断是否 X＞50，如满足条件则转移到 TOO _ HIGH 去执行，否则做 X—Y；如溢出则转移到 OVERFLOW 去执行，没有溢出则计算｜X−Y｜，并把结果存入 RESULT 中。程序如下：

```
        MOV   AX,X
        CMP   AX,50
        JG    TOO_HIGH
        SUB   AX,Y
        JO    OVERFLOW
        JNS   NONNEG
        NEG   AX
NONNEG：MOV RESULT,AX
        ⋮
TOO-HIGH：
        ⋮
OVERFLOW：
        ⋮
```

3. 循环指令

通常循环程序的框图如图 3.5 所示。

用条件转移指令来实现循环结构的方法是：

```
            MOV  CX,N
              ⋮
AGAIN：
              ⋮
            DEC  CX
            JNZ  AGAIN
```

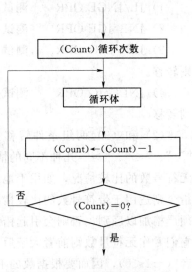

图 3.5　循环程序框图

其中标号 AGAIN 和条件跳转指令之间的程序段就是循环体。为了简化循环程序的设计，增设了一组循环指令。实际上循环指令也是条件转移指令，它是用存放在 CX 中的内容作为循环重复的计数值递减计数来控制循环的。

（1）LOOP（loop）循环指令。

格式：LOOP　　OPR

测试条件：（Count Reg）≠0

（2）LOOPZ/LOOPE（loop while zero，or equal）当为零或相等时循环指令。

格式：LOOPZ/LOOPE　OPR

测试条件：ZF＝1 且（Count Reg）≠0

（3）LOOPNZ/LOOPNE（loop while nonzero or not equal）当不为零或不相等时循环指令。

格式：LOOPNZ/LOOPNE　OPR

测试条件：ZF＝0 且（Count Reg）≠0

这 3 条指令的执行步骤是：

1）（Count Reg）←（Count Reg）(Count)。

2）检查是否满足测试条件。如满足，则（IP）←（IP）+8 位位移量的符号扩展。

可见这里使用的是相对寻址方式，在汇编格式中 OPR 必须指定一个表示转向地址的标号（符号地址），而在机器指令里则用 8 位位移量来表示转向地址与当前 IP 值的差。由于位移量只有 8 位，所以转向地址必须在 −128～+127 字节的范围之内。当满足测试条件时就转向由 OPR 指定的转向地址去执行，即实行循环；如不满足测试条件，则 IP 值不变，即退出循环，程序继续顺序执行。

上述说明中的 Count Reg 为计数寄存器，如地址长度为 16 位，则用 CX 寄存器。循环指令不影响条件码。

有了循环指令后，循环程序可以这样实现：

```
            MOV  CX,N
              ⋮
AGAIN：
```

⋮

LOOP    AGAIN

即用一条循环指令代替了原有的修改循环计数及判断转移条件两条指令。值得一提的是所有循环指令所发生的转移都只能是短转移。

除 LOOP 指令外，另外两条指令 LOOPZ 和 LOOPNZ 提供了提前结束循环的可能性。

【例 3.27】 有一包含 L 个字符的字符串存储于首地址为 ASCII ＿ STR 的存储区中。如要求在字符串中查找"空格"（其 ASCII 码为 20H）字符，找到则继续执行；如未找到则转到 NOT ＿ FOUND 去执行，编制实现这一要求的程序如下：

```
        MOV     CX,L              ;串长存于 CX
        MOV     SI,-1             ;设置字符串指针
        MOV     AL,20H            ;把要查找的字符存于 AL
NEXT：INC      SI                ;修改字符串指针
        CMP     AL,ASCII-STR[SI]  ;串中字符与给定字符比较
        LOOPNE  NEXT              ;比较不相等并且 CX 的值不为 0 循环
        JNZ     NOT-FOUND         ;未找到则转移到 NOT_FOUND 分支
                ⋮
NOT_FOUND：
                ⋮
```

在程序执行过程中，有两种可能性：

（1）在查找中找到了"空格"，此时 ZF＝1，因此提前结束循环。在执行 JNZ 指令时，因不满足测试条件而顺序的继续执行。

（2）如一直查找到字符串结束还未找到"空格"字符，此时因（CX）＝0 而结束循环，但在执行 JNZ 指令时因 ZF＝0 而转移到 NOT ＿ FOUND 去执行。

4. 子程序的调用与返回指令

子程序（subroutine）结构相当于高级语言中的过程（procedure）。为便于模块化程序设计，往往把程序中某些具有独立功能的部分编写成独立的程序模块，称为子程序。程序中可由调用程序（或称主程序）调用这些子程序，而在子程序执行完后又返回调用程序继续执行。为实现这一调用功能，8086 提供了以下指令：

CALL（call）调用。

RET（return）返回。

由于子程序与调用程序可以在同一段中，也可以不在同一段中，因此这两条指令的格式如下：

（1）调用指令 CALL。

1）段内直接近调用。

格式：CALL    DST

执行的操作：IP 内容入栈，(IP)←(IP)＋D16

可以看出，这条指令的第一步操作是把子程序的返回地址（即下一条指令的地址）存

入堆栈中，以便子程序返回主程序时使用；第二步操作则是转移到子程序的入口地址去继续执行。指令中 DST 给出转向地址（即子程序的入口地址），D16 即为机器指令中的位移量，它是转向地址和返回地址之间的差值。

2）段内间接近调用。

格式：CALL　　DST

执行的操作：IP 内容入栈，(IP)←(EA)

指令中的 DST 可使用寄存器寻址方式或任一种存储器寻址方式，由指定的寄存器或存储单元的内容给出转向地址。由于操作数长度为 16 位，有效地址 EA 应为 16 位。

1）和 2）两种方式均为近调用，转向地址中只包含其偏移地址部分，段地址是保持不变的。

3）段间直接远调用。

格式：CALL　　DST

执行的操作：CS 内容入栈、IP 内容入栈，

　　　　　　(IP)←DST 指定的偏移地址，(CS)←DST 指定的段地址；

它同样是先保存返回地址，然后转移到由 DST 指定的转向地址去执行。由于主程序和子程序不在同一段内，因此返回地址的保存以及转向地址的设置都必须把段地址考虑在内。

4）段间直接远调用

格式：CALL　　DST

执行的操作：CS 内容入栈、IP 内容入栈，

　　　　　　(IP)←(EA)，(CS)←(EA+2)；

其中 EA 是由 DST 的寻址方式确定的有效地址，这里可使用任一种存储器寻址方式来取得 EA 的值。

在上述 CALL 指令的格式中，并未加上如 NEAR PTR 或 FAR PTR 格式的属性操作符，在实际使用时，读者可根据具体情况加上它。使用方法与 JMP 指令的类似。

(2) 返回指令 RET。

RET 指令放在子程序的末尾，它使子程序在功能完成后返回调用程序继续执行，而返回地址是主程序调用子程序时存放在堆栈中的，因此 RET 指令的操作是返回地址出栈送入 IP 寄存器（段内或段间）和 CS 寄存器（段间）。

1）段内近返回

格式：RET

执行的操作：栈顶元素出栈送入 IP；

2）段内带立即数近返回

格式：RET EXP

执行的操作：在完成与 1）的 RET 完全相同的操作后，还需要修改堆栈指针：

　　　　　　(SP)←(SP)+D16

其中 EXP 是一个表达式，根据它计算出来的常数作为机器指令中的位移量 D16。这种指令允许返回地址出栈后修改堆栈的指针，这就便于主程序在用 CALL 指令调用子程

序时使用堆栈进行参数传递。当子程序返回后，这些参数已不再有用，就可以通过修改指针使其指向参数以前的值。

3）段间远返回

格式：RET

执行的操作：栈顶元素出栈送入 IP；然后栈顶元素再次出栈送入 CS。

4）段间带立即数远返回

格式：RET EXP

执行的操作：在完成与 3）的 RET 完全相同的操作后，还需要修改堆栈指针：

$$(SP)\leftarrow(SP)+D16$$

这里 EXP 的含义及使用说明情况与带立即数近返回指令的相同。

5. 中断的调用与返回指令

8086 在实模式下工作时，存储器的最低地址区的 1kB（地址从 00000H 到 003FFH）为中断的向量区，其中存放着 256 种类型中断例行程序的入口地址（中断向量）。由于每个中断向量占有 4 个字节单元，所以中断指令中指定的类型号 N 需要乘以 4 才能取得所指定类型的中断向量。例如，中断类型号为 9，则与其相应的中断向量存放在 00024H～00027H 单元中。8086 为每个类型规定了一定的功能，例如类型 0 为除以 0 时的中断例行程序的入口，类型 3 为设置断点时的中断例行程序的入口，类型 4 为溢出处理的中断例行程序入口等。除非特别注明，类型号是以十六进制形式表示的。

有关中断处理问题，还将在以后章节中专门说明，这里只介绍有关软件中断调用的几条指令。

（1）INT（interrupt）中断指令。

格式：INT TYPE 或 INT

执行的操作：1）标志寄存器入栈。

2）禁止新的可屏蔽中断和单步中断：IF 清 0，TF 清 0。

3）断点地址入栈：CS 内容入栈，IP 内容入栈。

4）取起始地址：$(IP)\leftarrow(TYPE\times4)$，$(CS)\leftarrow(TYPE\times4+2)$。

其中 TYPE 为类型号，它可以是常数或常数表达式，其值必须在 0～255 范围内。格式中的 INT 是一个字节的中断指令，它隐含的类型号为 3。INT 指令（包括下面的 INTO）不影响 IF 和 TF 以外的标志位。

（2）INTO（interrupt if overflow）若溢出则中断指令。

格式：INTO

执行的操作：若 OF=1，1）标志寄存器入栈。

2）禁止新的可屏蔽中断和单步中断：IF←0，TF←0。

3）断点地址入栈：CS 内容入栈，IP 内容入栈。

4）取中断服务程序的起始地址：$(IP)\leftarrow(10H)$，$(CS)\leftarrow(12H)$。

（3）IRET（return from interrupt）从中断服务子程序中返回指令。

格式：IRET

执行的操作：1）断点地址出栈：栈顶元素出栈送入 IP，栈顶元素再次出栈送入 CS。

2）标志寄存器出栈：栈顶元素出栈送入 FLAGS。

### 3.2.6　处理机控制与杂项操作指令

1. 标志处理指令

除有些指令影响标志位外，8086 还提供了一组设置或清除标志位的指令，它们只影响本指令指定的标志，而不影响其他标志位，这些指令是：

CLC（clear carry）进位位置 0 指令，CF←0。

CMC（complement carry），进位位求反指令，CF←CF 的非。

STC（set carry）进位位置 1 指令，CF←1。

CLD（clear direction）方向标志位置 0 指令，DF←0。

STD（set direction）方向标志位置 1 指令，DF←1。

CLI（set interrupt）中断标志置 0 指令，IF←0。

STI（set interrupt）中断标志置 1 指令，IF←1。

2. 其他处理机控制与杂项操作指令

NOP（no operation）无操作

HLT（halt）停机

ESC（escape）换码

WAIT（wait）等待

LOCK（lock）封锁

这些指令可以控制处理机状态。它们都不影响条件码。

## 习 题 与 思 考 题

3.1　给定（BX）＝637DH，（SI）＝2A9BH，位移量 D＝7237H，试确定在以下各种寻址方式下的有效地址是什么？

（1）立即寻址。

（2）直接寻址。

（3）使用 BX 的寄存器寻址。

（4）使用 BX 的间接寻址。

（5）使用 BX 的寄存器相对寻址。

（6）基址变址寻址。

（7）相对基址变址寻址。

3.2　写出把首地址为 BLOCK 的字数组的第 6 个字送到 DX 寄存器中的指令。要求使用以下几种寻址方式：

（1）寄存器间接寻址。

（2）寄存器相对寻址。

（3）基址变址寻址。

3.3　给定（IP）＝2BC0H，（CS）＝0200H，位移量 D＝5119H，（BX）＝1200H，（DS）＝

212AH,(224A0)=0600H,(275B9)=098AH,试为以下的转移指令找出偏移地址。

(1) 段内直接寻址。

(2) 使用 BX 及寄存器间接寻址方式的段内间接寻址。

(3) 使用 BX 及寄存器相对寻址方式的段内间接寻址。

3.4 在 0624 单元内有一条二字节 JMP SHORT OBJ 指令,如其中位移量为:(1) 27H,(2) 6BH,(3) 0C6H,试问转向地址 OBJ 的值是多少?

3.5 如 TABLE 为数据段中 0032 单元的符号名,其中存放的内容为 1234H,试问一下两条指令有什么区别?指令执行完后 AX 寄存器的内容是什么?

$$MOV \quad AX,TABLE$$

$$LEA \quad AX,TABLE$$

3.6 下列 ASCII 码串 (包括空格符) 依次存储在起始地址为 CSTRING 的字节单元中:

$$CSTRING \quad DB \quad 'BASED\ ADDRESSING'$$

请编写指令将字符串中的第 1 个和第 7 个字符传送给 DX 寄存器。

3.7 已知堆栈段寄存器 SS 的内容是 0FFA0H,堆栈指针寄存器 SP 的内容是 00B0H,先执行两条把 8057H 和 0F79H 分别进栈的 PUSH 指令,在执行一条 POP 指令。试画出堆栈区和 SP 的内容变化过程示意图 (标出存储单元的物理地址)。

3.8 求出以下各十六进制数分别与十六进制数 62A0 与 4AE0 的和与差,并根据结果设置标志位 SF、ZF、CF 和 OF 的值。

(1) 1234;

(2) 4321;

(3) 9090;

(4) EA04。

3.9 试编写一个程序求出双字长数的绝对值。双字长数在 A 和 A+2 单元中,结果放在 B 和 B+2 单元中。

3.10 试用移位指令把十进制数+53 和-49 分别乘以 2,它们分别应该用什么指令?得到的结果是什么?如果要除以 2 呢?

3.11 试分析下面的程序段完成什么功能?

```
MOV    CL,04
SHL    DX,CL
MOV    BL,AH
SHL    AX,CL
SHR    BL,CL
OR     DI,BL
```

3.12 编写一程序段,比较两个 5 字节的字符串 OLDS 和 NEWS,如果 OLDS 字符串不同于 NEWS 字符串执行 NEW _ LESS;否则顺序执行程序。

3.13 在下列程序的括号中分别填入如下指令:

(1) LOOP        L20

（2）LOOPE    L20

（3）LOOPNE   L20

试说明在 3 种情况下，当程序执行完后，AX、BX、CX 和 DX 4 个寄存器的内容分别是什么？

```
            TITLE    EXLOOP. COM
            CODESG   SEGMENT
                     ASSUME CS：CODESG，DS：CODESG，SS：CODESG
                     ORG    100H
            BEGIN：MOV    AX，01
                   MOV    BX，02
                   MOV    DX，03
                   MOV    CX，04
            L20：
                   INC    AX
                   ADD    BX，AX
                   SHR    DX，1
                   (       )
                   RET
            CODESG    ENDS
                END  BEGIN
```

3.14  试编写一程序段，要求把 BL 中的数除以 CL 中的数，并把其商乘以 2，最后的结果存入 DX 寄存器中。

3.15  试编写一程序段，要求在长度为 100H 字节的数组中，找出大于 42H 的无符号数的个数并存入字节单元 UP 中；找出小于 42H 的无符号数的个数并存入字节单元 DOWN 中。

# 第4章 存储器接口

## 4.1 存储器概述

存储器是计算机的重要组成部分，用于存放程序和数据。正是因为有了存储器，计算机才具有信息记忆的功能，使计算机系统脱离人的干预，自动完成信息处理的功能。计算机在运行中大部分的总线周期都是在对存储器进行读/写访问，因此存储器系统性能的好坏将在很大程度上影响着计算机的性能。

存储器系统的3项主要性能指标为容量、速度和成本。

存储容量是存储器系统的首要性能指标，因为存储容量越大，则系统能够保存的信息量就越多，相应的计算机系统的功能就越强。

存储器的存取速度直接决定了整个微机系统的运行速度。因此，存取速度也是存储器系统的重要的性能指标之一。

存储器的成本也是存储器系统的重要性能指标之一。

为了在存储器系统中兼顾以上3个方面的性能指标，目前在计算机系统中通常采用三级存储器结构，即使用高速缓冲存储器、主存储器和辅助存储器，由这三者构成一个统一的存储系统。从整体来看，其速度接近高速缓存的速度，其容量接近辅存的容量，而其成本则接近廉价慢速的辅存平均价格。

1. 高速缓冲存储器（Cache）

Cache由高速存储器芯片组成，其速度可与微处理器的速度相匹配，容量可达几十MB。Cache中装载当前用得最多的程序和数据，使微处理机能快速地对其访问，以提高微机的运算速度。

2. 内存储器

内存储器的特点是容量较大，速度较快。由于降低了对存储器芯片速度的要求，就可能以低价格实现大容量。内存的容量可达几GB，用来存放程序和数据。内存储器常分为RAM（随机读/写存储器）和ROM（只读存储器）。只读存储器用以解决微机初始化操作和启动操作系统等工作。ROM的存取速度比较快，可达300~400ns，但这种存储器只在机器启动时运行，因此对系统性能并无大的影响。

3. 外存储器

磁盘、软盘、硬盘及光盘都称为外存储器。它们的特点是容量大，可达1T字节，但其存取速度比内存要慢得多。由于外存储器平均存储费用低，所以大量用做后备存储器，存储大量的数据和程序。在高档微机中，硬盘和光盘等外存广泛用作虚拟存储器的硬件支持。

上述三级存储器可以根据微机系统的性能要求来配置。

# 4.2 存储器的分类及结构

### 4.2.1 存储器的分类

从不同的角度，存储器有不同的分类方式。

**1. 按存储介质分类**

按构成存储器的器件和存储介质主要可分为：磁芯存储器、半导体存储器、光电存储器、磁膜、磁泡和其他磁表面存储器、光盘存储器等。

**2. 按信息存取方式分类**

（1）随机存取存储器 RAM（Random Access Memory）。

通过指令可以随机地、个别地对存储器中的各个存储单元进行读写操作，并且该操作所需的时间基本上是一样的，RAM 中的信息在断电后立即消失。

按照存放信息原理的不同，随机存储器又可分为静态和动态两种。静态 RAM 是以双稳态元件作为基本的存储单元来保存信息的。因此，其保存的信息在不断电的情况下，是不会被破坏的；而动态 RAM 是靠电容的充、放电原理来存放信息的，由于保存在电容上的电荷，会随着时间而泄漏，因而会使得这种器件中存放的信息丢失，必须定时进行刷新。

（2）只读存储器 ROM（Read-Only Memory）。

ROM 中的信息是在芯片生产时预先写入的，用户在使用时对其内容只能读出而不能写入，断电后它的信息不会丢失。ROM 通常用来存放固定不变的程序、汉字字型库、字符及图形符号等。随着半导体技术的发展，只读存储器也出现了不同的种类，具体情况不在这里叙述。

计算机中的主存储器通常由 RAM 和 ROM 组成。

**3. 按在计算机中的作用分类**

分为主存储器（内存）、辅助存储器（外存）及缓冲存储器等，主存储器又称为系统的主存或者内存，位于系统主机的内部，用于存放计算机当前运行时所需要的程序和数据，CPU 可以直接对其中的单元进行读/写操作，所以要求其存取信息的速度要快。

辅助存储器又称外存，位于系统主机的外部，用于存放当前暂不参与运行的程序和数据，以及一些需要永久性保存的信息。辅存不直接和 CPU 发生联系，CPU 对其进行的存/取操作，必须通过内存才能进行。

缓冲存储器位于主存与 CPU 之间，其存取速度非常快，但存储容量很小，可用来解决存取速度与存储容量之间的矛盾，提高整个系统的运行速度。

另外，还可根据所存信息是否容易丢失，而把存储器分成易失性存储器和非易失性存储器。如半导体存储器（DRAM、SRAM），停电后信息会丢失，属易失性；而磁带和磁盘等磁表面存储器，属非易失性存储器。

本章的内容主要是有关内部存储器的，并将讲述微型计算机系统中构成内存的常用半导体存储器件，同时会讨论它们如何和系统总线相连。

#### 4.2.2 存储器的结构

本章只讲述内部存储器常用的芯片及其结构。

1. 随机存取存储器 RAM

RAM（Random Access Memory）指随机存取存储器，其工作特点是：在微机系统的工作过程中，可以随机地对其中的各个存储单元进行读/写操作。读写存储器分为静态 RAM（SRAM）与动态 RAM（DRAM）两种。

（1）静态 RAM。

1）基本存储单元。静态 RAM 的基本存储单元是由两个增强型的 NMOS 反相器交叉耦合而成的触发器，每个基本的存储单元由 6 个 MOS 管构成，所以静态存储电路又称为六管静态存储电路。如图 4.1 所示为六管静态存储单元。

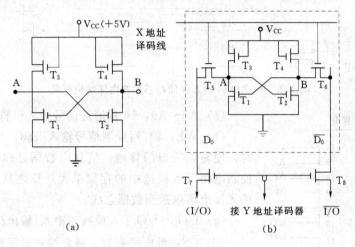

图 4.1　六管静态存储单元

（a）六管静态存储单元的原理示意图；（b）六管基本存储电路

2）静态 RAM 存储器芯片 Intel 2114

Intel 2114 是一种 $1K \times 4$ 的静态 RAM 存储器芯片，其最基本的存储单元就是如上所述的六管存储电路，其他的典型芯片有 Intel 6116/6264/62256 等。

a. 芯片的内部结构。

如图 4.2 所示，它包括下列几个主要组成部分：

（a）存储矩阵：Intel 2114 内部共有 4096 个存储电路，排成 $64 \times 64$ 的短阵形式。

（b）地址译码器：输入为 10 根线，采用两级译码方式，其中 6 根用于行译码，4 根用于列译码。

（c）I/O 控制电路：分为输入数据控制电路和列 I/O 电路，用于对信息的输入/输出进行缓冲和控制。

（d）片选及读/写控制电路：用于实现对芯片的选择及读/写控制。

b. Intel 2114 的外部结构

Intel 2114RAM 存储器芯片为双列直插式集成电路芯片，共有 18 个引脚，引脚图如图 4.3 所示，各引脚的功能如下：

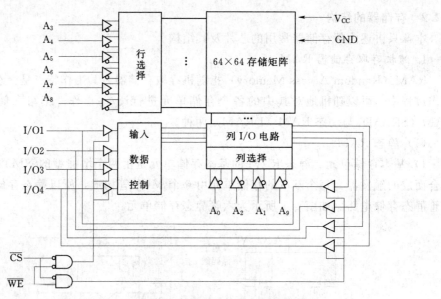

图 4.2 Intel 2114 静态存储器芯片的内部结构框图

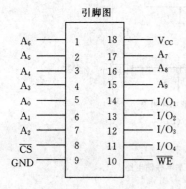

图 4.3 Intel 2114 引脚图

(a) A0～A9：10 根地址信号输入引脚。

(b) $\overline{WE}$：读/写控制信号输入引脚，当$\overline{WE}$为低电平时，使输入三态门导通，信息由数据总线通过输入数据控制电路写入被选中的存储单元；反之从所选中的存储单元读出信息送到数据总线。

(c) $I/O_1$～$I/O_4$：4 根数据输入/输出信号引脚。

(d) $\overline{CS}$：低电平有效，通常接地址译码器的输出端。

(e) +5V：电源。

(f) GND：地。

(2) 动态 RAM。

1) 动态 RAM 基本存储单元。

如图 4.4 所示，就是一个动态 RAM 的基本存储单元，它由一个 MOS 管 $T_1$ 和位于其栅极上的分布电容 C 构成。当栅极电容 C 上充有电荷时，表示该存储单元保存信息 "1"；反之，当栅极电容上没有电荷时，表示该单元保存信息 "0"。由于栅极电容上的充电与放电是两个对立的状态。因此，它可以作为一种基本的存储单元。

动态 RAM 存储单元实质上是依靠 $T_1$ 管栅极电容的充放电原理来保存信息的。时间一长，电容上所保存的电荷就会泄漏，造成了信息的丢失。因此，在动态 RAM 的使用过程中，必须及时地向保存 "1" 的那些存储单元补充电荷，以维持信息的存在。这一过程，就称为动态存储器的刷新操作。

2) 动态 RAM 存储器芯片 Intel 2164A。

Intel 2164A 是一种 64K×1 的动态 RAM 存储器芯片，它的基本存储单元就是采用单管存储电路，其他的典型芯片有 Intel 21256/21464 等。

a. Intel 2164A 的内部结构。

如图 4.5 所示，其主要组成部分如下：

(a) 存储体：64K×1 的存储体由 4 个 128×128 的存储阵列构成。

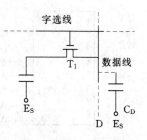

(b) 地址锁存器：由于 Intel 2164A 采用双译码方式，故其 16 位地址信息要分两次送入芯片内部。但由于封装的限制，这 16 位地址信息必须通过同一组引脚分两次接收，因此，在芯片内部有一个能保存 8 位地址信息的地址锁存器。

图 4.4　单管动态存储

(c) 数据输入缓冲器：用以暂存输入的数据。

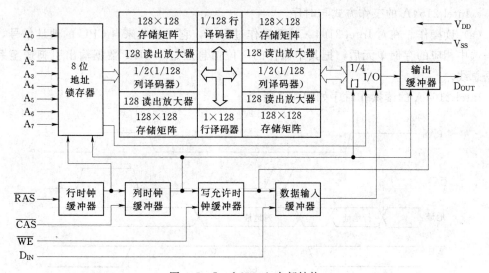

图 4.5　Intel 2164A 内部结构

(d) 数据输出缓冲器：用以暂存要输出的数据。

(e) 1/4I/O 门电路：由行、列地址信号的最高位控制，能从相应的 4 个存储矩阵中选择一个进行输入/输出操作。

(f) 行、列时钟缓冲器：用以协调行、列地址的选通信号。

(g) 写允许时钟缓冲器：用以控制芯片的数据传送方向。

(h) 128 读出放大器：与 4 个 128×128 存储阵列相对应，共有 4 个 128 读出放大器，它们能接收由行地址选通的 4×128 个存储单元的信息，经放大后，再写回原存储单元，是实现刷新操作的重要部分。

(i) 1/128 行、列译码器：分别用来接收 7 位的行、列地址，经译码后，从 128×128 个存储单元中选择一个确定的存储单元，以便对其进行读/写操作。

b. Intel 2164A 的外部结构

Intel 2164A 是具有 16 个引脚的双列直插式集成电路芯片，其引脚安排如图 4.6 所示。

(a) $A_0 \sim A_7$：地址信号的输入引脚，用来分时接收 CPU 送来的 8 位行、列地址。

(b) $\overline{\text{RAS}}$：行址选通信号输入引脚，低电平有效，兼作芯片选择信号。当 $\overline{\text{RAS}}$ 为低电平时，表明芯片当前接收的是行地址。

(c) $\overline{\text{CAS}}$：列地址选通信号输入引脚，低电平有效，表明当前正在接收的是列地址

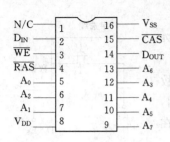

图 4.6　Intel 2164A 引脚

（此时 $\overline{RAS}$ 应保持为低电平）。

（d）$\overline{WE}$：写允许控制信号输入引脚，当其为低电平时，执行写操作；否则，执行读操作。

（e）$D_{IN}$：数据输入引脚。

（f）$D_{OUT}$：数据输出引脚。

（g）$V_{DD}$：+5V 电源引脚。

（h）$V_{SS}$：地。

（i）N/C：未用引脚。

c. Intel 2164A 的工作方式与时序

（a）读操作。在对 Intel 2164A 的读操作过程中，它要接收来自 CPU 的地址信号，经译码选中相应的存储单元后，把其中保存的一位信息通过 DOUT 数据输出引脚送至系统数据总线。

Intel 2164A 的读操作时序如图 4.7 所示。

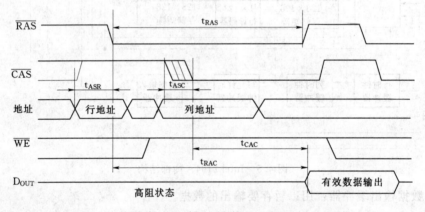

图 4.7　Intel 2164A 读操作的时序

从时序图中可以看出，读周期是由行地址选通信号 $\overline{RAS}$ 有效开始的，要求行地址要先于 $\overline{RAS}$ 信号有效，并且必须在 $\overline{RAS}$ 有效后再维持一段时间。同样，为了保证列地址的可靠锁存，列地址也应领先于列地址锁存信号 $\overline{CAS}$ 有效，且列地址也必须在 $\overline{CAS}$ 有效后再保持一段时间。

要从指定的单元中读取信息，必须在 $\overline{RAS}$ 有效后，使 $\overline{CAS}$ 也有效。由于从 $\overline{RAS}$ 有效起到指定单元的信息读出送到数据总线上需要一定的时间。因此，存储单元中信息读出的时间就与 $\overline{CAS}$ 开始有效的时刻有关。

存储单元中信息的读写，取决于控制信号 $\overline{WE}$。为实现读出操作，要求 $\overline{WE}$ 控制信号无效，且必须在 $\overline{CAS}$ 有效前变为高电平。

（b）写操作。在 Intel 2164A 的写操作过程中，它同样通过地址总线接收 CPU 发来的行、列地址信号，选中相应的存储单元后，把 CPU 通过数据总线发来的数据信息，保存到相应的存储单元中去。Intel 2164A 的写操作时序如图 4.8 所示。

（c）读—修改—写操作。这种操作的性质类似于读操作与写操作的组合，但它并不是

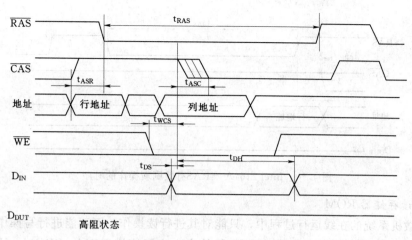

图 4.8 Intel 2164A 写操作的时序

简单地由两个单独的读周期与写周期组合起来，而是在 $\overline{RAS}$ 和 $\overline{CAS}$ 同时有效的情况下，由 $\overline{WE}$ 信号控制，先实现读出，待修改之后，再实现写入。其操作时序如图 4.9 所示。

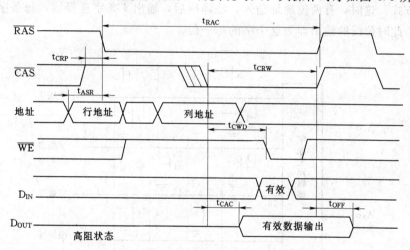

图 4.9 Intel 2164A 读—修改—写操作的时序

（d）刷新操作。Intel 2164A 内部有 $4 \times 128$ 个读出放大器，在进行刷新操作时，芯片只接收从地址总线上发来的行地址（其中 RA7 不起作用），由 $RA_0 \sim RA_6$ 共 7 根行地址线在 4 个存储矩阵中各选中一行，共 $4 \times 128$ 个单元，分别将其中所保存的信息输出到 $4 \times 128$ 个读出放大器中，经放大后，再写回到原单元，即可实现 512 个单元的刷新操作。这样，经过 128 个刷新周期就可完成整个存储体的刷新。

（e）数据输出。数据输出具有三态缓冲器，它由 $\overline{CAS}$ 控制，当 $\overline{CAS}$ 为高电平时，输出 $D_{OUT}$ 呈高阻抗状态，在各种操作时的输出状态有所不同。

（f）页模式操作。在这种方式下，维持行地址不变（ $\overline{RAS}$ 不变），由连续的 $\overline{CAS}$ 脉冲对不同的列地址进行锁存，并读出不同列的信息，而 $\overline{RAS}$ 脉冲的宽度有一个最大的上限值。在页模式操作时，可以实现存储器读、写以及读—修改—写等操作。

有关上述时序图中参数的具体值，请参考有关的技术手册。

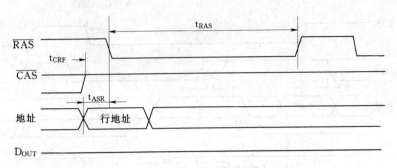

图 4.10 Intel 2164A 唯 $\overline{RAS}$ 有效刷新操作的时序

**2. 只读存储器 ROM**

指在微机系统的在线运行过程中,只能对其进行读操作,而不能进行写操作的一类存储器。在不断发展变化的过程中,ROM 器件也产生了掩模 ROM、PROM、EPROM 和 EEPROM 等各种不同类型。

(1) 掩模 ROM。如图 4.11 所示,是一个简单的 $4 \times 4$ 位的 MOS ROM 存储阵列,采用单译码方式。这时,有两位地址输入,经译码后,输出 4 条字选择线,每条字选择线选中一个字,此时位线的输出即为这个字的每一位。

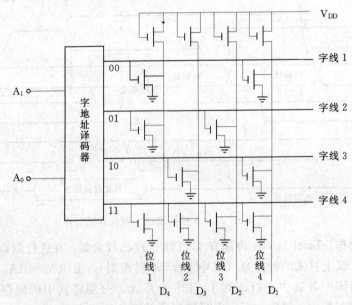

图 4.11 掩模 ROM

(2) 可编程的 ROM。掩模 ROM 的存储单元在生产完成之后,其所保存的信息就已经固定下来了,这给使用者带来了不便。为了解决这个矛盾,设计制造了一种可由用户通过简易设备写入信息的 ROM 器件,即可编程的 ROM,又称为 PROM。

PROM 的类型有多种,下面以二极管破坏型 PROM 为例来说明其存储原理。这种 PROM 存储器在出厂时,存储体中每条字线和位线的交叉处都是两个反向串联的二极管的 PN 结,字线与位线之间不导通。此时,意味着该存储器中所有的存储内容均为"1"。

如果用户需要写入程序，则要通过专门的 PROM 写入电路，产生足够大的电流把要写入 "1" 的那个存储位上的二极管击穿，造成这个 PN 结短路，只剩下顺向的二极管跨连字线和位线，这时，此位就意味着写入了 "1"。读出的操作同掩模 ROM。

除此之外，还有一种熔丝式 PROM，用户编程时，靠专用写入电路产生脉冲电流，来烧断指定的熔丝，以达到写入 "1" 的目的。

对 PROM 来讲，这个写入的过程称之为固化程序。由于击穿的二极管不能再正常工作，烧断后的熔丝不能再接上，所以这种 ROM 器件只能固化一次程序，数据写入后，就不能再改变了。

（3）可擦除可编程的 ROM。

a. 基本存储电路

可擦除可编程的 ROM 又称为 EPROM。它的基本存储单元的结构和工作原理如图 4.12 所示。

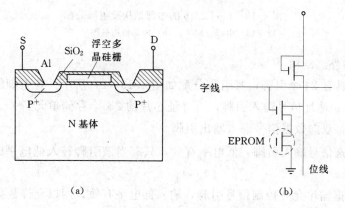

图 4.12　基本存储单元的结构和工作原理

由这种存储单元所构成的 ROM 存储器芯片，在其上方有一个石英玻璃的窗口，紫外线正是通过这个窗口来照射其内部电路而擦除信息的，一般擦除信息需用紫外线照射 15～20min。

b. EPROM 芯片 Intel 2716

Intel2716 是一种 2K×8 的 EPROM 存储器芯片，双列直插式封装，24 个引脚，其最基本的存储单元，就是采用如上所述的带有浮动栅的 MOS 管，其他的典型芯片有 Intel 2732/27128/27512 等。

（a）芯片的内部结构。Intel 2716 存储器芯片的内部结构框图如图 4.13（b）所示，其主要组成部分包括：

• 存储阵列：Intel 2716 存储器芯片的存储阵列由 2K×8 个带有浮动栅的 MOS 管构成，共可保存 2K×8 位二进制信息。

• X 译码器：又称为行译码器，可对 7 位行地址进行译码。

• Y 译码器：又称为列译码器，可对 4 位列地址进行译码。

• 输出允许、片选和编程逻辑：实现片选及控制信息的读/写。

• 数据输出缓冲器：实现对输出数据的缓冲。

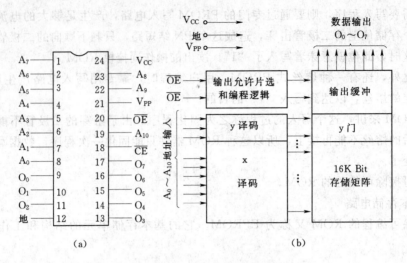

图 4.13　Intel 2716 的内部结构及引脚分配

(a) 引脚分配图；(b) 内部结构框图

(b) 芯片的外部结构：

Intel 2716 具有 24 个引脚，其引脚分配如图 4.13 (a) 所示，各引脚的功能如下：

- $A_{10} \sim A_0$：地址信号输入引脚，可寻址芯片的 2K 个存储单元。
- $O_7 \sim O_0$：双向数据信号输入输出引脚。
- $\overline{CE}$：片选信号输入引脚，低电平有效，只有当该引脚转入低电平时，才能对相应的芯片进行操作。
- $\overline{OE}$：数据输出允许控制信号引脚，输入低电平有效，用以允许数据输出。
- $V_{CC}$：+5V 电源，用于在线的读操作。
- $V_{PP}$：+25V 电源，用于在专用装置上进行写操作。
- GND：地。

(4) 电可擦除可编程序的 ROM (Electronic Erasable Programmable ROM)。

电可擦除可编程序的 ROM 也称为 EEPROM 即 $E^2$PROM。它的一个优点是：擦除可以按字节分别进行（不像 EPROM，擦除时把整个芯片的内容全变成"1"）。由于字节的编程和擦除都只需要 10ms，并且不需要特殊装置，因此可进行在线的编程写入。常用的芯片有 2816/2817/2864 等。

(5) 快擦型存储器 (Flash Memory)。

快擦型存储器是不用电池供电的、高速耐用的非易失性半导体存储器，它以性能好、功耗低、体积小和重量轻等特点活跃于便携机（膝上型、笔记本型等）存储器市场，但价格较贵。

快擦型存储器具有 EEPROM 的特点，又可在计算机内进行擦除和编程，它的读取时间与 DRAM 相似，而写时间与磁盘驱动器相当。快擦型存储器有 5V 或 12V 两种供电方式。对于便携机来讲，用 5V 电源更为合适。快擦型存储器操作简便，编程、擦除、校验等工作均已编成程序，可由配有快擦型存储器系统的中央处理机予以控制。

快擦型存储器可替代 EEPROM，在某些应用场合还可取代 SRAM，尤其是对于需要配备电池后援的 SRAM 系统，使用快擦型存储器后可省去电池。快擦型存储器的非易失性和快速读取的特点，能满足固态盘驱动器的要求。同时，可替代便携机中的 ROM，以便随时写入最新版本的操作系统。快擦型存储器还可应用于激光打印机、条形码阅读器、各种仪器设备以及计算机的外部设备中。典型的芯片有 27F256/28F016/28F020 等。

# 4.3 存储器的扩展

### 4.3.1 半导体存储器芯片的结构

通常，半导体存储器芯片的结构包括存储体、地址译码电路以及片选和读写控制逻辑，如图 4.14 所示。

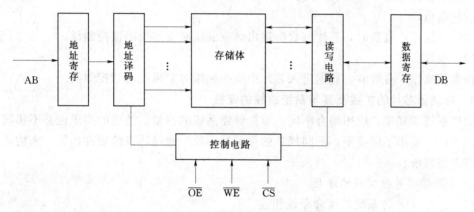

图 4.14　半导体存储器芯片的结构

### 1. 存储体

存储体是存储器芯片的主要部分，用来存储信息。存储体由多个存储单元组成。一个存储单元对应了半导体存储器件中的一个或多个基本存储电路，每个基本存储电路对应一个二进制数位。每个存储单元具有一个唯一的地址，可存储一位（位片结构）或多位（字片结构）二进制数据。存储容量与地址、数据线根数有关。

$$芯片的存储容量 = 存储单元数 \times 存储单元的位数 = 2^M \times N \qquad (4.1)$$

式中　M——芯片的地址线根数；

　　　N——芯片的数据线根数。

例如：芯片 2114 的容量为 $1K \times 4$，即 $2^{10} \times 4$，因此一片 2114 芯片需要 10 根地址线和 4 根数据线。

### 2. 地址译码电路

由于存储器系统是由许多存储单元构成的，每个存储单元一般存放 8 位二进制信息。为了加以区分，必须首先为这些存储单元编号，即分配给这些存储单元不同的地址。地址译码器的作用就是用来接收 CPU 送来的地址信号并对它进行译码，选择与此地址码相对应的存储单元，以便对该单元进行读/写操作。

存储器地址译码有两种方式，通常称为单译码与双译码。

（1）单译码。

单译码方式又称字结构，适用于小容量存储器。

（2）双译码。

在双译码结构中，将地址译码器分成两部分，即行译码器（又叫 X 译码器）和列译码器（又叫 Y 译码器）。X 译码器输出行地址选择信号，Y 译码器输出列地址选择信号。行列选择线交叉处即为所选中的内存单元，这种方式的特点是译码输出线较少。

3. 片选和读写控制逻辑

（1）片选端$\overline{CS}$或$\overline{CE}$。

片选信号用以实现芯片的选择。对于一个芯片来讲，只有当片选信号有效时，才能对其进行读/写操作。片选信号一般由地址译码器的输出及一些控制信号来形成，而读/写控制电路则用来控制对芯片的读/写操作。

（2）输出$\overline{OE}$。

控制读操作。有效时，芯片内数据输出该控制端对应系统的读控制线。

（3）写$\overline{WE}$。

控制写操作。有效时，数据进入芯片中该控制端对应系统的写控制线。

### 4.3.2 存储器芯片的扩展及其与系统总线的连接

微机系统的规模、应用场合不同，对存储器系统的容量、类型的要求也必不相同。一般情况下，需要用不同类型，不同规格的存储器芯片，通过适当的硬件连接，来构成所需要的存储器系统。

1. 存储器芯片控制线的连接

（1）芯片/OE 与系统的读命令线相连。

当芯片被选中且读命令有效时，存储芯片将开放并驱动数据到总线。

（2）芯片/WE 与系统的写命令线相连。

当芯片被选中且写命令有效时，允许总线数据写入存储芯片。

2. 存储芯片数据线的处理

（1）若芯片的数据线正好 8 根。

若 CPU 一次可以从芯片中访问到 8 位数据，则芯片的全部数据线均与系统的 8 位数据线相连。

（2）若芯片的数据线不足 8 根。

若 CPU 一次不能从一个芯片中访问到 8 位数据，则需利用多个芯片扩充数据位，这种扩充方式称为"位扩充"。

扩充方法：多个位扩充的存储芯片的数据线连接于系统数据总线的不同位数，而这些芯片的地址线和控制线的连接都一样。这些芯片应被看作是一个整体，常被称为"芯片组"。重要的是，芯片组中的各个芯片的片选线必须连在一起，确保这些芯片会被同时选中。

【例 4.1】 用 1K×4 的 2114 芯片构成 1K×8 的存储器系统。

分析：由于每个芯片的容量为 1K，故满足存储器系统的容量要求。但由于每个芯片只能提供 4 位数据，故需用 2 片这样的芯片，它们分别提供 4 位数据至系统的数据总线，以满足存储器系统的字长要求。

设计要点：

将每个芯片的 10 位地址线按引脚名称一一并联，按次序逐根接至系统地址总线的低 10 位。

数据线则按芯片编号连接，1 号芯片的 4 位数据线依次接至系统数据总线的 $D_0 \sim D_3$，2 号芯片的 4 位数据线依次接至系统数据总线的 $D_4 \sim D_7$。

两个芯片的 $\overline{WE}$ 端并在一起后接至系统控制总线的存储器写信号（如 CPU 为 8086/8088，也可由 $\overline{WR}$ 和 $IO/\overline{M}$ 或 $IO/\overline{M}$ 的组合来承担）。

$\overline{CS}$ 引脚也分别并联后接至地址译码器的输出，而地址译码器的输入则由系统地址总线的高位来承担。

具体连线如图 4.15 所示。当存储器工作时，系统根据高位地址的译码同时选中两个芯片，而地址码的低位也同时到达每一个芯片，从而选中它们的同一个单元。在读/写信号的作用下，两个芯片的数据同时读出，送上系统数据总线，产生一个字节的输出，或者同时将来自数据总线上的字节数据写入存储器。

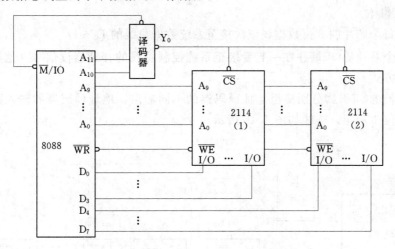

图 4.15 用 2114 组成 1K×8 的存储器连线

根据硬件连线图，还可以进一步分析出该存储器的地址分配范围如下：（假设只考虑 16 位地址）。

| 地 址 码 | | | | 芯片的地址范围 |
|---|---|---|---|---|
| $A_{15} \cdots A_{12}$ | $A_{11}$ | $A_{10}$ | $A_9 \cdots A_0$ | |
| × | × | 0 | 0 0 0 | 0000H |
| | ⋮ | | | ⋮ |
| | ⋮ | | | ⋮ |
| × | × | 0 | 0 1 1 | 03FFH |

×表示可以任选值，在这里均选 0。

这种扩展存储器的方法就称为位扩展，它可以适用于多种芯片。

3. 存储器芯片地址线的连接

芯片的地址线通常应全部与系统的低位地址总线相连。寻址时，这部分地址的译码是在存储芯片内完成的，通常称为"片内译码"。有时，存储器芯片的字长符合存储器系统的要求，但其容量太小，存储系统常需利用多个存储芯片扩充容量，也就是扩充了主存储器地址范围，这种扩充简称为"地址扩充"或"字扩充"。进行"地址扩充"，需要利用存储芯片的片选端对多个存储芯片（组）进行寻址，这个寻址方法主要通过将存储芯片的片选端与系统的高位地址线相关联来实现。

【例 4.2】 用 $2K\times8$ 的 2716A 存储器芯片组成 $8K\times8$ 的存储器系统。

分析：由于每个芯片的字长为 8 位，故满足存储器系统的字长要求。但由于每个芯片只能提供 2K 个存储单元，故需用 4 片这样的芯片，以满足存储器系统的容量要求。

设计要点：同位扩充方式相似。

（1）先将每个芯片的 11 位地址线按引脚名称一一并联，然后按次序逐根接至系统地址总线的低 11 位。

（2）将每个芯片的 8 位数据线依次接至系统数据总线的 $D_0\sim D_7$。

（3）两个芯片的 $\overline{OE}$ 端并在一起后接至系统控制总线的存储器读信号（这样连接的原因同位扩充方式）。

（4）它们的 $\overline{CE}$ 引脚分别接至地址译码器的不同输出，地址译码器的输入则由系统地址总线的高位来承担，连线如图 4.16 所示。

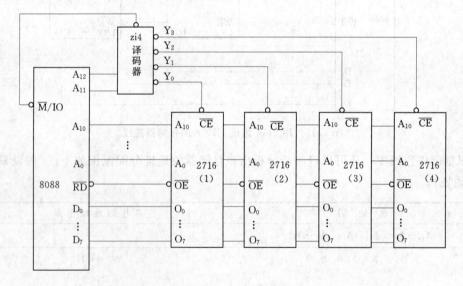

图 4.16 用 2716 组成 $8K\times8$ 的存储器连线

当存储器工作时，根据高位地址的不同，系统通过译码器分别选中不同的芯片，低位地址码则同时到达每一个芯片，选中它们的相应单元。在读信号的作用下，选中芯片的数据被读出，送上系统数据总线，产生一个字节的输出。

同样，根据硬件连线图，可以进一步分析出该存储器的地址分配如表 4.1 所示（假设只考虑 16 位地址）：

**表 4.1**            **用 2716 组成 8K×8 存储器的地址分配**

| 地址码 | | | | | 芯片的地址范围 | 对应芯片编号 |
|---|---|---|---|---|---|---|
| $A_{15}\ldots A_{13}$   $A_{12}$ | $A_{11}$ | $A_{10}$ | $A_9 \ldots A_0$ | | | |
| ×    × | 0 | 0 | 0 0 0 | 0000H | |
| | | ⋮ | | ⋮ | 2716 - 1 |
| ×    × | 0 | 0 | 1 1 1 | 07FFH | |
| ×    × | 0 | 1 | 0 0 0 | 0800H | |
| | | ⋮ | | ⋮ | 2716 - 2 |
| ×    × | 0 | 1 | 1 1 1 | 0FFFH | |
| ×    × | 1 | 0 | 0 0 0 | 1000H | |
| | | ⋮ | | ⋮ | 2716 - 3 |
| ×    × | 1 | 0 | 1 1 1 | 17FFH | |
| ×    × | 1 | 1 | 0 0 0 | 1800H | |
| | | ⋮ | | ⋮ | 2716 - 4 |
| ×    × | 1 | 1 | 1 1 1 | 1FFFH | |

×表示可以任选值，在这里均选 0。

这种扩展存储器的方法就称为字扩充，它同样可以适用于多种芯片，如可以用 8 片 27128（16K×8）组成一个 128K×8 的存储器等。

字扩充有时会出现地址重复，即一个存储单元具有多个存储地址。这是因为有些高位地址线没有用，可任意为 1 或 0。当出现地址重复时，常选取其中既好用、又不冲突的一个"可用地址"。选取一个可用地址的原则是：高位地址全为 0。

当存储器芯片的字长和容量均不符合存储器系统的要求，这时就需要用多片这样的芯片同时进行位扩充和字扩充，以满足系统的要求。

**【例 4.3】** 用 1K×4 的 2114 芯片组成 2K×8 的存储器系统。如图 4.17 所示。

分析：由于芯片的字长为 4 位，因此首先需用采用位扩充的方法，用两片芯片组成 1K×8 的存储器。再采用字扩充的方法来扩充容量，使用两组经过上述位扩充的芯片组来完成。

设计要点：每个芯片的 10 根地址信号引脚宜接至系统地址总线的低 10 位，每组两个芯片的 4 位数据线分别接至系统数据总线的高/低 4 位。地址码的 $A_{10}$、$A_{11}$ 经码后的输出，分别作为两组芯片的片选信号，每个芯片的 $\overline{WE}$ 控制端直接接到 CPU 的读/写控制端上，以实现对存储器的读/写控制。硬件连线如图 4.17 所示。

当存储器工作时，根据高位地址的不同，系统通过译码器分别选中不同的芯片组，低位地址码则同时到达每一个芯片组，选中它们的相应单元。在读/写信号的作用下，选中芯片组的数据被读出，送上系统数据总线，产生一个字节的输出，或者将来自数据总线上

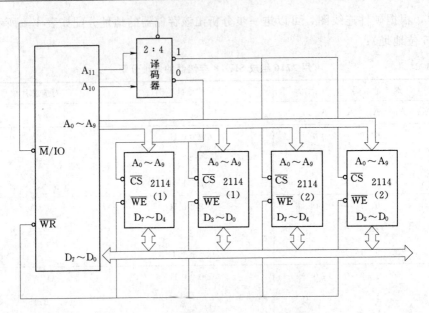

图 4.17 用 2114 组成 2K×8 的存储器连线

的字节数据写入芯片组。

同样,根据硬件连线图,也可以进一步分析出该存储器的地址分配范围如表 4.2 所示(假设只考虑 16 位地址):

表 4.2 用 2114 组成 2K×8 存储器的地址分配

| 地 址 码 | | | | | | 芯片组的地址范围 | 对应芯片组编号 |
|---|---|---|---|---|---|---|---|
| $A_{15}\cdots A_{13}$ | $A_{12}$ | $A_{11}$ | $A_{10}$ | $A_9\cdots A_0$ | | | |
| × ⋯ × | × | 0 | 0 | 0⋯0 | | 0000H ⋮ 03FFH | 2114-1 |
| × ⋯ × | × | 0 | 0 | 1⋯1 | | | |
| × ⋯ × | × | 0 | 1 | 0⋯0 | | 0400H ⋮ 07FFH | 2114-2 |
| × ⋯ × | × | 0 | 1 | 1⋯1 | | | |

×表示可以任选值,在这里均选 0。

思考:从以上地址分析可知,此存储器的地址范围是 0000H～07FFH。如果系统规定存储器的地址范围从 0800H 开始,并要连续存放,对以上硬件连线图该如何改动呢?

由于低位地址仍从 0 开始,因此低位地址仍直接接至芯片组。于是,要改动的是译码器和高位地址的连接。一般可以将两个芯片组的片选输入端分别接至译码器的 $Y_2$ 和 $Y_3$ 输出端,即当 $A_{11}$、$A_{10}$ 为 10 时,选中 2114-1,则该芯片组的地址范围为 0800H～0BFFH,而当 $A_{11}$、$A_{10}$ 为 11 时,选中 2114-2,则该芯片组的地址范围为 0C00H～0FFFH。同时,保证高位地址为 0(即 $A_{15}$～$A_{12}$ 为 0)。这样,此存储器的地址范围就是 0800H～0FFFH 了。

以上例子所采用的片选控制的译码方式称为全译码方式，这种译码电路较复杂。但是，由此选中的每一组的地址是确定且唯一的。有时，为方便起见，也可以直接用高位地址（如 $A_{10} \sim A_{15}$ 中的任一位）来控制片选端。例如用 $A_{10}$ 来控制，如图 4.18 所示。

粗看起来，这两组的地址分配与全译码时相同，但是当用 $A_{10}$ 这一个信号作为片选控制时，只要 $A_{10} = 0$，$A_{11} \sim A_{15}$ 可为任意值都选中第一组；而只要 $A_{10} = 1$，$A_{11} \sim A_{15}$ 可为任意值都选中第二组。这种选片控制方式称为线选法。

线选法的优点是节省译码电路、设计简单，但必须注意此时芯片的地址分布以及各自的地址重叠区，以免出现错误。

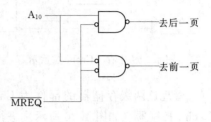

图 4.18　线选法示例

# 4.4　高 速 缓 存 技 术

### 4.4.1　高速缓冲存储器 Cache

#### 1. 问题的提出

微机系统中的内部存储器通常采用动态 RAM 构成，具有价格低、容量大的特点，但由于动态 RAM 采用 MOS 管电容的充放电原理来表示存储信息，其存取速度相对于 CPU 的信息处理速度来说较低。这就导致了两者速度的不匹配，也就是说，慢速的存储器限制了高速 CPU 的性能，影响了微机系统的运行速度，并限制了计算机性能的进一步发挥和提高。高速缓冲存储器就是在这种情况下产生的。

#### 2. 存储器访问的局部性

微机系统进行信息处理的过程就是执行程序的过程。这时，CPU 需要频繁地与内存进行数据交换，包括取指令代码及数据的读写操作。通过对大量典型程序的运行情况分析结果表明，在一个较短的时间内，取指令代码的操作往往集中在存储器逻辑地址空间的很小范围内这种对局部范围的存储器单元的访问比较频繁，对此范围以外的存储单元访问相对甚少的现象，称为程序访问的局部性。

#### 3. Cache—主存存储结构及其实现

为了解决存储器系统的容量、存取速度及单位成本之间的矛盾，可以采用 Cache—主存存储结构，即在主存和 CPU 之间设置高速缓冲存储器 Cache，把正在执行的指令代码单元附近的一部分指令代码或数据从主存装入 Cache 中，供 CPU 在一段时间内使用，由于存储器访问的局部性，在一定容量 Cache 的条件下，可以做到使 CPU 大部分取指令代码及进行数据读写的操作都只要通过访问 Cache，而不是访问主存来实现。

Cache 的读写速度几乎能够与 CPU 进行匹配，所以微机系统的存取速度可以大大提高，Cache 的容量相对主存来说并不是太大，所以整个存储器系统的成本并没有上升很多。

采用了 Cache—主存存储结构以后，整个存储器系统的容量及单位成本能够主存相

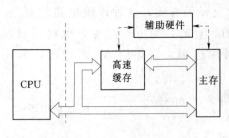

图 4.19　主存—Cache 层次示意

当，而存取速度可以与 Cache 的读写速度相当，这就很好地解决了存储器系统的上述 3 个方面性能之间的矛盾。

如图 4.19 所示，是 Cache—主存结构示意图，在主存和 CPU 之间增加了一个容量相对较小的双极型静态 RAM 作为高速缓冲存储器 Cache，为了实现 Cache 与主存之间的数据交换，系统中还相应地增加了辅助的硬件电路。

管理这两级存储器的部件为 Cache 控制器，CPU 与主存之间的数据传输必须经过 Cache 控制器（如图 4.20 所示）进行，Cache 控制器将来自 CPU 的数据读写请求，转向 Cache 存储器，如果数据在 Cache 中，则 CPU 对 Cache 进行读写操作，称为一次命中。命中时，CPU 从 Cache 中读（写）数据。由于 Cache 速度与 CPU 速度相匹配，因此不需要插入等待状态，故 CPU 处于零等待状态，也就是说 CPU 与 Cache 达到了同步。因此，有时称高速缓存为同步 Cache；若数据不在 Cache 中，则 CPU 对主存操作，称为一次失败。失败时，CPU 必须在其总线周期中插入等待周期 $T_w$。

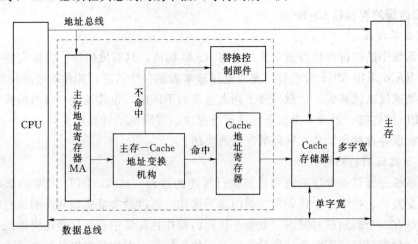

图 4.20　Cache 存储系统基本结构

在主存—Cache 存储体系中，所有的程序代码和数据仍然都存放在主存中，Cache 存储器只是在系统运行过程中，动态地存放了主存中的一部分程序块和数据块的副本，这是一种以块为单位的存储方式。块的大小称为"块长"，块长一般取一个主存周期所能调出的信息长度。

假设主存的地址码为 $n$ 位，则其共有 $2^n$ 个单元，将主存分块（block），每块有 B 个字节，则一共可以分成 $2^n/B$ 块。Cache 也由同样大小的块组成，由于其容量小，所以块的数目小得多。也就是说，主存中只有一小部分块的内容可存放在 Cache 中。

在 Cache 中，每一块外加有一个标记，指明它是主存中哪一块的副本，所以该标记的内容相当于主存中块的编号。假定主存地址为 $n=M+b$ 位，其中 $M$ 称为主存的块地址，而 $b$ 则称为主存的块内地址，即：主存的块数为 $2^M$，块内字节数为 $2^b$；同样，假定 Cache

地址 $n=N+b$ 位，其中 $N$ 称为 Cache 块地址，而 $b$ 为 Cache 的块内地址，即 Cache 的块数为 $2^N$，块内字节数为 $2^b$，通常使主存与 Cache 的块内地址码数量相同，即：$b=b$，即 Cache 的块内字节数与主存的块内字节数相同。

当 CPU 发出读请求时，将主存地址 $M$ 位（或 $M$ 位中的一部分）与 Cache 某块的标记相比较，根据其比较结果是否相等而区分出两种情况：当比较结果相等时，说明需要的数据已在 Cache 中，那么直接访问 Cache 就行了，在 CPU 与 Cache 之间，通常一次传送一个字；当比较结果不相等时，说明需要的数据尚未调入 Cache 中，那么就要把该数据所在的整个字块从主存一次调进来。

**4. Cache—主存存储结构的命中率**

命中率指 CPU 所要访问的信息在 Cache 中的比率，相应地将所要访问的信息不在 Cache 中的比率称为失效率。

Cache 的命中率除了与 Cache 的容量有关外，还与地址映像的方式有关。

目前，Cache 存储器的容量主要有 256KB 和 512KB 等。这些大容量的 Cache 存储器，使 CPU 访问 Cache 的命中率高达 90％～99％，大大提高了 CPU 访问数据的速度，提高了系统的性能。

**5. 两级 Cache—主存存储结构**

CPU 内部的 Cache 与主机板上的 Cache 就形成两级 Cache 结构。CPU 工作时，首先在第一级 Cache（微处理器内的 Cache）中查找数据。如果找不到，则在第二级 Cache（主机板上的 Cache）中查找，若数据在第二级 Cache 中，Cache 控制器在传输数据的同时，修改第一级 Cache；如果数据既不在第一级 Cache 也不在第二级 Cache 中，Cache 控制器则从主存中获取数据，同时将数据提供给 CPU 并修改两级 Cache。两级 Cache 结构，提高了命中率，加快了处理速度，使 CPU 对 Cache 的操作命中率高达 98％以上。图 4.20 给出了主板上 Cache 存储器系统的基本结构。

**6. Cache 的基本操作**

（1）读操作。

当 CPU 发出读操作命令时，要根据它产生的主存地址分为两种情形：

1）需要的数据已在 Cache 存储器中，那么只需直接访问 Cache 存储器，从对应单元中读取信息到数据总线。

2）所需要的数据尚未装入 Cache 存储器，CPU 在从主存读取信息的同时，由 Cache 替换部件把该地址所在的那块存储内容从主存拷贝到 Cache 中。Cache 存储器中保存的字块是主存相应字块的副本。

（2）写操作。

当 CPU 发出写操作命令时，也要根据它产生的主存地址分为两种情形：

1）命中时，不但要把新的内容写入 Cache 存储器中，必须同时写入主存，使主存和 Cache 内容同时修改，保证主存和副本内容一致，这种方法称写直达法或称通过式写（Write-through，简称为通写法）。

2）未命中时，许多微机系统只向主存写入信息，而不必同时把这个地址单元所在的主存中的整块内容调入 Cache 存储器中。

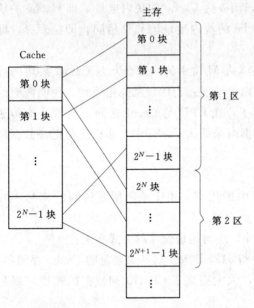

主存

图 4.21　直接映像示意图

**7. 地址映像及其方式**

众所周知，主存与 Cache 之间的信息交换，是以数据块的形式来进行的。为了把信息从主存调入 Cache 中，必须应用某种函数把主存块映像到 Cache 块，称做地址映像。当信息按这种映像关系装入 Cache 后，系统在执行程序时，应将主存地址变换为 Cache 地址，这个变换过程叫做地址变换（由于 Cache 的存储空间较大，因此 Cache 中的一个存储块要与主存中的若干个存储块相对应，即若干个主存块将映像到同一个 Cache 块）。

根据不同的地址对应方法，地址映像的方式通常有直接映像、全相联映像和组相联映像 3 种。

（1）直接映像。

每个主存块映像到 Cache 中的一个指定块的方式称为直接映像。在直接映像方式下，主存中某一特定存储块只可调入 Cache 中的一个指定位置，如果主存中另一个存储块也要调入该位置，则将发生冲突。

地址映像的方法：将主存块地址对 Cache 的块号取模，即可得到 Cache 中的块地址，这相当于将主存的空间按 Cache 的大小进行分区，每区内相同的块号映像到 Cache 中相同的块的位置。

一般来说，如果 Cache 被分成 $2^N$ 块，主存被分成同样大小的 $2^M$ 块，则主存与 Cache 中块的对应关系如图 4.21 所示。

直接映像函数可定义为：

$$j = i \bmod 2^N \tag{4.2}$$

式中　$j$——Cache 中的块号；

$i$——主存中的块号。

在这种映像方式中，主存的第 0 块，第 $2^N$ 块，第 $2^{N+1}$ 块，…，只能映像到 Cache 的第 0 块，而主存的第 1 块，第 $2^N+1$ 块，第 $2^{N+1}+1$ 块，…，只能映像到 Cache 的第 1 块，依次类推。

例如，一个 Cache 的大小为 2K 字，每个块为 16 字，这样 Cache 中共有 128 个块。假设主存的容量是 256K 字，则共有 16384 个块。主存的地址码将有 18 位。在直接映像方式下，主存中的第 1～128 块映像到 Cache 中的第 1～128 块，第 129 块则映像到 Cache 中的第 1 块，第 130 块映像到 Cache 中的第 2 块，依次类推。

直接映像函数的优点是实现简单，缺点是不够灵活，尤其是当程序往返访问两个相互冲突的块中的数据时，Cache 的命中率将急剧下降。

（2）全相联映像。

如图 4.22 所示，它允许主存中的每一个字块映像到 Cache 存储器的任何一个字块位置上，也允许从确实已被占满的 Cache 存储器中替换出任何一个旧字块。当访问一个块中的数据时，块地址要与 Cache 块表中的所有地址标记进行比较以确定是否命中。在数据块调入时，存在着一个比较复杂的替换策略问题，即决定将数据块调入 Cache 中什么位置，将 Cache 中哪一块数据调出到主存。

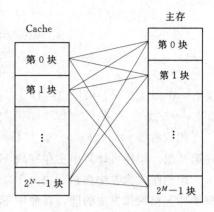

图 4.22　全相联映像示意

全相联方法块冲突的概率低，Cache 的利用率高，是一种最理想的解决方案，但全相联 Cache 中块表查找的速度慢，由于 Cache 的速度要求高，因此全部比较和替换策略都要用硬件实现，控制复杂，实现起来也比较困难。

（3）组相联映像。

组相联映像方式是全相联映像和直接映像的一种折中方案。这种方法将存储空间分成若干组，各组之间是直接映像，而组内各块之间则是全相联映像。如图 4.23 所示，在组相联映像方式下，主存中存储块的数据可调入 Cache 中一个指定组内的任意块中。它是上述两种映像方式的一般形式，如果组的大小为 1 时就变成了直接映像；如果组的大小为整个 Cache 的大小时就变成了全相联映像。

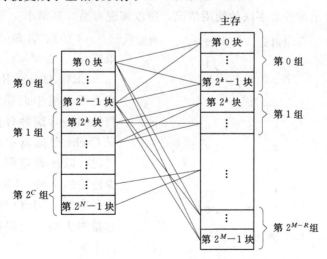

图 4.23　组相联映像示意

例如，把 Cache 子块分成 $2^C$ 组，每组包含 $2^R$ 个字块，那么，主存字块 $M_M(i)$（$0 \leqslant i \leqslant 2^M-1$）可以用下列映像函数映像到 Cache 字块 $M_N(j)$（$0 \leqslant j \leqslant 2^N-1$）上：

$$j = (i \bmod 2^C) \times 2^R + k \quad (0 \leqslant k \leqslant 2^R-1)$$

例如，设 $C=3$ 位，$R=1$ 位，考虑主存字块 15 可映像到 Cache 的哪一个字块中。根据公式，可得：

$$j = (i \bmod 2^C) \times 2^R + k$$
$$= (15 \bmod 2^3) \times 2^1 + k$$
$$= 7 \times 2 + k$$
$$= 14 + k$$

又有：$0 \leqslant k \leqslant 2^R - 1 = 2^1 - 1 = 1$

即：$k = 0$ 或 1

代入后得 $j = 14(k=0)$ 或 $15(k=1)$。所以主存模块 15 可映像到 Cache 字块 14 或 15，在第 7 组。同样可计算出主存字块 17 可映像到 Cache 的第 0 块或第 1 块，在第 1 组。

组相联映像方法在判断块命中以及替换算法上都要比全相联映像方法简单，块冲突的概率比直接映像方法的低，其命中率介于直接映像和全相联映像方法之间。

8. 替换策略

主存与 Cache 之间的信息交换，是以存储块的形式来进行的。主存的块长与 Cache 的块长相同，但由于 Cache 的存储空间较小，主存的存储空间较大。因此，Cache 中的一个存储块要与主存中的若干个存储块相对应，若在调入主存中一个存储块时，Cache 中相应的位置已被其他存储块占有，则必须去掉一个旧的字块，让位于一个新的字块。这称为替换策略或替换算法。

常用的两种替换策略是先进先出（FIFO）策略和近期最少使用（LRU）策略。

(1) 先进先出（FIFO）策略。

FIFO（First In First Out）策略总是把一组中最先调入 Cache 存储器的字块替换出去，它不需要随时记录各个字块的使用情况，所以实现容易、开销小。

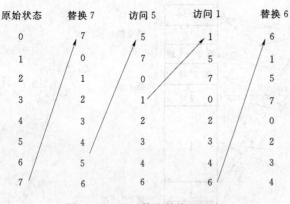

图 4.24　LRU 算法替换登记表

(2) 近期最少使用（LRU）策略。

LRU（Least Recently Used）策略是把一组中近期最少使用的字块替换出去，这种替换策略需随时记录 Cache 存储器中各个字块的使用情况，以便确定哪个字块是近期最少使用的字块。LRU 替换策略的平均命中率比 FIFO 要高，并且当分组容量加大时，能提高该替换策略的命中率。

LRU 的实现方法是：把组中各块的使用情况记录在一张表上（如图 4.24 所示），并把最近使用过的块放在表的最上面，设组内有 8 个信息块，其地址编号为 0，1，…，7。当要求替换时，首先更新 7 号信息块的内容；如要访问 7 号信息块，则将 7 写到表的顶部，其他号向下顺移。接着访问 5 号信息块，如果此时命中，不需要替换，也要将 5 移到表的顶部，其他号向下顺移。6 号数据块是以后要首先被替换的，……

LRU 策略的另一种实现方法是：对 Cache 存储器中的每一个字块都附设一个计数器，记录其被使用的情况。每当 Cache 中的一块信息被命中时，比命中块计数值低的信息块的计数器均加 1,而命中块的计数器则清 0。显然,采用这种计数方法,各信息块的计数值总是不相同的。一旦不命中的情况发生时,新信息块就要从主存调入 Cache 存储器,以替换计数值最大的那片存储区。这时,新信息块的计数值为 0,而其余信息块的计数值均加 1,从而保证了那些活跃的信息块(即经常被命中或最近被命中的信息块)的计数值要小,而近来越不活跃的信息块的计数值越大。这样,系统就可以根据信息块的计数值来决定先替换谁。

### 4.4.2 虚拟存储器

操作系统的形成和发展使得程序员尽可能摆脱主、辅存之间的地址定位,同时形成了支持这些功能的"辅助硬件",通过软件、硬件结合,把主存和辅存统一成了一个整体,如图 4.25 所示。这时,由主存—辅存形成了一个存储层次,即存储系统。主存—辅存层次解决了存储器的大容量要求和低成本之间的矛盾。从整体来看,其速度接近于主存的速度,其容量则接近于辅存的容量,而每位平均价格也接近于廉价的慢速的辅存平均价格。这种系统不断发展和完善,就逐步形成了现在广泛使用的虚拟存储系统。

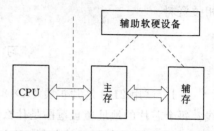

图 4.25 主存—辅存层次结

#### 1. 虚拟存储器概念

当 CPU 输出地址码的位数较多,而实际主存容量较小的情况下,微机系统可以将一部分辅存当作主存来使用的机制,就是虚拟存储器系统。

虚拟存储器是建立在主存—辅存物理结构的基础之上,由附加硬件装置及操作系统存储管理软件组成的一种存储体系,它将主存和辅存的地址空间统一编址,形成一个庞大的存储空间。在这个大空间里,用户自由编程,完全不必考虑程序在主存是否装得下,或者放在辅存的程序将来在主存中的实际位置。编好的程序由计算机操作系统装入辅助存储器。程序运行时,附加的辅助硬件机构和存储管理软件会把辅存的程序一块块自动调入主存由 CPU 执行,或从主存调出。用户感觉到的不再是处处受主存容量限制的存储系统,而是好像具有一个容量充分大的存储器。

#### 2. 虚地址和实地址的基本概念及其相互关系

(1) 虚地址。

虚拟存储器的辅存部分也能让用户像内存一样使用,用户编程时指令地址允许涉及辅存大小的空间范围,这种指令地址称为"虚地址"(即虚拟地址)或叫"逻辑地址",虚地址对应的存储空间称为"虚存空间"或叫"逻辑空间"。

(2) 实地址。

实际的主存储器单元的地址称为"实地址"(即主存地址)或叫"物理地址",实地址对应的是"主存空间",亦称物理空间。

虚拟存储器的用户程序以虚地址编址并存放在辅存里。程序运行时,CPU 以虚地址访问主存,由辅助硬件找出虚地址和物理地址的对应关系,判断由这个虚地址指示的存储单元的内容是否已装入主存。如果在主存,CPU 就直接执行已在主存的程序;如果不在主存，就要进行辅存内容向主存的调度，这种调度同样以程序块为单位进行。计算机系统存储管理软件和相应的硬件把欲访问单元所在的程序块从辅存调入主存，且把程序虚地址变换成实地址，然后再由 CPU 访问主存。

　　3. 虚拟存储器的几种实现方法

　　按虚拟存储器信息块的划分方案不同，虚拟存储器的实现可以分为页式虚拟存储器、段式虚拟存储器及段页式虚拟存储器等集中形式。其中，段页式虚拟存储器综合了段式和页式结构的优点，是一种较好的虚拟存储器信息块的划分方案，也是目前大中型计算机系统中普遍采用的一种方式。有关这一部分内容，请参考《操作系统》等相关资料。

# 习 题 与 思 考 题

　　4.1　试用 2114 芯片扩展 4K×8 的存储器系统？则需要几片 2114 芯片？需几根地址线？每个芯片的地址覆盖范围是什么？

　　4.2　一个存储器系统包括 2K RAM 和 8K ROM，分别用 1K×4 的 2114 芯片和 2K×8 的 2716 芯片组成。要求 ROM 的地址从 1000H 开始，RAM 的地址从 3000H 开始。完成硬件连线及相应的地址分配表。

　　4.3　若要扩充 1K RAM（用 2114 芯片），规定地址为 8000～83FFH，地址线应如何连接？

　　4.4　若要用 2114 芯片扩充 2K RAM，规定地址为 4000～47FFH，地址线应如何连接？

　　4.5　某以 8088 为 CPU 的微型计算机内存 RAM 区为 00000H～3FFFFH，若采用 6264、62256、2164 或 21256 各需多少片芯片？

　　4.6　试利用 6264 芯片，在 8088 系统总线上实现 00000H～03FFFH 的内存区域，试画连接电路图。

　　4.7　内存地址从 40000H～BBFFFH 共有多少 KB？

　　4.8　试说明直接映像、全相联映像和组相联映像等地址映像方式的基本工作原理。

　　4.9　什么是虚拟存储器？存储器系统为什么要采用三层结构？

# 第 5 章　输入/输出接口与 DMA 技术

## 5.1　输 入/输 出 接 口

由于计算机的应用越来越广泛，要求与计算机接口的外围设备越来越多、越来越复杂。微机接口采用硬件与软件相结合的方法，使微处理器与外界进行最佳耦合与匹配，以在 CPU 与外界之间实现高效、可靠的信息交换。因此，接口技术是硬件和软件的综合技术。

### 5.1.1　接口的功能

简单地说，一个接口的基本功能是在系统总线和 I/O 设备之间传输信号，提供缓冲作用，以满足接口两边的时序要求。

为什么需要 I/O 接口电路？因为微机的外部设备多种多样，工作原理、驱动方式、信息格式以及工作速度方面彼此差别很大。它们不能与 CPU 直接相连，必须经过中间电路再与系统相连，这部分电路被称为 I/O 接口电路。

I/O 接口位于系统与外设之间，用来协助完成数据传送和控制任务，它是 CPU 与外设联系的媒介，如图 5.1 所示。

图 5.1　I/O 接口电路的位置

以下是从广义的角度概括出来的接口功能，对于一个具体的接口来说，未必全部具备这些功能，但必定具备其中的几个。

1. 对输入/输出数据进行缓冲和锁存

相对于 CPU 而言，外设速度很慢。为了提高 CPU 的利用率，尽量缩小 CPU 和外设之间的速度差异，接口应提供锁存和缓冲环节。

2. 对信号的形式和数据的格式进行变换

接口不但要从外设输入数据或者将数据送往外设，并且要把 CPU 输出的并行数据转换成所连的外设可接收的格式；反之，把从外设输入的信息转换成并行数据送往 CPU。如"串/并"和"并/串"，A/D 和 D/A 转换等。

3. 对 I/O 端口进行寻址

微机系统中一般带有多种或多个外设，一台外设也可能包含多个 I/O 端口，这就需要借助接口中的地址译码电路对外设进行 I/O 端口寻址。与内存的片选、字选操作十分类似，通常将高位地址用于外设接口芯片的选择，低位地址进行芯片内部寄存器或锁存器的选择，以选定需要与自己交换信息的设备，只有被选中的设备才能与 CPU 进行数据交换或通信。

4. 与 CPU 和 I/O 设备进行联络

总线与 CPU 传输一个数据后，要发出一个准备好的信号，通知 CPU，数据传输已经完成，从而可以准备进行下一次传输。

5. 中断管理

当外设需要及时得到 CPU 的服务，特别是在出现故障时，这就要在接口中设置中断控制器，为 CPU 处理有关中断事务。

6. 可编程

现在的接口芯片基本都是可编程的，这样在不改动硬件的情况下，只修改相应的驱动程序就可以改变接口的工作方式，大大增加了接口的灵活性和可扩充性。

### 5.1.2　I/O 接口的编址方式

每个接口部件都包含一组寄存器，CPU 和外设进行数据传输时，各类信息在接口中进入不同的寄存器，一般称这些寄存器为 I/O 端口（port），每个端口有一个端口地址。

有些端口是用于对来自 CPU 和内存的数据或者对送往 CPU 和内存的数据起缓冲作用的，这些端口叫做数据端口。

还有一些端口用来存放外设或者接口部件本身的状态，称为状态端口。CPU 通过对状态端口的访问可以检测外设和接口部件当前的状态。

第三类端口用来存放 CPU 发出的命令，来控制接口和设备的动作，这类端口叫做控制端口或命令端口。

微机系统采用总线结构形式，即通过一组总线来连接组成系统的各个功能部件（包括 CPU、内存、I/O 端口），CPU、内存、I/O 端口之间的信息交换都是通过总线来进行的，如何区分不同的内存单元和 I/O 端口，是 I/O 接口寻址方式所要讨论解决的问题。

根据微机系统的不同，I/O 接口的编址方式通常有两种：一种是存储器映射方式，也称统一编址；另一种是 I/O 映射方式，也称独立编址。

1. 统一编址

把外设的一个端口与存储器的一个单元作同等对待，每一个 I/O 端口都有一个确定的端口地址，CPU 与 I/O 端口之间的信息交换，与存储单元的读写过程一样，内存单元与 I/O 端口的不同，只在于它们具有不同的地址。这种编址方法的优点有：

（1）不需要专门的 I/O 指令，访问存储器的指令都可以用来访问 I/O 端口。

（2）I/O 数据存取与存储器数据存取一样灵活。

但采用这种编址方式，I/O 要占去部分存储器地址空间，且程序不易阅读（不易分清访存和访问外设）。

2. 独立编址

即把 I/O 端口地址和存储器地址分别进行编址，二者互相独立，互不影响。独立编址方式中，处理器有专门的 I/O 指令（IN/OUT），与 MEM 访问命令（LOAD/STORE、MOV）有明显区别，便于理解和检查。由于在一般情况下，I/O 端口比内存单元少得多，所以用于 I/O 端口的指令功能较弱，在 I/O 操作中必须通过 CPU 的寄存器进行中转才能完成。这种方式在 PC 机以及大中型计算机中普遍采用。这种编址方法的优点有：

（1）I/O 端口的地址空间独立。

（2）控制和地址译码电路相对简单。

（3）专门的 I/O 指令使程序清晰易读。

但 I/O 指令没有存储器指令那么丰富，功能较弱。

### 5.1.3 CPU 和 I/O 设备之间的信号

通常，CPU 和 I/O 设备之间有以下几类信号。

1. 数据信息

CPU 和外部设备交换的基本信息就是数据。数据信息大致分为如下 3 种类型：

（1）数字量。

通常指二进制形式的数据或是以 ASCⅡ码表示的数据及字符。

（2）模拟量。

是指连续变化的物理信息，如压力、温度等。这些物理量一般通过传感器先变成电压或电流这样的模拟量，再通过 A/D 转换器转换为数字量，才能送入计算机。反之，计算机输出的数字量要经过 D/A 转换器转换为模拟量，才能控制现场设备。

（3）开关量。

可表示两个状态，如开关的闭合和断开，用 1 位二进制数表示。

2. 状态信息

反映了当前外设所处的工作状态，由外设通过接口向 CPU 传送。

3. 控制信息

由 CPU 通过接口传送给外设，从而控制外设的工作。

以上 3 种信息广义上都是一种数据信息，都由二进制代码表示。但它们送入接口时应进入接口中不同的寄存器，从而得以区分。例如，控制信息应进入控制寄存器，状态信息应进入状态寄存器，数据信息应进入数据寄存器。

### 5.1.4 CPU 和外设之间的数据传送方式

CPU 与外设之间传输数据的控制方式通常有 3 种：程序方式、中断方式和 DMA 方式。

1. 程序方式

程序方式是指在程序控制下进行信息传送，分为无条件传送方式和条件传送方式。

（1）无条件传送方式。

在 CPU 和外设传送信息时，如果计算机能确信外设已经准备就绪，就不必查询外设的状态从而直接进行信息传输，这种方式称为无条件传送方式，如图 5.2 所示。

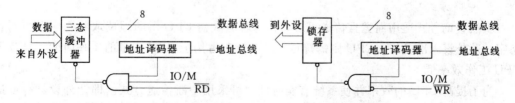

图 5.2　无条件传送方式硬件电路图

1）输入：加三态缓冲器（控制端由地址译码信号和 $\overline{RD}$ 信号选中，CPU 用 IN 指令）。

2）输出：加锁存器（控制端由地址译码信号和$\overline{\text{WR}}$信号选中，CPU 用 OUT 指令）。

这种方式适合于简单设备，如 LED 数码管、按键或按钮等，无条件传送的接口和操作均十分简单。这种传送的前提是外设必须随时就绪。

（2）条件传送方式。

条件传送也称为查询方式传送。采用这种方式时，CPU 通过执行程序不断读取并测试外设的状态。若外设处于准备好状态（输入设备）或空闲状态（输出设备），则 CPU 执行输入/输出指令与外设交换信息。因此，一般外设均可以提供一些反映其状态的信号，如对输入设备来说，它能够提供"准备好"（"READY"）信号，"READY"＝1 表示输入

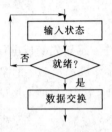

图 5.3　查询传送
流程图

数据已准备好。输出设备则提供"忙"（"BUSY"）信号，"BUSY"＝1 表示当前时刻不能接收 CPU 来的数据，只有当"BUSY"＝0 时，才表明它可以接收来自于 CPU 的输出数据。而接口电路除了有传送数据的端口以外，还有传送状态的端口。在传送过程中，根据外设的状态设置状态端口的相应位为"1"或者"0"。

查询传送的流程图如图 5.3 所示。

由图 5.3 可以看出，查询传送方式分为 2 个环节：

（1）查询环节。

1）寻址状态口。

2）读取状态寄存器的标志位。

3）若不就绪就继续查询，直至就绪。

（2）传送环节。

1）寻址数据口。

2）是输入，通过输入指令从数据端口读入数据。

3）是输出，通过输出指令向数据端口输出数据。

由此看出，采用查询传送方式，若 CPU 检测状态字的对应位不满足"就绪"条件，则需继续读取状态字，直至满足"就绪"条件为止。因此，查询传送方式占用 CPU 时间较多，传送效率不高，但工作可靠，适用面宽。

如图 5.4 和图 5.5 所示分别为查询传送方式的输入和输出接口原理图。

查询传送方式的优先级如何确定？若系统中有多个利用查询方式实现输入/输出的设备，通常是用轮流查询的方式来检测接口的状态位。因此，程序先查询哪个设备，哪个设备的优先级就最高。

2. 中断方式

虽然查询方式适用面宽且传送可靠，但这种方式需 CPU 不断地读取状态字和检测状态字，若外设未准备好，CPU 则需等待。这些过程占用了 CPU 大量的工作时间，导致了 CPU 工作效率低。

为了提高 CPU 的效率并使系统有实时性，可采用中断传送方式。即让外设具有申请 CPU 服务的主动权，当输入设备将数据准备好或输出设备可以接收数据时，便可以向 CPU 发出中断请求，使 CPU 暂时停下目前的工作而和外设进行一次数据传输，等输入或输出操作完成后，CPU 继续进行原来的工作。

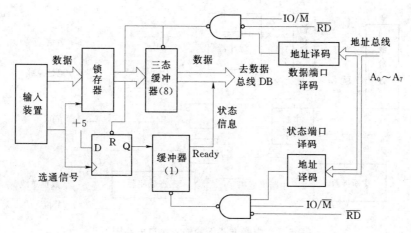

图 5.4 输入接口原理图

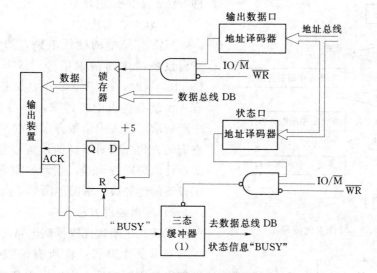

图 5.5 输出接口原理图

采用中断方式，CPU 就不必花费大量的时间去查询外设的工作状态了，因为外设就绪时会主动向 CPU 发中断请求信号，从而提高了 CPU 的工作效率。

（1）中断方式下的接口电路。

中断方式提高了 CPU 的工作效率，但是它同时也提高了系统的硬件开销。因为系统需增加含有中断功能的接口电路，用来产生中断请求信号。以输入方式为例，接口电路如图 5.6 所示。

数据输入的过程：当外设发 STB→数据存入锁存器，中断请求触发器置 1→若没有屏蔽则产生 INTR→CPU 满足条件（允许中断；指令执行完）发 $\overline{\text{INTA}}$→（进入中断服务子程序）读数据，发 $\overline{\text{RD}}$ 和地址→清中断请求触发器，数据送到 $D_0 \sim D_7$。

（2）中断优先级。

当系统中有多个设备提出中断请求时，就有一个"该响应谁"的问题，也就是一个优先级的问题，解决优先级的问题一般可有 3 种方法：软件查询法、简单硬件方法及专用硬

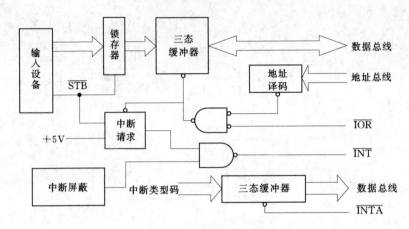

图 5.6　中断方式下的输入接口电路图

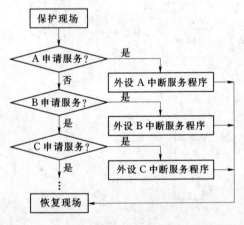

图 5.7　软件查询流程图

件方法。下面分别介绍:

1) 软件查询法。

只需有简单的硬件电路,如将 A、B、C 三台设备的中断请求信号"或"后作为系统 INTR,这时,A、B、C 三台设备中只要至少有一台设备提出中断请求,都可以向 CPU 发中断请求。进入中断服务子程序后,再用软件查询的方式分别对不同的设备服务,查询程序的设计思想同查询式,查询的前后顺序就给出了设备的优先级,框图如图 5.7 所示。

2) 简单硬件方法。

以链式中断优先权排队电路为例。

基本设计思想:将所有的设备连成一条链,靠近 CPU 的设备优先级最高,越远的设备优先级别越低,则发出中断响应信号;若级别高的设备发出了中断请求,在它接到中断响应信号的同时,封锁其后的较低级设备使得它们的中断请求不能响应,只有等它的中断服务结束以后才开放,允许为低级的设备服务,如图 5.8 所示。

3) 专用硬件方式。

采用可编程的中断控制器芯片,如 Intel 8259A。

有了中断控制器以后,CPU 的 INTR 和 $\overline{INTA}$ 引脚不再与接口直接相连,而是与中断控制器相连,外设的中断请求信号通过 $IR_0 \sim IR_7$ 进入中断控制器,经优先级管理逻辑确认为级别最高的那个请求的类型号会经过中断类型寄存器在当前中断服务寄存器的某位上置 1,并向 CPU 发 INTR 请求,CPU 发出 $\overline{INTA}$ 信号后,中断控制器将中断类型码送出。在整个过程中,优先级较低的中断请求都会受到阻塞,直到较高级的中断服务完毕之后,当前服务寄存器的对应位清 0,较低级的中断请求才有可能被响应,电路如图 5.9 所示。

利用中断控制器可以通过编程来设置或改变其工作方式,使用起来方便灵活。

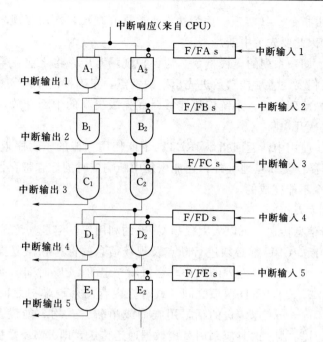

图 5.8 链式中断优先权排队电路

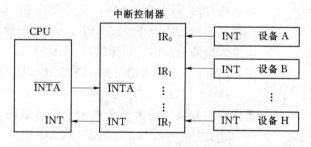

图 5.9 中断控制器的系统连接

（3）中断响应。

中断源向 CPU 发出中断请求，若优先级别最高，CPU 在满足一定的条件下，可以中断当前程序的运行，保护好被中断的主程序的断点及现场信息。然后，根据中断源提供的信息，找到中断服务子程序的入口地址，转去执行新的程序段，这就是中断响应。

CPU 响应中断是有条件的，如内部允许中断、中断未被屏蔽和当前指令执行完等。

（4）中断服务子程序。

CPU 响应中断以后，就会中止当前的程序，转去执行一个中断服务子程序，以完成为相应设备的服务。中断服务子程序的一般步骤如下：

1）保护现场。是一系列的入栈指令。主程序用到的寄存器，如果中断子程序也要用的话，那么在子程序中应该把这些寄存器的值压入堆栈保存起来。

2）开中断。由指令 STI 实现。在中断响应时，系统自动地将 IF 清零，即禁止一切可屏蔽中断。但保护现场后，为了实现中断嵌套，应该开中断，即令 IF 为"1"。

3）中断服务。

4）关中断。由指令 CLI 实现。因为接下来要恢复现场，在恢复现场的过程中不能被其他的中断打扰，因此要先关中断。

5）恢复现场。即一系列的出栈指令。与保护现场对应，将之前在堆栈中保护的寄存器的值一一弹出。但要注意堆栈"后进先出"的特点，正确按次序恢复数据。

6）开中断。恢复现场后，系统应该能够对优先级更高的中断开放，即应该能实现中断嵌套，因此要再次开中断。

7）中断返回。使用中断返回指令 IRET。不能使用一般的子程序返回指令 RET，因为 IRET 指令除了能恢复断点地址外，还能恢复中断响应时的标志寄存器的值，而这后一个动作是 RET 指令不能完成的。

3. DMA 传送方式

利用中断进行信息传送，可以大大提高 CPU 的利用率，但是其传送过程必须由 CPU 进行监控。每次中断，CPU 都必须进行断点及现场信息的保护和恢复操作，这些都是一

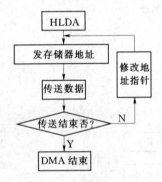

图 5.10　DMA 的工作流程图

些额外的操作，会占用一定的 CPU 时间。如果需要在内存的不同区域之间，或者在内存与外设端口之间进行大量信息快速传送的话，用查询或中断方式均不能满足速度上的要求，这时应采用直接数据通道传送，即 DMA 数据传送方式。

DMA（Direct Memory Access）意为直接数据传送，它是在内存的不同区域之间，或者在内存与外设端口之间直接进行数据传送，而不经过 CPU 中转的一种数据传送方式，可以大大提高信息的传送速度。

DMA 方式传送的主要步骤如图 5.10 所示的工作流程图。

DMA 传送控制方式，解决了在内存的不同区域之间，或者内存与外设之间大量数据的快速传送问题，代价是需要增加专门的硬件控制电路，称为 DMA 控制器，其复杂程度与 CPU 相当。

## 5.2　DMA 控制器 8237A

前面已经介绍了微机系统中各种常用的数据输入/输出方法，有程控法（包括无条件及条件传送方式）和中断法，这些方法适用于 CPU 与慢速及中速外设之间的数据交换。但当高速外设要与系统内存或者要在系统内存的不同区域之间，进行大量数据的快速传送时，就在一定程度上限制了数据传送的速率。以 Intel 8088CPU 为例，CPU 从内存（或外设）读数据到累加器，然后再写到外设端口（或内存）中，若包括修改内存地址，判断数据块是否传送完，Intel 8088CPU（时钟接近 5MHz）传送一个字节约需要几十 ms 的时间，由此可大致估计出用程控及中断的方式来进行数据传送，其数据传送速率大约为每秒几十 KB。

为了提高数据传送的速率，人们提出了直接存储器存取（DMA）的数据传送控制方式，即在一定的时间段内，由 DMA 控制器取代 CPU，获得总线控制权，来实现内存与外设或者内存的不同区域之间大量数据的快速传送。

典型的 DMAC 的工作电路如图 5.11 所示。DMA 数据传送的工作过程大致如下：

（1）外设向 DMAC 发出 DMA 传送请求。

（2）DMAC 通过连接到 CPU 的 HOLD 信号向 CPU 提出 DMA 请求。

（3）CPU 在完成当前总线操作后会立即对 DMA 请求做出响应。CPU 的响应包括两个方面：一方面，CPU 将控制总线、数据总线和地址总线浮空，即放弃对这些总线的控制权；另一方面，CPU 将有效的 HLDA 信号加到 DMAC 上，用此来通知 DMAC，CPU 已经放弃了总线的控制权。

（4）待 CPU 将总线浮空，即放弃了总线控制权后，由 DMAC 接管系统总线的控制权，并向外设送出 DMA 的应答信号。

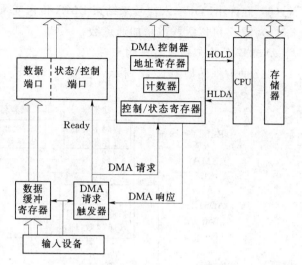

图 5.11 DMAC 的工作电路

（5）由 DMAC 送出地址信号和控制信号，实现外设与内存或内存不同区域之间大量数据的快速传送。

（6）DMAC 将规定的数据字节传送完之后，通过向 CPU 发 HOLD 信号，撤销对 CPU 的 DMA 请求。CPU 收到此信号，一方面使 HLDA 无效，另一方面又重新开始控制总线，实现正常取指令、分析指令和执行指令的操作。

需要注意的是，在内存与外设之间进行 DMA 传送期间，DMAC 控制器只是输出地址及控制信号，而数据传送是直接在内存和外设端口之间进行的，并不经过 DMAC；对于内存不同区域之间的 DMA 传送，则应先用一个 DMA 存储器读周期将数据从内存的源区域读出，存入到 DMAC 的内部数据暂存器中，再利用一个 DMA 存储器写周期将该数据写到内存的目的区域中去。

### 5.2.1 8237A 的内部结构与引脚信号

1. DMA 控制器芯片 Intel 8237 的性能概述

Intel8237 是 8086/8088 微机系统中常用的 DMAC 芯片，有如下性能：

（1）含有 4 个相互独立的通道，每个通道有独立的地址寄存器和字节数寄存器，而控制寄存器和状态寄存器为 4 个通道所共用。

（2）每个通道的 DMA 请求可以分别被允许/禁止。

（3）每个通道的 DMA 请求有不同的优先权，可以通过程序设置为固定的或者是旋转的方式。

（4）通道中地址寄存器的长度为 16 位，因而一次 DMA 传送的最大数据块的长度为 64K 字节。

（5）8237 有 4 种工作方式，分别为：单字节传送、数据块传送、请求传送和级连方式。

（6）允许用 $\overline{\text{EOP}}$ 输入信号来结束 DMA 传送或重新初始化。

（7）8237 可以级联以增加通道数。

2. 8237 的内部组成与结构

8237 的方框图如图 5.12 所示，主要包含以下几个部分：

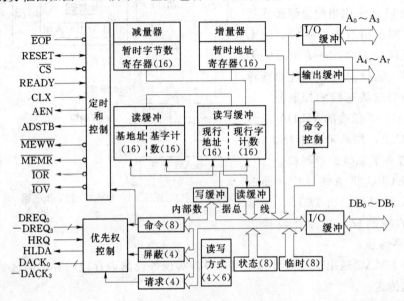

图 5.12　8237 的内部结构组成

（1）4 个独立的 DMA 通道。

每个通道都有一个 16 位的基地址寄存器，一个 16 位的基字节数计数器，一个 16 位的当前地址寄存器和一个 16 位的当前字节数计数器及一个 8 位的方式寄存器，方式寄存器接收并保存来自于 CPU 的方式控制字，使本通道能够工作于不同的方式下。

（2）定时及控制逻辑电路。

对在 DMA 请求服务之前，CPU 编程对给定的命令字和方式控制字进行译码，以确定 DMA 的工作方式，并控制产生所需要的定时信号。

（3）优先级编码逻辑。

对通道进行优先级编码，确定在同时接收到不同通道的 DMA 请求时，能够确定相应的先后次序。通道的优先级可以通过编程确定为是固定的或者是旋转的。

（4）共用寄存器。

除了每个通道中的寄存器之外，整个芯片还有一些共用的寄存器：包括 1 个 16 位的地址暂存寄存器，1 个 16 位的字节数暂存寄存器，1 个 8 位的状态寄存器，1 个 8 位的命令寄存器，1 个 8 位的暂存寄存器，1 个 4 位的屏蔽寄存器和 1 个 4 位的请求寄存器等，下面将对这些寄存器的功能与作用，作较为详细的介绍。

8237 内部寄存器的类型和数量见表 5.1。其中，凡数量为 4 个的寄存器，则每个通道 1 个；凡数量只有一个的，则为各通道所公用。

8237A 的数据引线、地址引线都有三态缓冲器，因而可以接收也可以释放总线。

**表 5.1** 　　　　　　　　　　　　　**8237A 的内部寄存器**

| 寄存器名 | 长度/Bit | 数　量 | 寄存器名 | 长度/Bit | 数　量 |
|---|---|---|---|---|---|
| 基地址寄存器 | 16 | 4 | 状态寄存器 | 8 | 1 |
| 基字节数寄存器 | 16 | 4 | 命令寄存器 | 8 | 1 |
| 当前地址寄存器 | 16 | 4 | 暂存寄存器 | 8 | 1 |
| 当前字节数寄存器 | 16 | 4 | 方式寄存器 | 6 | 4 |
| 地址暂存寄存器 | 16 | 1 | 屏蔽寄存器 | 4 | 1 |
| 字节数暂存寄存器 | 16 | 1 | 请求寄存器 | 4 | 1 |

3. 8237A 的工作周期

在设计 8237A 时，规定它具有两种主要的工作周期（或工作状态），即空闲周期和有效周期，每一个周期又是由若干时钟周期所组成的。

（1）空闲周期（lade cycle）。

当 8237A 的任一通道都无 DMA 请求时，则其处于空闲周期或称为 $S_i$ 状态，空闲周期由一系列的时钟周期组成，在空闲周期中的每一个时钟周期，8237A 只做两项工作：

1）采样各通道的 DREQ 请求输入线，只要无 DMA 请求，则其始终停留在 SI 状态。

2）由 CPU 对 8237A 进行读/写操作，即采样片选信号 $\overline{CS}$，只要 $\overline{CS}$ 信号变为有效的低电平，则表明 CPU 要对 8237A 进行读/写操作，当 8237A 采样 $\overline{CS}$ 为低电平而 DREQ 也为低时，即外部设备没有向 8237A 发出 DMA 请求的情况下，则进入 CPU 对 8237A 的编程操作状态，CPU 可以向 8237A 的内部寄存器进行写操作，以决定或者改变 8237A 的工作方式，或者对 8237A 内部的相关寄存器进行读操作，以了解 8237A 的工作状态。

CPU 对 8237A 进行读/写操作时，由地址信号 $A_3 \sim A_0$ 来选择 8237A 内部的不同寄存器（组），由读/写控制信号 $\overline{IOR}$ 及 $\overline{IOW}$ 来控制读/写操作。由于 8237A 内部的地址寄存器和字节数计数器都是 16 位的，而数据线是 8 位的，所以在 8237A 的内部，有一个高/低字节触发器，称为字节指针寄存器，由它来控制 8 位信息是写入 16 位寄存器的高 8 位还是低 8 位，该触发器的状态交替变化，当其状态为 0 时，进行低字节的读/写操作；而当其状态为 1 时，则进行高字节的读/写操作。

（2）有效周期（Active Cycle）。

当处于空闲状态的 8237A 的某一通道接收到外设提出的 DMA 请求 DREQ 时，它立即向 CPU 输出 HRQ 有效信号，在未收到 CPU 回答时，8237A 仍处于编程状态，又称初始状态，记为 $S_0$ 状态。

经过若干个 $S_0$ 状态后，当 8237A 收到来自于 CPU 的 HLDA 应答信号后，则进入工作周期，或称为有效周期，或者说 8237A 由 $S_0$ 状态进入了 S1 状态。

$S_0$ 状态是 DMA 服务的第一个状态。在这个状态下，8237A 已接收了外设的请求，向 CPU 发出了 DMA 请求信号 HRQ，但尚未收到 CPU 对 DMA 请求的应答信号 HLDA；而 $S_1$ 状态则是实际的 DMA 传送工作状态。当 8237A 接收到 CPU 发来的 HLDA 应答信号时，就可以由 $S_0$ 状态转入 $S_1$ 状态，开始 DMA 传送。

在内存与外设之间进行 DMA 传送时，通常一个 $S_1$ 周期由 4 个时钟周期组成，即 $S_1$、$S_2$、$S_3$、$S_4$。但当外设速度较慢时，可以插入 SW 等待周期；而在内存的不同区域之间进行 DMA 传送时，由于需要依次完成从存储器读和向存储器写的操作，所以完成每一次传送需要 8 个时钟周期，在前 4 个周期 $S_{11}$、$S_{12}$、$S_{13}$、$S_{14}$ 完成从存储器源区域的读操作，后 4 个时钟周期 $S_{21}$、$S_{22}$、$S_{23}$、$S_{24}$ 完成向存储器目的区域的写操作。

4. 8237A 的外部结构

8237A 是具有 40 个引脚的双列直插式集成电路芯片，其引脚如图 5.13 所示。

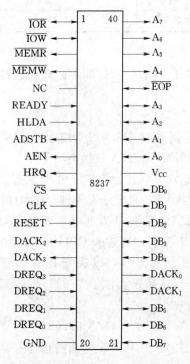

图 5.13　8237A 引脚图

（1）CLK：时钟信号输入引脚，对于标准的 8237A，其输入时钟频率为 3MHz，对于 8237-2，其输入时钟频率可达 5MHz。

（2）$\overline{CS}$：芯片选择信号，输入引脚。

（3）RESET：复位信号，输入引脚，用来清除 8237A 中的命令、状态请求和临时寄存器，且使字节指针触发器复位并置位屏蔽触发器的所有位（即使所有通道工作在屏蔽状态），在复位之后，8237A 工作于空闲周期 SI。

（4）READY：外设向 8237A 提供的高电平有效的"准备好"信号输入引脚，若 8237A 在 S3 状态以后的时钟下降沿检测到 READY 为低电平，则说明外设还未准备好下一次 DMA 操作，需要插入 SW 状态，直到 READY 引脚出现高电平为止。

（5）$DREQ_0 \sim DREQ_3$：DMA 请求信号输入引脚，对应于 4 个独立的通道，DREQ 的有效电平可以通过编程来加以确定，优先级可以固定，也可以旋转。

（6）$DACK_0 \sim DACK_3$：对相应通道 DREQ 请求输入信号的应答信号输出引脚。

（7）HRQ：8237A 向 CPU 提出 DMA 请求的输出信号引脚，高电平有效。

（8）HLDA：CPU 对 HRQ 请求信号的应答信号输入引脚，高电平有效。

（9）$DB_0 \sim DB_7$：8 条双向三态数据总线引脚。在 CPU 控制系统总线时，可以通过 $DB_0 \sim DB_7$ 对 8237A 编程或读出 8237A 的内部状态寄存器的内容；在 DMA 操作期间，由 $DB_0 \sim DB_7$ 输出高 8 位地址信号 $A_8 \sim A_{15}$，并利用 ADSTB 信号锁存该地址信号。在进行内存不同区域之间的 DMA 传送时，除了送出 $A_8 \sim A_{15}$ 地址信号外，还分时输入从存储器源区域读出的数据，送入 8237A 的暂存寄存器中，等到存储器写周期时，再将这些数据通过这 8 个引脚，由 8237A 的暂存寄存器送到系统数据总线上，然后写入到规定的存储单元中去。

（10）$A_3 \sim A_0$：4 条双向三态的低位地址信号引脚。在空闲周期，接收来自于 CPU 的 4 位地址信号，用以寻址 8237A 内部的不同的寄存器（组）；在 DMA 传送时，输出要访问的存储单元或者 I/O 端口地址的低 4 位。

（11）$A_7 \sim A_4$：4 条三态地址信号输出引脚。在 DMA 传送时，输出要访问的存储单元或者 I/O 端口地址的中 4 位。

（12）$\overline{\text{IOR}}$：低电平有效的双向三态信号引脚。在空闲周期，它是一条输入控制信号，CPU 利用这个信号读取 8237A 内部状态寄存器的内容；而在 DMA 传送时，它是读端口控制信号输出引脚，与 $\overline{\text{MEMW}}$ 相配合，使数据由外设传送到内存。

（13）$\overline{\text{IOW}}$：低电平有效的双向三态信号引脚，其功能与 $\overline{\text{IOR}}$ 相对应。

（14）$\overline{\text{MEMR}}$：低电平有效的双向三态信号引脚，用于 DMA 传送，控制存储器的读操作。

（15）$\overline{\text{MEMW}}$：低电平有效的双向三态信号引脚，用于 DMA 传送，控制存储器的写操作。

（16）AEN：高电平有效的输出信号引脚，由它把锁存在外部锁存器中的高 8 位地址送入系统的地址总线，同时禁止其他系统驱动器使用系统总线。

（17）ADSTB：高电平有效的输出信号引脚，此信号把 $DB_7 \sim DB_0$ 上输出的高 8 位地址信号锁存到外部锁存器中。

（18）$\overline{\text{EOP}}$：双向，当字节数计数器减为 0 时，在 $\overline{\text{EOP}}$ 上输出一个有效的低电平脉冲，表明 DMA 传送已经结束；也可接收外部的 $\overline{\text{EOP}}$ 信号，强行结束 8237A 的 DMA 操作或者重新进行 8237A 的初始化。当不使用 $\overline{\text{EOP}}$ 端时，应通过数千欧姆的电阻接到高电平上，以免由它输入干扰信号。

（19）$V_{CC}$：+5V 电源。

（20）GND：地。

（21）NC：空脚。

### 5.2.2 8237A 的 DMA 操作和传送类型

1. 8237A 的工作方式

8237A 的各个通道在进行 DMA 传送时，有 4 种工作方式：

（1）单字节传送方式。

每次 DMA 操作仅传送一个字节的数据，完成一个字节的数据传送后，8237A 将当前地址寄存器的内容加 1（或减 1），并将当前字节数寄存器的内容减 1，每传送完这一个字节，DMAC 就将总线控制权交回 CPU。

（2）数据块传送方式。

在这种传送方式下，DMAC 一旦获得总线控制权，便开始连续传送数据。每传送一个字节，自动修改当前地址及当前字节数寄存器的内容，直到将所有规定的字节全部传送完，或接收到外部 $\overline{\text{EOP}}$ 信号，DMAC 才结束传送，将总线控制权交给 CPU，一次所传送数据块的最大长度可达 64KB，数据块传送结束后可自动初始化。

显然，在这种方式下，CPU 可能会很长时间不能获得总线的控制权。这在有些场合是不利的，例如，PC 机就不能用这种方式，因为在块传送时，8088 不能占用总线，无法实现对 DRAM 的刷新操作。

（3）请求传送方式。

只要 DREQ 有效，DMA 传送就一直进行，直到连续传送到字节计数器为 0 或外部输入使$\overline{\text{EOP}}$变低或 DREQ 变为无效时为止。

（4）级联方式。

利用这种方式可以把多个 8237A 连接在一起，以便扩充系统的 DMA 通道数。下一级的 HRQ 接到上一级的某一通道的 DREQ 上，而上一级的响应信号 DACK 可接到下一级的 HLDA 上，其连接如图 5.14 所示。

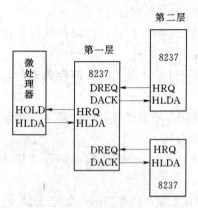

图 5.14　8237A 级联方式工作框图

在级联方式下，当第二级 8237A 的请求得到响应时，第一级 8237A 仅应输出 HRQ 信号而不能输出地址及控制信号。因为第二级的 8237A 才是真正的主控制器，而第一级的 8237A 仅应起到传递 DREQ 请求信号及 DACK 应答信号的作用。

2. 8237A 的 DMA 传输类型

DMA 所支持的 DMA 传送，可以在 I/O 接口到存储器；存储器到 I/O 接口及内存的不同区域之间进行，它们具有不同的特点，所需要的控制信号也不相同。

（1）I/O 接口到存储器的传送。

当进行由 I/O 接口到存储器的数据传送时，来自 I/O 接口的数据利用 DMAC 送出的$\overline{\text{IOR}}$控制信号，将数据输送到系统数据总线 $D_0 \sim D_7$ 上。同时，DMAC 送出存储器单元地址及$\overline{\text{MEMW}}$控制信号，将存在于 $D_0 \sim D_7$ 上的数据写入所选中的存储单元中。这样就完成了由 I/O 接口到存储器一个字节的传送。同时 DMAC 修改内部地址及字节数寄存器的内容。

（2）存储器到 I/O 接口。

与前一种情况类似，在进行这种传送时，DMAC 送出存储器地址及$\overline{\text{MEMR}}$控制信号，将选中的存储单元的内容读出放在数据总线 $D_0 \sim D_7$ 上。接着，DMAC 送出$\overline{\text{IOW}}$控制信号，将数据写到规定的（预选中）端口中去，而后 DMAC 自动修改内部的地址及字节数寄存器的内容。

（3）存储器到存储器。

8237A 具有存储器到存储器的传送功能，利用 8237A 编程命令的寄存器，可以选择通道 0 和通道 1 两个通道实现由存储器到存储器的传送。在进行传送时，采用数据块传送方式，由通道 0 送出内存源区域的地址和$\overline{\text{MEMR}}$控制信号，将选中内存单元的数据读到 8237 的暂存寄存器中，通道 0 修改地址及字节数寄存器的值；接着由通道 1 输出内存目的区域的地址及$\overline{\text{MEMW}}$控制信号，将存放在暂存寄存器中的数据，通过系统数据总线写入到内存的目的区域中去，之后通道 1 修改地址和字节数寄存器的内容，通道 1 的字节计数器减到零或外部输入$\overline{\text{EOP}}$时可结束一次 DMA 传输过程。

3. 8237A 各个通道的优先级及传输速率

（1）优先级。

8237A 有两种优先级方案可供编程选择：

1）固定优先级。规定各通道的优先级是固定的，即通道 0 的优先级最高，依次降低，通道 3 的优先级最低。

2) 循环优先级。规定刚被服务的通道的优先级最低,依次循环。这就可以保证 4 个通道的优先级是动态变化的。若 3 个通道已经被服务,则剩下的通道一定是优先级最高的。

(2) 传送速率。

在一般情况下,8237A 进行一次 DMA 传送需要 4 个时钟周期(不包括插入的等待周期 SW)。例如,PC 机的时钟周期约 210ns,则一次 DMA 传送需要 210ns×4+210ns=1050ns。多加一个 210ns 是考虑到人为插入一个 SW 的缘故。另外,8237A 为了提高传送速率,可以在压缩定时状态下工作。在压缩定时状态下,每个 DMA 总线周期仅用 2 个时钟周期就可以实现,从而可以大幅度地提高数据的传送速率。

### 5.2.3 8237A 的内部寄存器

8237A 有 4 个独立的 DMA 通道,有许多内部寄存器。前面表 5.1 已经给出了这些寄存器的名称、长度和数量,下面来详细介绍各个寄存器的功能和作用。

1. 基地址寄存器

用以存放 16 位地址,只可写入而不能读出。在编程时,它与当前地址寄存器被同时写入某一起始地址,可用作内存区域的首地址或末地址。在 8237A 进行 DMA 数据传送的工作过程中,其内容不发生变化。只是在自动预置时,其内容可被重新写到当前地址寄存器中去。

2. 基字节数寄存器

用以存放相应通道需要传送数据的字节数,只可写入而不能读出。在编程时它与当前字节数寄存器被同时写入要传送数据的字节数。在 8237A 进行 DMA 数据传送的工作过程中,其内容保持不变,只是在自动预置时,其内容可以被重新写到当前字节数寄存器中去。

3. 当前地址寄存器

存放 DMA 传送期间的地址值。每次传送后自动加 1 或减 1。CPU 可以对其进行读写操作。在选择自动预置时,每当字节计数值减为 0 或外部 $\overline{EOP}$ 有效后,就会自动将基地址寄存器的内容写入当前地址寄存器中,恢复其初始值。

4. 当前字节数寄存器

存放当前的字节数。每传送一个字节,该寄存器的内容减 1。当计数值减为 0 或接收到来自外部的 $\overline{EOP}$ 信号时,会自动将基字节数寄存器的内容写入该寄存器,恢复其初始计数值,即为自动预置。

5. 地址暂存寄存器和字节数暂存寄存器

这两个 16 位的寄存器和 CPU 不直接发生关系,所以也不必要对其进行读/写操作,因而对如何使用 8237A 没有影响。

6. 方式寄存器

每个通道有一个 8 位的方式寄存器,但是它们占用同一个端口地址,用来存放方式字,依靠方式控制字本身的特征位来区分写入不同的通道,用来规定通道的工作方式,各位的作用如图 5.15 所示。

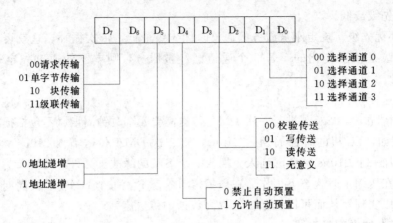

图 5.15　8237A 的方式寄存器

自动预置就是当某一通道按要求将数据传送完后，又能自动预置初始地址和传送的字节数，而后重复进行前面已进行过的过程。

校验传送就是实际并不进行传送，只产生地址并响应 $\overline{EOP}$ 信号，不产生读写控制信号，用以校验 8237A 的功能是否正常。

7. 命令寄存器

8237A 的命令寄存器存放编程的命令字，命令字各位的功能如图 5.16 所示。

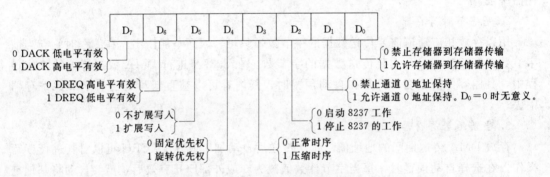

图 5.16　8237A 的命令寄存器

其中：（1）$D_0$ 位用以规定是否允许采用存储器到存储器的传送方式。若允许这样做，则利用通道 0 和通道 1 来实现。

（2）$D_1$ 位用以规定通道 0 的地址是否保持不变。如前所述，在存储器到存储器传送中，源地址由通道 0 提供，读出数据到暂存寄存器。而后，由通道 1 送出目的地址，将数据写入目的区域；若命令字中 $D_1=1$，则在整个数据块传送中（块长由通道 1 决定）保持内存源区域地址不变。因此，就会把同一个数据写入到整个目的存储器区域中。

（3）$D_2$ 位是允许或禁止 8237A 芯片工作的控制位。

（4）$D_3$ 位用于选择总线周期中写信号的定时。例如，PC 机中动态存储器写是由写信号的上升沿启动的。若在 DMA 周期中写信号来得太早，可能造成错误，所以 PC 机选择 $D_3=0$。

（5）$D_5$ 位用于选择是否扩展写信号。在 $D_3=0$（正常时序）时，如果外设速度较慢，有些外设是用 8237A 送出的 $\overline{IOW}$ 和 $\overline{MEMW}$ 信号的下降沿来产生 READY 信号的。为提高传送速度，能够使 READY 信号早些到来，须将 $\overline{IOW}$ 和 $\overline{MEMW}$ 信号加宽，以使它们提前到来。因此，可以通过令 $D_5=1$ 使 $\overline{IOW}$ 和 $\overline{MEMW}$ 信号扩展 2 个时钟周期提前到来。

命令字的其他位容易理解，不再说明。

**8. 请求寄存器**

用于在软件控制下产生一个 DMA 请求，就如同外部 DREQ 请求一样。如图 5.17 所示，为请求字的格式，$D_0D_1$ 的不同编码用来表示向不同通道发出 DMA 请求。在软件编程时，这些请求是不可屏蔽的，利用命令字即可实现使 8237A 按照命令字的 $D_0D_1$ 所指的通道，完成 $D_2$ 所规定的操作，这种软件请求只用于通道工作在数据块传送方式之下。

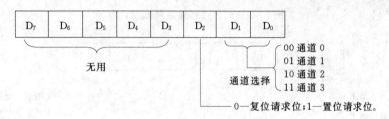

图 5.17  8237A 请求寄存器

**9. 屏蔽寄存器**

8237A 的屏蔽字有两种形式：

（1）单个通道屏蔽字。这种屏蔽字的格式如图 5.18 所示。利用这个屏蔽字，每次只能选择一个通道。其中 $D_0D_1$ 的编码指示所选的通道，$D_2=1$ 表示禁止该通道接收 DREQ 请求，当 $D_2=0$ 时允许 DREQ 请求。

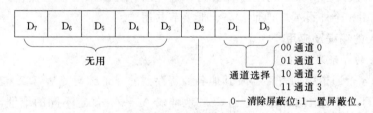

图 5.18  8237A 的单通道屏蔽寄存器

（2）四通道屏蔽字。可以利用这个屏蔽字同时对 8237A 的 4 个通道的屏蔽字进行操作，故又称为主屏蔽字。该屏蔽字的格式如图 5.19 所示。它与单通道屏蔽字占用不同的 I/O 接口地址，以此加以区分。

**10. 状态寄存器**

状态寄存器存放各通道的状态，CPU 读出其内容后，可得知 8237A 的工作状况。主要有：哪个通道计数已达到计数终点——对应位为 1；哪个通道的 DMA 请求尚未处理——对应位为 1。状态寄存器的格式如图 5.20 所示。

**11. 暂存寄存器**

用于存储器到存储器传送过程中对数据的暂时存放。

**12. 字节指针触发器**

这是一个特殊的触发器，用于对前述各 16 位寄存器的寻址。由于前述各 16 位寄存器

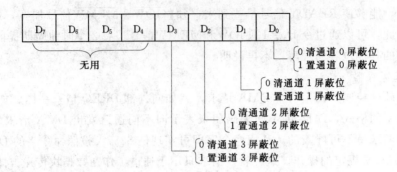

图 5.19 8237A 四通道屏蔽寄存器

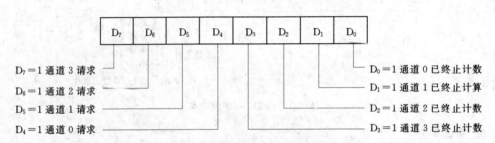

图 5.20 8237A 的状态寄存器

的读或写必须分两次进行，先低字节后高字节。为此，要利用字节指针触发器，当此触发器状态为 0 时，进行低字节操作。一旦低字节读/写操作完成后，字节指针触发器会自动置 1，再操作一次又会清零。利用这种机制，就可以进行双字节读写操作，这样 16 位寄存器可以仅占用一个外设端口地址，高、低字节共用。

### 5.2.4 8237A 的编程及应用

1. 8237A 的寻址及连接

8237A 的 4 个通道中的寄存器及其他各种寄存器的寻址编码见表 5.2 和表 5.3。从表 5.2 中可以看到，各通道的寄存器通过 $\overline{CS}$ 和地址线 $A_3 \sim A_0$ 规定不同的地址，高低字节再由字节指针触发器来决定。其中有的寄存器是可读可写的，而有的寄存器是只写的。

表 5.2                       8237A 各通道寄存器的寻址

| 通 道 | 寄存器 | 操 作 | $\overline{CS}$ $\overline{IOR}$ $\overline{IOW}$ $A_3$ $A_2$ $A_1$ $A_0$ | 字节指针触发器 | $D_0 \sim D_7$ |
|---|---|---|---|---|---|
| 0 | 基和当前地址 | 写 | 0 1 0 0 0 0 0 | 0 | $A_0 \sim A_7$ |
| | | | | 1 | $A_8 \sim A_{15}$ |
| | 当前地址 | 读 | 0 0 1 0 0 0 0 | 0 | $A_0 \sim A_7$ |
| | | | | 1 | $A_8 \sim A_{15}$ |
| | 基和当前字节数 | 写 | 0 1 0 0 0 0 1 | 0 | $W_0 \sim W_7$ |
| | | | | 1 | $W_8 \sim W_{15}$ |
| | 当前字节数 | 读 | 0 0 1 0 0 0 1 | 0 | $W_0 \sim W_7$ |
| | | | | 1 | $W_8 \sim W_{15}$ |

| 通 道 | 寄存器 | 操 作 | $\overline{CS}$ $\overline{IOR}$ $\overline{IOW}$ $A_3$ $A_2$ $A_1$ $A_0$ | 字节指针触发器 | $D_0 \sim D_7$ |
|---|---|---|---|---|---|
| 1 | 基和当前地址 | 写 | 0 1 0 0 0 0 1 0 | 0 | $A_0 \sim A_7$ |
| | | | | 1 | $A_8 \sim A_{15}$ |
| | 当前地址 | 读 | 0 0 1 0 0 0 1 0 | 0 | $A_0 \sim A_7$ |
| | | | | 1 | $A_8 \sim A_{15}$ |
| | 基和当前字节数 | 写 | 0 1 0 0 0 0 1 1 | 0 | $W_0 \sim W_7$ |
| | | | | 1 | $W_8 \sim W_{15}$ |
| | 当前字节数 | 读 | 0 0 1 0 0 0 1 1 | 0 | $W_0 \sim W_7$ |
| | | | | 1 | $W_8 \sim W_{15}$ |
| 2 | 基和当前地址 | 写 | 0 1 0 0 0 1 0 0 | 0 | $A_0 \sim A_7$ |
| | | | | 1 | $A_8 \sim A_{15}$ |
| | 当前地址 | 读 | 0 0 1 0 0 1 0 0 | 0 | $A_0 \sim A_7$ |
| | | | | 1 | $A_8 \sim A_{15}$ |
| | 基和当前字节数 | 写 | 0 1 0 0 0 1 0 1 | 0 | $W_0 \sim W_7$ |
| | | | | 1 | $W_8 \sim W_{15}$ |
| | 当前字节数 | 读 | 0 0 1 0 0 1 0 1 | 0 | $W_0 \sim W_7$ |
| | | | | 1 | $W_8 \sim W_{15}$ |
| 3 | 基和当前地址 | 写 | 0 1 0 0 0 1 1 0 | 0 | $A_0 \sim A_7$ |
| | | | | 1 | $A_8 \sim A_{15}$ |
| | 当前地址 | 读 | 0 0 1 0 0 1 1 0 | 0 | $A_0 \sim A_7$ |
| | | | | 1 | $A_8 \sim A_{15}$ |
| | 基和当前字节数 | 写 | 0 1 0 0 0 1 1 1 | 0 | $W_0 \sim W_7$ |
| | | | | 1 | $W_8 \sim W_{15}$ |
| | 当前字节数 | 读 | 0 0 1 0 0 1 1 1 | 0 | $W_0 \sim W_7$ |
| | | | | 1 | $W_8 \sim W_{15}$ |

表 5.3　　　　　　　　　　　　　　　　8237A 各信号功能

| $\overline{CS}$ | $A_3$ $A_2$ $A_1$ $A_0$ $\overline{IOR}$ $\overline{IOW}$ | 功 能 |
|---|---|---|
| 0 | 1 0 0 0 0 1 | 读状态寄存器 |
| 0 | 1 0 0 0 1 0 | 写命令寄存器 |
| 0 | 1 0 0 1 0 1 | 非法 |
| 0 | 1 0 0 1 1 0 | 写请求寄存器 |
| 0 | 1 0 1 0 0 1 | 非法 |
| 0 | 1 0 1 0 1 0 | 写单通道屏蔽寄存器 |
| 0 | 1 0 1 1 0 1 | 非法 |
| 0 | 1 0 1 1 1 0 | 写方式寄存器 |

续表

| $\overline{CS}$ | $A_3$ $A_2$ $A_1$ $A_0$ $\overline{IOR}$ $\overline{IOW}$ | 功　能 |
|---|---|---|
| 0 | 1 1 0 0 0 1 | 非法 |
| 0 | 1 1 0 0 1 0 | 字节指针触发器清 0 |
| 0 | 1 1 0 1 0 1 | 读暂存寄存器 |
| 0 | 1 1 0 1 1 0 | 总清 |
| 0 | 1 1 1 0 0 1 | 非法 |
| 0 | 1 1 1 0 1 0 | 清屏蔽寄存器 |
| 0 | 1 1 1 1 0 1 | 非法 |
| 0 | 1 1 1 1 1 0 | 写 4 通道屏蔽寄存器 |

从表 5.3 可以看出，利用 $\overline{CS}$ 和 $A_3 \sim A_0$ 规定寄存器的地址，再利用 $\overline{IOW}$ 或 $\overline{IOR}$ 控制对其进行读或写操作。需要注意的是，方式寄存器每通道一个，但仅分配一个端口地址，靠方式控制字的 $D_1$ 和 $D_0$ 位来区分不同通道。

2. 8237A 在系统中的典型连接

应该注意到 8237A 只能输出 $A_0 \sim A_{15}$ 共 16 位地址信号，这对于一般 8 位 CPU 构成的系统来说是比较方便的，因为大多数 8 位机的寻址范围就是 64KB。而在 8086/8088 系统中，系统的寻址范围是 1MB，地址线有 20 条，即 $A_0 \sim A_{19}$。为了能够在 8086/8088 系统中使用 8237 来实现 DMA，需要用硬件提供一组 4 位的页寄存器。

通道 0、1、2、3 各有一个 4 位的页寄存器。在进行 DMA 传送之前，这些页寄存器可利用 I/O 地址来装入和读出。当进行 DMA 传送时，DMAC 将 $A_0 \sim A_{15}$ 放在系统总线上，同时页寄存器把 $A_{16} \sim A_{19}$ 也放在系统总线上，形成 $A_0 \sim A_{19}$ 这 20 位地址信号实现 DMA 传送。其地址产生如图 5.21 所示。

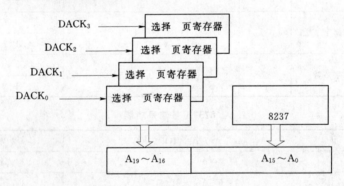

图 5.21　利用页寄存器产生存储器地址

如图 5.22 所示是 8237A 在 PC 机中的连接简图。利用 74LS138 译码器产生 8237A 的 $\overline{CS}$，8237A 的接口地址可定为 000H～00FH（注：在 $\overline{CS}$ 译码时 $XA_4$ 未用）。

8237A 利用页寄存器 74LS670、三态锁存器 74LS373 和三态门 74LS244 形成系统总线的地址信号 $A_0 \sim A_{19}$。8237A 的 $\overline{IOR}$、$\overline{IOW}$、$\overline{MEMR}$、$\overline{MEMW}$ 接到 74LS245 上，当芯片 8237A 空闲时，CPU 可对其编程，加控制信号到 8237A。而在 DMA 工作周期，

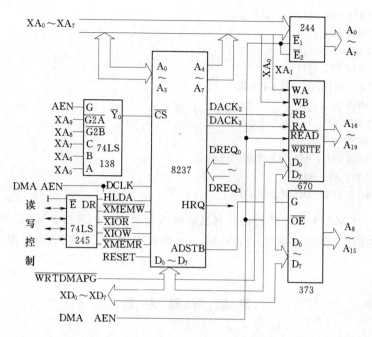

图 5.22 PC 机中 8237A 的连接

8237A 的控制信号又会形成系统总线的控制信号。同样，数据线 $XD_0 \sim XD_7$ 也是通过双向三态门 74LS245 与系统数据总线相连接。

从前面的叙述中可以看到，当 8237A 不工作时，即处于空闲状态时，它是以接口的形式出现的。此时，CPU 经系统总线对它初始化，读出它的状态并对它进行控制。这时，8237A 并不对系统总线进行控制。当 8237A 进行 DMA 传送时，系统总线是由 8237A 来控制的。这时，8237A 应送出各种系统总线所需要的信号。上述情况会大大增加 8237A 连接上的复杂程度。最重要的问题是，不管在 8237A 的空闲周期还是在其工作周期，连接上一定要保证各总线信号不会发生竞争。

3. 8237A 的初始化

8237A 的初始化通常分为以下几步：

（1）将存储器起始地址写入地址寄存器。

（2）将本次 DMA 传送的数据个数写入字节数寄存器（个数要减 1）。

（3）确定通道的工作方式，写入方式寄存器。

（4）写入屏蔽寄存器复位通道屏蔽位，允许 DMA 请求。

（5）写入命令字。

【例 5.1】 用 0 通道从磁盘输入 32KB 的数据块，传送至内存 8000 开始的区域（增量传送），采用块传送方式，传送完不自动预置，外设的 DREQ 和 DACK 均为高电平有效。8237A 的口址为 00～0FH，编写 8237A 相应的初始化程序。

```
MOV AL, 00H
OUT 00H, AL
MOV AL, 80H
```

```
OUT 00H，AL；写入起始地址
MOV AL，0FFH
OUT 01H，AL
MOV AL，7FH
OUT 01H，AL；写入字节数
MOV AL，84H
OUT 0BH，AL；写方式寄存器
MOV AL，00H
OUT 0AH，AL；写单通道屏蔽寄存器
MOV AL，80H
OUT 08H，AL；写命令寄存器
```

应当指出，DMA 方式传送数据具有最高的传送速度，但连接 DMAC 是比较复杂的。在实际工程应用中，除非必须使用 DMAC，否则就不使用它，而采用查询或中断方式进行数据传送。

## 习 题 与 思 考 题

5.1　CPU 和外设传送数据的方式有哪些？它们各自的优缺点和应用场合是什么？

5.2　什么是接口？什么是端口？在 8086/8088 微机系统中，CPU 是如何实现端口寻址的？

5.3　为什么要用接口，接口的作用是什么？

5.4　DMA 控制器芯片 Intel 8237 有哪几种工作方式？各有什么特点？

5.5　在查询方式、中断方式和 DMA 方式中，分别用什么方法启动数据传输过程？

5.6　和 DMA 方式比较，中断传输方式有什么不足之处？

5.7　DMA 控制器的地址线为什么是双向的？什么时候往 DMA 控制器传输地址？什么时候 DMA 控制器往地址总线传输地址？

5.8　编一个程序，能从终端输入一个字符串（以回车键作为结束）放到内存中以 BUFFER 开始的缓冲区。

5.9　DMA 控制器 8237A 什么时候作为主模块工作？什么时候作为从模块工作？在这两种情况下，各控制信号处于什么状态，试作说明。

5.10　在 8086 系统中使用 8237 完成从存储器到存储器的数据传送，已知源数据块首地址的偏移地址值为 2000H，目标数据块首地址的偏移地址值为 3000H，数据块长度为 100 字节。试编写初始化程序，并画出硬件连接图。

# 第6章 中 断 技 术

它在系统中起着通信网络的管理作用，以协调系统对各种外部事件的响应和处理。

## 6.1 中 断 的 概 念

所谓中断，是指 CPU 正在执行一个程序时，对系统发生的某个事件所作出的一种反应，包括 CPU 暂停正在执行的程序，保留现场后自动转去处理相应的事件，处理完该事件后，到适当的时候返回断点，继续完成被打断的程序。系统发生的事件可以是程序自身的原因也可以是外界的原因造成的，如有必要，被中断的程序可以在后来某个时间恢复，继续执行。简单地说，中断就是 CPU 在执行当前程序的过程中因意外事件或预先安排插入了另一段程序的运行。一个完整的中断过程包括中断请求、中断响应、中断服务（处理）和中断返回 4 个阶段，其过程如图 6.1 所示。利用中断可以大大提高 CPU

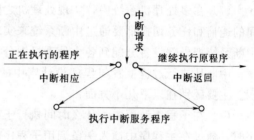

图 6.1 中断服务过程

的工作效率。实现中断功能的控制逻辑称为中断机构或中断系统。中断技术是计算机提高工作效率的一种重要技术。

由于 CPU 执行中断服务程序的时间相当短，大部分时间都在与外设并行工作，从而有效地提高了 CPU 的利用率。采用中断技术便于充分发挥计算机的所有软、硬件的功能，提高计算机的工作效率和实时处理能力，因此，应用非常广泛。中断的作用主要包括以下几个方面：

（1）CPU 与外部设备并行工作。当 CPU 在执行现行程序中启动外部设备之后，不需要反复查询外部设备的状态，而能够与外部设备并行工作。当外部设备的数据准备就绪后，主动向 CPU 发出中断请求。CPU 接到外部设备的中断请求后，如果没有更加紧急的任务（如 DMA 服务等），就暂停正在执行的现行程序，转去执行中断服务程序，为外部设备服务。当中断服务完成之后，再返回到原先的现行程序中继续执行。

（2）能够处理例外事件。计算机在运行过程中，可能发生例外事件，如电源掉电、硬件故障、运算溢出、地址越界和非法指令等。当出现例外事件时，就向 CPU 发出中断服务请求，CPU 可以立即停止执行现行程序，及时处理这些例外事件，避免发生计算错误，或造成更大的损失。

（3）实现实时处理。在实时控制系统中，处理机必须及时响应外部请求，及时处理，否则，可能丢失数据或造成无法弥补的损失。例如，在过程控制中，当出现温度过高、压力过大的情况时，处理机只有通过中断系统才能及时响应并给予处理。

（4）实现人机联系。在计算机工作过程中，经常需要了解机器的工作状态，给机器发出各种各样的命令，干预机器的运算过程，抽查中间运算结果等。通常，人们通过键盘、鼠标或其他终端设备来干预计算机的工作。但是，无论采用何种外部设备，必须通过中断方式才能实现。

（5）实现用户程序与操作系统的联系。一般处理机至少有两种工作状态，当处理机执行管理程序时为管态（或称为系统态、特权态等）；当处理机执行用户程序时为目态（或称为用户态）。用户程序必须通过执行访问管理程序的专用指令才能进入操作系统，以完成所要求的管理功能，完成之后再返回到用户程序继续执行，而这一过程必须通过中断系统来实现。

（6）实现多道程序并行执行。目前的绝大多数操作系统均为多任务操作系统，在一个单处理机的计算机系统中，可以有多道程序并行执行。从一道程序切换到另外一道程序，必须通过中断系统才能实现。

（7）在多处理机系统中，实现处理机之间的联系。在多处理机系统中，各个处理机之间的通信和任务切换都要通过中断系统来实现。当外部设备的数量比较多时，也可以通过中断系统把外部设备分配到各个处理机中分别管理。

中断从执行过程上看与程序设计当中的子程序调用非常相似，但二者却有着很大区别。主要区别在以下几个方面：

（1）在子程序调用中，什么时间执行子程序是由程序员事先安排的，当需要转入子程序时，通过在主程序中插入一条调用子程序的指令转入。在中断系统中，什么时间从现行程序进入中断服务程序是随机的，它出现在现行程序的什么地方是事先不知道的。如果说调用子程序是由主程序主动发起的，那么，进入中断服务程序必须由中断源主动申请，即由中断服务程序主动发起。

（2）在中断系统中，往往有多个中断源同时申请中断服务，即有多个中断服务程序同时要求执行的情况发生；但在子程序调用时，每次只能调用唯一的一个子程序。

（3）子程序通常与调用它的主程序或上一层子程序之间有非常紧密的联系，而中断服务程序一般与被中断的现行程序之间没有关系。

### 6.1.1 中断源

任何引起中断的外部设备或事件统称为中断源。中断系统的复杂性实际上是由中断源的多样性引起的。中断源可以来自系统外部，也可以来自机器内部，甚至处理机本身。中断可以是硬件引起的，也可以是软件引起的。常见中断源一般有以下几种：

（1）由外围设备引起的中断。这类中断通常包括：低速外围设备的数据缓冲寄存器已经准备好接收或发送数据，高速外围设备采用 DMA 方式完成一个数据块传送之后的处理工作，外围设备的启动和停止，完成对外围设备的控制（如磁盘和磁带存储器的定位等），输入/输出过程中任意一个环节出现错误等。

（2）由处理机本身产生的中断。这类中断包括算术运算操作溢出、除数为零、数据校验错、非法数据格式等。响应中断后进入监控程序，处理机处于动态停机状态，等待操作员给予处理，或者返回到用户程序，等待用户修改程序或数据。

(3) 由存储器产生的中断。主要有非法地址（包括地址越界、地址不存在和写 ROM 地址等）、动态随机存储器（DRAM）刷新、主存储器页面失效、数据或地址校验错、访问主存储器超时错等。

(4) 由控制器产生的中断。主要包括非法指令、未定义的操作码、用户程序执行了特权指令、堆栈溢出、分时系统中时间片到、操作系统用户态与特权态的切换等。

(5) 由总线产生的中断。包括输入/输出总线出错和存储器总线出错等，通常有总线超时错误、总线故障错误等。

(6) 实时过程控制产生的中断。通常有实时检测设备的数据采样中断、为某些实时控制设备发送各种控制信号等。

(7) 实时钟的定时中断。时钟是计算机系统中的一个重要部件，处理机的运行和对外联系都要用到时钟。一般要通过中断系统来管理机器内部的实时钟。

(8) 其他处理机发来的中断。在多处理机系统中，从其他处理机发送来的中断服务请求，还包括由控制台开关引起的中断等。

(9) 程序断点引起的中断。在程序调试过程中，执行完一条指令或程序运行到一个事先设置的断点时，通过中断进入监控程序，以便对被调试程序进行跟踪或监测。

(10) 硬件故障中断。通过监控程序调用诊断程序对机器的各个部分进行诊断，如果诊断没有错误则重新引导机器，否则停机。

(11) 电源故障中断。这时必须停止其他一切工作，保存处理机的全部状态信息和挥发性存储器中的内容。

## 6.1.2 中断类型

中断有多种分类方式。下面就中断源、中断处理方式以及是否提供中断向量等几个方面进行讨论。

### 6.1.2.1 内中断和外中断

1. 内中断

内中断是 CPU 内部原因引起的中断，它包括软件中断和陷阱中断。

(1) 软件中断：所谓软件中断，是由中断指令引起的中断，如 INT n 指令。软件中断类似过程调用，所不同的是中断指令受中断逻辑控制。

(2) 陷阱中断：所谓陷阱中断，是指 CPU 在执行指令期间，一旦发现某种条件产生，就启动内部逻辑转去执行中断服务程序，如除法错陷阱中断，就是在执行除法指令 DIV 或 IDIV 时，若出现商超出范围或除数为 0 时，CPU 自动产生类型号为 0 的中断，转去执行"除法错"的服务程序。

2. 外中断

外中断是由 CPU 以外的 I/O 设备产生的中断，又称硬中断，它包括不可屏蔽中断 NMI 和可屏蔽中断 INTR。

(1) 不可屏蔽中断 NMI。不可屏蔽中断 NMI（Non—Maskable Interrupt）是指该中断不受"开关中断"的控制，一旦出现 NMI 请求，无论 CPU 是否开中断，CPU 在当前指令执行完毕后，立即响应，暂停正在执行的程序，转去执行中断服务程序。因此，它常用于紧急情况的故障处理，如 PC/XT 使用 NMI 对 RAM 奇偶校验错、I/O 通道校验错、8087 运算错进行处理。

（2）可屏蔽中断 INTR。可屏蔽中断 INTR（INTerrupt Requisition）是指该中断受"开关中断"的控制，只有当 CPU 开中断的条件下，若出现 INTR 请求，CPU 才在当前指令执行结束后响应中断。此时 CPU 发中断应答信号 INTA，通知外设，其中断请求得到 CPU 的响应。外设接到 INTA 信号后，再向 CPU 提供中断类型号，以便使 CPU 找到中断向量，转到相应的中断服务程序。当系统中有多台外设采用中断方式进行控制时，往往使用中断控制器 8259A 进行中断管理。

#### 6.1.2.2　强迫中断与自愿中断

强迫中断出现在先行程序的什么地方是随机的，它不是由程序员事先安排的。当中断源请求中断服务并得到 CPU 的允许后，处理机暂停执行现行程序，转去执行相应的中断服务程序。中断服务程序执行完成之后，再返回到原先的程序中继续执行。

自愿中断又称为程序自中断、软件中断或陷阱中断等。自愿中断是由程序员在程序中事先安排好的，它出现在程序的什么地方是确定的。从这一点上看，自愿中断与子程序调用是相同的。但是两者所起的作用完全不同。自愿中断通过执行广义指令（或称为陷阱指令、软中断指令等），而不是子程序调用指令，进入操作系统中的管理程序，完成一些特殊的管理任务。

#### 6.1.2.3　单重中断与多重中断

单重中断是指处理机一旦开始执行某一个中断源的中断服务程序，就将一直执行完成，直到它返回主程序之前不能被其他中断源的中断服务程序打断。

如果处理机在执行某一个中断服务程序的过程中，允许被中断优先级更高的中断源打断，转去执行这个更高优先级的中断服务程序，等这个高优先级的中断服务程序执行完成之后再返回来继续执行原先的中断服务程序，这种中断方式称为多重中断，或称为中断嵌套。目前，在许多计算机系统中都允许多重中断，有的计算机系统允许有 8 级以上的多重中断。

#### 6.1.2.4　向量中断与非向量中断

向量中断方式与非向量中断方式的主要区别是向量中断方式全部用硬件产生中断服务程序的入口地址，即中断向量。在中断向量中，除了有中断服务程序的入口地址之外，通常还包括该中断源的硬件现场，如处理机状态字、堆栈指针及中断屏蔽码等。

通常用硬件排队器和编码器在所有请求中断服务的中断源中，产生具有最高优先级的中断源的中断向量，然后通过硬件直接进入这个中断源的中断服务程序中执行。

非向量中断方式通常采用软件和硬件相结合的方法产生中断服务程序入口地址。

#### 6.1.3　中断响应

从上面可以看出，除了软件中断外，其余的中断源的中断请求是随机的。那么，CPU 是怎样知道有无中断请求？若有中断请求，CPU 又是如何转向相应的中断服务程序呢？下面以可屏蔽中断为例说明中断响应过程。

CPU 在每条指令的最后一个时钟周期都要去检测"中断请求"输入线（如 8086CPU

的 INTR 引脚），CPU 一旦检测到有中断请求，且中断允许标志 IF＝1、无总线请求和不
可屏蔽中断请求，则 CPU 在当前指令执行结束时，便响应中断进入中断响应周期。在中断响应周期内 CPU 要通过内部硬件自动完成 3 件事情：

（1）关中断。将中断允许标志置 0，其目的是在中断响应周期不允许其他中断来打扰，以便正确地转入相应的服务程序。

（2）保护断点和标志寄存器（FR）。将当前正在执行程序中刚执行完指令的下一条指令的地址即断点地址压入堆栈，将标志寄存器（FR）内容压入堆栈。

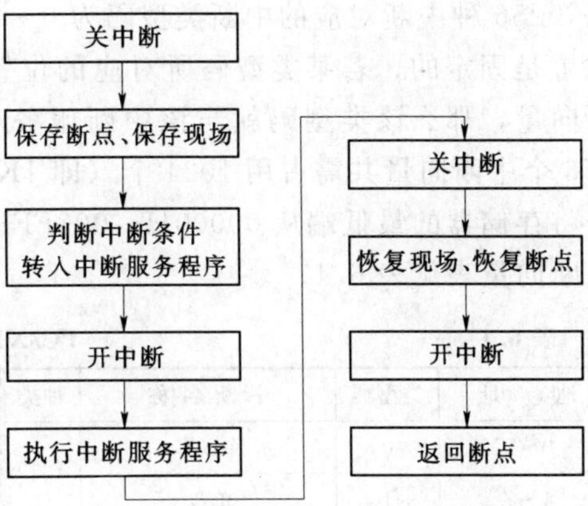

（3）获取中断服务程序的入口地址，即中断向量。不同的 CPU 获取中断向量的方式也不同。一旦 CPU 获得入口地址，中断服务程序便开始执行。

中断响应过程如图 6.2 所示。

图 6.2 中断处理过程流程图

由上可知，可屏蔽中断请求的响应是有条件的。就 8086/8088CPU 来说，可屏蔽中断请求的响应条件是：

（1）现行指令执行完毕。

（2）在现行指令周期内无总线请求。

（3）无不可屏蔽中断请求。

（4）中断允许标志 IF＝1（CPU 被允许中断）。

若是不可屏蔽中断请求，CPU 响应中断的条件是：

（1）现行指令执行完毕。

（2）在现行指令周期内无总线请求。

# 6.2 8086 / 8088CPU 中断系统

8086/8088CPU 微机系统具有一个简单灵活而且功能强大的中断系统，可以处理多达 256 种不同类型的中断。

## 6.2.1 中断向量和中断向量表

### 1. 中断向量和中断向量表的概念

中断向量就是中断服务程序的入口地址，每个中断服务程序都有一个唯一的中断向量，它包括中断服务程序起始地址的段基址和偏移地址，每一个中断向量在内存中占 4 个连续的字节单元，地址小的两个字节单元存放偏移地址，地址大的两个字节单元存放段基址。把系统中所有的中断向量组织起来存放在主存的某一连续区域内，这个用来存放中断向量的存储区域称为中断向量表（中断矢量表）。每一个中断服务程序与表内的中断向量具有一一对应的关系。

8088/8086CPU 的中断系统可以处理 256 种不同的中断，每个中断对应一个类型码，256 种中断对应的中断类型码为 0～255，每个中断类型码在中断向量表中对应的位置是固定的，若某类型码所对应的位置上装入了相应中断服务程序的入口地址即中断向量，那么该类型码就与该中断服务程序相对应。因为每个中断向量占 4 个字节，256 个中断向量共需占用 1024 个（即 1K）字节单元。为了寻址方便，8086/8088 系统中将存储器的最低端从 00000H～003FFH 共 1K 字节单元用于存放中断向量。PC 机的中断向量表见表 6.1。

**表 6.1** PC/XT 中断向量表

| 地 址 | 类型码 | 中断名称 | 种类 | 地 址 | 类型码 | 中断名称 | 种类 |
|---|---|---|---|---|---|---|---|
| 0～3 | 0 | 除以零 | 专用 | 60～63 | 18 | 常驻 BASIC 入口 | 系统使用 |
| 4～7 | 1 | 单步 | | 64～67 | 19 | 引导程序入口 | |
| 8～B | 2 | 不可屏蔽 | | 68～6B | 1A | 时间调用 | |
| C～F | 3 | 断点 | | 6C～6F | 1B | 键盘 CTRL - BREAK 控制 | |
| 10～13 | 4 | 溢出 | | 70～73 | 1C | 定时器报时 | |
| 14～17 | 5 | 打印屏幕 | 系统使用 | 74～77 | 1D | 显示器参数表 | |
| 18～1B | 6 | 保留 | | 78～7B | 1E | 软盘参数表 | |
| 1C～1F | 7 | 保留 | | 7C～7F | 1F | 字符点阵结构参数 | |
| 20～23 | 8 | 定时器 | | 80～83 | 20 | 程序结束，返回 DOS | 用户使用 |
| 24～27 | 9 | 键盘 | | 84～87 | 21 | 系统功能调用 | |
| 28～2B | A | 保留 | | 88～8B | 22 | 结束地址 | |
| 2C～2F | B | 通信口 2 | | 8C～8F | 23 | CTRL - BREAK 退出地址 | |
| 30～33 | C | 通信口 1 | | 90～93 | 24 | 标准错误出口地址 | |
| 34～37 | D | 硬盘 | | 94～97 | 25 | 绝对磁盘读 | |
| 38～3B | E | 软盘 | | 98～9B | 26 | 绝对磁盘写 | |
| 3C～3F | F | 打印机 | | 9C～9F | 27 | 程序结束，驻留内存 | |
| 40～43 | 10 | 视频显示 I/O | | A0～FF | 28～3F | 为 DOS 保留 | |
| 44～47 | 11 | 安装检查调用 | | 100～17F | 40～5F | 保留 | |
| 48～4B | 12 | 存储器容量检查 | | 180～19F | 60～67 | 为用户软中断 | |
| 4C～4F | 13 | 软盘/硬盘/I/O | | 1A0～1FF | 68～7F | 未用 | |
| 50～53 | 14 | 通信 I/O | | 200～217 | 80～85 | BASIC 使用 | |
| 54～57 | 15 | 盒式磁带 I/O | | 218～3C3 | 86～F0 | BASIC 解释程序 | |
| 58～5B | 16 | 键盘 I/O | | 3C4～3FF | F1～FF | 未用 | |
| 5C～5F | 17 | 打印机 I/O 调用 | | | | | |

从表 6.1 中可看出：8086/8088 系统中 256 个中断分为 3 类：

第 1 类为专用中断，对应于类型 0～4H，它们已有明确的定义和处理功能，分别对应于除法出错、单步中断、不可屏蔽中断、断点中断和溢出中断。这类中断用户是不能修改的。

第 2 类是类型 8～1FH 共 27 个中断，是系统保留的中断，是提供给系统使用的。这些中断中，有的系统没有使用，但为了保持系统之间的兼容性以及与将来 Intel 系统的兼容，用户不能对这些中断进行自行定义。其中 8～FH 是 8259 中断控制器的 8 个硬件中断，由外设硬件产生，具有随机性；10～1FH 是 BIOS 调用的软中断区，如 INT 14H 为串行通信功能调用。

第 3 类是类型 20H～FFH 共 224 个中断，这类中断原则上是可以由用户定义：可定义为软中断，由 INT n 指令引入；也可定义为硬中断，通过 INTR 引脚直接引入，或通过中断控制器 8259A 引入的可屏蔽中断。使用时用户需自行装入相应的中断向量。不过这类中断类型号中，有的系统已分配有固定的用途，如类型号为 21H 的中断已定义为操作系统 MS - DOS 的系统调用等。这部分中断用户最好不要重新定义。

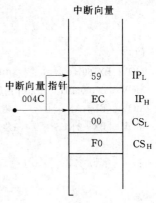

图 6.3　中断向量指针示意图

2. 中断向量指针与中断类型号

为了便于在中断向量表中查找中断向量，通常设置一种指针，由它指出中断向量存放在中断向量表中的位置，实际上是存放中断向量的地址。这个指针在 8086/8088 中断系统中是由中断类型号提供的：中断类型号乘以 4 便得到中断向量的指针。例如软磁盘 INT 13H，它的中断向量为 0F000H（CS）：0EC59H（IP），当 CPU 执行该中断指令时，提供 13H 的中断类型号，CPU 根据中断类型号 13H 形成存放中断向量的第一个字节的指针，即 13H×4＝004CH，从它开始连续 4 个字节单元用来存放 INT 13H 的中断向量，如图 6.3 所示。

中断类型号、中断向量指针和中断向量之间的关系为：

$$中断向量指针＝中断类型号×4$$

中断向量指针对应单元的内容为中断向量。

3. 中断向量的装入

中断向量并非常驻内存，而是开机上电时，由程序装入内存指定的中断向量区的。BIOS 程序负责 0～1FH 共 32 个中断向量的装入。用户若想使用中断，则要将中断服务程序入口地址装入中断向量指针所指定的中断向量表中。下面举例说明填写中断向量表所用的 3 种方式：

（1）用串操作指令填写中断向量表。例如，假设中断类型号为 60H，中断服务程序的段基址是 SEG _ INTR，偏移地址是 OFFSET _ INTR（006DH），则填写中断向量表的程序段为：

```
       ⋮
       ⋮
CLI              ;关中断(IF＝0)
CLD              ;DF＝0,增址操作
MOV  AX,0        ;
MOV  ES,AX       ;
```

```
MOV   DI,4*60H          ;中断向量指针→DI
MOV   AX,OFFSET_INTR;中断服务程序偏移值→AX
STOSW                   ;AX→[DI][DI+1]中,然后 DI+2→DI
MOV   AX,SEG_INTR       ;中断服务程序的段基址→AX
STOSW                   ;AX→[DI][DI+1],然后 DI+2→DI
STI                     ;IF=1,开中断
```
⋮

⋮

（2）将中断服务程序的入口地址直接写入中断向量表，其程序段为：

⋮

⋮

```
CLI
MOV   BX,60H*4          ;中断号×4→BX
MOV   AX,006DH          ;中断服务程序偏移地址
MOV   [BX],AX           ;装入偏移地址
MOV   [BX+2],CS         ;装入段基址
STI
```
⋮

⋮

（3）采用 DOS 功能调用"INT　21H"中的 25H 号功能调用来装入中断向量。
25H 号功能调用的入口参数为：

AL 中设置中断类型号。

AH 中设置功能号 25H。

DS 中设置中断向量的段基址。

DX 中设置中断向量的有效地址。

采用 25H 号功能调用装入中断向量的程序段为：

⋮

⋮

```
CLI
MOV   AX,SEG_INTR
MOV   DS,AX             ;DS 指向中断服务程序的段基址
MOV   DX,OFFSET_INTR    ;DX 指向中断服务程序入口地址的有效地址
MOV   AL,N              ;中断号
MOV   AH,25H            ;设置中断向量
INT   21H
STI
```
⋮

⋮

4. 中断向量的提取

在实际工作中有时会使用现有微机系统中已设置但暂时不用的中断类型号，例如中断

类型号 0FH（打印机）。利用上面介绍的中断向量装入方法可装入用户自己的中断向量。但在用户程序中若不把原 0FH 号中断的中断向量保护起来，就会出现即使用户程序执行完毕退出后，打印机也无法使用的情况。为避免这种情况的出现，在用户程序中，装入用户的中断向量之前先把原中断向量提取出来保护起来，在退出用户程序前再把原中断向量恢复。那么，怎样提取中断向量呢？

提取与装入是相反的两个操作，所以同中断向量的装入一样也可以有 3 种方法：直接利用 MOV 指令提取、利用串操作指令提取和利用 DOS 功能调用。前两种方法与装入类似这里就不再举例。第三种方法是用 DOS 功能调用"INT 21H"的 35H 号功能调用实现的。

35H 号功能调用输入参数为：

　　　　AL 中设置中断类型号；

　　　　AH 中设置功能号 35H。

35H 号功能调用输出参数为：

　　　　ES：中断向量的段基址；

　　　　BX：中断向量的有效地址。

执行下列程序后，就会将 N 号中断的中断向量提取到 ES：BX 中。

```
          ⋮
          ⋮
CLI
MOV  AL, N            ;中断号
MOV  AH, 35H          ;设置中断向量
INT  21H
STI
          ⋮
```

## 6.2.2 中断响应过程

8086/8088 CPU 的中断响应过程，对于可屏蔽中断、非屏蔽中断和内部中断是不完全相同的。

1. 内部中断响应过程

内部中断包括：除零错、溢出错等专门中断和 INT n 软件中断。专门中断的中断类型码是自动形成的，而对于 INT n 指令，其中断类型码即为指令中给定的 n。在取得了类型码后的响应过程如下：

（1）将类型码乘以 4，作为中断向量指针。

（2）把 CPU 的标志寄存器入栈，保护各个标志位。

（3）消除 IP 和 TF 标志，屏蔽新的 INTR 中断和单步中断。

（4）保存断点，即把断点处的 CS 和 IP 值依次压入堆栈；

（5）从中断向量表中取中断服务程序的入口地址，分别送 IP 和 CS 中，转入中断服务程序。

在中断服务程序中，通常要保护现场，进行相应的中断服务和恢复现场，最后执行中

断返回指令 IRET。IRET 指令将断点处的 IP 和 CS 值、标志寄存器恢复，于是，程序就恢复到断点处继续执行。

2. 非屏蔽中断响应过程

CPU 接收到非屏蔽请求时，自动提供中断类型码 2；然后根据中断类型码，生成中断向量指针，指向中断向量表；其后的中断响应过程和内部中断类似。

3. 可屏蔽中断的响应过程

在 IF 为 1 （即开中断）情况下，当 INTR 端加入中断请求信号 （高电平有效）时，待当前指令结束后，CPU 产生两个连续的中断响应总线周期，其时序关系如图 6.4 所示。

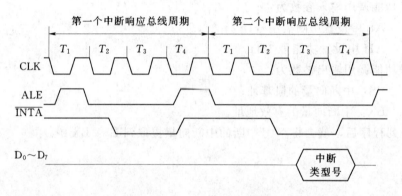

图 6.4　INTR 中断时序关系

在中断响应过程中，CPU 完成以下操作：

（1）在第一个中断响应总线周期，送出第一个中断响应信号 $\overline{\text{INTA}}$，通知外部中断控制逻辑，CPU 接收了中断请求。

（2）在第二个中断响应总线周期，送出第二个中断响应信号 $\overline{\text{INTA}}$，启动外部中断控制逻辑，把中断类型码置于数据总线，CPU 从数据总线读取中断类型码。

（3）保护断点和标志。将当前的 FR、CS 和 IP 内容依次压入堆栈，以便返回时恢复。

（4）将 FR 中的 IF 标志和 TF 标志清零。清除 IF 标志意味着关中断，只有在中断服务程序中设有开中断指令 （STI 指令）才恢复开中断状态。清除 TF 标志，使得中断服务期间禁止单步中断，直到 IRET 指令恢复标志寄存器内容时，才恢复 TF 标志。

（5）根据读取的中断类型码，控制转入中断服务程序入口。

### 6.2.3　各类中断的优先级

8086/8088 CPU 中各类中断的优先级别见表 6.2，其中内部中断的优先级别最高 （单步中断除外），其次是非屏蔽中断 NMI，单步中断的优先级别最低。在当前一条指令执行过程中，CPU 对各种中断源按照表中的优先顺序进行识别或搜索。若有中断请求，或软中断指令，则在当前指令执行完后，CPU 予以响应，并自动把控制转移到相应的中断服务程序；若在当前指令周期内无任何中断请求，则顺序执行下一条指令。

| 表 6.2 | 各类中断的优先级别 | |
|---|---|---|
| 中 断 源 | 优先级别 | |
| 除法出错、INT n、INTO | 高 | |
| NMI | ↓ | |
| INTR | | |
| 单步中断 | 低 | |

8086/8088CPU 的中断响应和处理的流程如图 6.5 所示。

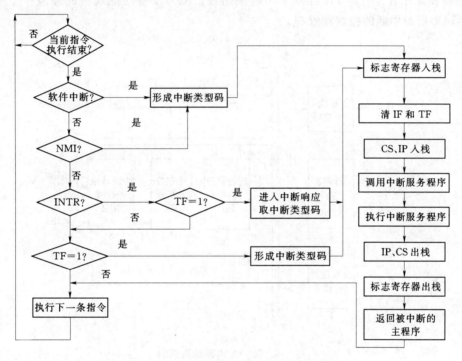

图 6.5 8086/8088 的中断响应和处理流程图

## 6.3 可编程中断控制器 Intel 8259A

8259A 是 Intel 公司生产的一种可编程序中断控制器 (Programmable Interrupt Controller)。它是一个采用 NMOS 工艺制造、使用单一＋5V 电源、具有 28 个引脚的双列直插式芯片。可以配合 Intel 8086/8088 和 Intel 8080/8085 （也可用于 MCS‐51）来扩张外部中断源个数。通过它可以完成以下任务：

（1）优先级排队管理：根据任务的轻重缓急或设备的特殊要求，分配中断源的中断优先级，8259A 具有全嵌套、循环优先级和特定屏蔽多种方式的优先级排队管理。

（2）接收外部设备的中断请求：经过优先权判决找到哪一个中断源的中断请求级别最高，然后再向 CPU 提出中断申请 INT；或者拒绝外设的中断请求，给以屏蔽。一片8259A 可以接收 8 个中断请求，经过级联可扩展至 9 片 8259A，实现 64 级中断的管理。

（3）提供中断类型号：在中断响应周期，能向 CPU 提供相应的中断类型号，以便 CPU 能正确地转向相应的中断服务程序。

（4）8259 A 设计有多种工作方式，可以通过编程来选择，以适应不同的应用场合。

### 6.3.1　8259A 的内部结构和引脚

#### 1. 8259A 内部结构

8259A 内部结构如图 6.6 所示。由图可见，8259A 由数据总线缓冲器、读/写逻辑、控制逻辑、级联缓冲/比较器、中断请求寄存器 IRR、中断屏蔽寄存器 IMR、现行服务寄存器 ISR 和优先级分析器 PR 等 8 个功能块组成。8259A 各功能块彼此连成一个有机整体，共同实现对中断的控制和管理。

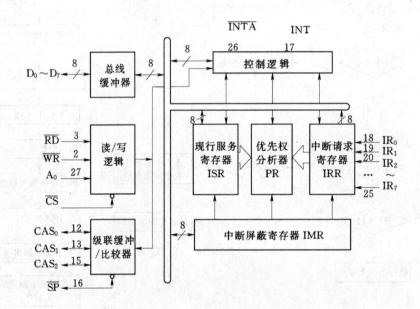

图 6.6　8259A 内部结构框图

（1）数据总线缓冲（Data Bus Buffer）。这是一个可输入、输出的双向三态 8 位缓冲器，与系统的数据总线相连，用于传送 CPU 和 8259A 间的控制字、状态信息以及中断向量。

（2）读/写逻辑（Read/Write Logic）。决定本 8259A 是否工作、数据总线上数据的流向及其进行 8259A 内部译码的功能控制块。$\overline{CS}$、$A_0$ 和 $\overline{WR}$ 信号组合控制将初始化命令字和操作命令字写入 8259A；$\overline{CS}$、$A_0$ 和 $\overline{RD}$ 信号组合控制读出中断请求寄存器 IRR、中断服务寄存器 ISR 以及中断屏蔽寄存器 IMR 的内容。

（3）控制逻辑（Control Logic）。这个功能控制块由操作命令寄存器和状态寄存器等组成。操作命令寄存器存放 CPU 送来的操作命令字，以设定 8259A 工作模式；状态寄存器存放现行状态字，供 CPU 选取。

控制逻辑按照初始化程序设定的工作方式管理 8259A 的全部工作。该电路可以根据 PR 的比较结果向 CPU 发出中断请求信号 INT，并接收 $\overline{INTA}$ 引脚上的中断应答信号，使

166

8259A 进入中断状态。

（4）级联缓冲/比较器（Cascade Buffer/Comparator）。这部分电路用于多片 8259A 的级联。级联时，8259A 有主片（$\overline{SP}$线接＋5V）和从片（$\overline{SP}$线接地）之分，主片 8259A 的级联缓冲/比较器可在 $CAS_2 \sim CAS_0$ 上输出代码，从片 8259A 的级联缓冲/比较器可以接收主片发来的代码和 $ICW_3$ 中 ID 标识码（初始化时送来）进行比较，以决定由哪个从片输入的中断请求得到响应。

（5）中断请求寄存器 IRR。中断请求寄存器 IRR（Interrupt Request Register）是一个 8 位寄存器，用于存放由外部输入的中断请求信号 $IRQ_0 \sim IRQ_7$。IRR 由连接在 $IR_0 \sim IR_7$ 线上的外设所产生的触发信号来置位，触发信号有两种：上升沿触发和高电平触发。但无论采用何种触发方式，请求信号的有效高电平至少保持到 8259A 接收到第一个 $\overline{INTA}$ 之后，否则将会出现错误；当某一个输入端呈现高电平时，该寄存器的相应位置 1。IRR 内容可用 $OCW_3$ 命令读出。

（6）中断屏蔽寄存器 IMR。中断屏蔽寄存器 IMR（Interrupt Mask Register）由 8 个触发器构成，用于存放中断屏蔽码。若 IMR 的某位为"1"状态，则 IRR 相应位的中断请求被屏蔽；若 IMR 的某位为"0"状态，则 IRR 中相应位的中断请求被允许输入到优先级分析器 PR 中。IMR 通过 $OCW_1$ 来设置。

（7）现行服务寄存器 ISR。现行服务寄存器 ISR（In Service Register）是 8 位寄存器，用于标志 CPU 正在为哪一个中断请求服务（包括尚未完成而中途被别的中断请求所打断了的）。当 8259A $IR_0 \sim IR_7$ 上某个中断请求得到响应（第一个 $\overline{INTA}$）时，ISR 相应位置位。ISR 的复位或置位使用中断结束命令 $OCW_2$ 来实现。

（8）优先级分析器 PR。优先级分析器 PR（Priority Register）能对 IRR 中未被屏蔽的中断请求进行优先级排队，从中挑选出优先级最高的中断和现行服务的中断（相应 ISR ＝1）进行优先级比较。若它比现行服务的中断优先级低，则它不被响应，若它比现行服务的优先级高，则 PR 使 INT 线升为高电平，CPU 响应后 8259A 使 ISR 中相应位置位和 IRR 中相应位复位，表示 CPU 已响应了这个高优先级中断。

在弄清上述各电路功能的基础上，对 8259A 的中断响应过程加以总结。

（1）当 8259A $IR_0 \sim IR_7$ 上输入某一中断请求时，IRR 中相应位置位，即置"1"，以锁存这个中断请求信号。

（2）若该位中断请求未被 IMR 中相应位屏蔽，则 PR 就把它和现行服务的中断进行优先级比较；若它比现行服务的中断优先级高，则 8259A 使 INT 线变为高电平，用于向 CPU 提出中断请求。

（3）8259A 接收到来自 CPU 的第一个 $\overline{INTA}$脉冲，使 ISR 相应位置位，以阻止其后的优先级低的中断请求，同时清除 IRR 中相应位和准备中断类型号（由 CPU 在对 8259A 初始化时送给 8259A 的 ICW2 与相应位的二进制编码合成），在该周期，8259A 没有驱动数据总线。

（4）8259A 接收到来自第二个 $\overline{INTA}$脉冲后将以准备好的中断类型号发送到数据总线；在自动结束终端方式中，在第二个 $\overline{INTA}$脉冲结束时将 ISR 复位。

（5）CPU 收到中断类型号便可自动转入相应的中断服务程序执行。

（6）在执行到该中断服务程序结束（非自动结束方式）时，由于 8259A 不能自动使 ISR 中相应位复位，故中断服务程序末尾必须安排一条 EOI 命令，以便使 ISR 中相应位复位成"0"状态。

2. 8259A 引脚功能

8259A 是一种 28 引脚双列直插式封装芯片，其引脚图如图 6.7 所示，各引脚功能分述如下：

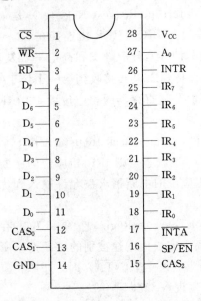

图 6.7　8259A 引脚示意图

（1）数据总线（8 条）。$D_0 \sim D_7$：三态双向数据总线，$D_7$ 为最高位，用于传送 CPU 和 8259A 间的命令和状态字。

（2）中断线（10 条）。

1）$IR_0 \sim IR_7$：中断请求输入线，用于传送各外部中断源送来的中断请求信号。由程序设定可以是高电平或上升沿有效。

2）INT：中断请求输出线，高电平有效，用于向 CPU 请求中断。

3）$\overline{INTA}$：中断响应输入线，低电平有效。CPU 响应 8259A 提出的中断请求时，通过 $\overline{INTA}$ 线发送两个负脉冲，第一个 $\overline{INTA}$ 负脉冲用来通知 8259A，中断请求已被响应；第二个 $\overline{INTA}$ 负脉冲作为特殊读操作信号，读取 8259A 提供的中断类型号。

（3）读写控制线（4 条）。

1）$\overline{CS}$：片选输入线，低电平有效。若 $\overline{CS}=0$，则本 8259A 被选中工作，容许它和 CPU 通信；若 $\overline{CS}=1$，则本 8259A 不工作。

2）$\overline{RD}$ 和 $\overline{WR}$：$\overline{RD}$ 为读命令线，$\overline{WR}$ 为写命令线，均为低电平有效，输入。在 $\overline{CS}=0$ 有效时，若使 $\overline{RD}=0$ 和 $\overline{WR}=1$，则 8259A 输出状态字；若 $\overline{RD}=1$ 和 $\overline{WR}=0$，则 8259A 从数据总线接收命令。

3）$A_0$：地址输入线，常和 CPU 的 $A_0$ 相连。$A_0$ 可以配合 $\overline{CS}$、$\overline{RD}$ 和 $\overline{WR}$ 以完成给 8259A 写入命令字和读出状态字的操作。

$\overline{CS}$、$\overline{RD}$、$\overline{WR}$ 和 $A_0$ 组合功能及 8259A 分别在 PC 机和单板机 TP86A 上的 I/O 端口地址见表 6.3。

表 6.3　　　　　　　　　　　　　8259A 的读写操作 I/O 端口地址

| 操作类型 | $\overline{CS}$ | A0 | $\overline{RD}$ | $\overline{WR}$ | 功　能 | 特征标志位 | PIC1 | PIC2 | TP86A |
|---|---|---|---|---|---|---|---|---|---|
| 写命令操作 | 0 | 0 | 1 | 0 | 数据总线→ICW1 | 命令字中的 D4=1 | 20H | 0A0H | 0FFDCH |
| | | | | | 数据总线→OCW2 | 命令字中的 D4D3=00 | | | |
| | | | | | 数据总线→OCW3 | 命令字中的 D4D3=01 | | | |
| | 0 | 1 | 1 | 0 | 数据总线→OCW1、ICW2、ICW3、ICW4 | | 21H | 0A1H | 0FFDEH |

| 操作类型 | $\overline{CS}$ | A0 | $\overline{RD}$ | $\overline{WR}$ | 功　能 | 特征标志位 | PIC1 | PIC2 | TP86A |
|---|---|---|---|---|---|---|---|---|---|
| 读状态操作 | 0 | 0 | 0 | 1 | IRR→数据总线 | OCW3 中的 RR=1，RIS=0，P=0 | 20H | 0A0H | 0FFDCH |
| | | | | | ISR→数据总线 | OCW3 中的 RR=0，RIS=1，P=0 | | | |
| | | | | | 标识码→数据总线 | | | | |
| | 0 | 1 | 0 | 1 | IMR→数据总线 | | 21H | 0A1H | 0FFDEH |
| 无操作 | 1 | x | x | x | | | | | |

（4）级联线（4 条）。

1）$\overline{SP}$：称为双向主从控制线，有两个作用。在 8259A 设定为缓冲方式时，$\overline{SP}$输出的低电平用于启动 8259A 外部的数据总线驱动器，以增强 8259A 输入/输出数据的驱动能力。在 8259A 设定为非缓冲方式时，$\overline{SP}$为主片/从片的输入控制线，若使$\overline{SP}=1$，则本片为主片状态工作，若$\overline{SP}=0$，则本片为从片状态工作。

2）$CAS_2 \sim CAS_0$：级联线。若 8259A 设定为主片，则 $CAS_2 \sim CAS_0$ 为输出线；若 8259A 设定为从片，则 $CAS_2 \sim CAS_0$ 为输入线。

（5）电源线（2 条）。

1）$V_{CC}$：+5V 电源线。

2）GND：接地线。

### 6.3.2　8259A 的初始化命令字 ICW

#### 6.3.2.1　初始化命令字 ICW（Initialization Command Word）

ICW 初始化命令字包括 $ICW_1$、$ICW_2$、$ICW_3$ 和 $ICW_4$，用于给 8259A 初始化。通常，CPU 在初始化 8259A 时必须至少给每片 8259A 送 $ICW_1$ 和 $ICW_2$ 两个命令字，$ICW_3$ 只有在多片 8259A 级联时才需要，$ICW_4$ 在 CPU 为 8086/8088 时或在多片 8259A 级联缓冲时才需要。

1. $ICW_1$

$ICW_1$ 称为芯片控制初始化命令字。$ICW_1$ 各位的含义如图 6.8 所示。$ICW_1$ 由用户根据需要选定，写入到 8259A 的偶地址端口（$A_0=0$）。现对 $ICW_1$ 中各位定义进行说明。

$D_4=1$ 为 $ICW_1$ 的特征位。

$D_3$（LTIM）决定中断请求寄存器的触发方式，即中断请求的有效信号：$D_3=1$，8259A 设定为电平触发方式；$D_3=0$，8259A 设定为边沿触发方式；例如：若把 $D_3=0$ 的 $ICW_1$ 送给 8259A，则 $IR_0 \sim IR_7$ 上升沿会使 IRR 中相应位置位。

$D_1$（SNGL）位决定系统中是否只有一片 8259A：$D_1=1$，为单片使用；$D_1=0$，为多片级联方式。

$D_0$（$IC_4$）位决定是否需要初始化命令字 $ICW_4$ 配合：$D_0=1$，需要设置 $ICW_4$，$D_0=0$，不需要设置 $ICW_4$。8086/8088 系统需使用 $ICW_4$。

其他位只对 8 位微机（如 8085）有效，在 8086/8088 系统中可写 1 也可写 0。

例如，若 8259A 的端口地址为 20H、21H，采用电平触发，单片使用，需要 $ICW_4$，

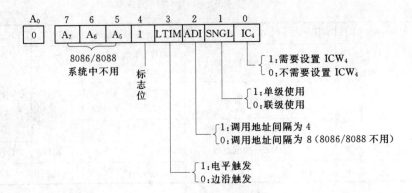

图 6.8 ICW$_1$ 各位定义

则 ICW$_1$＝1BH，将 ICW$_1$ 送入 8259A 的程序段为：

$$\text{MOV \quad AL，1BH}$$
$$\text{OUT \quad 20H，AL}$$

ICW$_1$ 写入后，8259A 内部状态有一初始化过程，它的动作是：

（1）顺序逻辑置位，准备按 ICW$_2$、ICW$_3$、ICW$_4$ 的顺序接收初始化命令。

（2）清除 ISR 和 IMR 寄存器。

（3）制定 IR$_0$ 优先级最高，IR$_7$ 最低。

（4）特殊屏蔽方式复位。

（5）自动循环方式复位。

（6）使边沿触发器电路复位，即中断请求必须是电平由低到高跳变。

中断类型码的高 5 位

图 6.9 ICW$_2$ 的格式

2. ICW$_2$

初始化命令字 ICW$_2$ 是一个设置中断类型码的命令字，必须写到 8259A 的奇地址端口（A$_0$＝1）。ICW$_2$ 的格式如图 6.9 所示。

8086/8088 系统中，在 8259A 初始化时，ICW$_2$ 的 T$_7$～T$_3$ 为 IR$_0$～ IR$_7$ 的中断类型号的高 5 位，低 3 位无用，可为任意值（8259A 通过 IR$_0$～ IR$_7$ 管理的 8 个中断源的中断类型码是有相关性的，即它们的高 5 位相同，低 3 位取决于连接的引脚）；在 8259A 同意将 IRi 的申请向 CPU 提出且接收到 CPU 发来的第一个 $\overline{\text{INTA}}$ 负脉冲时，8259A 将 ICW$_2$ 的高 5 位的内容与 i 的 3 位二进制编码组成 8 位的中断类型码，并在 8259A 收到 CPU 发来的第二个 $\overline{\text{INTA}}$ 负脉冲时将准备好的中断类型码送到数据总线上。

例如，在 TP86A 机中，某外设的中断请求线连到 8259A 的 IR$_5$ 上，若其中断类型号为 0DH，则 ICW$_2$ 的高 5 位为 00001，低 3 位可为 000～111 中任一组，即 ICW$_2$＝08H～0FH。将 ICW$_2$ 写入 8259A 的程序段如下：

```
MOV  DX，0FFDDH；8259A 的奇地址
MOV  AL，08H；中断类型号，也可为 09H、0AH 或 0FH
OUT  DX，AL
```

170

当 CPU 响应 $IR_5$ 中断时，在第二个 $\overline{INTA}$ 中断响应信号期间，8259A 向系统数据总线送中断类型号为 0DH，低 3 位为 101B。

3. $ICW_3$

$ICW_3$ 称为主片/从片标志命令字，必须写到 8259A 的奇地址端口（即 $A_0 = 1$）中。仅在 8259A 级联（$ICW_1$ 中 $D_1 = 0$）时使用，且 CPU 送给主 8259A 和从 8259A 的 $ICW_3$ 格式是不相同的，如图 6.10 所示。

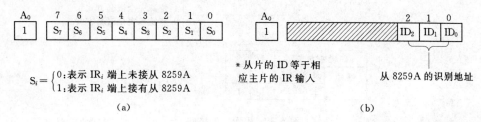

$$S_i = \begin{cases} 0: 表示 IR_i 端上未接从 8259A \\ 1: 表示 IR_i 端上接有从 8259A \end{cases}$$

\* 从片的 ID 等于相应主片的 IR 输入

从 8259A 的识别地址

(a)　　　　　　　　　　(b)

图 6.10　$ICW_3$ 的格式

(a) 主 8259A；(b) 从 8259A

送给主 8259A 的 $ICW_3$ 要根据其 $IR_0 \sim IR_7$ 上所接从片的情况决定：若它的 $IR_0 \sim IR_7$ 中某位接有从片，则 $ICW_3$ 中相应位为 "1"；否则应为 "0"。例如，若某主 8259A 仅在 $IR_6$ 和 $IR_3$ 上接有从片，则主 8259A 的 $ICW_3$ 应为 48H。

送给从 8259A 的 $ICW_3$ 取决于从片的 INT 线究竟和主 8259A $IR_0 \sim IR_7$ 中哪一路相连。例如：若某从 8259A 的 INT 线连到主片的 $IR_6$ 引脚上，则该从片的 $ICW_3$ 应为 06H。

在多片 8259A 级联的情况下，主片和所有从片的 $CAS_2 \sim CAS_0$ 是以同名端方式互联的。因此，主片在 $CAS_2 \sim CAS_0$ 上输出的编码可被它的所有从片接收，该编码和引起主片中断的从片有关，对应关系见表 6.4。

表 6.4　　　　　　　　主 8259A 在 $CAS_2 \sim CAS_0$ 上输出的编码

| 引起主片中断的 IR / 输出编码 | $IR_0$ | $IR_1$ | $IR_2$ | $IR_3$ | $IR_4$ | $IR_5$ | $IR_6$ | $IR_7$ |
|---|---|---|---|---|---|---|---|---|
| $ID_2$ | 0 | 0 | 0 | 0 | 1 | 1 | 1 | 1 |
| $ID_1$ | 0 | 0 | 1 | 1 | 0 | 0 | 1 | 1 |
| $ID_0$ | 0 | 1 | 0 | 1 | 0 | 1 | 0 | 1 |

所有从片把从 $CAS_2 \sim CAS_0$ 上接收来的编码和 $ICW_3$ 中 $ID_2 \sim ID_0$ 比较，只有比较相等的从 8259A 才会在第二个 $\overline{INTA}$ 负脉冲到来时把自身的中断类型号送给 CPU。CPU 收到中断类型号后便可转入相应中断服务程序执行。

4. $ICW_4$

$ICW_4$ 叫做方式控制初始化命令字，也必须写到 8259A 奇地址端口（$A_0 = 1$）。$ICW_4$ 仅在 $ICW_1$ 中的 $D_0 = 1$ 时才有必要设置，否则就省略不用。$ICW_4$ 的格式如图 6.11 所示。

现对 $ICW_4$ 各位含义进行说明。

（1）$D_4$ 位：设置特定完全嵌套方式（SFNM）。$D_4 = 1$，为采用特定完全嵌套方式；

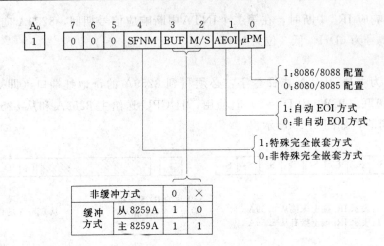

图 6.11 ICW$_4$ 的格式

D$_4$＝0，为采用一般完全嵌套方式。特定完全嵌套方式是允许某中断服务程序能被同优先级的中断申请中断的嵌套方式。因此，它用于级联系统的 8259A 主控芯片中，允许来自同一从控芯片中的高级别的中断请求得到响应。

（2）D$_3$ 位：设置缓冲方式（BUF）。D$_3$＝0，8259A 为非缓冲器方式，此时$\overline{SP}$为输入线，用作主从控制；D$_3$＝1，8259A 为缓冲器方式，此时$\overline{SP}$为输出线，用于控制其外部的数据总线驱动器工作。

（3）D$_2$ 位：缓冲器方式下的主/从选择（M/S）。M/S 位只在缓冲器方式（D$_3$＝1）才有效。在缓冲器方式中（BUF＝1 时）用 M/S 定义 8259A 为主控芯片还是从控芯片；D$_2$＝1，8259A 作主控芯片，D$_2$＝0，作从控芯片。

若在非缓冲器方式（BUF＝0 时），M/S 位无意义，此时主/从设置由$\overline{SP}$决定。

（4）D$_1$ 位：规定 8259A 中断结束方式（AEOI）。在实际工作中有两种中断结束的概念，一种是执行中断返回指令 IRET，控制由中断服务程序返回主程序；另一种是将 8259A 的 ISR 寄存器中表示服务中的 ISRi 复位，这一复位操作有两种方式：D$_1$（AEOI）位规定的是将 ISRi 复位的方式。

D$_1$＝0，为非自动结束方式，或正常结束方式，即在执行中断返回指令前，要发送一个中断结束命令，将本次中断对应的中断服务位 ISRi 复位，表示 8259A 结束此次中断。完全嵌套方式下，在中断服务位 ISRi 复位之前，8259A 不响应与之同级的中断请求，但较其高的中断可以响应，出现中断嵌套的工作情形。在级联工作方式下，正常结束方式命令要发两个，一个给主 8259A，一个给从 8259A。

D$_1$＝1，为自动结束方式，即可在 8259A 接收到第二个$\overline{INTA}$脉冲的上升沿使 ISR 位（最高中断优先级）清零，这样由中断服务程序返回主程序之前不必发中断结束命令字清除 ISR 位。同时，由于本次中断在执行服务程序之前 ISR 就已经被清零，它不再能屏蔽与中断同级和低级的中断请求，8259A 也可能响应它们的中断，从而造成中断管理的混乱。因此，这种结束方式一般用于单片 8259A 工作系统，并且不出现中断嵌套的场合。

D$_0$＝1，8259A 用于 8086/8088 系统；D$_0$＝0，用于 8080/8085 系统。

例如，PC/XT 机中 CPU 为 8088，8259A 的地址为 20H、21H，与系统总线之间采用缓冲器连接，非自动结束方式，只用 1 片 8259A，正常完全嵌套。在这种条件下，$ICW_4$ 的值＝00001101B＝0DH，将 $ICW_4$ 写入到 8259A 的程序段为：

```
MOV     AL,0DH          ;ICW₄ 的内容
OUT     21H,AL          ;ICW₄ 的端口（A₀=1）
```

又如，PT86 单板机中，CPU 为 8086，采用非自动结束方式，使用两片 8259A，级联方式，非缓冲器方式，主控芯片采用特定完全嵌套方式。其 $ICW_4$＝00010101B＝15H。若将它写入 8259A 的奇地址端口中 I，则用以下程序段：

```
MOV     DX,0FFDEH       ;主控 8259A 的 ICW₄ 的端口（A₀=1）
MOV     AL,15H          ;ICW₄ 的内容
OUT     DX,AL
```

#### 6.3.2.2 8259A 的初始化

8259A 进入正常工作前，用户必须对系统中的每片 8259A 进行初始化。初始化是通过给 8259A 端口写入初始化命令字实现的，端口地址和硬件连线有关。8259A 初始化必须遵守固定次序，如图 6.12 所示为 8259A 的初始化流程图。

8259A 初始化时如下几点值得注意：

（1）8259A 的端口地址是有限制的，$ICW_1$ 必须写入偶地址端口（$A_0$＝0），$ICW_2$～$ICW_4$ 写入奇地址端口（$A_0$＝1）。

（2）$ICW_1$～$ICW_4$ 的设置次序是固定的，不可颠倒。

（3）在单片 8259A 所构成的中断系统中，8259A 的初始化仅需设置 $ICW_1$、$ICW_2$ 和 $ICW_4$，在多片 8259A 级联时，主片和从片 8259A 除 $ICW_1$、$ICW_2$ 和 $ICW_4$ 外，还必须设置 $ICW_3$，而且主片和从片 8259A 的 $ICW_3$ 格式是不相同的。

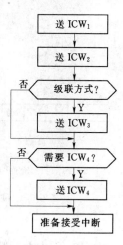

图 6.12 8259A 的
初始化流程图

【例 6.1】 现有 8086 微机系统中，其中断控制单元由单片 8259A 构成。8259A 的触发方式是边沿触发，中断类型号为 08H～0FH，非自动结束方式，全嵌套方式，非缓冲方式。8259A 的地址为 0DAH 和 0DBH。试编写该片 8259A 的初始化程序。

分析：

因为是 8086 系统、单片、边沿触发，所以 $ICW_1$＝00010011B＝13H。

因为中断类型号为 08H～0FH，所以 $ICW_2$＝08H（也可以为 09H～0FH 中的任一个）。

因为使单片 8259A，所以不需要设置 $ICW_3$。

因为是非自动结束方式、全嵌套方式、非缓冲方式，所以 $ICW_4$＝00000001B＝01H。

所以，初始化程序为：

```
MOV     AL,13H          ;ICW₁=13H
OUT     0DAH,AL         ;ICW₁ 送 8259A 的偶地址
```

```
MOV    AL,08H        ;ICW2 = 08H(或 09H~0FH)
OUT    0DBH,AL       ;ICW2 送 8259A 的奇地址
MOV    AL,01H        ;ICW4 = 01H
OUT    0DBH,AL       ;ICW4 送 8259A 的奇地址
STI                  ;开中断
```

### 6.3.3 操作命令字 OCW

操作命令字 OCW（Operation Command Word）包括 $OCW_1$、$OCW_2$ 和 $OCW_3$ 等 3 个，用于设定 8259A 的工作方式。设置 OCW 命令字的次序无严格要求，但端口地址是有限制的，即 $OCW_1$ 必须写入奇地址端口（$A_0=1$），$OCW_2$ 和 $OCW_3$ 写入偶地址端口（$A_0=0$）。

1. $OCW_1$

$OCW_1$ 称为中断屏蔽命令字，要求写入 8259A 的奇地址端口（$A_0=1$）。$OCW_1$ 的具体格式如图 6.13 所示。若 $OCW_1$ 中某位为“1”，则和该位相应的中断请求被屏蔽；若某位为“0”，则相应中断请求未被屏蔽。例如：若把 $OCW_1$ = 06H 命令字送给 8259A，则它的 $IR_2$ 和 $IR_1$ 上中断请求被屏蔽，其他中断请求未被屏蔽。

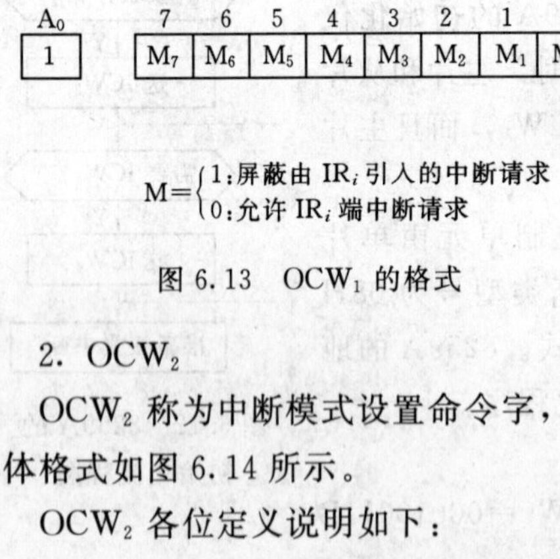


图 6.13 $OCW_1$ 的格式

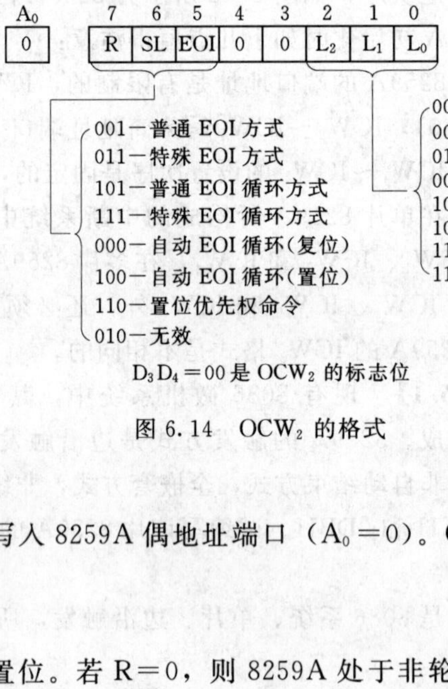


图 6.14 $OCW_2$ 的格式

2. $OCW_2$

$OCW_2$ 称为中断模式设置命令字，要求写入 8259A 偶地址端口（$A_0=0$）。$OCW_2$ 的具体格式如图 6.14 所示。

$OCW_2$ 各位定义说明如下：

(1) $D_7$（R）为中断优先级轮换模式设置位。若 R=0，则 8259A 处于非轮换模式；若 R=1，则 8259A 处于优先级轮换模式。

(2) $D_6$（SL）决定 $OCW_2$ 中 $L_2 \sim L_0$ 是否有效：若 SL=0，则 $L_2 \sim L_0$ 无效；若 SL=1，则 $OCW_2$ 中 $L_2 \sim L_0$ 有效。

(3) $D_5$（EOI）为中断结束命令位：若 EOI =0，则本 8259A 处于优先级指定轮换或自动轮换模式；若 EOI =1，则 ISR 中相应位复位，现行中断结束。

(4) $L_2 \sim L_0$：在 SL=1 时这 3 位的作用如下：①作为指定 EOI 命令的一部分，用于指出清除 ISR 中哪一位；②在指定优先级轮换命令字中指示哪个中断优先级最低。SL=0

时，这 3 位无用。

总之，$OCW_2$ 命令字共包括 7 条命令，由 $D_7 \sim D_5$ 的不同组合决定，各命令的作用见表 6.5。

**表 6.5**                               **R、SL、EOI 3 位组合功能**

| R、SL、EOI | 是否用 $L_2 L_1 L_0$ | 命令字名称 | 作 用 |
|---|---|---|---|
| 001 | 不用 | 普通 EOI 令 | 中断处理结束时，CPU 向 8259A 发出 EOI 中断结束命令，8259A 将中断服务寄存器 ISR 中当前优先级最高的置 1 位清 0，用于全嵌套（包括特殊全嵌套）方式 |
| 011 | 用 | 特殊 EOI 令 | 中断处理结束时，CPU 向 8259A 发出 EOI 中断结束命令，8259A 将中断服务寄存器 ISR 中由 $L_2 L_1 L_0$ 指定的中断级别的相应位清 0，用于全嵌套（包括特殊全嵌套）方式 |
| 101 | 不用 | 普通 EOI 优先级循环方式 | 中断处理结束时，8259A 将中断服务寄存器 ISR 中当前优先级最高的置 1 位清 0，并使其优先级为最低级，最高优先级赋给它的下一级，用于全嵌套（包括特殊全嵌套）方式 |
| 100 | 不用 | 设置普通 EOI 优先级循环方式 | 在中断响应周期的第 2 个 INTA 信号结束时，将 ISR 寄存器中正在服务的相应位置 0，并将其赋给最低优先级，赋给它的下一级为最高优先级 |
| 000 | 不用 | 清除自动 EOI 优先级循环方式 | 取消自动 EOI 优先级循环方式，恢复全嵌套方式 |
| 111 | 用 | 特殊 EOI 优先级循环方式 | 中断处理结束时，用 $L_2 L_1 L_0$ 指定最低中断优先级，用于特殊 EOI 优先级循环方式 |
| 110 | 用 | 设置优先级命令 | 8259A 用 $L_2 L_1 L_0$ 指定一个最低中断优先级，最高优先级赋给它的下一级，其他中断优先级依次循环赋给，用于特殊 EOI 优先级循环方式 |
| 010 | 不用 | 无操作 | 无意义 |

**3. $OCW_3$**

$OCW_3$ 命令字格式如图 6.15 所示。$OCW_3$ 命令字有 3 个功能：①设置或撤销特殊屏蔽模式；②设置中断查票方式；③设置读 8259A 内部寄存器模式。$OCW_3$ 必须写入 8259A 的偶地址端口（$A_0 = 0$）。

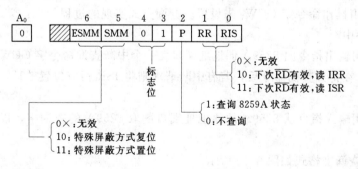

图 6.15   $OCW_3$ 的格式

（1）$D_6D_5$：$D_6$（ESMM）为特殊屏蔽模式位，$D_5$（SMM）为特殊屏蔽控制位。若 ESMM＝SMM＝1，则 8259A 处于特殊屏蔽模式，若 ESMM＝1 和 SMM＝0，则 8259A 撤销特殊屏蔽模式。

（2）$D_2$（P）：称为查票方式控制位。若 P＝0，则 8259A 处于非查票（正常）工作方式；若 P＝1，则 8259A 处于查票方式。

（3）$D_1$ 和 $D_0$：$D_1$（RR）为读出控制位，$D_0$（RIS）为寄存器选择位。若 RR＝RIS＝1，则 8259A 处于读 ISR 方式；若 RR＝1 和 RIS＝0，则 8259A 处于读 IRR 方式；若 RR＝0，禁止读 ISR 和 IRR。

### 6.3.4　8259A 工作方式 ICW 和操作命令字 OCW 小结

8259A 有多种工作方式，如中断请求的引入方式、优先级方式、中断屏蔽方式和中断结束方式等，这些方式都可以用编程的方法来设置，而且使用十分灵活。因为可设置的工作方式较多，初学者感到难以理解，使用这些方式不太容易。为此，下面将从不同的角度对 8259A 的工作方式进行分类讲述。

1. 中断请求的引入方式

中断请求信号引入方式，就是外部中断请求信号以什么形式输入给 8259A，也就是中断触发方式。8259A 的中断请求引入方式有以下 3 种：边沿触发方式、电平触发方式和中断查询方式。

（1）边沿触发就是 8259A 将中断请求输入端（$IR_0 \sim IR_7$）上出现的上升沿作为中断请求信号。该方式通过初始化命令字 ICW1 来设置。

（2）电平触发方式是 8259A 将中断请求输入端（$IR_0 \sim IR_7$）上出现的高电平作为中断请求信号。在电平触发方式下，要注意的是：①高电平必须保持有效到响应它的第一个 $\overline{INTA}$ 信号的前沿，否则这个 $IR_i$ 信号有可能被丢失；②当中断请求得到响应后，输入端必须及时撤销电平，否则可能会出现重复中断现象。该方式通过初始化命令字 ICW1 来设置。

（3）中断查询方式既有中断特点，又有查询特点，外设的中断请求信号仍然是通过 8259A 的中断输入端（$IR_0 \sim IR_7$）输入给 8259A。中断请求既可以是边沿触发，也可以是电平触发；但 8259A 不使用中断请求端 INT 向 CPU 发中断请求，而是由 CPU 用查询方式来确定是否有中断请求，以及为哪个中断请求服务。

查询方式由操作命令字 $OCW_3$ 来设置。查询方式实现的过程如下：

1）系统关中断。

2）CPU 用输出指令向 8259A 偶地址端口发一个中断查询命令字 $OCW_3$＝0CH。

3）8259A 在得到查询命令后，若有中断请求则将 ISR 相应位置"1"，并且建立一个查询字。

4）CPU 用输入指令从 8259A 的偶地址端口读取 8259A 的查询字，以确定是否有中断请求。

8259A 的查询字格式如图 6.16 所示。

其中，I 为中断标志位。若 I＝0，则本 8259A $IR_0 \sim IR_7$ 上无中断输入且 $W_2W_1W_0$＝111B；若 I＝1，则 $W_2W_1W_0$ 所指示的 IR 为最高优先级中断输入。例如：若 8259A 产生

| A₀ | | D₇ | D₆ | D₅ | D₄ | D₃ | D₂ | D₁ | D₀ |
|---|---|---|---|---|---|---|---|---|---|
| 0 | | I | — | — | — | — | W₂ | W₁ | W₀ |

图 6.16　8259A 的查询字

的查票字为 82H（即 I＝1 和 $W_2 W_1 W_0 ＝010B$），则表明它的 $IR_2$ 上为当前最高优先级的中断输入。

CPU 对收到的查询字进行软件分析便可弄清 8259A 是否产生了中断请求。若有中断请求（I＝0），则根据查票字中 $W_2 W_1 W_0$ 代码转入相应中断服务程序；若无中断请求（I＝0 和 $W_2 W_1 W_0 ＝111B$），则继续执行主程序。

2. 中断结束命令

从程序设计的一般步骤来看，当中断处理程序最后执行中断返回指令 IRET 后，本次中断处理已经结束了。然而对中断控制接口 8259A 来说，只有中断服务寄存器 ISR 的相应位被复位后，才认为该级中断处理结束。8259A 有以下 3 种中断处理的结束方式：

（1）自动结束方式。在中断自动结束方式下，任何一级中断被响应后，在第一个中断响应信号 $\overline{INTA}$ 送到 8259A 后，ISR 寄存器中的对应位被置"1"，而在第二个中断响应信号 $\overline{INTA}$ 送到 8259A 后，8259A 就自动将 ISR 寄存器中的相应位清"0"。此刻，该中断服务程序本身还在执行，但对 8259A 来说，它对本次中断的控制已经结束，因为在 ISR 寄存器中已没有对应的标志。若有低级中断请求时，就可以打断高级中断服务程序，而产生多重嵌套，而且嵌套的深度也无法控制。因而，这种方式只能用在系统中只有一片 8259A，并且多个中断不会嵌套的情况。

中断自动结束方式用初始化命令字 ICW4 中的 D1＝1 来设置。

（2）一般的中断结束方式。普通中断结束方式也称普通 EOI 结束方式，是指在中断服务程序结束返回之前，CPU 用输出指令向 8259A 发一个中断结束命令（OCW₂＝20H），8259A 接到该命令后立即将 ISR 寄存器中优先级最高的置"1"位清"0"，以这种方式结束当前正在处理的中断。例如：若 CPU 正处理某 8259A $IR_5$ 上中断请求，即 $ISR_5$ ＝1，则 OCW₂＝20H 的命令字送给 8259A 后 $ISR_5$ ＝0，表示现行服务的最高优先级中断行将结束。

普通中断结束方式适用于全嵌套工作方式。普通中断结束方式用初始化命令字 ICW4 中的 D1＝0 来设置。

（3）特殊的中断结束方式。在非全嵌套方式下，必须用一条特殊的中断结束命令来结束当前正在处理的中断。在这个特殊中断结束命令中，要指出将清除 ISR 中的哪个 ISR 位。

在实际使用中，后两种方式（一般的和特殊的中断结束方式）统称为非自动结束方式。当系统中采用多个 8259A 级联方式时，一般不采用中断自动结束方式而用非自动结束方式。这时，当一个中断处理程序结束时，都必须发两次中断结束命令，一次是对主片的 8259A，另一次是对从片的 8259A。

3. 设置中断优先级处理方式

（1）全嵌套方式。在全嵌套工作方式下，中断优先级是固定的，始终是 $IR_0$ 的优先级最高，$IR_7$ 的优先级最低。当一个中断被响应后，只有比它优先级高的中断才能中断它。

全自动屏蔽同级和较低级的中断请求，开放高级的中断请求。

全嵌套方式是 8259A 最常用和最基本的一种工作方式。用初始化命令字 ICW4（SFNM＝0）将 8259A 设置为全嵌套方式。

如图 6.17 所示为全嵌套中断模式的一个实例，现对其工作过程分析如下：

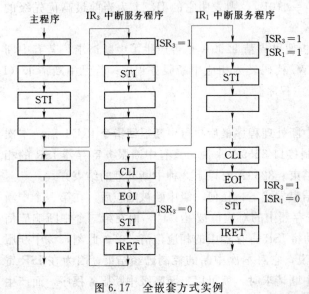

图 6.17　全嵌套方式实例

1）CPU 执行主程序时，$ISR_0 \sim ISR_7$ 全为"0"。

2）CPU 响应 $IR_3$ 上中断请求便进入 $IR_3$ 中断服务程序，8259A 的 $ISR_3＝1$，以禁止同级和低于同级的其他中断请求，$ISR_3$ 置位表示 $IR_3$ 中断未处理完毕。

3）由于 $IR_1$ 中断优先级比 $IR_3$ 要高，故在执行 $IR_3$ 的中断服务程序时，若有 $IR_1$ 中断请求到来，则 CPU 响应 $IR_1$ 上中断请求进入 $IR_1$ 中断服务程序。此时，8259A 使 $ISR_1＝1$，以禁止 $IR_1$ 及其以下各级中断请求的输入和表示 $IR_1$ 中断未执行完毕。

4）在 $IR_1$ 中断服务程序末尾，必须使用 EOI 命令。这个命令的作用是使 $ISR_1＝0$，表示 $IR_1$ 中断行将结束，以便开放 $IR_2 \sim IR_1$ 上的中断请求。

5）CPU 返回 $IR_3$ 中断服务程序并执行到程序末尾时也必须使用 EOI 命令。这个命令的作用是使 $ISR_3＝0$，表示对 $IR_3$ 中断服务行将结束，以便开放 $IR_3$ 和 $IR_3$ 以下各级中断。

CPU 返回主程序以后，全嵌套中断宣告结束。

可见实现中断嵌套时 ISR 中的置"1"位数将随嵌套深度的增加而增加，当实现 8 层嵌套时，ISR 寄存器中的内容为 0FFH。

（2）特殊全嵌套中断方式。特殊全嵌套中断模式和全嵌套中断模式基本相同。只有一点不同，就是在特殊全嵌套中断模式下，当 CPU 正处理某一级中断时，如果由同级中断发出中断请求，CPU 也能给予响应，从而实现一种对同级中断请求的特殊嵌套。

在级联方式工作的多片 8259A 中，其主控 8259A 必须设置为特殊全嵌套方式。

（3）优先级自动循环方式。在这种方式中，优先级按队列的方式排序是变化的。当某个设备受到中断服务后，它的优先级将自动降为最低，其他中断优先级将自动顺序升高。在中断系统的初始状态时，该优先级的队列规定为 $IR_0$ 级最高，$IR_7$ 位最低。这种循环排队方式，体现了对各中断源优先级均等的处理方法。

（4）优先级特殊循环方式。这种方式可视作对（3）所述的自动循环方式的改进。即在该特殊循环方式中，初始的最低优先级是由编程确定的。如若确定 $IR_5$ 为最低优先级，则 $IR_6$ 就是最高优先级。

优先级循环方式实质上是等优先权方式。

【**例 6.2**】 若 CPU 正为 8259A $IR_4$ 上中断服务，现希望在 $IR_4$ 中断服务程序末尾自动轮换中断优先级（该模式由 EOI 时自动轮换复位命令清除）。试问在使用 EOI 自动轮换置位命令前后 ISR 中内容和中断优先级顺序。

**解**：(1) ISR 中内容。

|  | $ISR_0$ | $ISR_1$ | $ISR_2$ | $ISR_3$ | $ISR_4$ | $ISR_5$ | $ISR_6$ | $ISR_7$ |
|---|---|---|---|---|---|---|---|---|
| 轮换前 | 0 | 0 | 0 | 0 | 1 | 0 | 0 | 0 |
| 轮换后 | 0 | 0 | 0 | 0 | 0 | 0 | 0 | 0 |

(2) 中断优先级次序。

| 轮换前 | $IR_0$ | $IR_1$ | $IR_2$ | $IR_3$ | $IR_4$ | $IR_5$ | $IR_6$ | $IR_7$ |
|---|---|---|---|---|---|---|---|---|
| 轮换后 | $IR_5$ | $IR_6$ | $IR_7$ | $IR_0$ | $IR_1$ | $IR_2$ | $IR_3$ | $IR_4$ |

高 ────────────────────────────→ 低

不论使用 EOI 时自动轮换置位命令前各中断源中断优先级顺序如何，命令使用后 $IR_4$ 的中断优先级变为最低，其他中断优先级也因此而确定。

【**例 6.3**】 初始优先级队列如图 6.18 (a) 所示。如果 $IR_0$ 有中断请求，CPU 响应中断后，$IR_0$ 的优先级自动将为最低，其优先级队列随之自动调整为如图 6.18 (b) 所示。此时，$IR_4$ 的中断请求被响应，中断处理结束后，$IR_4$ 的优先级自动降为最低，紧挨着它后面的 $IR_5$ 的优先级升为最高，其他中断源按顺序递升一级，其优先级队列如图 6.18 (c) 所示。

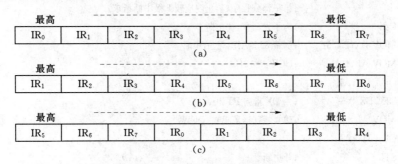

图 6.18 自动循环方式队列

借助"循环队列"的概念，使图 6.18 中的 3 个队列分别首尾相接，则可转化成如图 6.19 所示的自动循环方式，这样会更直观些。在图 6.19 中，优先级次序由高到低按顺时针循环排列，当最高优先级的中断被响应后，其优先级自动变为最低，其他中断优先级的高低也按顺时针次序自动循环。这样，当所有中断均响应一次后，最高优先级又回到最初的 $IR_0$ 中断。

4. 中断屏蔽方式

8259A 有普通屏蔽和特殊屏蔽两种中断屏蔽模式。前者由中断屏蔽命令（即 $OCW_1$）建立，后者由特殊屏蔽命令（$OCW_3$ 中 $D_6D_5$）建立和清除。

在普通屏蔽方式下 CPU 通过向 8259A 的中断屏蔽寄存器 IMR 中写入屏蔽字来设置要屏蔽的中断源。当屏蔽字中某一位或多位为"1"，则与这些位相对应的中断源就被屏蔽。其他允许中断的中断源相应位置"0"。例如，CPU 设定屏蔽字为 01011000，则 $IR_3$、$IR_4$ 和 $IR_6$ 等几个中断源被屏蔽，其余的中断源未被屏蔽。

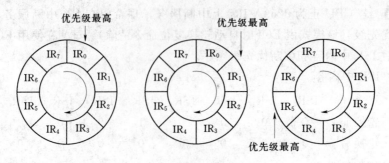

图 6.19  自动循环方式示意图

在设置特殊屏蔽模式后，采用 $OCW_1$ 对屏蔽寄存器中某一位置位就会同时使当前中断服务寄存器 ISR 中对应位自动清"0"，这就不只屏蔽了当前正在处理的这级中断，而且真正开放了其他级别较低的中断。现举例说明特殊屏蔽方式的使用。

**【例 6.4】** 设 CPU 正处理 $IR_4$ 上中断，现希望在 $IR_4$ 中断服务程序中挂起一段代码（即在该段代码内允许 CPU 响应优先级低于 $IR_4$ 的中断请求），然后再恢复全嵌套中断方式，试写出 $IR_4$ 中断服务程序。

**解：** $IR_4$ 中断服务程序为：

```
INT-IR4:STI          ;开中断
        ⋮            ;第一部分程序(禁止响应较低级中断请求)
        CLI          ;为了发命令,关中断
        MOV DX,PT59B  ;屏蔽 8259A IR4 上的中断
        MOV AL,10H   ;OCW1=10H
        OUT DX,AL
        DEC DX       ;令 DX 指向 PT59A
        MOV AL,68H   ;建立特殊屏蔽模式(OCW3)
        OUT DX,AL
        STI          ;开中断
        ⋮            ;第二部分程序(允许响应低于 IR4 的中断请求)
        CLI          ;为了发命令,关中断
        MOV AL,48H   ;撤销 8259A 特殊屏蔽模式(OCW3)
        MOV DX,PT59A  ;令 DX 指向 PT59A
        OUT DX,AL
        INC DX       ;令 DX 指向 PT59B
        MOV AL,00H   ;撤销 8259A IR4 的中断屏蔽(OCW1)
        OUT DX,AL
        STI          ;开中断
        ⋮            ;第三部分程序(恢复全嵌套)
        MOV DX,PT59A  ;令 DX 指向 PT59A
        MOV AL,20H   ;令 ISR4=0,结束 IR4 中断(OCW2)
        OUT DX,AL
        IRET         ;中断返回
```

5. 状态读取方式

为了了解8259A的工作状态，CPU常常要读取ISR、IRR和IMR中内容。对于IMR来说，CPU可以在任何时候用输入指令读取，只要端口地址的 $A_0 = 1$ 即可。

对于ISR和IRR，CPU必须先给8259A送一个读状态命令字（该命令字由OCW$_3$衍生，其格式如图6.20所示），再用输入指令读取（端口地址的 $A_0 = 0$）。

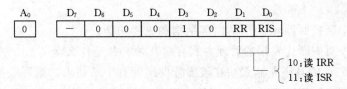

图 6.20  读状态命令字的格式

**【例 6.5】**  设8259A奇地址端口（$A_0 = 1$）为PT59B和偶地址端口（$A_0 = 0$）为PT59A，请写出CPU读ISR中内容的程序段。

**解**：相应程序段为：

```
MOV   DX,PT59A        ;DX指向8259A的偶地址
MOV   AL,0BH          ;读ISR命令字送AL
OUT   DX,AL           ;读ISR命令字送8259A
IN    AL,DX           ;ISR中内容送AL
```

应当指出：一旦给8259A送过读IRR（或ISR）命令字后就没有必要在以后每次读IRR（或ISR）前再送这个命令字了，因为8259A能记住前面是否已经送过IRR（或ISR）读出命令字。

6. 连接系统总线的方式

（1）缓冲方式。

在多片8259A级联的大系统中，8259A通过总线驱动器与数据总线相连，这就是缓冲方式。

在缓冲方式下，8259A的 $\overline{SP}$ 端作输出端，与总线驱动器的允许端相连。当CPU向8259A输送数据，或从中读出状态字或中断类型码时，从 $\overline{SP}$ 端输出一个低电平，以启动总线驱动器工作。

（2）非缓冲方式。

当系统中只有单片8259A时，可将其数据总线与CPU数据总线直接相连。此时，8259A的 $\overline{SP}$ 端作为输入端，且必须接高电平。若系统中虽然不止一片8259A，但片数不多，也不用缓冲，则主片的 $\overline{SP}$ 端接高电平，从片的 $\overline{SP}$ 端接低电平。

以上所介绍的8259A多种工作方式，反映了这种中断控制器灵活多变的中断控制功能，同时也说明了为实现各种功能操作，对8259A进行编程应用将具有相当的复杂性。

# 习 题 与 思 考 题

6.1  什么是中断？简述一个中断的全过程。

6.2　8086 的可屏蔽中断和不可屏蔽中断又何区别?

6.3　什么是向量中断?中断向量表的功能是什么?已知中断类型码为 84H,写出几种装入中断向量的程序段。

6.4　为什么在主程序和中断服务程序中都要安排开中断指令?如果开中断指令安排在中断服务程序的末尾,那么将会产生什么后果?如果实现中断嵌套,则开中断指令应如何设置?

6.5　简述中断控制器 8259A 的内部结构和主要功能。

6.6　8259A 对中断优先权的管理方式有哪几种?各是什么含义?

6.7　若 8259A 的某中断输入端在被屏蔽期间曾有中断请求,则屏蔽撤销后该请求能否引起中断(设此时 CPU 为开中断)?该中断并未被屏蔽,但在 CPU 关中断时有中断请求,那么在 CPU 开中断后,该请求能否引起中断?

6.8　在采用 8259A 作为中断管理的系统中,由 $IR_i$ 输入的外部中断,能够获得 CPU 响应的基本条件是什么?对于 8259A 和 8086/8088CPU 这两个方面而言,中断处理结束的含义分别是什么,是否完全相同?

6.9　某系统中有 5 个中断源,它们从中断控制器 8259A 的 $IR_0 \sim IR_4$ 中以脉冲方式引入系统,它们的中断类型码分别为 4BH、4CH、4DH、4EH 和 4FH,中断服务程序入口分别为 3500H、4080H、4505H、5540H 和 6000H。允许它们以完全嵌套方式工作。请编写相应的初始化程序,使 CPU 响应任何一级中断时,能正确地进入各自的中断服务程序的入口。

6.10　某系统中设置 3 片 8259A 级联使用,一片为主 8259A,另两片为从 8259A,它们分别接到主 8259A 的 $IR_2$ 和 $IR_6$ 端。若已知当前主 8259A 和从 8259A 的 $IR_3$ 上各接有一个外部中断源,它们的中断类型码分别为 A0H、B0H 和 C0H,已知它们的中断入口均在同一段中,其段基址为 2050H,偏移地址分别为 11A0H、22B0H 和 33C0H,所有中断都采用电平触发方式,完全嵌套,普通 EOI 结束。

(1) 画出它们的硬件连接图。

(2) 编写全部初始化程序。

# 第7章  可编程接口芯片及其应用

前面章节已介绍了微型计算机系统所必须的可编辑芯片，如中断控制芯片 8259A、DMA 控制器 8237A 等。本章主要介绍在微机应用系统中常用到的典型的可编程并行接口芯片 8255A，可编程串行接口芯片 8251、可编程定时器/计数器 8254，模拟信号接口 DAC0832、ADC0809。

## 7.1  概  述

### 7.1.1  串行接口

串行通信是在单条 1 位宽的导线上将二进制数的各位一位一位按顺序分时传送。串行通信与并行通信是两种基本的数据通信方式。与并行通信相比，串行通信适合远距离数据传输，远距离的通信线路费用比并行通信的费用显然低很多；从抗干扰能力来看，串行通信的信号线间的互相干扰比并行通信的少很多；在短距离内，虽然并行接口的数据传输速率比串行接口的传输速率高得多，但由于串行通信的通信时钟频率较并行通信容易提高，而且接口简单，抗干扰能力强，因此很多高速外设，如数码相机、移动硬盘等，常常使用串行通信方式与计算机通信。

由于计算机内部部件间是按并行方式传送数据的，当它采用串行方式与外部通信时，必须进行串行并行变换。发送数据时，需通过并行输入、串行输出移位寄存器将 CPU 送来的并行数据转换成串行数据后，再从串行数据线上发送出去；接收数据时，则需经串行输入、并行输出移位寄存器，将接收到的串行数据转换成并行数据后送到 CPU 去。另外，在传送数据的过程中，需要一些握手联络信号，确保发送方和接收方以相同的速度工作，同时还要检测传送过程中可能出现的一些错误等，这就需要有专门的可编程串行通信接口芯片来实现这些功能。通过对这些接口芯片进行编程，可以设定不同的工作方式、选择不同的字符格式、校验方式和比特率等。

常用的通用串行接口芯片有两类，一种是仅用于异步通信的接口芯片，称为通用异步收发器 UART（Universal Asynchronous Receiver – Transmitter），如 National INS 8250 就是这种器件，IBM PC 机中用 INS 8250 作串行接口芯片。另一种芯片既可以工作于异步方式，又可工作于同步方式，称为通用同步异步收发器 USART（Universal Synchronous – Asyn – Chronus Receiver – Transmitter），如 Intel8251A 就是这种器件。本章将重点讨论 8251A 芯片的工作原理及使用方法。

### 7.1.2  并行接口

计算机与外部设备信息交换的方式除了串行通信以外，还有一种并行通信方式。并行通信是把一个字符的数位若干条线同时进行传输，在相同传输率的情况下，它能够提供高速、大信息量的传输。

在数据传输距离较短，数据传输量较大的时候，采用并行接口技术传输，可以取得满意的结果。与串行接口相比，并行接口能提供更高的数据传输速率。

计算机的并行接口（LPT）是计算机最重要的接口之一，各种计算机都配有这种接口。由于 PC 机的 I/O 是统一编址的，一般个人计算机通常具有 2 个以上的并行接口。

多数设备与微机总线都是通过并行方式进行通信的，例如：显示器、打印机、硬盘、CD-ROM、扫描仪等，它们通过并行接口接入系统的数据总线。由于并行通信所需的电缆较多，如果传输距离增加，电缆的开销会成为一个突出的问题，因而并行通信一般用于数据传输率要求较高，而传输距离又比较短的场合。

计算机的并行接口（LPT）是指采用并行传输方式来传输数据的接口标准。并行接口的种类从最简单的一个并行数据寄存器，到专用接口集成芯片 8255 等，直至比较复杂的 SCSI 或 IDE 并行接口。

### 7.1.3　定时、计数问题

在计算机系统、工业控制领域乃至日常生活中，都存在定时、计时和计数问题。计时是最常见和最普遍的问题，一天 24h 的计时称为日时钟，长时间的计时（日、月、年直至世纪的计时）称为实时钟。

微机系统中的定时，可分为内部定时和外部定时两类：内部定时是计算机本身运行的时间基准或时序关系，计算机的每个操作都是按照严格的时间节拍执行的；外部定时是外部设备实现某种功能时，本身所需要的一种时序关系，如打印机接口标准 Centronics 就规定了打印机与 CPU 之间传送信息应遵守的工作时序。计算机内部定时已由 CPU 硬件结构确定了，是固定的时序关系，无法更改。外部定时，由于外设或被控对象的任务不同，功能各异，无一定模式，往往需要用户根据 I/O 设备的要求进行安排。当然，用户在考虑外设和 CPU 连接时，不能脱离计算机的定时要求，即应以计算机的时序关系为依据，来设计外部定时机制，以满足计算机系统的时序要求，这称为时序配合。至于在一个过程控制或工艺流程或监测系统中，各个控制环节或控制单元之间的定时时序关系，则完全取决于被处理、加工、制造和控制的对象的性质，因而可以按各自的规律独立进行设计。

定时与计数的本质是一样的，只不过定时计量的数是时间单位。如果脉冲单位是 1s 一个脉冲，则计满 60s 即 60 个脉冲为 1min，计满 60min 为 1h，计满 24h 为 1d。

在微机计算机系统中，定时/计数的功能主要有：

（1）以均匀分布的时间间隔中断分时操作系统，以便切换程序。

（2）向 I/O 设备输出精确的定时信号。如在监测系统中，对被测点的定时取样、在打印程序中的超时处理、在读键盘时的延迟去抖动处理等。

（3）检测外部事件发生的频率或周期。如 CPU 风扇转速测量。

（4）统计外部某过程（如实验、生产及武器发射等过程）中某一事件发生的次数。如生产线上对零件的计数，高速公路上车流量的统计等。

实现定时或延时控制，通常有 3 种方法，即软件定时、不可编程的硬件定时和可编程的硬件定时。

　　软件定时就是通过执行一段固定时间的循环程序来实现定时。由于 CPU 执行每条指令都需要一定的时间，因此执行一个固定的程序段就需要一个固定的时间。定时或时延的时间的长短可通过改变指令执行的循环次数来控制。但这种软件定时方式要占用大量的 CPU 时间，会降低 CPU 的利用率。并且，由于不同的主机执行同一段程序的时间不一定一样，在 486 上定时 1s 的程序，在 Pentium 上可能只能延迟不到 0.5s，因此不具有通用性。

　　不可编程硬件定时是采用中小规模集成电路器件来构成定时电路的。例如，较常见的定时器件有单稳态触发器和 555 定时器等，利用它们和外接电阻及电容的组合，可在一定时间范围内实现定时。这种硬件定时方案不占用 CPU 时间，且电路也较简单，但电路一经连接好后，定时的值就不能随便改变。

　　可编程硬件定时就是在上述不可编程硬件定时的基础上加以改进的，使其定时值和定时范围可方便地由软件来确定和改变。可编程定时电路一般都是用可编程计数器来实现，因为它既可计数又可定时，故称之为可编程计数器/定时器电路。可编程计数器/定时器的本质是脉冲计数器。定时计时是计算机内部的基准时钟源产生的脉冲，计数计的是外部脉冲，定时与计数本质上都是对脉冲计数。

　　可编程计数/定时器电路的典型结构如图 7.1 所示。

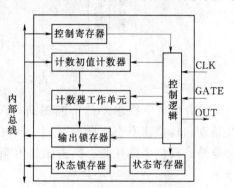

图 7.1 可编程定时器/计数器
电路的典型结构图

　　图 7.1 中细实线框所示是接口电路中的可编程定时器/计数器电路部分。CPU 通过接口电路内部总线与可编程定时器/计数器进行数据交换；接口电路内部通过端口地址译码器选择各个寄存器进行操作；细实线框中的控制寄存器作为本电路专用的控制寄存器，其内容一般是接口电路中控制寄存器的部分内容的复制。

　　其基本工作过程是：首先预置计数初值寄存器，然后把计数初值传送至计数器，计数脉冲经 CLK 输入端对计数器进行减法计数。计数器的当前内容可以随时送入输出锁存器，以供 CPU 读取，这样不会干扰计数过程，还使得计数值不一定要立即输入到 CPU。计数到零的状态指示可由 OUT 引脚和状态寄存器的某一位反映出来，以供查询式 I/O 或中断式 I/O 来检查零值状态。GATE 输入端可有多种控制作用，例如允许/禁止计数和启动/中止计数等。

　　目前，各种微型计算机和微型计算机系统中都是采用可编程计数器/定时器来满足计数和定时及延时控制的需要。如各种 PC 系列机中普遍采用的是 Intel 公司的 8253/8254 计数器/定时器芯片。

### 7.1.4 模/数与数/模转换问题

　　D/A 和 A/D 转换技术是数字技术发展的一个重要分支，在微型计算机应用系统中占有重要地位。计算机能处理的是二进制数字信息，然而在微机应用于工业控制、电子测量技术和智能仪器仪表中要使微机能够对模拟量进行采集和处理，首先必须采用模数转换技术将模拟量转换成数字量。而在微机的输出控制系统中，微机的输出控制信息往往必须先由数字量转换成模拟电量后，才能驱动执行部件完成相应的操作，以实现所需的控制。如图 7.2 所示表示了一个实时控制系统的构成。可看出 D/A 和 A/D 转换器在系统中的作用和位置。图中的放大器是为了提供给 ADC 足够的模拟信号的幅度和执行部件足够的驱动能力。

图 7.2 中所示的系统可以看作是由两部分组成的：一部分是将现场模拟信号变为数字信号送至计算机进行处理的测量系统；另一部分是由计算机、DAC、功放和执行部件构成的程序控制系统。实际应用中，这两部分都可以独立存在，独立应用。现今的通信技术已广泛采用数字形式进行传输。因此，也需要将模拟信息转换成数字量，传输到对方后再将数字量变为模拟量。

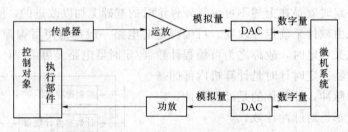

图 7.2　一个实时系统的构成

随着集成电路水平的不断提高，A/D、D/A 转换器也步入了大规模集成的时代，其精度和转换速率也不断地提高。同时，以转换器为中心的各种配套产品，如采样保持电路、模拟多路开关、精密基准电源以及电压/频率或频率/电压转换器等更是品种繁多。

A/D 和 D/A 转换主要分为 3 类：

（1）数字/电压、电压/数字转换。

（2）电压/频率（脉宽）、频率（脉宽）/电压转换。

（3）转角/数字、数字/转角转换。

## 7.2　可编程并行接口芯片 8255A

8255A 是一种通用的可编程并行 I/O 接口芯片（Programmable Peripheral Interface），它是为 Intel 系列微处理器设计的配套电路，是一片使用单一＋5V 电源的 40 脚双列直插式芯片，也可用于其他微处理器系统中。通过对它进行编程，芯片可工作于不同的工作方式。在微型计算机系统中，用 8255A 作接口时，通常不需要附加外部逻辑电路就可直接为 CPU 与外设之间提供数据通道，因此它得到了极为广泛的应用。

### 7.2.1　8255A 工作原理

1. 8255A 的结构和功能

8255A 的外部引脚和内部结构分别如图 7.3 和图 7.4 所示。

由图 7.4 可见，8255A 由以下几个部分组
成：数据端口 A、B、C（其 C 口被分成 C 口上
半部分和 C 口下半部分两个部分），A 组和 B 组
控制逻辑，数据总线缓冲器和读/写控制逻辑。
各组成部分及有关引脚的功能分述如下：

（1）数据端口 A、B 和 C。8255A 内部包含
3 个 8 位的输入输出端口 A、B 和 C，通过外部
的 24 根输入/输出线与外设交换数据或进行通
信联络。端口 A 和端口 B 都可以用作一个 8 位
的输入口或 8 位的输出口，C 口既可以作为一
个 8 位的输入口或输出口用，又可作为两个 4
位的输入/输出口（C 口上半部分和 C 口下半部
分）使用，还常常用来配合 A 口和 B 口工作，
分别用来产生 A 口和 B 口的输出控制信号和输
入 A 口和 B 口的端口状态信号。

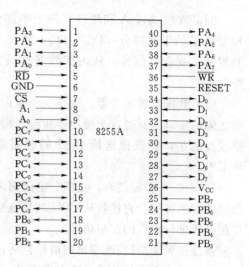

图 7.3 8255A 的引脚

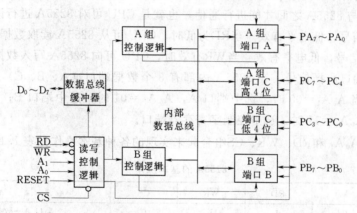

图 7.4 8255A 的内部结构

各端口在结构和功能上有不同的特点：

端口 A 包含一个 8 位的数据输出锁存器/缓冲器，一个 8 位的数据输入锁存器，因此
A 口作输入或输出时数据均能锁存。

端口 B 包含一个 8 位的数据输入/输出锁存器/缓冲器，一个 8 位的数据输入缓冲器。
端口 C 包含一个 8 位的数据输出锁存器/缓冲器，一个 8 位的数据输入缓冲器，无输入锁
存功能，当它被分成两个 4 位端口时，每个端口有一个 4 位的输出锁存器。

与 3 个端口相连的 24 根输入/输出引线分别是 $PA_7 \sim PA_0$、$PB_7 \sim PB_0$ 和 $PC_7 \sim PC_0$，
这些线都与外部设备相连，具体作用与端口的工作方式有关。

（2）A 组和 B 组控制逻辑。这是两组根据 CPU 的编程命令控制 8255A 工作的电路。
它们内部有控制寄存器，用来接收 CPU 送来的命令字、然后分别决定 A 组和 B 组的工作
方式，或对端口 C 的每一位执行置位/复位等操作。

8255A 的端口 A 和端口 C 的上半部分（$PC_7 \sim PC_4$）由 A 组控制逻辑管理，端口 B 和端口 C 的下半部分（$PC_3 \sim PC_0$）由 B 组控制逻辑管理。这两组控制逻辑都从读/写控制逻辑接受命令信号，从内部数据总线接收控制字，然后向各有关端口发出相应的控制命令。

（3）数据总线缓冲器。这是一个双向三态的 8 位缓冲器，用作 8255A 和系统数据总线之间的接口。通过这个缓冲器和与之相连的 8 位数据总线 $D_7 \sim D_0$，接收 CPU 送来的数据或控制字，外设传送给 CPU 的数据或状态信息，也要通过这个数据总线缓冲器送给 CPU。

（4）读/写控制逻辑。这部分电路用来管理所有的内部或外部数据信息、控制字或状态字的传送过程。它接收从 CPU 的地址总线和控制总线来的信号，并产生对 A 组和 B 组控制逻辑进行操作的控制信号。

系统送到读/写控制逻辑的信号包括：

1）RESET 复位信号，高电平有效。该信号有效时，将 8255A 控制寄存器内容都清零，并将所有的端口（A、B 和 C）都置成输入方式。

2）$\overline{CS}$ 片选信号，低电平有效，由地址总线经 I/O 端口译码电路产生。只有当该信号有效时，CPU 与 8255A 之间才能进行通信，也就是 CPU 可对 8255A 进行读/写等操作。

3）$\overline{RD}$ 读信号，低电平有效。当 $\overline{RD}$ 为低时，CPU 可从 8255A 读取数据或状态信息。

4）$\overline{WR}$ 写信号，低电平有效。当 $\overline{WR}$ 有效时，CPU 可向 8255A 写入数据或控制字。

5）$A_0 A_1$ 端口选择信号。在 8255A 内部有 3 个数据端口（A、B、C）和一个控制字寄存器端口。当 $A_0 A_1 = 00$ 时，选中端口 A，$A_0 A_1 = 01$ 时，选中端口 B；$A_0 A_1 = 10$ 时，选中端口 C；$A_0 A_1 = 11$ 时，选中控制字寄存器端口。

8255A 的 $A_0 A_1$ 和 $\overline{RD}$、$\overline{WR}$、$\overline{CS}$ 组合起来实现的各种基本操作见表 7.1。

表 7.1　　　　　　　　　　　　　　　8255A 的基本操作

| $A_1$ | $A_0$ | $\overline{RD}$ | $\overline{WR}$ | $\overline{CS}$ | 操　作 |
|---|---|---|---|---|---|
| 0 | 0 | 0 | 1 | 0 | 端口 A→数据总线 |
| 0 | 1 | 0 | 1 | 0 | 端口 B→数据总线 |
| 1 | 0 | 0 | 1 | 0 | 端口 C→数据总线 |
| 0 | 0 | 1 | 0 | 0 | 数据总线→端口 A |
| 0 | 1 | 1 | 0 | 0 | 数据总线→端口 B |
| 1 | 0 | 1 | 0 | 0 | 数据总线→端口 C |
| 1 | 1 | 1 | 0 | 0 | 数据总线→控制寄存器 |
| × | × | × | × | 1 | 数据总线三态 |
| 1 | 1 | 0 | 1 | 0 | 非法状态 |
| × | × | 1 | 1 | 0 | 数据总线三态 |

当 8255A 用在 8 位数据总线的微处理器系统中时，端口选择信号输入端 $A_1 A_0$ 分别与地址总线的 $A_1 A_0$ 相连即可；而在 16 位数据总线的系统中，通常将地址总线的 $A_2 A_1$ 连接到 8255A 的 $A_1 A_0$ 端。若它的数据线 $D_7 \sim D_0$ 接在 CPU 数据总线的低 8 位上，则要用偶端口地址来寻址 8255A；而当它的数据线 $D_7 \sim D_0$ 接在数据总线的高 8 位上时，要用奇地址口。

2. 8255A 的控制字

8255A 有两类控制字。一类控制字用于定义各端口的工作方式，称为方式选择控制字；另一类控制字用于对 C 端口的任一位进行置位或复位操作，称为置位/复位控制字。对 8255A 进行编程时，这两种控制字都被写入相同地址端口的控制字寄存器中。但方式选择控制字的 $D_7$ 位总是 1，而置位/复位控制字的 $D_7$ 位总是 0。8255A 正是利用这一位来区分这两个写入同一端口的不同控制字的，$D_7$ 位也称为这两个控制字的标志位。下面介绍这两个控制字的具体格式。

（1）方式选择控制字。

8255A 具有 3 种基本的工作方式，在对 8255A 进行初始化编程时，应向控制字寄存器写入方式选择控制字，用来规定 8255A 各端口的工作方式。这 3 种基本工作方式是：

1）方式 0——基本输入输出方式。

2）方式 1——选通输入输出方式。

3）方式 2——双向总线 I/O 方式，只有 A 口有此功能。

当系统复位时，8255A 的 RESET 输入端为高电平，使 8255A 复位，所有的数据端口都被置成输入方式；当复位信号撤除后，8255A 继续保持复位时预置的输入方式。如果希望它以这种方式工作，就不用另外再进行初始化。

通过用输出指令对 8255A 的控制字寄存器编程，写入设定工作方式的控制字，会使 3 个数据口以不同的方式工作。其中，端口 A 可工作于 3 种方式中的任一种；端口 B 只能工作于方式 0 和方式 1，而不能工作于方式 2；端口 C 常被分成两个 4 位的端口，除了用作输入输出端口外，还能用来配合 A 口和 B 口工作，为这两个端口的输入输出操作提供联络信号。

方式选择控制字的格式如图 7.5 所示。

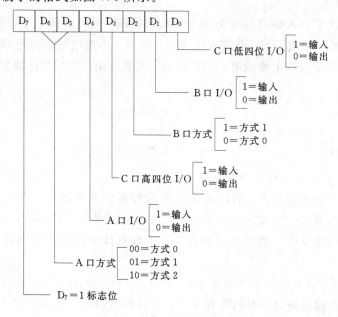

图 7.5　方式选择控制字格式

其中，$D_7$ 位为标志位，它必须等于 1；$D_6$ $D_5$ 位用于选择 A 口的工作方式；$D_5$ 位用于选择 B 口的工作方式；其余 4 位分别用于选择 A 口、B 口、C 口高 4 位和 C 口低 4 位的输入输出功能，置 1 时表示输入，置 0 时表示输出。

（2）置位/复位控制字。

端口 C 的 8 位中的任何一位都可以用一条指令使其置位或复位（只影响指定的位，别的位维持不变），这个功能主要用于控制。置位/复位控制字的格式如图 7.6 所示。在基于控制的应用中，经常希望在某一位上产生一个 TTL 电平的控制信号，利用端口 C 的这个特点，只需要用简单的程序就能形成这样的信号，从而简化了编程。

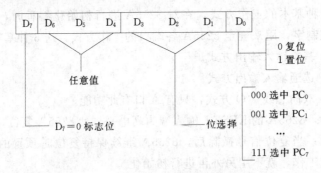

图 7.6 置位/复位控制字格式

当通道 A 或 B 工作在方式 1 和方式 2 时，常用通道 C 的某些位作为同外设的联络控制信号线。

$D_7$ 位为置位/复位控制字标志位，它必须等于 0；$D_3 \sim D_1$ 位用于选择对端口 C 中某一位进行操作；$D_0$ 位指出对选中位是置 1 还是清 0。$D_0 = 1$ 时，使选中位置 1；$D_0 = 0$ 时，使选中位清 0。

例如，设一片 8255A 的口地址为 60H～63H，$PC_5$ 平时为低电平，要求从 $PC_5$ 的引脚输出一个正脉冲。可以用程序先将 $PC_5$ 置 1，输出一个高电平，再把 $PC_5$ 清 0，输出一个低电平，结果 $PC_5$ 引脚上便输出一个正脉冲。实现这个功能的程序段如下：

```
MOV        AL，00001011B
OUT        63H，AL              ；置 PC₅ 为高电平
MOV        AL，00001010B
OUT        63H，AL              ；置 PC₅ 为低电平
```

**3. 8255A 的工作方式和 C 口状态字**

8255A 具有 3 种工作方式，通过向 8255A 的控制字寄存器写入方式选择字，就可以规定各端口的工作方式。当 8255A 工作于方式 1 和方式 2 时，C 口可用作 A 口或 B 口的联络信号，用输入指令可以读取 C 口的状态。下面具体介绍这 3 种不同的工作方式和 C 口状态字格式。

（1）方式 0。方式 0 称为基本输入输出（Basic Input/Output）方式，它适用于不需要用应答信号的输入输出场合。在这种方式下，A 口和 B 口可作为 8 位的端口，C 口的高 4 位和低 4 位可作为两个 4 位的端口。这 4 个端口中的任何一个既可作输入也可作输出，从

而构成 16 种不同的输入输出组合状态。在实际应用时，C 口的两半部分也可以合在一起，构成一个 8 位的端口。这样 8255A 可构成 3 个 8 位的 I/O 端口，或两个 8 位、两个 4 位的 I/O 端口，以适应各种不同的应用场合。

CPU 与这些端口交换数据时，可以直接用输入指令从指定端口读取数据，或用输出指令将数据写入指定的端口，不用要任何其他用于应答的联络信号。对于方式 0，还规定输出信号可以被锁存，输入不能锁存，使用时要加以注意。

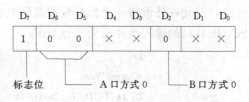

图 7.7 各端口均工作于方式 0 时的控制字

如果要使各端口都工作于方式 0，则方式选择字的格式如图 7.7 所示。

其中，$D_6 D_5 = 00$，选择 A 口工作于方式 0；$D_2 = 0$，选择 B 口工作于方式 0；$D_7 = 1$ 为标志位；余下的 $D_4 D_3$ 和 $D_1 D_0$ 这 4 位可以任意取 0 或取 1，由此构成 4 个端口的 16 种不同组态。

例如，设 8255A 的控制字寄存器的端口地址为 63H，若要求 A 口和 B 口工作于方式 0，A 口、B 口和 C 口的上半部分（高 4 位）作输入，C 口的下半部分（低 4 位）为输出，可用下列指令来设置这种方式：

```
MOV      AL, 10011010B
OUT      63H, AL
```

（2）方式 1。方式 1 也称为选通输入/输出（Strobe Input/Output）方式。在这种方式下，A 口和 B 口作为数据口，均可工作于输入或输出方式。而且，这两个 8 位数据口的输入/输出数据都能锁存，但它们必须在联络（handshaking）信号控制下才能完成 I/O 操作。端口 C 的 6 根线用来产生或接收这些联络信号。

选通输入/输出方式又可分以下几种情况：

1）选通输入方式。如果 A 口和 B 口都工作于选通输入方式，则它们的端口状态、联络信号和控制字如图 7.8 所示。

当 A 口工作于方式 1，并作输入端口时，端口 C 的 $PC_4$、$PC_5$ 和 $PC_3$ 用作端口 A 的状态和控制线；当 B 口工作于方式 1，并作输入端口时，端口 C 的 $PC_2$、$PC_1$ 和 $PC_0$ 作端口 B 的状态和控制线。端口 C 还余下两位 $PC_6$ 和 $PC_7$，它们仍可用作输入或输出，由方式选择控制字中的 $D_3$ 位来定义 $PC_6$ 和 $PC_7$ 的传送方向。$D_3 = 1$ 时，$PC_6$ 和 $PC_7$ 作输入；$D_3 = 0$ 时，$PC_6$ 和 $PC_7$ 作输出。

各控制联络信号的意义分述如下：

a. $\overline{STB}$（strobe）选通信号，低电平有效，由外部输入。当该信号有效时，8255A 将外部设备通过端口数据线 $PA_7 \sim PA_0$（对于 A 口）或 $PB_7 \sim PB_0$（对于 B 口）输入的数据送到所选端口的输入缓冲器中。端口 A 的选通信号 $\overline{STB_A}$ 从 $PC_4$ 引入，端口 B 的选通信号 $\overline{STB_B}$ 由 $PC_2$ 引入。

b. IBF（Input Buffer Full）输入缓冲器满信号，输出，高电平有效。这是 8255A 送给外设的状态信号。当它有效时，表示输入设备送来的数据已传送到 8255A 的输入缓冲器中，即缓冲器已满，8255A 不能再接收别的数据。此信号一般供 CPU 查询用。IBF 由 $\overline{STB}$ 信号所置位，而由读信号的后沿（也就是上升沿）将其复位，复位后表示输入缓冲器已空，又允许外设将一个新的数据送到 8255A。$PC_5$ 作端口 A 的输入缓冲器满信号 $IBF_A$，$PC_1$ 作 B 口的输入缓冲器满信号 $IBF_B$。

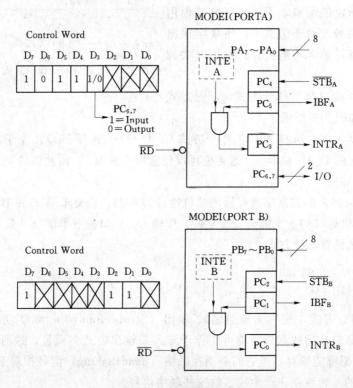

图 7.8　选通输入方式

c. INTE (Interrupt Enable) 中断允许信号。这是一个控制 8255A 是否能向 CPU 发中断请求的信号，它没有外部引出脚。在 A 组和 B 组的控制电路中，分别设有中断请求触发器 INTE A 和 INTE B，只有用软件才能使这两个触发器置 1 或清 0。其中 INTE A 由置位/复位控制字中的 $PC_4$ 位控制，INTE B 由 $PC_2$ 位控制。当对 8255A 写入置位/复位控制字使 $PC_4$ 位置 1 时，INTE A 被置 1，表示允许 A 口中断，若使 $PC_4$ 位清 0，则禁止 A 口发中断请求，也就是使 A 口处于中断屏蔽状态。同样，可以通过编程 $PC_2$ 位来控制 INTE B，允许或禁止 B 口中断。特别要注意的是，由于这两个触发器无外部引出脚，因此 $PC_4$ 或 $PC_2$ 的置位/复位操作用于分别控制通道 A 和通道 B 的 INTE 触发器，完全是 8255A 的内部操作，这一操作对 $PC_4$ 和 $PC_2$ 引脚（这时用于通道 A 和通道 B 的数据选通 $\overline{STB}$ 输入）上出现高电平或低电平信号没有影响。具体方法如下：

（a）INTE A 由 $PC_4$ 置位/复位控制。

$PC_4$ 置位控制字（09H）使 $PC_4=1$，INTE A=1

$PC_4$ 复位控制字（08H）使 $PC_4=0$，INTE A=0

（b）INTE B 由 PC$_2$ 置位/复位控制。

PC$_2$ 置位控制字（05H）使 PC$_2$=1，INTE B=1

PC$_2$ 复位控制字（04H）使 PC$_2$=0，INTE B=0

d. INTR（Interrupt Request）中断请求信号。它是 8255A 向 CPU 发出的中断请求信号，高电平有效。只有当 $\overline{STB}$、IBF 和 INTE 三者都高时，INTR 才能被置为高电平。也就是说，当选通信号结束，已将输入设备提供的一个数据送到输入缓冲器中，输入缓冲器满信号 IBF 已变成高电平，并且中断是允许的情况下，8255A 才能向 CPU 发出中断请求信号 INTR。CPU 响应中断后，可用 IN 指令读取数据，读信号 $\overline{RD}$ 的下降沿将 INTR 复位为低电平。INTR 通常和 8255A 的一个中断请求输入端 INTR 相连，通过 8255A 的输出端 INT 向 CPU 发中断请求。A 口的中断请求信号 INTR$_A$ 由 PC$_3$ 引脚输出，B 口的中断请求信号 INTR$_B$ 由 PC$_0$ 引脚输出。

方式 1 选通输入时序如图 7.9 所示。根据时序图，下面来分析一下这种方式的工作过程：

（a）当外设把一个数据送到端口数据线 PA$_7$～PA$_0$（对于 A 口）或 PB$_7$～PB$_0$（对于 B 口）后，就向 8255A 发出负脉冲选通信号 $\overline{STB}$，外设的输入数据锁存到 8255A 的输入锁存器中。

（b）选通信号发出后，经 $t_{STB}$ 时间，IBF 有效，它作为对输入设备的回答信号，用于通知外设输入缓冲器已满，不要再送新的数据过来。

（c）选通信号结束后，经 $t_{STT}$ 时间，若 $\overline{STB}$、IBF 和 INTR 三者同时为高电平，使 INTR 有效。这个信号可向 CPU 发中断请求，CPU 响应中断后，通过执行中断服务程序中的 IN 指令，使读信号 $\overline{RD}$ 有效（低电平）。

（d）读信号有效后，经 $t_{RIT}$ 时间后，使 INTR 变低，清除中断。

（e）读信号结束后，数据已读入累加器，经 $t_{RIB}$ 时间，IBF 变低，表示缓冲器已空，一次数据输入的过程结束，通知外设可以再送一个新的数据来。

对于 8255A，选通信号的宽度 $t_{ST}$ 最小为 500ns，$t_{STB}$、$t_{STT}$、$t_{RIB}$ 最大为 300ns，$t_{RIT}$ 最大为 400ns。

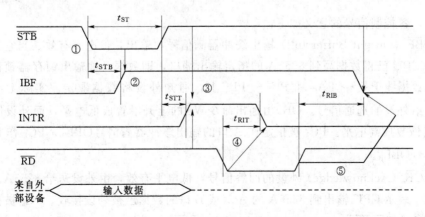

图 7.9 方式 1 选通输入时序

2) 选通输出方式。如果 A 口和 B 口都工作于选通输出方式，它们的联络控制信号和控制字的格式如图 7.10 所示。

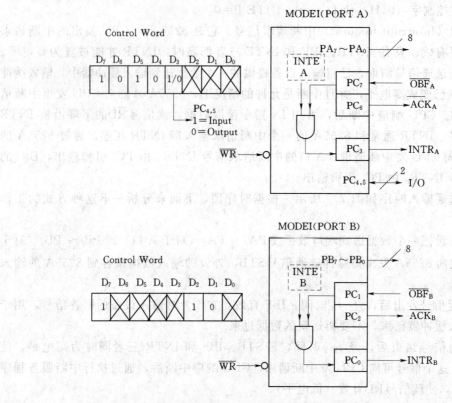

图 7.10　方式 1　输出端口状态和联络信号

在这种方式下，A 口和 B 口都作输出口，端口 C 的 $PC_3$、$PC_6$ 和 $PC_7$ 作 A 口的联络控制信号，$PC_0$、$PC_1$ 和 $PC_2$ 作 B 口的联络控制信号，端口 C 余下的两位 $PC_4$ 和 $PC_5$ 可作输入或输出，当方式选择字的 $D_3 = 1$ 时，$PC_4$ 和 $PC_5$ 作输入，$D_3 = 0$ 时，$PC_4$ 和 $PC_5$ 作输出。

这时，各控制信号的意义如下：

a. $\overline{OBF}$（Output Buffer full）输出缓冲器满信号，输出，低电平有效。当它为低电平时，表示 CPU 已将数据写到 8255A 的指定输出端口，即数据已被输出锁存器锁存，并出现在端口数据线 $PA_7 \sim PA_0$ 和 $PB_7 \sim PB_0$ 上，通知外设将数据取走。实际上，它是由 8255A 送给外设的选通信号。$\overline{OBF}$ 由输出命令 $\overline{WR}$ 的上升沿置成低电平，而外设回答信号 $\overline{ACK}$ 将其恢复成高电平。$PC_7$ 被指定作 A 口的输出缓冲器满信号 $\overline{OBF_A}$，$PC_1$ 作 B 口的缓冲器满信号 $\overline{OBF_B}$。

b. $\overline{ACK}$（Acknowledge）外设的回答信号，低电平有效，由外设送给 8255A。当它为低电平时，表示 CPU 输出到 8255A 的 A 口或 B 口的数据已被外设接收。$PC_6$ 被指定用作 A 口的回答信号 $\overline{ACK_A}$，$PC_2$ 为 B 口的回答信号 $\overline{ACK_B}$。

c. INTE（Interrupt Enable）中断允许信号。

其意义与 A 口、B 口均工作于选通输入方式时的 INTE 信号一样。INTE 为 1 时，端口处于中断允许状态。INTE 为 0 时，端口处于中断屏蔽状态。A 口的中断允许信号 INTE A 由 $PC_6$ 控制，B 口的中断允许信号 INTE B 则由 $PC_2$ 控制，它们均由置位/复位控制字将其置为 1 或清为 0，以决定中断是允许还是被屏蔽。

d. INTR（Interrupt Request）中断请求信号，高电平有效。在中断允许的情况下，当输出设备已收到 CPU 输出的数据之后，该信号变高，可用于向 CPU 提出中断请求，要求 CPU 再输出一个数据给外设。只有当 $\overline{ACK}$、$\overline{OBF}$ 和 INTE 都为 1 时，才能使 INTR 置 1。写信号将 INTR 复位为低电平。INTR 通常与 8255A 的某一个中断输入引脚 INTR 相连，通过 8255A 向 CPU 发中断请求。$PC_6$ 引脚被指定用作 A 口的中断请求信号线 INTR$_A$，$PC_0$ 为 B 口的中断请求信号线 INTR$_B$。

方式 1 选通输出时序如图 7.11 所示。输出设备在中断方式下与 CPU 交换数据的过程，大致是这样的：

（a）当 8255A 的输出缓冲器空，且中断是开放的情况下，可向 CPU 发中断请求。CPU 响应中断后，转入中断服务程序，用 OUT 指令将 CPU 中的数据输出到 8255A 的输出缓冲器中，这时 $\overline{WR}$ 信号变低。

（b）经 $t_{WTT}$ 时间后清除中断请求信号 INTR。

（c）此外，$\overline{WR}$ 信号的后沿使 $\overline{OBF}$ 有效，通知外设从 8255A 输出缓冲器中取走数据。

（d）外设收到这个数据后，发回应答信号 $\overline{ACK}$。

（e）$\overline{ACK}$ 有效之后，再经 $t_{AOB}$ 时间，$\overline{OBF}$ 无效，表示缓冲器已空。

（f）$\overline{ACK}$ 回到高电平后，经 $t_{AIT}$ 时间，INTR 变高，向 CPU 发出中断请求，要求 CPU 送新的数据过来。数据传送的过程又将按上面的顺序重复进行。

$t_{WTT}$、$t_{AOB}$、$t_{AIT}$ 的最大时间分别为 850ns、350ns、350ns。

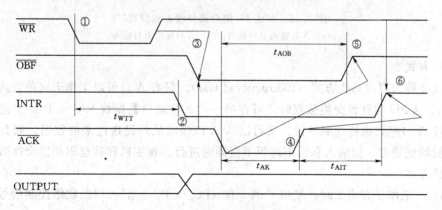

图 7.11 方式 1 选通输出时序

3）选通输入/输出方式组合。8255A 工作于方式 1 时，还允许对 A 口和 B 口分别进行定义，一个端口作输入，另一个端口作输出。如果将 A 口定义为方式 1 输入口，而将 B 口定义为方式 1 输出口，则其控制字格式和联络控制信号如图 7.12（a）所示。在这种情况下，端口 C 的 $PC_0 \sim PC_5$ 作状态和控制线，C 口余下的两位 $PC_6$ 和 $PC_7$ 可作数据输入/输出用。当控制字的 $D_3 = 1$ 时，$PC_6$ 和 $PC_7$ 作输入；$D_3 = 0$ 时，$PC_6$ 和 $PC_7$ 作输出。

当 A 口定义为方式 1 输出口、B 口为方式 1 输入口时，其方式控制字格式和联络控制信号如图 7.12（b）所示。这时，由 $PC_6$、$PC_7$ 和 $PC_0 \sim PC_3$ 作控制信号，$PC_4$ 和 $PC_5$ 作输入或输出。当控制字的 $D_3 = 1$ 时，$PC_4$ 和 $PC_5$ 为输入；当 $D_3 = 0$ 时，$PC_4$ 和 $PC_5$ 为输出。

由图可见，在选通输入/输出方式下，端口 C 的低 4 位总是作控制用，而高 4 位总有两位仍可用于输入或输出。因此在控制字中，用于决定 C 口高半部分是输入还是输出的 $D_3$ 位可以取 1 或 0，而决定 C 口低 4 位为输入或输出的 $D_0$ 位可以是任意值。

对于选通方式 1，还允许将 A 口或 B 口中的一个端口定义为方式 0，另一个端口定义为方式 1。这种组态所需控制信号较少，情况也比较简单，读者可自行分析。

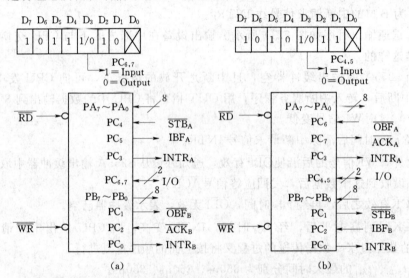

图 7.12　方式 1　组合端口状态和控制字

（a）A 口输入 B 口输出；（b）A 口输出 B 口输入

（3）方式 2。

方式 2 称为双向总线方式（Bidirectional Bus）。只有 A 口可以工作于这种方式。在这种方式下，CPU 与外设交换数据时，可在单一的 8 位端口数据线 $PA_7 \sim PA_0$ 上进行，既可以通过 A 口把数据传送到外设，又可以从 A 口接收从外设送过来的数据，而且输入和输出数据均能锁存，但输入和输出过程不能同时进行。在主机和软盘驱动器交换数据时就采用这种方式。

端口 A 工作于方式 2 时，端口 C 的 5 位（$PC_3 \sim PC_7$）作 A 口的联络控制信号，对应关系如图 7.13 所示，图中也给出了方式控制字的格式。

各控制信号的意义与方式 1 相似。其中，$\overline{OFB_A}$ 和 $\overline{ACK_A}$ 为输出操作时的联络控制信号，$\overline{STB_A}$ 和 $IBF_A$ 为输入操作时的联络控制信号，而 $INTR_A$ 在输入或输出时均用作联络控制信号。各信号的意义如下：

a. $INTR_A$ 中断请求信号，高电平有效。$INTR_A$ 变成有效的条件与方式 1 相同。由于输入或输出操作引起的中断请求信号都通过同一引脚输出，因此 CPU 响应中断时，必须

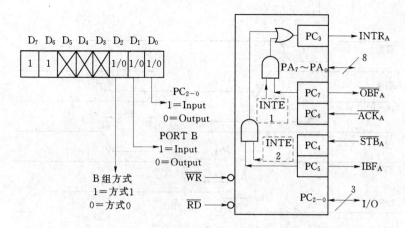

图 7.13 A 口工作于方式 2 时的端口状态和控制字

通过查询 $\overline{\text{OBF}_A}$ 和 $\text{IBF}_A$ 的状态，才能确定是输入过程还是输出过程引起的中断。

b. $\overline{\text{OBF}_A}$ 输出缓冲器满信号，低电平有效。当它有效时，表示 CPU 已将等待输出给外设的数据写到 8255A 的端口 A，通知外设将数据取走。

c. $\overline{\text{ACK}_A}$ 外设对 $\overline{\text{OBF}_A}$ 的应答信号，低电平有效。当 CPU 将数据写入端口 A，$\overline{\text{OBF}_A}$ 变为有效后，输出数据并不能出现在端口数据线 $\text{PA}_7 \sim \text{PA}_0$ 上。只有当外设发出有效的 $\overline{\text{ACK}_A}$ 信号后，才能使端口 A 的三态缓冲器开启，输出锁存器中的数据被送到 $\text{PA}_7 \sim \text{PA}_0$ 上。当 $\overline{\text{ACK}_A}$ 无效时，输出缓冲器处于高阻态。

d. $\overline{\text{STB}_A}$ 选通输入信号，低电平有效。当它有效时，将外设送到 8255A 的数据置入输入锁存器。

e. $\text{IBF}_A$ 输入缓冲器满信号，高电平有效。当它有效时，表示外设的数据已送到输入锁存器中，等待 CPU 取走。

f. INTE 1 和 INTE 2 分别为端口 A 的输出或输入中断允许信号。它们都必须用软件方法进行设置，设置方法与方式 1 相同。INTE 1 由 $\text{PC}_6$ 位控制置位复位，INTE 2 由 $\text{PC}_4$ 位控制置位复位。

方式 2 的时序如图 7.14 所示，在理解该时序图时，可以将方式 2 看成是方式 1 输出和方式 1 输入的结合。

根据此时序图，可对方式 2 的工作过程做些简单说明。图中画了一个数据输出和一个数据输入过程的时序，实际上，当端口 A 工作在方式 2 时，输入过程和输出过程的顺序是任意的，输入或输出数据的次数也是任意的。

对于输出过程，CPU 响应中断，用输出指令向 8255A 的端口 A 写入一个数据时，写信号 $\overline{\text{WR}}$ 有效。它一方面使中断请求信号 $\text{INTR}_A$ 变低，撤销中断请求。另一方面，$\overline{\text{WR}}$ 的后沿经 $t_{\text{WOB}}$ 时间后，使输出缓冲器满信号 $\overline{\text{OBF}_A}$ 变低，$\overline{\text{OBF}_A}$ 送往外设。外设收到这个信号后，发回应答信号 $\overline{\text{ACK}_A}$，它开启 8255A 的输出锁存器，使输出数据出现在 $\text{PA}_7 \sim \text{PA}_0$ 线上。

$\overline{\text{ACK}_A}$ 信号还使输出缓冲器满信号 $\overline{\text{OBF}_A}$ 变为无效，从而可以开始下一个数据传送过程。

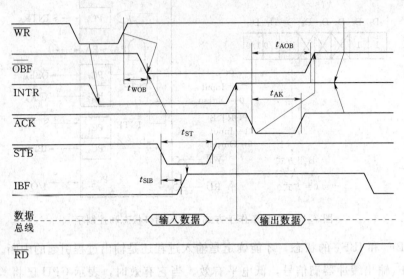

图 7.14　方式 2 的时序

对于输入过程，当外设把数据送往 8255A 时，选通信号 $\overline{STB_A}$ 也一起到来，将外部的输入数据锁存到 8255A 的输入锁存器中，从而使输入缓冲器满信号 $IBF_A$ 成为高电平。选通信号结束时，使中断请求信号变高。CPU 响应中断执行 IN 指令时，$\overline{RD}$ 信号有效，将数据读入累加器，随后 $IBF_A$ 变低，输入过程结束。

当 A 口工作于方式 2 时，B 口可工作于方式 0 或方式 1，而且既可以是输入也可以是输出。如果 B 口工作于方式 0，不需要联络控制信号，C 口余下的 3 位 $PC_2 \sim PC_0$ 仍可作输入或输出用；如果 B 口工作于方式 1，$PC_2 \sim PC_0$ 作 B 口的联络信号，这时 C 口的 8 位数据都配合 A 口和 B 口工作。B 口为输出时，$PC_1$ 为 $\overline{OBF_B}$、$PC_2$ 为 $\overline{ACK_B}$、$PC_0$ 为 INTR$_B$；B 口作输入时，$PC_2$ 为 $\overline{STB_B}$、$PC_1$ 为 $IBF_B$、$PC_0$ 为 INTR$_B$，如图 7.15、图 7.16 所示。

（4）A 口方式 2 和 B 组方式 0 或方式 1 的组合。

由于 A 口工作于 2 方式时，B 组可以工作在方式 0 输入、方式 0 输出，方式 1 输入（有联络线方式）、方式 1 输出（有联络线方式），所以 A 口方式 2 和 B 组方式 0、方式 1 就有 4 种组合，8255 工作在方式 2 时，B 组可工作在方式 0，方式 1（有联络线方式），工作方式字的设置分别如图 7.16、图 7.17 所示。

（5）C 口状态字。

当 8255A 工作于方式 0 时，C 口各位作输入输出用。当它工作于方式 1 和方式 2 时，C 口产生或接收与外设间的联络信号。这时，读取 C 口的内容可使编程人员测试或检查外设的状态，用输入指令对 C 口进行读操作就可读取 C 口的状态。C 口的状态字有以下几种格式：

1）方式 1 状态字。方式 1 时的状态字可以有 4 种形式，A 口 B 口均为输入、A 口 B 口均为输出、A 口输入 B 口输出、A 口输出 B 口输入。状态字由两组通道输出或输入的不同组合决定。

A 口 B 口均为输入时，状态字为：

| D₇ | D₆ | D₅ | D₄ | D₃ | D₂ | D₁ | D₀ |
|---|---|---|---|---|---|---|---|
| I/O | I/O | IBF$_A$ | INTE A | INTR$_A$ | INTE B | IBF$_B$ | INTR$_B$ |

其中 $D_7 \sim D_3$ 位为 A 组状态字，$D_3 \sim D_0$ 为 B 组状态字。

A 口 B 口均为输出时，状态字为：

| D₇ | D₆ | D₅ | D₄ | D₃ | D₂ | D₁ | D₀ |
|---|---|---|---|---|---|---|---|
| $\overline{OBF_A}$ | INTE A | I/O | I/O | INTR$_A$ | INTE B | $\overline{OBF_B}$ | INTR$_B$ |

同样，$D_7 \sim D_3$ 位为 A 组状态字，$D_3 \sim D_0$ 为 B 组状态字。

A 口输入 B 口输出时，状态字为：

| D₇ | D₆ | D₅ | D₄ | D₃ | D₂ | D₁ | D₀ |
|---|---|---|---|---|---|---|---|
| I/O | I/O | IBF$_A$ | INTE A | INTR$_A$ | INTE B | $\overline{OBF_B}$ | INTR$_B$ |

A 口输出 B 口输入时，状态字为：

| D₇ | D₆ | D₅ | D₄ | D₃ | D₂ | D₁ | D₀ |
|---|---|---|---|---|---|---|---|
| $\overline{OBF_A}$ | INTE A | I/O | I/O | INTR$_A$ | INTE B | IBF$_B$ | INTR$_B$ |

注意：不要将读通道 C 的内容所得到的状态字同通道 C 输入/输出引脚上的状态混淆起来，两者之间有一点区别。方式 1 输入时，$PC_4$ 和 $PC_2$ 是外设发出的 $\overline{STB_A}$ 输入联络信号引脚，读状态字的 $D_4$ 和 $D_2$ 位却是中断允许触发器的状态，这个区别在方式 1 输出时表现在 $PC_6$ 和 $PC_2$ 引脚状态字 $D_6$ 和 $D_2$ 位的不同上。显然，所有外设发来作为 8255 输入的联络信号的状态都无法读到。方式 1 时通道 C 引脚使用情况如图 7.15 所示。

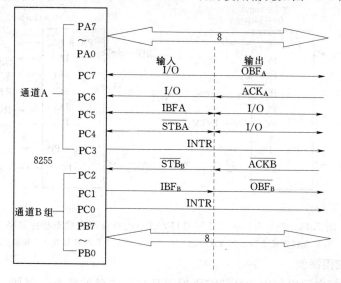

图 7.15 方式 1 时的通道 C 引脚功能

方式 1 时，CPU 对通道 C 一般只用输入指令而不用输出指令。用输入指令进行读操作时，CPU 读到的是状态字，包括 $PC_7$ 和 $PC_6$ 或 $PC_5$ 和 $PC_4$ 确定为输入时的状态。如果 $PC_7$ 和 $PC_6$ 或 $PC_5$ 和 $PC_4$ 确定为输出，CPU 是用相应位的置位复位控制字进行输出的。

2）方式 2 状态字。8255A 工作在方式 2 需要查询时，通过一条读通道 C 指令就得到一个状态字，读到的内容格式如下：

A 口工作于方式 2，B 组工作于方式 0 时状态字为：

| $D_7$ | $D_6$ | $D_5$ | $D_4$ | $D_3$ | $D_2$ | $D_1$ | $D_0$ |
|---|---|---|---|---|---|---|---|
| $\overline{OBF_A}$ | $INTE_1$ | $IBF_A$ | INTE 2 | $INTR_A$ | I/O | I/O | I/O |

其中 $D_7 \sim D_3$ 位为 A 组状态字，$D_3 \sim D_0$ 为 B 组所用，当 B 口工作于方式 1 时，这几位做 B 口状态字，B 口工作于方式 0 时，这几位不是状态位，而是作输入输出用。

A 口工作于方式 2，B 组工作于方式 1 输入通道时状态字为：

| $D_7$ | $D_6$ | $D_5$ | $D_4$ | $D_3$ | $D_2$ | $D_1$ | $D_0$ |
|---|---|---|---|---|---|---|---|
| $\overline{OBF_A}$ | $INTE_1$ | $IBF_A$ | INTE 2 | $INTR_A$ | $INTE_B$ | $IBF_B$ | $INTR_B$ |

A 口工作于方式 2，B 组工作于方式 1 输出通道时状态字为：

| $D_7$ | $D_6$ | $D_5$ | $D_4$ | $D_3$ | $D_2$ | $D_1$ | $D_0$ |
|---|---|---|---|---|---|---|---|
| $\overline{OBF_A}$ | $INTE_1$ | $IBF_A$ | INTE 2 | $INTR_A$ | INTE $_B$ | $OBF_B$ | $INTR_B$ |

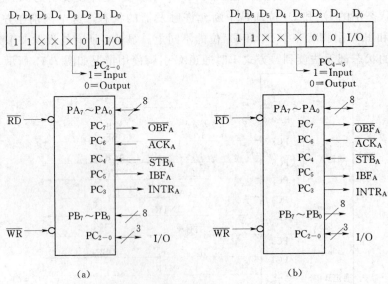

图 7.16　8255A 口方式 2 和 B 口方式 0 的组合端口状态和控制字

(a) A 口方式 2 和 B 口方式 0 输入；(b) A 口方式 2 和 B 口方式 0 输出

## 7.2.2　8255A 应用举例

在工业控制等实际应用中，经常需要检测某些开关量的状态。例如，在某一系统中，

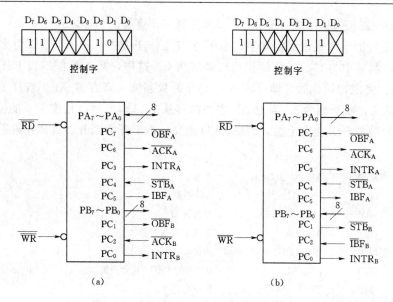

图 7.17 8255A 口方式 2 和 B 口方式 1 的组合端口状态和控制字

(a) A 口方式 2 和 B 口方式 1 输出; (b) A 口方式 2 和 B 口方式 1 输入

有 8 个开关 $K_7 \sim K_0$，要求不断检测它们的通断状态，并随时在发光二极管 $LED_7 \sim LED_0$ 上显示出来。开关断开，相应的 LED 点亮；开关合上，LED 熄灭。下面选用 8086CPU，8255A 和 74LS138 译码器等芯片，构成如图 7.18 所示的硬件电路，来实现上述功能。

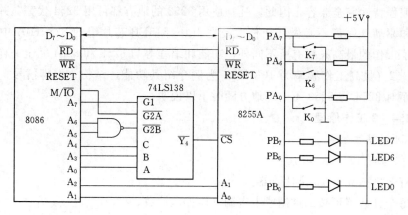

图 7.18 读开关状态连线图

由图 7.18 可见，8255A 的 A 口作输入口，8 个开关 $K_7 \sim K_0$ 分别接 $PA_7 \sim PA_0$。B 口为输出口，$PB_7 \sim PB_0$ 分别接显示器 $LED_7 \sim LED_0$。8255A 的 $\overline{RD}$、$\overline{WR}$ 和 RESET 引脚分别与 CPU 的相应输出相连。8255A 的数据线 $D_7 \sim D_0$ 与 8086 的低 8 位数据总线 $D_7 \sim D_0$ 相连，从前面的讨论可知，这时 8255A 的 4 个口地址都应为偶地址，$A_0$ 必须总等于 0，用地址线的 $A_2$、$A_1$ 来选择片内的 4 个端口。图中，地址线 $A_7$ 接译码器的 $G_1$，$M/\overline{IO}$ 与 $\overline{G2A}$ 相连，$A_6$、$A_5$ 接与非门输入端，与非门输出与 $\overline{G2B}$ 相连。当 $A_7 A_6 A_5 = 111$，$A_4 A_3 A_0 = 100$ 时，$\overline{Y_4} = 0$，选中 8255A。这样，4 个端口地址分别为 F0H、F2H、F4H 和

F6H，对应于 8255A 的 A 口、B 口、C 口和控制字寄存器。

　　编程时先要确定方式选择控制字。由于 A 口工作于方式 0 输入，B 口为方式 0 输出，C 口未用，控制字中与 C 口对应的位可以被置为 0。这样，写入控制端口 F6H 的控制字为 10010000。完成初始化后，即可将 A 口的开关状态读入寄存器 AL。若开关合上，AL 中的相应位为 0，断开则为 1。当把 AL 中的内容从 B 口输出时，相应于 0 的位上的 LED 熄灭，表示对应的开关是合上的，否则 LED 点亮，指示开关断开。具体片段程序如下：

```
              MOV      DX, 0F6H        ; 控制字寄存器
              MOV      AL, 10010000B   ; 控制字
              OUT      DX, AL          ; 写入控制字
TEST_IT:      MOV      DX, 0F0H        ; 指向 A 口
              IN       AL, DX          ; 从 A 口读入开关状态
              MOV      DX, 0F2H        ; 指向 B 口
              OUT      DX, AL          ; B 口控制 LED，指示开关状态
              JMP      TEST_IT         ; 循环检测
```

# 7.3　可编程定时器／计数器 8254

　　8253/8254 系列是常用的可编程间隔定时器（Programmable Interval Timer，即 PIT）。8254 是 8253 的改进型，比 8253 具有更优良的性能。但两者的基本功能相同，外部引脚和编程特性完全兼容。因此，凡是使用 8253 的地方都可用 8254 代替，并且原来的硬件连接和驱动软件都不必做任何修改。在 Intel 815EP 芯片组的 82801BA 中也集成了 8254，除了工作的最高频率有所不同外，功能和编程等与 8253 和 8254 完全一样。下面主要以 8254_2（最高工作频率为 10MHz）为例介绍其功能、结构、引脚信号、工作方式和编程，而对 8254 与 8253 不同的地方随时予以说明。

## 7.3.1　8254_2 工作原理

　　1. 8254 的基本功能

　　8254_2 具有以下基本功能。

　　(1) 有 3 个独立的 16 位计数器。

　　(2) 每个计数器可按二进制或十进制（BCD）计数。

　　(3) 每个计数器可编程工作于 6 种不同的工作方式。

　　(4) 8254_2 每个计数器允许的最高计数频率为 10MHz（8253 为 2MHz，8253_5 和 8254_5 为 5MHz，8254 为 8MHz，82801BA 中集成的 8254 为 14.31818MHz）。

　　(5) 8254 有读回命令（8253 没有），除了可以读出当前计数单元的内容外，还可以读出状态寄存器的内容。

　　2. 8254 的内部结构和外部引脚

　　(1) 内部结构。

　　如图 7.19 所示是 8254 的内部结构框图。它是由与 CPU 的接口、内部控制电路和 3 个计数器组成。

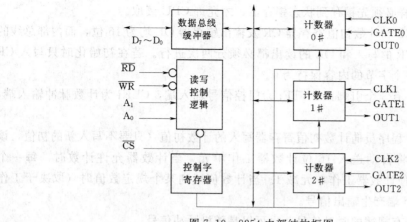

图 7.19　8254 内部结构框图

1) 数据总线缓冲器。数据总线缓冲器是一个三态、双向 8 位寄存器，用于将 8254 与系统数据总线相连。数据总线缓冲器有 3 个基本功能：CPU 通过数据总线缓冲器向 8254 写入确定工作方式的命令字，向某一计数器写入计数初值，从某一计数器读取当前的计数值。

2) 读/写控制逻辑。这是 8254 内部的控制电路，当片选信号 $\overline{CS}$=0 时，由 $A_1$ 和 $A_0$（通常接系统地址线 $A_1$ 和 $A_0$）信号选择内部寄存器，由读信号 $\overline{RD}$（通常接系统控制总线的 $\overline{IOR}$）和写信号 $\overline{WR}$（通常接 CPU 的 $\overline{IOW}$）完成对选定寄存器的读/写操作。当片选信号 $\overline{CS}$=1 时，数据总线缓冲器与系统数据总线脱开。

3) 控制字寄存器。控制字寄件器是 8 位只写寄存器。初始化编程时，由 CPU 写入控制字，以决定计数器的工作方式；计数器工作过程中，可由 CPU 写入读出命令。

4) 计数器。计数器♯0、计数器♯1 和计数器♯2，这 3 个计数器相互间是完全独立的，但结构和功能完全相同。每个计数器都可以对其 CLK 输入端输入的脉冲按照二进制或二—十进制（BCD 码）从预置的初值开始进行减一计数，每个计数器的内部结构大体如图 7.19 所示。

a. 计数初值寄存器 CR（16 位）：用于存放计数初值（针对不同应用场合，又称定时常数或分频系数），其长度为 16 位，故最大计数值为 65536。计数初值寄存器的初值是和减 1 计数器的初值在初始化时同时一起装入的，计数初值寄存器的计数初值，在计数器计数过程中保持不变，故计数初值寄存器的作用是在自动重装操作中为减 1 计数器提供计数初值，以便重复计数。所谓自动重装是指当减 1 计数器减至 0 后，可以自动把计数初值寄存器的内容再装入减 1 寄存器，重新开始计数。当写入控制字时，将同时清除计数初值寄存器的内容。

b. 计数器工作单元 CE（16 位）：用于进行减 1 计数操作，每来一个时钟脉冲，它就做减 1 运算，直至将计数初值减为 0。如果要连续进行计数，则可重装计数初值寄存器的内容到减 1 计数器。CE 是 CPU 不能直接读/写的，需要修改其初值时，只能通过写入 CR 实现。

c. 输出锁存器 OL（16 位）：用于锁存减 1 计数器的内容，以供读出和查询。在计数过程中，OL 随 CE 的变化而变化。由于 CE 的内容是随输入时钟脉冲在不断改变的，为了读取这些不断变化的当前计数值，只有先把它送到 OL 加以锁存才能读出。经锁存后的 OL 内容将一直保持至 CPU 读出时为止。在 CPU 读 OL 之后，OL 又跟随 CE 变化。

d. 状态寄存器：保存当前控制字寄存器的内容、输出状态以及 CR 内容是否已装入

CE 的指示状态，同样必须先锁存到状态锁存器，才允许 CPU 读取。

计数工作单元 CE 和计数初值寄存器 CR 及输出锁存器 OL 均为 16 位，而内部总线的宽度为 8 位，因此 CR 的写入和 OL 的读出都必须分两次进行。若在初始化时只写入 CR 的一个字节，则另一个字节的内容保持为 0。

每个计数器对外有 3 个引脚：GATEi 为门控信号输入端，CLKi 为计数脉冲输入端，OUTi 为信号输入端。

初始化编程时，程序员向计数初值寄存器写入的计数初值（只要不写入新的初值，该值始终保持不变），将自动送入 16 位计数器工作单元。当计数器允许计数时，每一个 CLKi 信号的下降沿使计数器工作单元减 1。当计数值减到某个规定数值时（取决于工作方式的设定），OUTi 端产生输出信号。

计数脉冲可以是有规律的时钟信号，也可以是随机脉冲信号。

计数初值 $n$ 的计算公式如下：

$$n = f_{CLKi} \div f_{OUTi} \tag{7.1}$$

式中　$f_{CLKi}$——输入时钟脉冲的频率；

　　　$f_{OUTi}$——输出信号的频率。

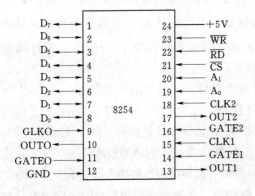

图 7.20　8254 外部引脚图

(2) 外部引脚。

和所有的可编程接口芯片一样，8254 的外部引脚（如图 7.20 所示）分为与系统总线连接的信号线和与其他设备连接的信号线。

1）面向系统总线的信号线有：

a. 数据总线 $D_0 \sim D_7$。它为三态输出/输入线。用于将 8254 与系统数据总线相连，是 8254 与 CPU 接口数据线，供 CPU 向 8254 进行读/写数据、传送命令和状态信息。

b. 片选线 $\overline{CS}$。它为输入信号，低电平有效。当 $\overline{CS}$ 为低电平时，CPU 选中 8254，可以向 8254 进行读/写；当 $\overline{CS}$ 为高电平时，CPU 未选中 8254。$\overline{CS}$ 由 CPU 输出的地址码经译码产生。

c. 读/写信号 $\overline{RD}/\overline{WR}$ 为输入信号，低电平有效。它由 CPU 发出，用于对 8254 寄存器进行读/写操作。

d. 地址线 $A_1$ 和 $A_0$。这两根线一般分别接到系统地址总线的 $A_1$ 和 $A_0$ 上。当 $\overline{CS}=0$，8254 被选中时，$A_1$ 和 $A_0$ 用于选择 8254 内部寄存器，以便对它们进行读/写操作。8254 内部寄存器与地址线 $A_1$ 和 $A_0$ 的关系见表 7.2。

表 7.2　　　　　　　　　　　　8254 内部寄存器读/写操作

| $\overline{CS}$ | $\overline{RD}$ | $\overline{WR}$ | $A_1$ | $A_0$ | 操作 |
|---|---|---|---|---|---|
| 0 | 1 | 0 | 0 | 0 | 计数初值写入 0# 计数器 |
| 0 | 1 | 0 | 0 | 1 | 计数初值写入 1# 计数器 |

| $\overline{\text{CS}}$ | $\overline{\text{RD}}$ | $\overline{\text{WR}}$ | $A_1$ | $A_0$ | 操 作 |
|---|---|---|---|---|---|
| 0 | 1 | 0 | 1 | 0 | 计数初值写入 2# 计数器 |
| 0 | 1 | 0 | 1 | 1 | 向控制字寄存器写控制字 |
| 0 | 0 | 1 | 0 | 0 | 读 0# 计数器当前值 |
| 0 | 0 | 1 | 0 | 1 | 读 1# 计数器当前值 |
| 0 | 0 | 1 | 1 | 0 | 读 2# 计数器当前值 |
| 0 | 0 | 1 | 1 | 1 | 无操作 |
| 1 | * | * | * | * | 禁止使用 |
| 0 | 1 | 1 | * | * | 无操作 |

2) 面向其他设备的信号线有：

a. 计数器时钟信号 CLK。CLK 为输入信号。3 个计数器各有一独立的时钟输入信号，时钟信号的作用是在 8254 进行定时或计数工作时，每输入 1 个时钟脉冲信号 CLK，便使计数值减 1。

b. 计数器门控选通信号 GATE。它为输入信号。3 个计数器每一个都有自己的门控信号，作用是用来禁止、允许或计数过程的。

c. 计数器输出信号 OUT。输出信号。3 个独立计数器，每个都有自己的计数器输出信号，其作用是计数器工作时，每来 1 个时钟，脉冲计数器减 1，当计数值减为 0 时，就在输出线上输出一 OUT 信号，以示定时或计数已到。这个信号可作为外部定时和计数控制信号接到 I/O 设备，用来启动某种操作（开/关或启/停）；也可作为定时和计数已到的状态信号供 CPU 检测；或作为中断请求信号使用。

(3) 8254 的控制字。

8254 的控制字有两个：一个用来设置计数器的工作方式，称为方式控制字；另一个用来设置读回命令，称为读回控制字。这两个控制字共用一个地址，由标识位来区分。

1) 方式控制字。方式控制字的格式如图 7.21 所示。

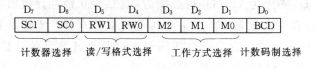

图 7.21 8254 的控制字格式

a. 计数器选择。

$D_7 D_6 = 00$，表示选择 0 号计数器。

$D_7 D_6 = 01$，表示选择 1 号计数器。

$D_7 D_6 = 10$，表示选择 2 号计数器。

$D_7 D_6 = 11$，读出控制字的标志之一（8253 非法）。

b. 读/写方式选择。

$D_5 D_4 = 00$，表示锁存计数器的当前计数值，以便读出检查。

$D_5 D_4 = 01$，表示写入时，只写低 8 位计数初值 LSB（1east Significant Byte），高 8 位

置 0。读出时，只能读出低 8 位的当前计数值。

$D_5D_4=10$，表示写入时，只写高 8 位计数初值 MSB（Most Significant Byte），低 8 位置 0。读出时，只能读出高 8 位的当前计数值。

$D_5D_4=11$，表示先读/写低 8 位计数值 LSB，后读/写高 8 位计数值 MSB。

c. 工作方式选择。

$D_3D_2D_1=000$，计数器工作在方式 0。

$D_3D_2D_1=001$，计数器工作在方式 1。

$D_3D_2D_1=X10$，计数器工作在方式 2。

$D_3D_2D_1=X11$，计数器工作在方式 3。

$D_3D_2D_1=100$，计数器工作在方式 4。

$D_3D_2D_1=101$，计数器工作在方式 5。

d. 数制选择。

当 $D_0=0$ 时，计数初值被认为是二进制数，减 1 计数器按二进制规律减 1。初值范围是 0000H～FFFFH，其中 0000H 代表 65536。

当 $D_0=1$ 时，计数初值被认为是二—十进制数，减 1 计数器按十进制规律减 1。初值范围是 0000H～9999H，其中 0000H 代表十进制数 10000。

2）读出控制字。读出控制字的格式如图 7.22 所示。

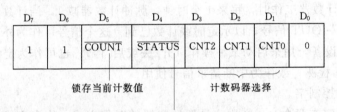

图 7.22　8254 的读出控制字格式

读出控制字 $D_7D_6$ 必须为 11，$D_0$ 位必须为 0。$D_5=0$ 锁存计数值，以便 CPU 读取，$D_4=0$ 将状态信息锁存入状态寄存器。$D_3 \sim D_1$ 为计数器选择，不论是锁存计数值还是锁存状态信息，都不影响计数。读出命令能同时锁存几个计数器的计数值/状态信息，当 CPU 读取某一计数器的计数值/状态信息时，该计数器自动解锁，但其他计数器不受影响。

（4）8254 状态字。

状态字格式如图 7.23 所示。

$D_5 \sim D_0$ 意义与方式控制字的对应位意义相同。$D_7$ 表示 OUT 引脚的输出状态，$D_7=1$ 表示 OUT 引脚为高电平，$D_7$ 位 $=0$ 表示 OUT 引脚为低电平。$D_6$ 表示计数初值是否已装入减 1 计数器，$D_6=0$ 表示已装入，可以读取计数器。

3. 8254 的工作方式

8254 的 3 个计数器均有 6 种工作方式，其主要区别在于输出波形不同、启动触发方式不同和计数过程中门控信号 GATE 对计数操作的影响不同。

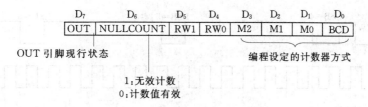

图 7.23　8254 的状态字格式

工作于任何一种方式，都必须先写控制字至控制字寄存器，以选择所需方式，同时使所有逻辑电路复位、使 CR 内容清零及使 OUT 变为规定状态，再向 CR 写入计数初值；然后才能在 GATE 信号的控制下，在 CLK 脉冲的作用下进行计数。写入 CR 的计数初值范围，对二进制计数为 0000H～FFFFH，其中 0000H 为最大值，代表 65536（$2^{16}$）；对十进制（BCD 码）计数为 0000～9999，其中。0000 为最大值，代表 10000（$10^4$）。

（1）方式 0。

方式 0 称为计数到 0 结束输出正跃变信号方式〔Out Signal on End of Count（=0）〕。它是典型的事件计数用法，当计数单元为全 0 时，OUT 信号由低变高，可作为中断请求信号。

方式 0 的基本功能是：当写入控制字后，OUT 信号变为低电平，并维持低电平至 CE 的内容到达零时，此后 OUT 信号变为高电平，并维持高电平至再次写入新的计数值或重新写入控制字。门控信号 GATE 用于开放或禁止计数，GATE 为 1 允许计数，为 0 则停止计数。

8254 工作在方式 0 时，其工作波形如图 7.24 所示。方式 0 的工作特点是：

1）计数由软件启动，每次写入计数初值，只启动一次计数，当计数到零后，并不恢复计数初值，也不重新开始计数，OUT 端保持高电平。只有再次写入计数值后，OUT 变低后才开始新一轮的计数。

2）8254 内部是在 CPU 写计数初值的 $\overline{WR}$ 信号上升沿，将此值写入 CR。CR 内容并不立即装入 CE，而是在其后的下一个 CLK 脉冲下降沿才将 CR 内容装入 CE，开始计数，对该 CLK 脉冲并不计数。因此，若计数初值为 $n$，则必须在出现 $n+1$ 个 CLK 脉冲之后，OUT 信号才变为高电平。这一特点在方式 1、方式 2、方式 4 和方式 5 中也同样具有。

3）在计数过程中可由门控信号控制，如果 GATE=0，则暂停计数，直至 GATE 变 1 后再接着计数。

4）在计数过程中可写入新的计数初值。从写入后的下一个时钟脉冲开始以新的初值计数。如果是 8 位计数，则在写入新的初值（仅低字节）后即按新值开始计数；如果是 16 位计数，则在写入第一字节后，计数器停止计数，在写入第二字节后，计数器才按新值开始计数。

（2）方式 1。

方式 1 称为硬件可重触发单稳（Hardware Retriggerable one‐shot）方式。该方式是由外部门控脉冲（硬件）启动计数，相当于一个可编程的单稳态电路。其特点是：

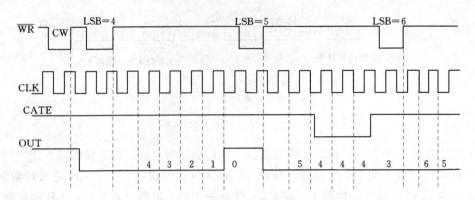

图 7.24 工作方式 0 的波形图

1）写入控制字后，OUT 端输出高电平。写入计数初值后，OUT 端保持高电平，计数器由 GATE 上升沿启动。GATE 启动之后，OUT 变为低电平，每来 1 个 CLK，计数器减 1，当计数值减到 0 时，OUT 输出高电平，从而在 OUT 端输出 1 个负脉冲。负脉冲宽度为计数初值乘以 CLK 脉冲周期。

2）方式 1 具有可重触发性，即允许多次触发。在计数器未减到 0 时，门控信号 GATE 又来 1 个正脉冲，计数初值将重新装入计数器，计数器从初始值开始重新做减 1 计数。

3）在计数过程中，程序员可装入新的计数初值，此时计数过程不受影响。只有当 GATE 再次出现 0—1 的跃变后，计数器才能按新的计数初值做减 1 计数。

8254 工作在方式 1 时，其工作波形如图 7.25 所示。

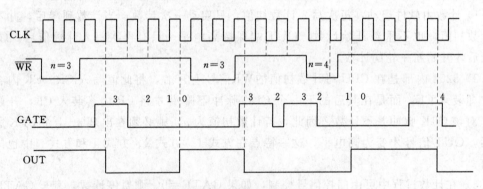

图 7.25 工作方式 1 波形图

比较方式 1 和方式 0 有如下几点不同：

a. 方式 0：设置计数值后立即开始计数（GATE=1）。

b. 方式 1：设置计数值后不一定立即开始计数，只有才开始计数。

c. 方式 0：计数过程可用门控信号脉冲暂停计数。

d. 方式 1：计数过程门控信号不停止计数，而是使计数过程完整重复一次。

e. 方式 0：计数过程中可改变计数值，原计数停止，立即按新的计数值计数。

f. 方式 1：计数过程中改变计数值，现行计数不受影响，新的计数值在下次启动后才起作用。

g. 方式 0：一次计数过程完后，必须重新设置计数值才能再次计数。

h. 方式 1：一次计数过程完后不必重新设置计数值，一次设置的计数值对方式 1 始终有效。

(3) 方式 2。

方式 2 为速率波发生器（Rate Generator）方式，也叫 $n$ 分频方式。方式 2 的特点是计数器有"初值自动重装"的功能，即计数值减到规定数值后，计数初值将会自动地重新装入计数器，所以能够输出固定频率的脉冲。其工作特点如下：

1) 写入控制字后，OUT 输出为高电平。写入计数初值 $n$ 后，如果 GATE 为高电平，则计数器开始做减 1 计数；当计数值减到 1（注意！）时，OUT 输出为低电平，维持一个 CLK 周期，又变为高电平，且计数初值 $n$ 自动重装，计数器开始更新计数，如果 CLK 为周期性脉冲序列，则 OUT 端也输出周期性的负脉冲。负脉冲宽度为一个 CLK 周期，脉冲频率为 CLK 信号频率的 $1/n$，即为 CLK 的 $n$ 分频信号。

2) 如果在做减 1 计数的过程中，GATE 变低，则停止计数。GATE 的上升沿使计数器恢复初值，并从初值开始做减 1 计数。

3) 在计数过程中，如果 GATE 为高电平，则程序员写入新的计数初值，不会影响正在进行的减 1 计数过程，只有计数器减到 1 之后，计数器才装入新的计数初值，并且按新的计数初值开始计数。

8254 工作在方式 2 时，其工作波形如图 7.26 所示。

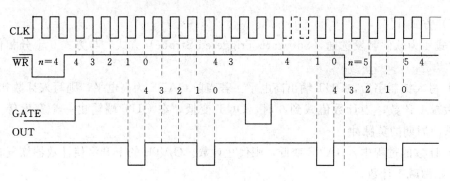

图 7.26 工作方式 2 波形图

(4) 方式 3。

方式 3 称为方波发生器（Square Wave Output）方式。它的典型用法是作为波特率发生器。方式 3 有初值自动重装的功能。其工作特点如下：

1) 写入控制字后，OUT 输出为低电平。写入计数初值 $n$ 后，如果 GATE 为高电平，则在下一个 CLK 脉冲下降沿，OUT 跳变为高电平，同时计数器开始计数。

2) 当计数初值为偶数的时候，每来一个 CLK 脉冲，计数值减 2；当计数值减到 0 的时候输出端改变极性，内部完成初值自动重装，继续计数。因此，输出端为 1 : 1 的方波，正脉冲和负脉冲的宽度均为 $n/2$ 的 CLK 周期。

3) 如果计数初值为奇数，则在 OUT 变为高电平的瞬间，将 CR 内的计数初值减 1 后

209

装入 CE，然后开始减 2 计数。在输入正脉冲期间，每一个 $T_{CLK}$ 使计数值减 2，当计数值减到 $-2$ 时，输出端变成低电平，内部完成初值重装，重装的初值为编程时写入的初值减 1；在输出负脉冲期间，每一个 $T_{CLK}$ 使计数值减 2，当计数值减到 0 时，输出端变成高电平，内部完成初值重装，重装的初值也为编程时写入的初值减 1。输出的正脉冲宽度 $= T_{CLK} \times (n+1) / 2$，输出的负脉冲宽度 $= T_{CLK} \times (n-1) / 2$。

4）计数的过程中，GATE 变低，则停止计数。GATE 上升沿使计数器恢复初值，并从初值开始计数。

5）与方式 2 一样，在计数过程中，如果 GATE 为高电平，则程序员写入新的计数初值，不会影响正在进行的计数过程，只有当前计数操作周期结束之后，计数器才装入新的计数初位，并且按新的计数初值开始计数。

8254 工作在方式 3 时，其工作波形如图 7.27 所示。

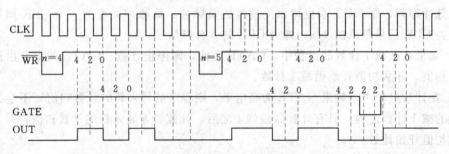

图 7.27 工作方式 3 波形图

（5）方式 4。

方式 4 为软件触发选通（Software Triggered Strobe）方式，与方式 0 十分相似。其工作特点是：

1）写入控制字后，OUT 输出高电平。若当前 GATE 为高电平，则写入计数初值后，开始做减 1 计数；当计数值减到 0 时，OUT 变低，在 OUT 端输出一个宽度等于一个 CLK 脉冲周期的负脉冲。

2）计数的过程中，GATE 变低，则停止计数。GATE 的上升沿使计数器恢复初值从初值开始做减 1 计数。

3）在计数过程中，如果改变计数值，则按新的计数值重新开始计数。

8254 工作在方式 4 时，其工作波形如图 7.28 所示。

（6）方式 5。

方式 5 称为硬件触发选通（Hardware Triggered Strobe）方式，与方式 1 十分相似。其工作特点是：

1）写入控制字之后，OUT 输出为高电平。写入计数初值后，只有在 GATE 端出现 0—1 跃变时，计数初值才能转入计数器，然后在 CLK 脉冲作用下，计数器做减 1 计数；当计数值减为 0 时，OUT 端输出一个 CLK 周期的负脉冲。

2）在计数过程中，若 GATE 端再次出现 0—1 跃变，则计数初值重新装入计数器，在 CLK 脉冲作用下，重新做减 1 计数。

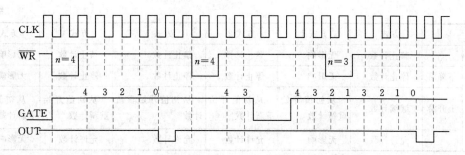

图 7.28　工作方式 4 波形图

3）在计数过程中，如果改变计数初值，只要没有 GATE 上升沿触发，则不影响计数过程；若有，则立即按新的计数初值重新开始计数。

8254 工作在方式 5 时，其工作波形如图 7.29 所示。

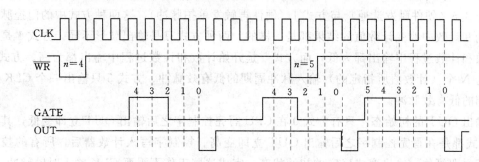

图 7.29　工作方式 5 的波形图

方式 5 与方式 1 的区别是：方式 5 输出的单脉冲（负）宽度为一个 CLK 周期，而方式 1 输出的单脉冲（负）宽度为 $n$ 倍的 CLK 周期（$n$ 为计数初值）。

见表 7.3 列出了 8254 的 6 种工作方式的比较。

表 7.3　　　　　　　　　　　8254 的 6 种工作方式的比较

| | 方式 0 | 方式 1 | 方式 2 | 方式 3 | 方式 4 | 方式 5 |
|---|---|---|---|---|---|---|
| OUT 输出状态 | 写入控制字后变 0，计数结束变 1，并保持至重写控制字或计数初值 | 写入控制字后变 1，GATE 上升沿触发变 0，开始计数，计数结束变 1 | 写入控制字后变 1，计数到 1 变 0，维持一个 $T_{CLK}$ 变 1 | 写入控制字后变 0，装入计数初值且 GATE ＝ 1 则 OUT 变 1，计数到变 0，重装计数初值继续计数，计数到反向 | 写入控制字后变 1，计数结束变 0，维持一个 $T_{CLK}$ 变 1 | 写入控制字后变 1，GATE 上升沿触发开始计数，计数结束变输出一个 $T_{CLK}$ 的负脉冲 |
| 初值自动重装 | 无 | 无 | 计数到 0 重装 | 根据计数初值的奇偶分别重装 | 无 | 无 |
| 计数过程中改变计数初值 | 立即有效 | GATE 触发后有效 | 计数到 1 或 GATE 触发后有效 | 计数结束或 GATE 触发后有效 | 立即有效 | GATE 触发后有效 |

续表

| | | 方式 0 | 方式 1 | 方式 2 | 方式 3 | 方式 4 | 方式 5 |
|---|---|---|---|---|---|---|---|
| GATE 信号的作用 | 0 | 禁止计数 | 无影响 | 禁止计数 | 禁止计数 | 禁止计数 | 无影响 |
| | 下降沿 | 停止计数 | 无影响 | 停止计数 | 停止计数 | 停止计数 | 无影响 |
| | 上升沿 | 继续计数 | 从初值开始重新计数 | 从初值开始重新计数 | 从初值开始重新计数 | 从初值开始重新计数 | 从初值开始重新计数 |
| | 1 | 允许计数 | 无影响 | 允许计数 | 允许计数 | 允许计数 | 无影响 |

对表 7.3 总结如下：

方式 2、方式 4、方式 5 输出的波形是一样的，宽度为一个输入时钟周期的低有效脉冲。这 3 种方式的主要区别是：方式 2 是连续不停地计数和输出。方式 4 是每次都要由程序设置计数值才能计数。方式 5 不用每次设置，但是每次都要有门控信号触发才能计数。

方式 5（硬件触发选通）与方式 1（硬件再触发单拍脉冲），这两种方式中的门控脉冲的作用和计数中改变计数值的结果都是一样的。两种方式只是输出波形不同。方式 1 是开始计数和计数过程中输出都为低，而方式 5 是开始计数和计数过程中输出都为高。方式 1 输出为 $N$ 个（计数值所指定的）输入脉冲周期的低有效脉冲，方式 5 只输出一个 CLK 脉冲周期的低有效脉冲。

输出 OUT 的初始态：只有方式 0 在 CPU 写完控制字之后输出 OUT 立即变低，其他 5 种方式都是在写完控制字之后输出 OUT 立即变高。控制字写入计数器后，所有的控制逻辑都立即复位，输出变成确定的初始状态。完成这些工作不需要 CLK 输入时钟脉冲。

4. 8254 的编程

8254 复位后，3 个计数器的 OUT 引脚均为低电平，8254 内所有寄存器状态未知。和所有的可编程接口芯片一样，要让 8254 工作，首先必须对 8254 进行初始化。在 8254 工作过程中，用户可能需要了解 8254 内部各个计数器的工作情况，这就需要进行工作编程。

（1）初始化编程。

8254 的初始化编程包括两方面：①向控制字寄存器写入方式控制字；②向所使用的计数器写入计数初值。注意：每个计数器在使用前，都要向控制字寄存器中为该计数器写入一个方式控制字。

【例 7.1】　试使用 8254-2 的计数器 0 做频率 5kHz 的方波发生器，假设 8254 的端口地址为 40H～43H，$f_{clk0}=10MHz$。

根据 8254 的工作方式，计数器 0 应工作于方式 3。计数初值 $=f_{clk0} \div f_{out0}=10MHz \div 5kHz=2 \times 10^3$。初始化程序如下：

```
MOV    AL，00110110B
OUT    43H，AL        ；写控制字，定义计数器 0 工作于方式 3，使用 16 位二进制计数
MOV    AX，2000
OUT    40H，AL        ；为计数器 0 送计数初值，先送低 8 位
MOV    AL，AH
OUT    40H，AL        ；为计数器 0 送计数初值高 8 位
```

【例 7.2】 试使用 8254-2 的计数器 2 做 1s 标准时钟。8254 的端口地址假设为 0360H、0362H、0364H 和 0366H，$f_{CLK} = 10MHz$。

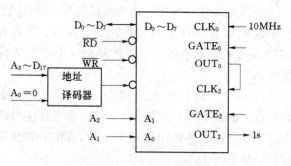

计数器 2 可工作在方式 2，每满 1s 发一个负脉冲，作为 1s 标准时钟。分析端口地址可知，控制字寄存器地址为 0366H，计数器 0、1 和 2 的地址分别为 0360H、0361H 和 0362H。

图 7.30 8254 电路连接图

计数初值 = $f_{clk} \div f_{OUT2}$ = 10MHz ÷ 1Hz = $10 \times 10^6$ = 10000000 > 65536。此时只使用计数器 2 已不敷使用，可用两个计数器级联。例如，使用计数器 0 工作于方式 3，产生 5kHz 的方波，作为计数器 2 的 CLK 信号。电路连接如图 7.30 所示。

此时，计数器 2 的计数初值为 5000。初始化程序如下：

```
MOV     DX, 0366H
MOV     AL, 00110111B
OUT     DX, AL          ；写控制字，定义计数器 0 工作于方式 3，使用 16 位 BCD 计数
MOV     AX, 2000H
MOV     DX, 0306H
OUT     DX, AL          ；为计数器 0 送计数初值，先送低 8 位
MOV     AL, AH
OUT     DX, AL          ；为计数器 0 送计数初值高 8 位
MOV     DX, 0366H
MOV     AL, 10110100B
OUT     DX, AL          ；写控制字，定义计数器 2 工作于方式 2，使用 16 位二进
                         制数
MOV     AX, 5000
MOV     DX, 0364H
OUT     DX, AL          ；为计数器 2 送计数初值，先送低 8 位
MOV     AL, AH
OUT     DX, AL          ；为计算器 0 送计数初值高 8 位
MOV     DX, 0366H
MOV     AL, 10110100B
OUT     DX, AL          ；写控制字，定义计算器 2 工作于方式 2，使用 16 位二进
                         制计数
MOV     AX, 5000
MOV     DX, 0364H
OUT     DX, AL          ；为计算器 2 送计数初值，先送低 8 位
MOV     AL, AH
OUT     DX, AL          ；为计算器 2 送计算器高 8 位
```

（2）工作编程。

　　8254 在工作过程中，用户可以对 8254 的计数器进行工作编程，改变相应 OUT 输出；想知道 8254 各个计数器计数计到了多少、工作在哪种方式、使用什么计数数制及当前 OUT 输出引脚状态等，可以查询 8254 各个计数器的计数值和当前状态，这些统称为工作编程。

　　1) 改变计数器初值。8254 在工作过程中，用户可以改写所有正在工作的计数器的计数初值，根据不同工作方式的特点，改变相应 OUT 输出。此时，这些计数器维持原工作方式不变。新的计数初值是否生效，OUT 输出是否改变，取决于原工作方式的工作过程，请参见表 7.3。

　　2) 读取当前计数值和当前状态。8254 任一计数器的计数值，可用输入指令读取。读操作有以下 3 种方法：

　　a. 直接读计数器，即以普通对计数器端口读的方法取得当前计数值。由于计数器工作单元 CE 的变化在输出锁存器 OL 端可以直接反映出来，因此可以直接使用该计数器地址读当前计数值。但因 CE 始终在变化，故读出的值不稳定。此时，可使 GATE＝0，停止计数。然后对相应的计数器端口进行读操作。

　　b. 在计数过程中，先向 8254 控制寄存器写入一个 $D_7D_6$＝计数器编号、$D_5D_4$＝00 的控制字，锁存相应计数器的当前计数值，然后再对相应的计数器端口进行读操作。

　　c. 在计数过程中，先向 8254 控制寄存器写入读回命令——读出控制字，这里又分 3 种情况：

　　(a) 如果读回命令仅锁存相应计数器的状态信息，则对相应计数器端口进行一次读操作，即可读出状态信息。

　　(b) 如果读回命令仅锁存相应计数器的当前计数值，则对相应计数器端口进行读操作。如果初始化编程时设定的计数初值为 16 位，则进行两次读操作，依次读出计数值的低 8 位和高 8 位。

　　(c) 如果读回命令同时锁存计数器的当前计数值和状态信息，则要对相应的计数器端口执行 2 次读操作，第 1 次读出的是状态信息，第 2 次读出的是当前计数值。如果初始化编程时设定的计数初值为 16 位，则进行 3 次读操作，第 1 次读出的是状态信息，第 2 次读出的是当前计数值的低 8 位，第 3 次读出的是当前计数值的高 8 位。

　　【例 7.3】　设 8254 端口地址为 40H～43H，试读出计数器 2 的当前计数值。

　　使用锁存命令的程序如下：

```
MOV      AL, 10000000B       ; D₄～D₀ 为任意
OUT      43H, AL             ; 锁存计算器 2 的当前计数值
IN       AL, 42H             ; 读计数器 2 的当前计数值低 8 位
MOV      AH, AL
IN       AL, 42H             ; 读计数器 2 的当前计数值高 8 位
XCHG     AH, AL              ; AX 中为计算器 2 的当前值
```

　　也可以：

```
MOV      AL, 10000000B
OUT      43H, AL
```

```
IN      AL，42H
MOV     DL，AL
IN      AL，42H          ；读计数器2的当前计数值高8位
XCHG    AH，AL           ；AX中为计算器2的当前值
```

### 7.3.2 8254 应用举例

PC系列机的定时系统由独立的两部分组成。一部分是控制时序产生电路，产生运算器和控制器等 CPU 内部的控制时序，比如取指周期、存取周期和中断周期等，主要用于 CPU 内部指令的执行过程。另一部分主要用于 CPU 的外围接口芯片，这部分定时电路可按不同的接口芯片产生不同的时序信号。8254 主要应用于后一种。在 82801BA 中，集成了3个有固定用途的计数器，这3个计数器无论从内部结构、功能和工作方式，还是在编程上，都与 8254 完全兼容。82801BA 中集成的 8254，其工作频率可达 14.31818MHz，端口地址为 40H～43H。其中，40H 是计数器0数据口，41H 为计数器1数据口，42H 为计数器2数据口。43H 为控制字寄存器。PC系列机定时系统结构图如图 7.31 所示。

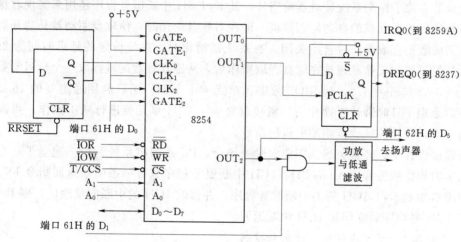

图 7.31　PC 系列机定时系统结构图

1. 计数器0——系统计时器

PC系列微机系统中，计数器0是一个产生时钟信号的系统计时器。系统主要利用它完成日时钟计数。初始化程序如下：

```
MOV     AL，00110110B    ；计算器0控制字，方式3，16位2进制计数
OUT     43H，AL
MOV     AL，0            ；初值为 0000H＝65536
OUT     40H，AL
```

如图 7.31 所示，计数器0的 $GATE_0$ 接＋5V，$CLK_0$ 输入为 1.1931816MHz 方波，工作于方式3，CE 的初值（即置入 CR 的内容）为 0（即 65536），输出信号 $OUT_0$ 连接到中断控制器 8259A（主片）的 $IRQ_0$ 作为中断请求输入线（最高级可屏蔽中断）。此时，

在 $OUT_0$ 引脚上输出的方波脉冲序列频率为：

$$f_{OUT_0}=1.1931816\text{MHz}\div 65536=18.2\text{Hz}$$

即每经过 54.925ms（1/18.2Hz）产生一次 $IRQ_0$ 中断请求。由于主 8259 的 ICW2 一般为 08H，因此根据该中断请求，系统直接调用固化在 BIOS 中的中断类型码为 8 的中断处理程序。

该中断服务程序的主要功能是完成日时钟的计时。系统在 BIOS 数据区的 40：6CH～40：6FH 开辟一个双字存储单元作为系统计时器，再设置 40：70H 一个字节存储单元作为计满 24h 标志。每次中断计时操作就对该系统计时器进行加 1 操作。因为通道 0 中断频率为 18.2 次/s，计满 1h 需要中断 65520 次（18.2×60×60＝65520），24h 需要中断 157304（001800B0H）次。每次中断总是对低字进行加 1，当低字计满为 0 时，高字加 1；当高字计到 0018H、低字计到 00B0H 时，表示计满 24h，双字复位清零，并置 40：70H 单元为 1。用户可以使用 BIOS 功能调用 INT 1AH 操作日时钟。任何一次对中断 INT 1AH 的调用，BIOS 中的中断服务程序将撤销计满 24h 标志，将 40：70H 单元复位为 0。

计数器 0 除了作为系统计时器使用外，其 INT 8H 中断服务程序还用来实现软盘驱动器读写操作后的电动机的自动延迟停机，即在对软盘操作时，使软盘驱动器马达开启一段时间，完成数据存取操作后自动关闭。在系统初始化时，系统设定的延迟时间为 2s。系统控制延迟停机的工作原理是在软盘存取操作后，从磁盘计数区域读取一个延迟常数（一般为 2s÷54.925ms＝37），到 BIOS 数据区单元 40：40H；然后利用通道 0 的 18.2 次/s 的中断，处理了日时钟计时操作后，紧接着对 40：40H 单元值进行减 1 操作；当该单元值减为 0 时，发出关闭软盘驱动电机的命令。

在程序设计中，经常会遇到需要定时的场合，PC 系列机系统为用户建立了一个用户可用的定时操作服务程序入口 1CH。1CH 中断服务程序只有一条中断返回指令 INT。如果用户没有编制 INT 1CH 新的中断服务程序，并修改 1CH 的中断向量地址，则 INT 8H 调用了 1CH 号中断后立即从 1CH 中断返回。

2. 计数器 1—动态存储器定时刷新控制

PC 系列微机系统中，计数器 1 专门用做动态存储器刷新的定时控制。初始化程序如下：

```
MOV     AL, 01010100B
OUT     43H, AL
MOV     AL, 18
OUT     41H, AL
```

如图 7.31 所示，计数器 1 的 $GATE_1$ 同样接高电平＋5V；$CLK_1$ 端的信号也和通道 0 相同，为 1.1931816MHz 的方波脉冲；计数器 1 工作于方式 2；CE 的初值预置为 18（即 0012H）。于是，在 $OUT_1$ 输出一负脉冲序列，负脉冲脉宽为 1÷1.1931816MHz＝838ns，其周期为 18÷1.1931816MHz＝15.08μs。该信号用做 D 触发器的触发时钟信号，每隔 15.08μs 产生一个正脉冲，作为 DMAC8237A 的 0 通道的请求信号 $DREQ_0$，定时地对系统的动态存储器芯片进行一次刷新操作。

　　3. 计数器 2——扬声器音频发生器

　　计数器 2 用于为系统机箱内的扬声器发声提供音频信号。系统利用扬声器发声进行提示和故障报警（如内存条不存在和显卡故障等）；此外，应用程序还可对计数器 2 初始化编程，用于乐曲演奏等。BIOS 中对计数器 2 的初始化编程如下：

```
    ; 功能：按照指定的时间间隔发 896Hz 声音
    ; 调用：CX=指定时间
    ; 返回：无
BEEP PROC FAR
    IN      AL, 61H
    MOV     AH, AH
    PUSH    AX
    MOV     AL, 10110110B
    OUT     43H, AL
    MOV     AX, 0533H
    OUT     42H, AL
    POP     AX
    OR      AL, 03H        ; 置 61H 端口 D0 及 D1 为 1，打开扬声器
    OUT     61H, AL
    NOP
L1: LOOP    L1             ; 延时
    AND     AL, 0FDH       ; 置 61H 端口 D1 为 0，封锁 OUT2 输出
    OUT     61H, AL
    MOV     AL, AH
    OUT     61H, AL
    RET
 BEEP  ENDP
```

　　如图 7.31 所示，计数器 2 的时钟脉冲输入 $CLK_2$ 也是 1.1931816MHz 方波，工作于方式 3，系统中 CR 的内容预置为 0533H（即十进制 1331）。于是，当 $GATE_2$ 为高电平时，$OUT_2$ 将输出频率为 1.1931816MHz÷1331＝896Hz 的方波，该方波信号经放大和滤波后推动扬声器。送到扬声器的信号实际上受到从端口 61H 来的双重控制，端口 61H 的 $D_0$ 位接到计数器 2 的 $GATE_2$ 引脚，计数器 2 的 $OUT_2$ 信号和端口 61H 的 $D_1$ 位同时作为与门的输入，端口 61H 的 $D_0$ 和 $D_1$ 位可由程序决定为 0 或 1，显然只有都为 1，才能使扬声器发出声音。$OUT_2$ 产生的电平还经端口 62H 的 $D_5$ 位供 CPU 检测。

　　利用计数器 2 的这种配置，可以实现软件控制发声，也可以实现硬件控制发声。CPU 控制端口 61H 的 $D_1$ 位的电平变化使扬声器发声称为软件控制发声。这时需要将8254 的 $OUT_2$ 置于高电平，以允许来自端口 61H 的 $D_1$ 位的音频信号通过与门。利用计数器 2 工作于方式 3 输出音频信号来使扬声器发声，称为硬件控制发声。这是 PC 系列机定时系统提供的一项基本功能。通过改变计数初值，可改变 $OUT_2$ 输出方波信号的频率，从而改变扬声器发声的音调。BIOS 中对应程序如下：

功能：按照指定的时间间隔发出指定频率的声音

调用：CX＝指定频率，BX＝指定时间

SOUND PROC FAR

```
        MOV     AL, B6H
        OUT     43H, AL
        MOV     AX, CX
        OUT     42H, AL
        IN      AL, 61H
        MOV     AH, AL
        OR      AL, 03H
        OUT     61H, AL
L1：MOV         CX, 5000H
L2：LOOP        L2
        DEC     BX
        JNZ     L1
        MOV     61H, AL
        RET
SOUND   ENDP
```

在软件控制发声时，发声频率和时间均随不同档次的 PC 机而变化；使用硬件控制发声，如上例，发声频率虽然固定，但发声的时间仍然使用软件延迟实现控制，发声持续时间仍然不固定。

# 7.4　可编程串行通信接口芯片 8251A

8251A 是 Intel 公司生产的一种通用同步/异步数据收发器（USART），被广泛应用于以 Intel 8080、8085、8088、8086 和 8048 等为 CPU 的微型计算机中。它作为可编程通信接口器件，能工作于全双工方式，而且既可工作于同步方式，又可工作于异步方式。

工作于同步方式时，通过对 8251A 进行编程，可选择每个字符的数据位数为 5～8 位，数据传送的波特率为 0～64K 位/s，还可选择内同步或外同步字符。

工作于异步传送方式时，通过编程可选择每个字符的数据位数（5～8 位）、波特率系数（时钟速率与传输速率之比，可为 1、16 和 64）、停止位位数（1、1.5 或 2 位），能检查假启动位，并能自动产生、检测和处理中止符等。异步传送的波特率为 DC ～19.2K 位/s。

无论工作于同步方式还是异步方式，均具有检测奇偶校验错、溢出错和帧错误的功能。下面介绍 8251A 的工作原理和使用方法。

## 7.4.1　8251A 工作原理

1. 8251A 的内部结构和外部引脚

8251A 的内部结构方框图和外部引脚图分别如图 7.32 和图 7.33 所示。它内部由数据总线缓冲器、接收缓冲器、接收控制电路、发送缓冲器、发送控制电路、读/写控制逻辑

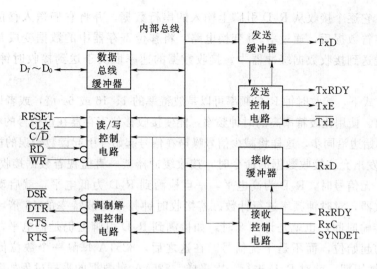

图 7.32　8251A 内部结构方框图

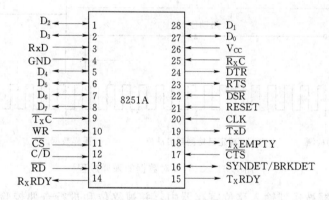

图 7.33　8251A 引脚图

和调制解调器等电路组成，内部总线实现各部件相互间的通信。

8251A 内部各部件及外部各有关引脚的功能分述如下：

（1）数据总线缓冲器。

它用作 8251A 与系统数据总线之间的接口，内部包含 3 个三态、双向和 8 位缓冲器，它们是状态缓冲器、接收数据缓冲器和发送数据/命令缓冲器。前两个缓冲器分别用于存放 8251A 的状态信息和它所接收的数据，CPU 可用 IN 指令从这两个缓冲器中分别读取状态信息和数据。发送数据/命令缓冲器用来存放 CPU 用 OUT 指令向 8251A 写入的数据或命令（控制）字。

与数据总线缓冲器有关的引脚有 $D_7 \sim D_0$ 数据线，它们与系统的数据总线相连，除用来在 8251A 和 CPU 间传送数据外，还传送 CPU 对 8251A 的编程命令和 8251A 送往 CPU 的状态信息。

（2）接收缓冲器和接收控制电路。

接收缓冲器由接收移位寄存器、串/并变换电路和同步字符寄存器等构成，在时钟脉冲的控制下，它逐个接收从 $R_xD$ 引脚上输入的串行数据，并将它们送入移位寄存器，待接收到一个字符数据后，通过串/并变换电路，将移位寄存器中的数据变成并行数据，再通过内部总线送到接收数据缓冲器中。接收数据的速率取决于送到接收时钟端 $R_xC$ 的时钟频率。

在异步方式下，接收时钟 $R_xC$ 频率可以是波特率的 1、16 或 64 倍，或者说波特率系数为 1、16 或 64。使用比波特率高的时钟频率，能使接收移位寄存器在位信号的中间同步，而不是在信号起始边沿同步，这样将减少信号噪声在信号起始处引起读数错误的机会。

当 CPU 发出允许接收数据的命令时，接收缓冲器就一直监视着数据接收引脚 $R_xD$ 上的信号电平。无信号时，$R_xD$ 为高电平，一旦检测到 $R_xD$ 为低电平，就启动接收控制器中的内部计数器，对时钟频率进行计数。若接收时钟频率为波特率的 16 倍，则计数器计到半个数位传输时间，也就是计到 8 时，如检测到 $R_xD$ 引脚上仍是低电平，就确认收到了一个有效的起始位，而不是干扰信号。在这之后，8251A 每隔一个数位传送时间，也就是 16 个时钟周期，就对 $R_xD$ 进行一次采样。8251A 对数据的采样过程如图 7.34 所示。

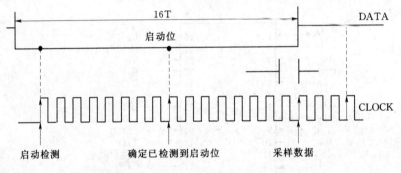

图 7.34　8251A 对数据的采样过程

采集到的数据被送到输入移位寄存器中，并被移位和进行奇偶校验（如果设置奇偶校验的话）等操作，然后删除起始位和停止位，得到并行数据，再经内部总线送到数据总线缓冲器中的接收数据缓冲器。这时使 $R_xRDY$ 引脚输出高电平，用来通知 CPU，8251A 已从外部接收一个字符，等待送到 CPU 去。当 $R_xRDY$ 引脚上产生高电平时，芯片内部状态寄存器中的 $R_xRDY$ 位也被置成高电平。

对于同步传送方式，又分内同步和外同步两种情形。

工作于内同步方式时，CPU 发出允许接收和进入搜索命令后，就一直监测 $R_xD$ 引脚，把接收到的每一位数据送入移位寄存器，并与同步字符寄存器的内容进行比较。若两者不相同，则继续接收数据和进行移位比较等操作；若两者相同，则 8251A 将 SYNDET 引脚置为高电平，表示已实现同步过程。如果对 8251A 编程为采用双同步字符方式工作，则需搜索到两个同步字符后，才认为已实现同步。

若采用外同步方式工作，则由外部电路来检测同步字符。外部检测到同步字符后，就从同步输入端 SYNDET 输入一个高电平，通知 8251A，当前已检测到同步字符，8251A 就会立即脱离对同步字符的搜索过程。只要 SYNDET 上的高电平能维持一个 $\overline{R_xC}$ 时钟周期，8251A 便认为已达到了同步。实现同步之后，接收器才能接收同步数据。首先，接收器利用时钟信号对 $R_xD$ 线进行采样，然后把采得的数据送到移位寄存器中，每当接收到的数据位数达到一个字符所规定的数值时，就将移位寄存器里的内容经内总线送到输入缓冲器中，同时使 $R_xRDY$ 引脚上输出高电平，表示已收到一个可用字符。

与接收端有关的信号有：

1) $R_xD$ (Receiver Data) 接收数据，输入。外部串行数据从 $R_xD$ 引脚逐位移入接收移位寄存器中，经串并变换，变成并行数据后，便进入接收数据缓冲器，等待输入到 CPU 去。

2) $R_xRDY$ (Receiver Ready) 接收数据准备好，输出，高电平有效。此信号有效时，表示接收数据缓冲器中已收到一个字符数据，可将其输入到 CPU 去。当 8251A 与 CPU 之间采用中断方式传送数据时，$R_xRDY$ 可作为中断请求信号，由中断服务程序用 IN 指令读入数据；在查询方式时，此信号可作为一个状态信号，当程序查到此信号为高电平时，由 IN 指令读取数据。每当 CPU 从 8251A 的接收数据缓冲器中读取一个字符后，$R_xRDY$ 就复位为低电平，等到下次接收到一个新字符后，才又变为有效的高电平。

3) SYNDET/BRKDET (Sync Detect/Break Detet) 同步检测/断点检测，输入或输出。8251A 工作于同步方式和异步方式时，该引脚有不同的用处。

当 8251A 工作于同步方式时，它用于同步检测，系统复位时，此引脚变成低电平。对于内同步方式，它为输出信号。如 8251A 检测到了同步字符（在双同步字符情况下，需检测到第二个同步字符）后，SYNDET 输出高电平，表明 8251A 已达到了同步状态。CPU 执行一次读状态操作后，SYNDET 被自动复位。对于外同步方式，SYNDET 为输入信号，该引脚由低电平变为高电平时，使 8251A 在下一个 $\overline{R_xC}$ 的上升沿开始接收字符。一旦达到同步，SYNDET 端的高电平可以去除。对 8251A 编程为外同步检测时，内同步检测是被禁止的。

当 8251A 工作于异步方式时，该引脚为断点检测端，BRKDET 是输出信号。每当 8251A 从 $R_xD$ 端连续收到两个由全 0 数位组成的字符（包括起始、停止和奇偶校验位）时，该引脚输出高电平，表示当前线路上无数据可读，只有当 $R_xD$ 端收到一个 "1" 信号或 8251A 复位时，BRKDET 才复位，变成低电平。断点检测信号可作为状态位，由 CPU 读出。

4) $R_xC$ (Receiver Clock) 接收时钟，由外部输入。$R_xC$ 决定 8251A 接收数据的速率，当 8251A 工作于同步方式时，$\overline{R_xC}$ 端输入的时钟频率应等于接收数据的波特率。如采用异步工作方式，它的频率可以是波特率的 1 倍、16 倍或 64 倍。接收时钟应与对方的发送时钟相同。

(3) 发送缓冲器和控制电路。

当 CPU 要向外部发送数据时，先用 OUT 指令把要发送的数据经 8251A 的发送数据缓冲器并行输入并锁存到发送缓冲器中，再由发送缓冲器中的移位寄存器将并行数据转换成串行数据后，经 $T_xD$ 引脚串行发送出去。

对于异步传送方式，发送控制器能按程序规定的字符格式，给发送数据加上起始位、奇偶校验位和停止位，然后从起始位开始，经移位寄存器移位后，逐位将数据从数据输出

线 $T_XD$ 上发送出去。发送速率取决于 $\overline{T_XC}$ 引脚上接的发送时钟频率，$\overline{T_XC}$ 的频率可以是发送波特率的 1 倍、16 倍或 64 倍。

对于同步传送方式，发送器在发送数据字符之前，先选出 1 个或 2 个同步字符，然后逐位输出串行数据。在同步发送时，字符之间是不允许存在空隙的，若由于某种原因（如出现更高优先级的中断）迫使 CPU 在发送过程中停止发送字符，8251A 将不断自动地插入同步字符，直到 CPU 送来新的字符后，再重新输出数据。同步传送时，数据传输率等于 $\overline{T_XC}$ 的时钟频率。

与发送端有关的信号有：

1）$T_XD$（Transmitter Data）发送数据，输出。8251A 把 CPU 送来的并行数据转换成串行格式后，逐位从 $T_XD$ 引脚发送到外部。

2）$T_XRDY$（Transmitter Ready）发送器准备好，输出，高电平有效。当允许 8251A 发送数据，而且数据总线缓冲器中的发送数据/命令缓冲器为空时，$T_XRDY$ 有效，它表示发送缓冲器已准备好从 CPU 接收一个数据。对于中断传送方式，$T_XRDY$ 有效时请求中断，由中断服务程序用 OUT 指令从 CPU 输出一个数据到 8251A。在查询方式下，$T_XRDY$ 可作为状态信号，当 CPU 检测到该信号有效时，才向 8251A 输出一个数据。当 CPU 向 8251A 输出一个并行数据后，$T_XRDY$ 被清为低电平。

3）$T_XE$（Transmitter Empty）发送器空，输出，高电平有效。当发送器空信号有效时，表示 8251A 发送器中的并行到串行转换器空，也即已完成一次发送操作，缓冲器中已无数据可向外部发送。在异步传送方式，由 $T_XD$ 引脚向外部输出空闲位；在同步传送方式，由于不允许在字符间留有空隙，所以就由 $T_XD$ 引脚向外部输出同步字符。当 8251A 从 CPU 接收到一个数据后，$T_XE$ 便成为低电平。

4）$\overline{T_XC}$（Transmitter Clock）发送器时钟，输入。$\overline{T_XC}$ 确定 8251A 的发送速率。对于同步方式，$\overline{T_XC}$ 端输入的时钟频率应等于发送数据的波特率；对于异步方式，可由软件定义发送的时钟是波特率的 1 倍、16 倍或 64 倍。

（4）读/写控制电路。

读/写控制电路用来接收 CPU 的控制信号和控制命令字，决定 8251A 的工作状态，并向 8251A 内部其余功能部件发送相应的控制信号。从 CPU 送到读/写控制电路的控制信号有：

1）RESET 复位信号，输入，高电平有效。RESET 信号有效时，8251A 进入空闲（Idle）状态，等待对芯片进行初始化编程。在用指令对 8251A 写入复位命令字后，也能使它进入空闲状态。

2）CLK 时钟，输入。时钟信号用来产生 8251A 内部的定时信号。对于同步方式，CLK 的频率必须比 $\overline{T_XC}$ 大 30 倍，对于异步方式，CLK 的频率应比 $\overline{T_XC}$ 和 $\overline{R_XC}$ 大 4.5 倍。

3）$\overline{WR}$ 写，低电平有效。当 $\overline{WR}$ 为低电平时，表示 CPU 正在把数据或控制字写入 8251A。

4）$\overline{RD}$ 读，低电平有效。当 $\overline{RD}$ 为低电平时，表示 CPU 正从 8251A 读出数据或状态信息。

5）$\overline{CS}$ 片选信号，低电平有效。$\overline{CS}$ 为低时，8251A 芯片被选中，可以对它进行读写操作。当 $\overline{CS}$ 为高时，数据总线处于浮空状态，不能对该芯片进行读写操作。$\overline{CS}$ 由地址译码电路产生。

6）C/$\overline{D}$（Control/Data）控制/数据信号，输入。C/$\overline{D}$=1 时，表示当前通过数据总线传送的是控制信息或状态字，当 C/$\overline{D}$=0 时，传送的是数据信息。C/$\overline{D}$、$\overline{RD}$、$\overline{WR}$和$\overline{CS}$这几个信号组合起来组成的读写操作见表 7.4。

**表 7.4**                 **8251A 读 写 操 作 表**

| C/$\overline{D}$ | $\overline{RD}$ | $\overline{WR}$ | $\overline{CS}$ | 操 作 |
|---|---|---|---|---|
| 0 | 0 | 1 | 0 | CPU 从 8251A 读数据 |
| 0 | 1 | 0 | 0 | CPU 向 8251A 写数据 |
| 1 | 0 | 1 | 0 | CPU 读取 8251A 的状态字 |
| 1 | 1 | 0 | 0 | CPU 向 8251A 写控制字 |
| × | 1 | 1 | 0 | 数据总线浮空 |
| × | × | × | 1 | 数据总线浮空 |

由表 7.4 可知，对 8251A 读写数据时，C/$\overline{D}$=0，选择数据端口；向 8251A 写入控制字或从 8251A 读取状态字时，C/$\overline{D}$=1，使用控制端口。

（5）调制解调器控制电路。

当终端和远程计算机或计算机与远程中央处理机之间进行通信时，可用 8251A 作远距离通信接口芯片，并需与调制解调器相连，经标准电话线传输数据。8251A 用 4 条信号线：$\overline{DTR}$、$\overline{DSR}$、$\overline{RTS}$和$\overline{CTS}$来实现与 MODEM 之间的通信联络，联络方式分为同步方式和异步方式两种。在异步方式时，$\overline{R_xC}$和$\overline{T_xC}$信号的频率可以是波特率的 1 倍、16 倍或 64 倍，它们由波特率产生器提供，也可用时钟信号 CLK 经 8253 分频后形成。8251A 与异步 MODEM 的连接如图 7.35 所示。8251A 与同步 MODEM 的连接图与之十分相似，不同之处仅在于同步方式时$\overline{R_xC}$和$\overline{T_xC}$信号直接由调制解调器提供，其频率与波特率的数值相等。

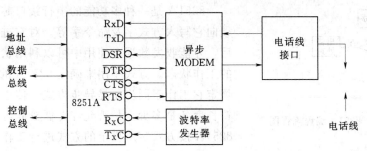

图 7.35   8251A 与异步 MODEM 连接图

通常，将 MODEM 和其他用于远距离发送串行数据的设备称为数据通信设备 DCE（Data Communication Equipment），用于收发数据的终端和计算机称为数据终端设备 DTE（Data Terminal Equipment）。

8251A 与 MODEM 接口的 4 条信号线的功能分述如下：

1）$\overline{DTR}$（Data Terminal Ready）数据终端准备好，输出，低电平有效。当终端电源

接通、做好接收数据的准备工作后，就可向 MODEM 发出有效的$\overline{\text{DTR}}$信号，告诉 MODEM 数据终端已准备好。它可用软件定义，只要使控制字中的 DTR 置位，就能使$\overline{\text{DTR}}$上产生有效的低电平。

2）$\overline{\text{DSR}}$（Data Set Ready）数据装置准备好，输入，低电平有效。$\overline{\text{DSR}}$有效时，表示 MODEM 已准备好数据，实际上它是对$\overline{\text{DSR}}$的回答信号，CPU 可用 IN 指令读入 8251A 状态寄存器中 DSR 位的内容，来检测$\overline{\text{DSR}}$的状态，当 DSR＝1 时，表示$\overline{\text{DSR}}$引脚上产生了有效的低电平。

3）$\overline{\text{RTS}}$（Request To Send）请求发送信号，输出，低电平有效。$\overline{\text{RTS}}$有效时，表示计算机或终端已准备好数据，需要发送，该信号向 MODEM 发出请求发送信号。它可用软件定义，使命令字中的 RTS 位置 1，则$\overline{\text{RTS}}$引脚上将产生有效的低电平信号。

4）$\overline{\text{CTS}}$（Clear to send）发送信号，输入，低电平有效。当 MODEM 收到$\overline{\text{RTS}}$命令，完全做好了发送串行数据的准备之后，就向终端回送 CTS 低电平信号。这时，如果控制字中 $T_X$EN 位＝1，表示 8251A 的发送缓冲器中已收到 CPU 的一个数据，发送器就可以发送串行数据。所以实际上$\overline{\text{CTS}}$是对$\overline{\text{RTS}}$的回答信号。当终端发送完所有字符后，使$\overline{\text{CTS}}$信号变高、发送过程结束。要是在数据的发送过程中清除$\overline{\text{CTS}}$，也就是使$\overline{\text{CTS}}$无效或者使 $T_X$EN＝0，那么发送器将正在发送的字符发送完后就停止继续发送。

在实际使用时，上述 4 个控制信号是通用的，如果需要的话，它们可以被赋予不同的物理意义，用于调制解调器以外的功能。

2．8251A 的编程

8251A 是一种多功能的串行接口芯片，使用前必须向它写入方式字及命令字等。对它进行初始化编程后，才能收发数据，使用中可以利用状态字来了解它的工作状态。方式字用来确定 8251A 的工作方式，如规定它工作于同步还是异步方式，传送的波特率及字符长度各是多少，是否允许奇偶校验等。命令字控制 8251A 按方式字所规定的方式进行工作，如允许或禁止 8251A 收发数据，启动搜索同步字符，迫使 8251A 内部复位等。

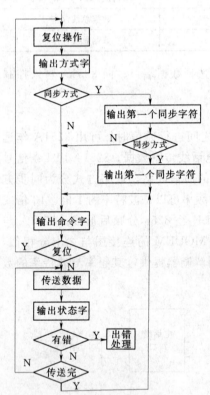

图 7.36　8251A 编程流程图

下面先给出对 8251A 进行初始化编程的流程图，然后对方式字、命令字及状态字的格式分别进行介绍。

（1）8251A 的编程流程图。

当系统上电后用硬件电路使 8251A 复位，或通过软件编程使它复位后，就可对 8251A 进行初始化编程了。对 8251A 进行初始化编程的流程图如 7.36 所示。

由图 7.36 可见，系统复位后首先应将方式字写入控制口，它用来确定 8251A 的工作方式。若将 8251A 置成同步工作方式，则在方式字后，需往控制口写入 1 个或 2 个同步字符，同步字符的个数由方式字的有关位决定。在同步字符之后，往控制口写入命令字。若置为异步工作方式，则在输出方式字后，紧跟着就往控制口写入命令字。写入命令字后就使 8251A 处于规定的工作状态，准备发送或接收数据了。

在传送数据的过程中，若需要改变传送方式，则必须写入使 8251A 内部复位的命令字，然后再重新写入新的方式字和命令字。8251A 在工作过程中，还允许用 IN 指令读取 8251A 的状态字，用于了解 8251A 的当前工作状态，以便控制 CPU 与 8251A 之间的数据交换。

（2）方式字。

8251A 的方式字的格式如图 7.37 所示。方式字的最低两位（$D_1 D_0$）用来定义 8251A 的工作方式，当它们不等于全 0 时，8251A 工作于异步方式。异步方式字格式如图 7.37（a）所示。

$B_1 B_2$ 的 3 种不同取值用来确定波特率系数，也就是 $\overline{T_X C}$、$\overline{R_X C}$ 信号与波特率之间的系数，它们之间有以下关系：

$$收发时钟频率＝收发波特率×波特率系数$$

若收发时钟频率为 19200，波特率系数为 ×16，则收发波特率为 19200/16＝1200。

$L_2 L_1$ 位用来定义数据字符的长度，可以是 5、6、7 或 8 位。PEN 和 EP 位决定是否有校验位及是奇校验还是偶校验。$S_2 S_1$ 位用于决定停止位的个数。

当方式字的最低两位 $D_1 D_0 ＝ 00$ 时，8251A 工作于同步方式，同步方式字的格式如图 7.37（b）所示。ESD 位为外同步检测位，当它为 1 时，8251A 工作于外同步方式，SYNDET 为输入；为 0 时，工作于内同步方式，SYNDET 为输出。SCS 位为单字符同步位，SCS＝1 时，8251A 使用单同步字符；SCS＝0 时，采用双同步字符。$L_2 L_1$ 及 EP、PEN 位的意义与异步方式字相同。

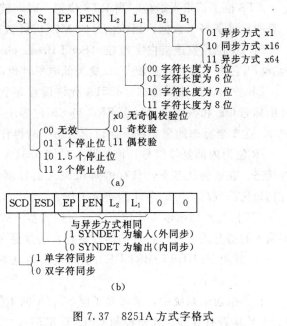

图 7.37 8251A 方式字格式
（a）异步方式；（b）同步方式

（3）命令字。

写入方式字后，必须写入命令字 8251 才能正常工作。

8251A 的命令字格式如图 7.38 所示。

$T_X EN$ 位是允许发送位。只有当 $T_X EN ＝ 1$ 时，才允许发送器通过 $T_X D$ 引脚向外发送数据。

$R_X E$ 位是允许接收位。当 $R_X E ＝ 1$ 时，接收器才能通过 $R_X D$ 线接收从外部发送过来

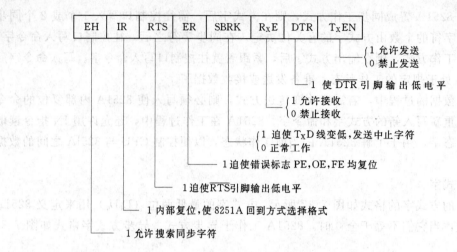

图 7.38　8251A 命令字格式

的串行数据。

DTR 是数据终端准备好位。当 DTR 位置 1 时，就迫使 $\overline{DSR}$ 引脚输出有效的低电平，用以通知 MODEM，数据终端已做好了接收数据的准备。

RTS 位是请求发送位，当 RTS 位置 1 时，就迫使 $\overline{RTS}$ 引脚输出有效的低电平，表示计算机已准备好了数据，用该信号向 MODEM 或外设请求发送数据。

SBRK 位是发送空白字符位（Send Break character）。正常工作时，SBRK 位应保持为 0，当它为 1 时，就迫使 $T_XD$ 变为低电平，也就是一直在发送空白字符（全 0）。

ER 位是清除错误标志。8251A 允许设置 3 个出错标志，它们是奇偶校验错标志 PE、溢出标志 OE 和帧校验错标志 FE。当 ER 位等于 1 时，将 PE、OE 和 FE 3 个标志位同时清 0。这 3 个标志的意义在下面讨论状态字时再作进一步说明。

IR 位为内部复位信号。该位置 1 时使 8251A 内部复位，迫使 8251A 回到接收方式字的状态。在这种状态下，只有再向 8251A 的控制口写入一个新的方式字，重新对芯片进行初始化编程后，8251A 才能正常工作。

EH 位为外部搜索方式位，它只对内同步方式有效。该位置 1 时，8251A 会从 $R_XD$ 引脚输入的信息流中搜索特定的同步字符，若找到了同步字符（双同步时要搜索到两个同步字符），就使 SYNDET/BRKDET 引脚输出高电平。

（4）状态字。

在数据通信系统中，常常要了解 8251A 的工作状态，如检查传送中是否产生了错误，$T_XRDY$ 是否有效等，以便控制 CPU 与 8251A 之间的数据交换。8251A 内部设有状态寄存器，CPU 可随时用 IN 指令读取状态寄存器的内容，在 CPU 读状态时，8251A 将自动禁止改变状态。状态字的格式如图 7.39 所示。

图 7.46 中 $R_XRDY$、$T_XE$、SYNDET/BRKDET 位的意义与同名引脚的功能完全相同。

$T_XRDY$ 是发送器准备好状态位，它与引脚信号有些区别。对于状态寄存器中的 $T_XRDY$ 位，只要发送数据缓冲器空就被置 1；而引脚 $T_XRDY$ 置 1 的条件是，发送数据

图 7.39　8251A 状态字格式

缓冲器空、$\overline{\text{CTS}}=0$ 和 $T_X\text{EN}=1$ 必须同时成立。

PE 位是奇偶校验错标志位（Parity Error）：当检测到奇偶错误时，PE＝1 表示当前产生了奇偶校验错误，它由命令指令中的 D4（ER）位复位，它并不中止 8251A 的工作。

OE 位是溢出（丢失）错误标志位（Overrun Error）。若 CPU 还没把输入缓冲器中的前一个字符取走，新的字符又被送入缓冲器，OE 标志位便被置 1，表示产生了溢出。该标志位不禁止 8251A 工作，发生溢出错误时，表示前一个字符已经丢失。

FE 为帧错误标志（Frame Error）。只用于异步方式。一帧数据必须以起始位开始，停止位结束，中间是字符位和奇偶校验位（若允许校验的话）。若任一个字符的结束处没有检测到有效的停止位，则 FE 标志置 1。该标志不禁止 8251A 工作。

当向 8251A 输出命令字并使 ER 位置 1 时，则 PE、OR 和 FE 这 3 个标志被复位。

DSR 位是数据装置准备好位：当 $\overline{\text{DSR}}$ 引脚输入为"0"电平时，标志位 DSR＝1，表示调制解调器已准备好发送数据。

**3. 8251A 初始化编程举例**

（1）异步方式初始化程序。

在接通电源时，8251A 能通过硬件电路自动进入复位状态，但不能保证总是正确地复位。为了确保送方式字和命令字之前 8251A 已正确复位，应先向 8251A 的控制口连续写入 3 个全 0，然后再向该端口送入一个使 D₆ 位等于 1 的复位控制字（40H），用软件命令使 8251A 可靠复位。它被复位后，就可向它写入方式字和命令字，这两个字都被写入控制口。8251A 是通过写入次序来区分这两个字的，先写入的是方式字，在方式字后送入控制口的是命令字。

另外要注意的是，对 8251A 的控制口进行一次写入操作后，需要有写恢复时间。若 CLK 引脚上输入时钟信号的周期为 1，须经过 16 个时钟周期（16t）后才能再写入第二个字。即两次写操作之间必须延时 16 个时钟周期才能保证可靠写入。最简单的做法是在两次写操作之间插入几条指令。再加上 OUT 指令本身要 8 个时钟周期，使延时时间足以超过 16 个时钟周期。下面给出能实现这种延时功能的程序段，为便于多次调用，程序段以宏指令的形式给出：

```
REVTIME     MACR（）
            MOV CX，02          ；4 个时钟周期
D0：         LOOP D0            ；17 个或 5 个时钟周期
```

ENDM

但在向 8251A 写入数据字符时，不必考虑这种恢复时间，这是因为 8251A 必须等前面一个字符移出后，才能写入新字符，移位所需的时间通常远大于恢复时间。

若要求 8251A 工作于异步方式，波特率系数为 16，具有 7 个数据位，一个停止位，有偶校验，控制口地址为 3F2H，写恢复时间程序为 REVTIME，则对 8251A 进行初始化的程序为：

```
MOV     DX, 3F2H          ;控制口
MOV     AL, 00H
OUT     DX, AL            ;向控制口写入"0"
REVTIME                   ;延时，等待写操作完成
OUT     DX, AL            ;向控制口写入第二个"0"
REVTIME                   ;延时
OUT     DX, AL            ;向控制口写入第三个"0"
REVTIME                   ;延时
MOV     AL, 40H           ;复位字
OUT     DX, AL            ;写入复位字
REVTIME                   ;延时
MOV     AL, 00010101B     ;命令字：允许接收发送数据，清错误标志
OUT     DX, AL            ;写入命令字
```

（2）同步方式初始化程序。

如果 8251A 工作于同步方式，则初始化 8251A 时，先和异步方式一样，向控制口写入一个 0 和一个软件复位命令字（40H），接着向控制口写入方式字，然后往控制口送同步字符。若方式字中规定为双同步字符，则需对控制口再写入第二个同步字符。常用 ASCII 字符集中的 16H 作为收发双方同意的一个同步字符。写入同步字符后，再对 8251A 的控制口写入一个命令字，选通发送器和接收器，允许芯片对从 $R_xD$ 引脚上送来的数据位搜索同步字符。

现在仍假设 8251A 的控制口地址为 3F2H，写恢复延时程序为 REVTIME，如要求 8251A 工作于同步方式，采用双同步字符、奇校验、数据位为 7 位，则对 8251A 写入复位字以后的初始化程序为：

```
......                    ;先向控制口写入 3 个 0，再送复位字 40H
MOV     DX, 3F2H          ;控制口
MOV     AL, 00011000B     ;方式字：双同步、内同步、奇校验、7 个数据位
OUT     DX, AL            ;送方式字
REVTIM                    ;延时
MOV     AL, 16H
OUT     DX, AL            ;送入第一个同步字符
REVTIME
MOV     AL, 10010101B     ;命令字：启动搜索同步字符，错误标志复位，允许收发
OUT     DX, AL
```

### 7.4.2 EIA RS-232C 串行口和 8251A 应用举例

1. EIA RS-232C 串行口

在 20 世纪 60 年代，随着串行通信技术在计算机领域中的广泛使用，电子工业协会 EIA (Electronic Industry Association) 开发了一个 EIA RS-232C 串行接口标准，这里 RS 意为推荐标准 (Recommend Standard)。这个标准对串行接口电路中所用的插头、插座的规格，各引脚的名称和功能，信号电平等均做了统一的规定。各厂家必须按此标准来配置串行接口，以便于互连。

RS-232C 标准具体规定如下：

(1) 信号电平。

逻辑高电平（或 MARK）：有负载时为 $-3V \sim -15V$，无负载时为 $-25V$。

逻辑低电平（或 SPACE）：有负载时为 $+3V \sim +15V$，无负载时为 $+25V$。

通常使用 $+12V$ 作为 RS-232C 电平。但由于如今广泛使用的计算机本身及 I/O 接口芯片多采用 TTL 电平，即 $0 \sim 0.8V$ 为逻辑 0，$+2.0V \sim +5V$ 为逻辑 1，显然，它与 RS-232C 电平不匹配。为此，必须设计专门的电路来进行电平转换。

典型的电平转换电路是 MCl488 和 MCl489。发送数据时用 MCl488，它将 TTL 电平转变为 RS-232C 电平。MCl488 工作时，需用 $\pm 12V$ 两种电源供电，接收数据时用 MCl489，它将 RS-232C 电平转换成 TTL 电平。1489 只需用单一的 $+5V$ 电源供电。

近年来又出现了一类新型的电平转换器，如美国 MAXIM 公司推出的 MAX232、MAX233，如图 7.40 所示，它们仅需 $+5V$ 电源供电，使用十分方便。这两种电平转换器均可将 2 路 TTL 电平转换成 RS-232C 电平，也可将 2 路 RS-232C 电平转换成 TTL 电

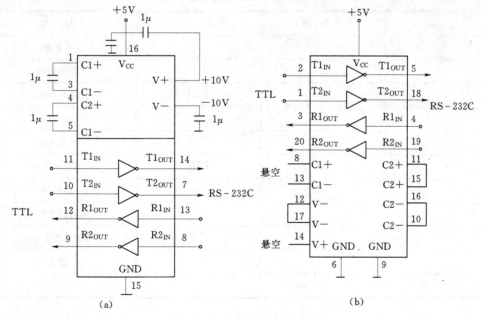

图 7.40 两种 RS-232C 串行口电平转换器
(a) MAX232；(b) MAX233

平。使用时要注意的是 MAX232 需外接 5 个 $1\mu$ 的电容，而 MAX233 不需外接电容，使用起来更加方便，但 MAX233 的价格要略高一点。

（2）接插件规格。

RS-232C 串行接口规定使用 25 芯的 D 型插头插座进行连接，其引脚形状和引脚号如图 7.41（a）所示。对不需要用 25 芯引脚的系统上，常采用 9 芯 D 型接插件，其形状和引脚号如图 7.41（b）所示。图中给出的都是凸型接插件，此外还有凹型接插件，使用这些插件时，要注意在插头座上所标的引脚序号。

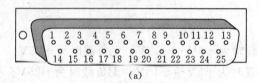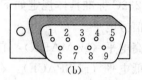

图 7.41　RS-232C 的接插件（凸型）

(a) 25 引脚 PDB-25P；(b) 9 引脚 DB-9P

（3）信号定义。

RS-232C 标准对 25 芯插件的每一个引脚的信号名称、功能等都做了具体的规定，还有几个引脚未定义或予以保留，以备今后扩充时用。在多数应用情况下，仅用到其中的少数几个引脚信号，见表 7.5 给出了最基本引脚的名称和功能，9 芯插件的主要信号也在表中给出。

表 7.5　　　　　　　　　　　RS-232C 最基本引脚的名称和功能

| 9 芯引脚 | 25 芯引脚 | 名　称 | 功　能 |
|---|---|---|---|
|  | 1 |  | 保护地 |
| 3 | 2 | $T_XD$ | 发送数据 |
| 2 | 3 | $R_XD$ | 接收数据 |
| 7 | 4 | $\overline{RTS}$ | 请求发送 |
| 8 | 5 | $\overline{CTS}$ | 清除发送 |
| 6 | 6 | $\overline{DSR}$ | 数据装置准备好 |
| 5 | 7 | GND | 信号地 |
| 1 | 8 | $\overline{CD}$ | 载波信号检测 |
| 4 | 20 | $\overline{DTR}$ | 数据装置准备好 |
|  | 9, 10 | — | 保留 |
|  | 11, 18, 25 | — | 未定义 |

在上述信号中，有保护地（1 脚）和信号地（7 脚）两个地信号，其中信号地是所有信号的公共地。为了防止在信号地上感应大的交流地电流，必须在终端或计算机的电源处把这两个地信号连在一起。

对于 $T_X D$ 和 $R_X D$ 这两根数据信号线，EIA 的逻辑 1 表示数字位的 1 或 MARK（实际的负电压），EIA 的逻辑 0 表示数字位的 0 或 SPACE（实际的正电压），使用电平转换器时都加了反相器。对于 $\overline{RTS}$，$\overline{CTS}$，$\overline{DSR}$ 等控制状态信号线来说，EIA 的逻辑 0 为信号有效状态，即开关的接通状态（ON），此时电平值为 $+3V\sim+15V$。

2. 8251A 应用举例

利用 RS-232C 串行口进行较近距离串行通信时，CPU 和大多数外设相连或 CPU 与 CPU 之间进行通信时，不需要使用 MODEM。最常用的方法是采用三线传输的最小方式进行通信，即只使用发送数据线 $T_X D$、接收数据线 $R_X D$ 及地线进行通信，其中地线可与 25 芯插件的 1、7 脚相连。

下面举一个实际例子来进一步说明 8251A 和 RS-232C 的使用方法。假如有两台以 8086 为 CPU 的微机之间需进行通信，它们用 8251A 作接口芯片，通过 RS-232C 串行接口实现通信，电路如图 7.42 所示。图中仅画出一台微机的接口电路，另一台微机的接口部分完全是类似的。

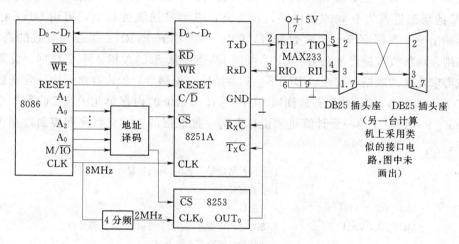

图 7.42 双机通信接口电路图

由图 7.42 可见，8251A 的 $\overline{RD}$、$\overline{WR}$、RESET 等信号与 CPU 的相应端相连，8251A 的 $D_7\sim D_0$ 和 8086 的低 8 位数据线 $D_7\sim D_0$ 相连，8251A 的片选信号由地址译码电路提供，$C/\overline{D}$ 与地址总线的 $A_1$ 相连，用于选择数据口和控制口。这些信号的连接方法前面已介绍过了。

从图 7.42 中可以看出，8251A 的主时钟和 CPU 使用同一个时钟 CLK，这里假设主时钟 CLK 的频率为 8MHz。CLK 还经分频电路分频后形成 2MHz 的信号，送到 8253 的 $CLK_0$ 输入端，再经 8253 分频后，送到 8251A 的 $\overline{R_X C}$ 和 $\overline{T_X C}$，作 8251A 的接收时钟和发送时钟。

若 8253 工作于方式 3，串行数据传送的波特率为 9600Db，波特率系数为 16，则 $\overline{R_X C}$ 和 $\overline{T_X C}$ 的频率应是：

$$9600\times16=153600\text{Hz}=0.1536\text{MHz}$$

8253 的通道 0 的分频系数为：

$$N＝2MHz/0.1536MHz＝13$$

这样，系统工作时，便可从 OUT。端得到频率为 0.1536MHz 的方波信号的接收时钟信号 $\overline{R_xC}$ 和发送时钟信号。

由于 8251A 的输入输出信号均是 TTL 电平，与 RS－232C 的电平不一致，因此输出信号 $T_xD$ 要经 1488 转换成 RS－232C 电平后才能将数据发送出去；反之，另一台计算机送来的 $R_xD$ 信号是 RS－232C 电平，也要经 1489 转换成 TTL 电平后才能送给 8251A。另外，在使用 RS－232C 标准的 25 芯接插件时要注意，不能直接将双方的输出信号线（2 脚）接在一起，也不能直接将输入信号线（3 脚）接在一起，这样将无法工作，而必须按图 7.42 中所示，采用交叉连接的方法。也就是说将第一台机器的发送端 $T_xD$（2 脚）与第二台机器的接收端 $R_xD$（3 脚）相连，将第二台机器的发送端与第一台机器的接收端相连，这样才能使一方发送数据，另一方接收数据。

假如第一台计算机所用的 8251A 的数据口和控制口地址分别为 1F0H 和 1F2H，两台机器之间采用查询方法、异步传送和半双工通信。发送数据时，发送端 CPU 不断查询 $T_xRDY$ 的状态是否为有效的高电平，若为高，表示发送缓冲器空，可用 OUT 指令向 8251A 输出一个数据字节。接收数据时，CPU 不断检测 $R_xRDY$ 是否为有效的高电平，若为高则表示接收数据已准备好，CPU 可用 IN 指令从 8251A 输入一个数据。设第一台计算机要求发送的数据存放在以 BUFF_T 为始址（偏移量）的内存单元中，发送数据个数为 COUNT_T，接收数据存放到以 BUFF_R 为始址的内存单元中，接收数据个数为 COUNT_R，则对于第一台计算机来说，发送一批数据的初始化程序和控制数据传送的程序为：

```
        ……              ;先向控制口写3个0，再向控制口写入40H，
                         ;使系统复位
BET-T:  MOV DX，1F2H      ;控制口
        MOV AL，7AH       ;方式字：异步方式、7个数据位、1个停止位
                         ;偶校验、波特率系数为16
        OUT  DX，AL
        MOV CX，02H       ;延时
D1：     LOOP DX，AL
        MOV  AL，11H
        OUT  DX，AL       ;清除错误标志，允许发送
        MOV  CX，02H      ;延时
D2：     LOOP D2
        MOV  DI，BUFF_T   ;发送缓冲区地址
        MOV  CX，COUNT_T  ;发送数据个数
NEXT_T: IN  AL，DX        ;读入状态
        TEST AL，1F0H     ;TₓRDY有效吗?
        JZ   NEXT_T      ;是，则等待
        MOV  DX，1F0H     ;数据口地址送DX
        MOV  AL，[DI]     ;从缓冲区取一个数据
        OUT  DX，AL       ;向8251A输出一个数据
```

```
        INC    DI               ;修改缓冲区指针
        LOOP   NEXT_T           ;没送完则继续
        ……                      ;送完
```

同一台机器上接收一批数据的初始化程序和控制数据传送的程序为：

```
        ……                      ;使系统复位
BEG_R： MOV    DX,1F2H          ;控制口
        MOV    AL,7AH
        OUT    DX,AL            ;送出方式字,同发送部分
        MOV    CX,02H           ;延时
D3：    LOOP   D3
        MOV    AL,14H
        OUT    DX,AL            ;输出命令字,清错误标志,允许接收
        MOV    CX,02H           ;延时
D4：    LOOP   D4
        MOV    DI,BUFF_R        ;接收数据缓冲区地址
        MOV    CX,BOUNT_R       ;接收数据个数
NEXT_R：AL,38H                  ;读入状态字
        TEST   AL,02H           ;RₓRDY 有效吗?
        JZ     NEXT_R           ;否,循环等待
        TEST   AL,38H           ;是,检查是否有错
        JNZ    ERROR            ;有错,则转出错处理程序
        MOV    DX,1F0H          ;无错
        IN     AL,DX            ;读入一个数据
        MOV    [DI],AL          ;输入数据到缓冲区
        INC    DI               ;修改缓冲区指针
        LOOP   NEXT_R           ;数据没有完成则继续
        ……                      ;完成
ERROR：……                       ;出错处理
```

同样,在第二台计算机上,也需要编写类似的初始化程序和数据收发程序。两台计算机之间进行通信时,双方的波特率必须一致。

事实上,一台计算机不仅可以与另一台计算机进行通信,还可与 CRT 终端、单片机开发系统或其他具有串行接口的外设通信。发送时 $\overline{T_xC}$ 可以用 8253 一类的定时器/计数器电路对主时钟分频后产生,也可由专门的波特率产生器提供。数据传送也可采用全双工方式,这时双方可以同时收发数据。

# 7.5 模 拟 信 号 接 口

在微型计算机构成的测控系统中,经常需要将外设的模拟信号转换成微机能进行处理的数字信号。同时,也需要将微机输出的数字信号转换成外设所要求的模拟信号。因此,由模拟到数字的转换(A/D)和由数字到模拟的转换(D/A)是微机工程应用中非常重要的接口技术。计算机数据采集系统的主要功能是进行模拟信号与数字信号的转换,同时进

行计算机内部与外部的数据交换。本节主要讨论数字/模拟（D/A）和模拟/数字（A/D）转换的接口技术。

### 7.5.1　D/A 转换器（DAC）

#### 1．DAC 的基本原理

数字量是由一位一位的数位构成的，每一位数值都有一个确定的权。为了把一个数字量变为模拟量，必须把每一位的代码按其权值转换为对应的模拟量，再把每一位对应的模拟量相加，这样得到的总模拟量便对应于给定的数据。

通常可以用如图 7.43 所示的权电阻 DAC 网络来实现。与二进制代码对应的每个输入位，各有一个模拟开关和一个权电阻。当某一位数字代码为 1 时，开关合上，将该位的权电阻接至基电源以产生相应的权电流。此权电流流入运算放大器的求和点，转换成相应的模拟电压输出。当数字的某一位输入代码为 0 时，开关断开，因而没有电流流入求和点。

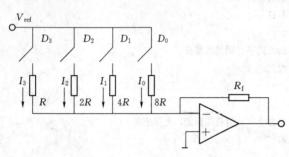

图 7.43　权电阻 DAC

图 7.43 中，$V_0 = -(I_0 D_0 + I_1 D_1 + I_2 D_2 + I_3 D_3)R_f$

$$I_0 = V_{ref}/(8R)$$
$$I_1 = V_{ref}/(4R)$$
$$I_2 = V_{ref}/(2R)$$
$$I_3 = V_{ref}/(1R)$$
$$V_0 = -[(D_0/8 + D_1/4 + D_2/2 + D_3)R_f V_{ref}]/R$$

当二进制位数为 N 时，有：

$$V_0 = \frac{R_f}{2^n R}V_{ref}\sum_{i=0}^{n-1}D_i \times 2^i = -\frac{M}{2^n}V_{ref}\frac{R_f}{R}$$

式中　$D_i = 0$ 或 1——二进制数各位的值；

$M$——二进制数的数值。

权电阻 DAC 虽然简单、直观，但当位数较多时，例如转换位数为 12 位时，阻值范围将达到 4096∶1。如果最高位（MSB）权电阻阻值是 10kΩ 时，则最低位（LSB）权电阻阻值将高达 40.96MΩ，这样大的阻值范围显然在工艺上是难以实现的。

在实际应用中，通常由 T 形电阻（R−2R）电阻网络和运算放大器构成 D/A 转换器，如图 7.44 所示。由于使用 T 形电阻网络来代替单一的权电阻支路，整个网络只需要 R 和 2R 两种电阻，很容易实现。在集成电路中，由于所有的元件都做在同一芯片上，所以，电阻的特性很一致，误差问题也可以得到较好的解决。

由图 7.44 中可以看出，是一个 4 位二进制转换图，任何一个支路中，如果开关倒向左边，支路中的电阻便接地了，这对应于该位的 $D_i = 0$ 的情况；如果开关倒向右边，电阻就接到加法电路的相加点上去了，对应于该位 $D_i = 1$ 的情况。对图 7.44 所示电路，很容易算出 D、C、B、A 各点的电位分别为 $V_{ref}$、$V_{ref}/2$、$V_{ref}/4$、$V_{ref}/8$。当各支路的开关倒

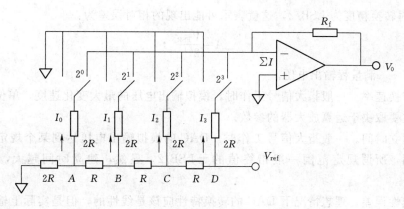

图 7.44 T 形网络 DAC

向左边时，各支路电流分别为：

$$I_0 = \frac{V_A}{2R} = \frac{V_{\text{ref}}}{16R} = \frac{V_{\text{ref}}}{2^4 R} 2^0$$

$$I_1 = \frac{V_B}{2R} = \frac{V_{\text{ref}}}{8R} = \frac{V_{\text{ref}}}{2^4 R} 2^1$$

$$I_2 = \frac{V_C}{2R} = \frac{V_{\text{ref}}}{4R} = \frac{V_{\text{ref}}}{2^4 R} 2^2$$

$$I_3 = \frac{V_D}{2R} = \frac{V_{\text{ref}}}{2R} = \frac{V_{\text{ref}}}{2^4 R} 2^3$$

$$I = I_0 + I_1 + I_2 + I_3 = \frac{V_{\text{ref}}}{2^4 R}(2^3 D_3 + 2^2 D_2 + 2^1 D_1 + 2^0 D_0)$$

$$V_0 = -IR_{\text{f}} = -\frac{V_{\text{ref}}}{2^4 R} V_{\text{ref}}(2^3 D_3 + 2^2 D_2 + 2^1 D_1 + 2^0 D_0)$$

当二进制位数为 $n$ 位时，

$$V_0 = -\frac{R_{\text{f}}}{2^n R} V_{\text{ref}} \sum_{i=0}^{n-1} 2^i D_i = -\frac{M}{2^n} V_{\text{ref}} \frac{R_{\text{f}}}{R}$$

式中 $D_i = 0$ 或 1——二进制各位的值。

2. DAC 的参数指标

（1）DAC 的分辨率。通过电阻网络，可以把不同的数字量转换成大小不同的电流，从而可以在运算放大器输出端得到大小不同的电压。如果由数值 0 每次增加 1，一直变化到 $n$，那么就可以得到一个阶梯波电压，阶梯波的每一级增量对应于输入数据的最低数位 1，即表示 DAC 的分辨率。一个 M 位二进制 DAC 的分辨率可以表示为 $1/2^n$，也常用百分比表示，位数 M 越多，分辨率就越高。

（2）转换精度。转换精度通常又分为绝对转换精度和相对转换精度。

所谓绝对转换精度，就是指每个输出电压接近理想值的程度，它与标准电源的精度和权电阻的精度有关。

相对转换精度是更常用的描述输出电压接近理想值程度的指标，一般由绝对转换精度相对于满量程输出的百分比表示，有时也用最低位（LSB）的几分之几表示。例如，一个

DAC 的相对转换精度为 LSB/2，这就表示可能出现的相对误差为：

$$\Delta A = \frac{V_{FSR}}{2^{n+1}}$$

式中　$V_{FSR}$——满量程输出电压。

（3）转换速率。一般指大信号工作时，模拟输出电压的最大变化速度，单位为 $V/\mu s$，这项参数主要取决于运算放大器的参数。

（4）建立时间。一般指大信号工作时，DAC 的模拟输出电压达到某个规定范围时所需要的时间，所谓规定范围一般指终值的 $\pm LSB/2$。显然，建立时间越大，转换速率越低。

（5）线性误差。理想情况下 DAC 的转换特性应该是线性的，但是实际上输出特性并不是理想线性的。一般将实际转换特性偏离理想转换特性的最大值，称为线性误差。

（6）单级 DAC 的输出电压。给定一个数字量 M，DAC 的输出模拟电压为：

$$V_0 = \frac{M}{2^n} V_{ref}$$

式中　$V_{ref}$——基准电压；

　　　　$n$——数字量的位数。

由于 $M \leqslant 2^n - 1$，因此 $V_0 < V_{ref}$。

3. 典型 DAC 器件

当前使用的 DAC 器件中，既有分辨率和价格均较低的通用 8 位芯片，也有速度和分辨率较高、价格也较高的 16 位乃至 20 位及其以上的芯片。既有电流输出型芯片，也有电压输出型芯片，即内部带有运算放大器的芯片。DAC0832 是 8 位 D/A 转换器，是 DAC0800 系列的一种。DAC0832 与微机接口方便，转换控制容易，且价格便宜，因此在实际中得到了广泛的应用。

（1）主要特性。该系列产品还有 DAC0830、DAC0831，它们可以互相替换。DAC0832 具有以下特性：

1）字输入端具有双重缓冲功能，可以双缓冲、单缓冲或直通数字输入。

2）与所有通用微处理器有直接接口。

3）满足 TTL 电平规范的逻辑输入。

4）分辨率为 8 位，满刻度误差 $\pm 1LSB$，建立时间为 $1\mu s$，功耗为 20MW。

5）电流输出型 D/A 转换器。

（2）内部结构及引脚。DAC0832 采用（R-2R）T 形电阻解码网络，由二级缓冲寄存器和 D/A 转换电路及转换控制电路组成。如图 7.45 所示为其内部逻辑功能示意图。

DAC0832 芯片为 20 脚双列直插式封装，其引脚功能说明如下：

1）$\overline{CS}$：片选信号，输入寄存器选择信号，低电平有效。与允许输入锁存信号 ILE 合起来决定是否起作用。

2）ILE：输入锁存允许信号，高电平有效。

3）$\overline{WR_1}$：写信号 1。作为第一级锁存信号将输入数据锁存到输入寄存器中，$\overline{WR_1}$ 必须和 $\overline{CS}$、ILE 同时有效。

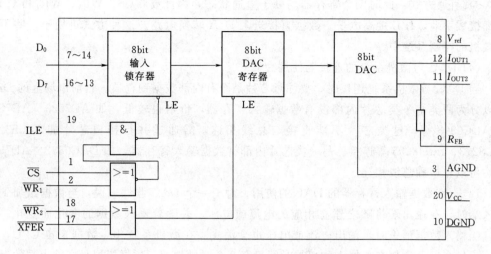

图 7.45　DAC0832 内部逻辑功能示意图

4) $\overline{WR_2}$：写信号 2。将锁存在输入寄存器中的数据送到 DAC 寄存器中进行锁存，此时传输控制信号$\overline{XFER}$必须有效。

5) $\overline{XFER}$：传输控制信号，用来控制$\overline{WR_2}$。

6) $D_0 \sim D_7$：8 位数据输入端。$D_7$ 为 MSB，$D_0$ 为 LSB。

7) $I_{OUT1}$：模拟电流输出端。常接运算放大器反相输入端，随 DAC 中数据的变化而变化。

8) $I_{OUT2}$：模拟电流输出端。$I_{OUT2}$ 为一常数和 $I_{OUT1}$ 的差，$I_{OUT1} + I_{OUT2} =$ 常数。

9) $R_{FB}$：反馈电阻引出端。DAC0832 内部已经有反馈电阻。所以，$R_{FB}$ 端可以直接接到外部运算放大器的输出端。

10) $V_{ref}$：参考电压输入端。此端可接正电压，也可接负电压，范围为$-10 \sim +10V$。

11) $V_{CC}$：芯片供电电压。范围为$+5 \sim +15V$，最佳工作状态是$+15V$。

12) AGND：模拟地，即模拟电路接地端。

13) DGND：数字地。

为保证 DAC0832 可靠地工作，要求$\overline{WR_2}$和$\overline{WR_1}$的宽度不小于 500ns，若 $V_{CC} = 15V$，宽度则可为 100ns。输入数据的保持时间不少于 90ns，这在与微机接口时都容易满足。同时，不用的数字输入端不能悬空，应根据要求接地或 $V_{CC}$。

（3）DAC0832 的工作方式。DAC0832 有以下 3 种工作方式：

1) 双缓冲方式：即数据经过双重缓冲后再送入 D/A 转换电路，执行两次写操作才能完成一次 D/A 转换，这种方式可在 D/A 转换的同时，进行下一数据的输入，可提高转换速率。更为重要的是，这种方式特别适用于要求同时输出多模拟量的场合。此时，要用多片 DAC0832 组成模拟输出系统，每片对应一个模拟量。

2) 单缓冲方式：不需要多个模拟量同时输出时，可采用此种方式。此时两个寄存器之一处于直通状态，输入数据只经过一级缓冲送入 D/A 转换器。这种方式只需执行一次写操作，即可完成 D/A 转换。

3）直通方式：此时两个寄存器均处于直通状态，因此要将$\overline{\text{CS}}$、$\overline{\text{WR}_1}$、$\overline{\text{WR}_2}$和$\overline{\text{XFER}}$端都接数字地，ILE接高电平。数据直接送入 D/A 转换电路。这种方式可用于一些不采用微机的控制系统中。

（4）DAC 与微机系统的连接与使用。

当 DAC 与微机系统连接时，要注意芯片是否有内部数据锁存器。目前市场上的 DAC 可以分为两类：一类芯片内部没有数据输入寄存器，价格也较低，如 AD7520、AD7521 和 ADC0808 等。这类芯片不能直接与总线相连，需通过并行接口芯片如 74LS373、74LS273、Intel8255 等连接。另一类芯片内部有数据输入寄存器，如 DAC0832、AD7524 等，可以直接和总线相连。

1）不带数据输入寄存器的 DAC 的使用。对于一个 DAC 器件来说，当数据量加到其输入端时，在输出端将随之建立相应的电流或电压，并随着输入数据的变化而变化。同理，当输入数据消失时，输出电流或电压也会消失。在微机系统中，数据来自 CPU，执行输出指令后，数据在总线上的保持时间只有 2 个时钟周期，这样模拟量在输出端的保持时间也很短。但在实际使用中，要求转换后的电流或电压保持到下次数据输入前不发生变化。为此就要求在 DAC 的前面增加一个数据锁存器，再与总线相连，如图 7.46 所示。图 7.46 中译码器的接法决定了锁存器的端口地址。

对于 8 位数据总线的微机系统来说，如果 DAC 超过 8 位，这时用一个 8 位锁存器就不够了。如 12 位的 DAC，就需用两个锁存器与总线相连。工作时，CPU 通过两条输出指令往两个锁存器对应的端口地址中输出 12 位 DAC 的数据。具体的连接方法如图 7.47 所示。

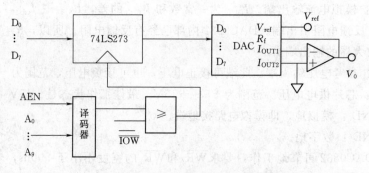

图 7.46　不带数据输入锁存器的 DAC 的连接

采用图 7.47 所示的电路时，CPU 要两次执行输出指令，DAC 才得到所需要的电流。在第一次执行输出指令后，DAC 就得到了一个局部输入，由此输出端会得到一个局部的信号——实际上并不需要的模拟量输出，因而产生了一个干扰输出，显然这是不希望的。为此往往用两级数据锁存结构来解决以上这一问题。工作的 CPU 先用 2 条输出指令把数据送到第一级数据锁存器，然后通过第 3 条输出指令把数据送到第二级数据锁存器，从而使 DAC 一次得到 12 位待转换的数据。可以想到，由于第二级数据锁存器并没有和数据总线相连，所以第 3 条输出指令仅仅是使第二级锁存器得到一个选通信号，使得第一级锁存器的输出数据引入第二级锁存器。

2）带有数据输入寄存器的 DAC 的使用。这类 DAC，实际上是将外围寄存器集成在

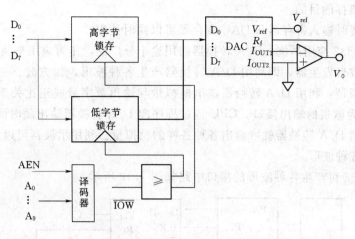

图 7.47 超过 8 位的 DAC 与 8 位总线的连接

同一个芯片中,使用时就可以直接将 DAC 与数据总线相连。下面以 DAC0832 为例介绍这类 DAC 芯片的使用方法。

DAC0832 内部有一个 T 形电阻网络,用来实现 D/A 转换,属电流型芯片,需外接运算放大器才能得到模拟电压输出。从图 7.48 中可以看到,在 DAC0832 中有二级锁存器,第一级锁存器称为输入寄存器,它的锁存信号是 ILE;第二级锁存器也称为 DAC 寄存器,它的锁存信号是 $\overline{\text{XFER}}$,也称为通道控制信号。因为有了两级锁存器,DAC0832 可以工

作在双锁存器的工作方式,即在输出模拟信号的同时,送入下一个数据,于是有效地提高了转换速度。另外,有了两级锁存器以后,可以在多个 DAC 同时工作时,利用第二级锁存信号来实现多个 DAC 的同时输出。

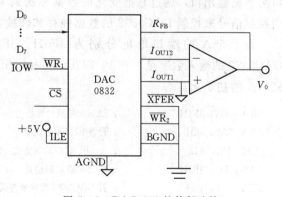

图 7.48 DAC0832 的外部连接

在图 7.48 中,当 ILE 为高电平,$\overline{\text{CS}}$ 和 $\overline{\text{WR}_1}$ 为低电平时,LE 为 1,这种情况下,输入寄存器的输出随输入而变化。此后,当 $\overline{\text{WR}_1}$ 由低电平变高时,数据锁存到输入寄存器中,这时,输入寄存器

的输出端不再随外部数据的变化而变化。对于第二级锁存器来说,$\overline{\text{XFER}}$ 和 $\overline{\text{WR}_2}$ 同时为低电平时,8 位 DAC 寄存器的输出随输入而变化。此后当 $\overline{\text{WR}_2}$ 由低电平变高时,即将输入锁存器中的数据锁存到 DAC 寄存器中。为了 DAC0832 进行 D/A 转换,可以使用两种方法对数据进行锁存。

第一种方法是使输入寄存器工作在锁存状态,而 DAC 寄存器工作在不锁存状态,即 $\overline{\text{XFER}}$ 和 $\overline{\text{WR}_2}$ 都为低电平。这样当 $\overline{\text{WR}_1}$ 来一个负脉冲时,就可完成一次变换,如图 7.48 所示。

第二种方法是输入寄存器工作在不锁存状态,而使 DAC 寄存器工作在锁存状态,这

样也可以达到锁存的目的。

当然，必要时输入寄存器和 DAC 寄存器可以同时使用。

（5）DAC0832 应用举例。D/A 转换器的用途十分广泛，作为应用举例，这里介绍 D/A 转换器作为波形发生器，即利用 D/A 转换器产生各种波形，如方波、三角波和锯齿波等。其基本原理是：利用 D/A 转换器输出模拟量与输出数字量成正比关系这一特点，将 D/A 转换器作为微机的输出接口，CPU 通过程序向 D/A 转换器输出随时间呈不同变化规律的数字量，则 D/A 转换器就可输出各种各样的模拟量。利用示波器可以从 D/A 转换器输出端观察到各种波形。

用 DAC0832 可产生各种波形的接口电路如图 7.49 所示。

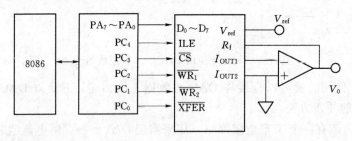

图 7.49　用 DAC0832 作波形发生器的接口电路

图 7.49 中利用并行接口 8255A 作为 CPU 与 DAC0832 之间的接口，且 8255A 的 A 口为数据输出口，通过它把变化的数据传送到 DAC0832，用 C 口的 $PC_4 \sim PC_0$ 共 5 位作为控制信号来控制 DAC0832 的数据锁存和转换工作。

设 8255A 的端口地址分别为 3F0H、3F1H、3F2H 和 3F3H。通过编程，改变 DAC0832 的输入数字量，在 $V_0$ 端获得各种输出电压波形。

8255A 的初始化：

```
    MOV  DX, 3F3H        ; 8255A 控制口地址
    MOV  AL, 80H         ; 设置 8255A 方式字
    OUT  DX, AL          ; A、B、C 口均为方式 0 输出
    MOV  DX, 3F2H        ; 8255A 的 C 口地址
    MOV  AL, 10H         ; 置 DAC0832 为直通方式
    OUT  DX, AL
```

生成锯齿波循环：

```
      MOV  DX, 3F0H      ; 8255A 口地址
      MOV  AL, 00H       ; 输出数据初值
LOP：OUT  DX, AL         ; 锯齿波输出
      INC  AL            ; 修改数据
      JMP  LOP           ; 锯齿波循环
```

上述程序段能产生如图 7.50 所示的正向锯齿波形。从 0 增长到最大输出电压，中间要分成 256 个小台阶，但从宏观上看，仍然是一个线性增长的电压。对于锯齿波的周期可以用延时进行调整，在 JMP 指令前加延时程序，可以控制台阶的大小，从而调整锯齿波

的周期。当延时时间较短时可用几条 NOP 指令来实现。此外，若要产生负向锯齿波，只要将数据从最大（全"1"）逐渐减小到 0 即可生成三角波循环。

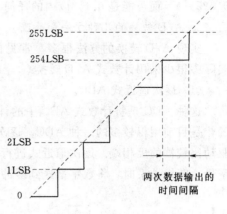

图 7.50 正向锯齿波形

按类似的方法还可以产生方波和梯形波，方波的宽度可以用延时程序来实现，作为练习，读者可编写产生三角波、方波和梯形波的程序段。

### 7.5.2 A/D 转换器（ADC）

A/D 是 D/A 的逆过程，它把模拟信号转换成数字信号。

1. A/D 转换器的主要参数

（1）转换精度。

由于模拟量是连续的，而数字量是离散的，所以，一般是某个范围内的模拟量对应于某一个数字量，也就是说在 ADC 中，模拟量和数字量之间并不是一一对应的关系。例如，一个 ADC，在理论上应是模拟量 5V 电压对应数字量 800H，但是，实际上 4.997V、4.998V、4.999V 也对应数字量 800H。这就存在着一个转换精度问题，这个精度反映了 ADC 的实际输出接近理想输出的精确程度。ADC 的精度通常是用数字量的最低有效位 LSB 来表示。设数字量的最低有效位对应于模拟量 $\Delta$，这时称 $\Delta$ 为数字量的最低有效位的当量。

如果模拟量在 $\pm\Delta/2$ 范围内都产生相对应的唯一的数字量，那么，这个 ADC 的精度为 0LSB。这个误码差是不可避免的。

如果模拟量在 $\pm\Delta 3/4$ 范围内部产生相同的数字量，那么，这个 ADC 的精度为 $\pm 1/4$LSB。这是因为与精度为 $\pm$0LSB（误差范围）的 ADC 相比，现在这个 ADC 的误差范围扩展了 $\pm\Delta/4$。依此类推，如果模拟量在 $\pm\Delta$ 范围内产生相同的数字量，那么这个 ADC 的精度为 $\pm 1/2$LSB。

（2）转换速率。

转换速率是用完成一次 A/D 转换所需要的时间和倒数来表示的。因此，转换速率表明了 ADC 的速率。

例如完成一次 A/D 转换所需要的时间是 100ns，那么，转换速率为 10MHz，有时也标 10M-SPS，即每秒转换 $10^7$ 次。

（3）分辨率。

ADC 的分辨率表明了能够分辨最小量化信号的能力，通常用位数来表示。对于一个实现 $N$ 位二进制转换的 ADC 来说，它能分辨的最小量化信号的能力为 $2^N$ 单位，所以，它的分辨率为 $2^N$。例如 $N=12$ 的 12 位的 ADC，分辨率为 $2^{12}=4096$ 单位。

在这里需要注意的是，分辨率虽然说明了 A/D 变换的精度，但是并不等于 A/D 变换的精度。这时因为在变换时，器件的输出与输入之间并不是严格的线性关系，这就是说，实际上输出的数并不是严格按等分距离分布的。例如某个 A/D 器件的分辨率是 12 位，但是精度可能只有 0.1%，在这时，4000 与 4001 所代表的电压差别并不一定是 1/4095（$\approx$

0.025%），而可能是 0.1%以内的任何一个值。

2. A/D 转换的几种方法和原理

实现 A/D 转换的方法很多，常见的有计数式、双积分式、逐次逼近式和并行式等，实际中很少采用计数式 A/D 转换。

（1）逐次逼近式 ADC。

这种 ADC 是将计数式 ADC 中的计数器换成由控制电路控制的逼近寄存器演变而来的，是目前用得较多的一种 ADC。逐次逼近式 ADC 在转换时，使用 DAC 的输出电压来驱动比较器的反相端。逐次逼近式进行转换时，用一个逐次逼近寄存器输出转换出来的数字量，转换结束时，将数字量送到缓冲寄存器中，如图 7.51 所示。

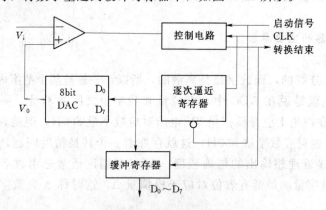

图 7.51　逐次逼近式 ADC

当启动信号由高电平变为低电平时，逐次逼近寄存器清 0，这时 DAC 的输出电压 $V_0$ 也为 0。当启动信号变为高电平时，转换开始，逼近寄存器开始计数。

逐次逼近寄存器工作时从最高位开始，通过设置试探值来进行计数。即当第一个时钟脉冲来到时，控制电路把最高位置 1 送到逐次逼近寄存器，使它的输出为 10000000。这个数字送 DAC，使 DAC 的输出电压 $V_0$ 为满量程的 128/225。这时，如果 $V_0 > V_i$，比较器输出为低电平，使控制电路据此清除逐次逼近寄存器中的最高位，逐次逼近寄存器内容变为 00000000，如果 $V_0 < V_i$，则比较器输出高电平，使控制电路将最高位的 1 保留下来，逐次逼近寄存器内容保持为 10000000。下一个时钟脉冲使次高位为 1，如果原高位被保留时，逐次逼近寄存器的值变为 11000000，DAC 的输出电压 $V_0$ 为满量程的 192/255，并再次与 $V_i$ 作比较。如 $V_0 > V_i$，比较器输出的低电平使 $D_6$ 复位；如果 $V_0 < V_i$，比较器输出的高电平保留了次高位 $D_6$ 为 1。再下一个时钟脉冲对 $D_5$ 位置 1，然后根据对 $V_0$ 和 $V_i$ 的比较，决定保留还是清除 $D_5$ 位上的 1，……，重复这一过程，直到 $D_0 = 1$，再与输入 $V_i$ 比较。经过 $N$ 次比较后，逐次逼近寄存器中得到的值就是转换后的数据。

转换结束后，控制电路送出一个低电平作为结束信号，这个信号的下降沿将逐次逼近寄存器的数字量送入缓冲寄存器，从而得到数字量的输出。一般来说，$N$ 位逐次逼近法 ADC，只用 $N$ 个时钟脉冲就可以完成 $N$ 位转换。$N$ 一定时，转换时间是一常数。显然逐次逼近法 ADC 的转换速度是比较快的。

从转换原理可知，SAR 的位长是转换精度的决定因素，逐次逼近寄存器 SAR 位数越长，精度越高，但转换速度越慢。

例如：假定 SAR 是一个 4 位寄存器，A/D 转换器的满量程模拟输入量值位 1V，若输入的模拟量值 $V_i = 0.67V$，在转换开始时，最初先置最高位 D3 为 "1"（即 1000），这个码值经 D/A 转换后的值相当于全量程 $V_{max}$ 的 1/2，D/A 将码值 1000 转换后的电压 $V_c$ 与输入模拟量 $V_i$ 进行比较，现 $V_c = 0.5V$，$V_i = 0.67V$，$V_i > V_c$，则保留 D3 为 "1"，下一步使下一位 D2 为 "1" 形成码 1100，经 D/A 转换后，$V_c = 0.75V$，再与 $V_i$ 比较，此时，比较结果 $V_i < V_c$，所以将 D2 清零，接着将 D1 置 "1"，SAR 寄存器的码值为 1010，经 D/A 转换成 0.625V，再比较得 $V_i > V_c$，所以 D1 位保留，接着置 D0 为 "1" 加权比较，SAR 为 1011，即对应 0.6875V，此时，由于 SAR 的 4 位已全部置满，转换器就将 SAR 的值作为模拟量经过 A/D 转换后的数字量输出。转换过程如图 7.52 所示。

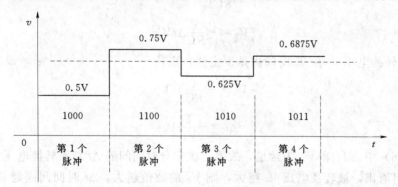

图 7.52  四位逐次逼近方式 A/D 转换过程

由上可知，逐次逼近法与天平秤物体重量的原理相类似，首先是设定一个初值进行比较，多去少补，逐次逼近。转换器从能表示的数值范围的最高位向最低位逐位加权试探。若给出的数值经 D/A 转换器后的模拟量值大于输入的模拟量值，则该位清 "0"，反之，则该位保留 "1"，比较一次后，最高位的数据就定下来。然后在进行下一位的加权试探，这样一直到最低位。

（2）双积分式 ADC。

双积分式 ADC 的原理如图 7.53 和图 7.54 所示，电路中的主要部件包括积分器、比较器、计数器和标准电源。

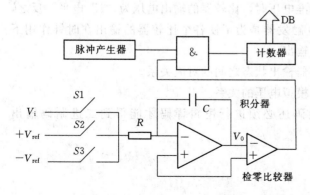

图 7.53  双积分式 ADC 工作原理

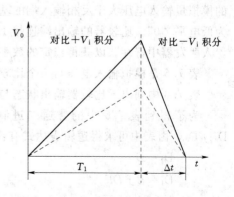

图 7.54  双积分式 ADC 工作图

其工作过程分为两段时间，$T_1$ 和 $\Delta t$。

在第一阶段（取样阶段）时间内，开关 $S_1$ 将被转换的电压 $V_i$ 接到积分器的输入端，双积分式模/数转换器对输入电压 $V_i$ 进行固定时间的积分，固定器的取样积分时间 $T_1$，为从原始状态（0V）开始积分，当积分到 $T_1$ 时，积分器的输出电压 $V_0$ 为：

$$V_0 = -\frac{1}{\mathrm{RC}}\int_0^{T_1} V_i \mathrm{d}t \tag{7.1}$$

第二阶段（比较阶段），$T_1$ 结束后，开关 $S_1$ 断开，$S_2$ 或 $S_3$ 将与被转换电压 $V_i$ 极性相反的基准电压 $V_{\mathrm{ref}}$ 接到积分器上，这时，积分器的输出电压开始复原，当积分器输出电压回到起点（0V）时，积分过程结束。设这段时间为 $\Delta t$，此时积分器的输出为：

$$V_0 + \frac{1}{\mathrm{RC}}\int_0^{\Delta t} V_{\mathrm{ref}} \mathrm{d}t = 0 \tag{7.2}$$

$$V_0 = -\frac{1}{\mathrm{RC}}\Delta t V_{\mathrm{ref}} \tag{7.3}$$

如果被转换电压 $V_i$ 在 $T_1$ 时间内是恒定值，则：

$$V_0 = -\frac{1}{\mathrm{RC}}T_1 V_1 \tag{7.4}$$

$$\Delta t = -\frac{T_1}{V_{\mathrm{ref}}}V_i \tag{7.5}$$

式（7.6）中，$T_1$ 和 $V_{\mathrm{ref}}$ 为常量，故第二次积分时间间隔 $\Delta t$ 与被转换电压 $V_i$ 成正比。由图 7.54 可看出，被转换电压 $V_i$ 越大，则 $V_0$ 的数值越大，$\Delta t$ 时间间隔越长。若在 $\Delta t$ 时间间隔内计数，则计数值即为被转换电压 $V_i$ 的等效数字值。注意图 7.54 中没有考虑实际积分器的负号问题。

（3）并行比较式 A/D。

逐次逼近方式的 A/D 转换器市场上常见。它属于串行编码，从最高位到最低位一位一位地逼近转换，要花费一定的时间。在一些要求变换速度很高的场合就需要采用并行编码的模/数转换器。如图 7.55 所示是一个 3 位并行比较模/数转换器的原理图。

假设基准电压 $V_{\mathrm{ref}} = +4\mathrm{V}$，经过 8 个高精度等值分压电阻得到一系列基准电压 +3.5V、+3.0V、+2.5V、+2.0V、+1.5V、+1.0V 和 +0.5V 共 7 个基准电压。这些基准电压分别接到 7 个电压比较器的反向输入端。正常工作时，当比较器的正向输入端的模拟量输入电压大于反相输入端的基准电压时，比较器的输出电压为 "1" 电平，反之，为低电平 "0"。比较器的输出端连接 D 触发器是为了使各个比较器的输出在时钟作用下置入触发器中寄存，以获得稳定的数字输出。

表 7.6 是模拟输入电压与 7 个比较器输出状态之间的对应关系。

表 7.6 中列出了比较器输出状态与模拟电压的关系。

为了得到表 7.6 中的普通二进制码还必须进行逻辑译码才能得到二进制码输出 $D_2 D_1 D_0$，由表中可求得逻辑表达式有：

$D_2 = D$

$D_1 = B + \overline{D}F$

$D_0 = AA + \overline{B} \cdot C + \overline{D} \cdot E + \overline{F} \cdot G$

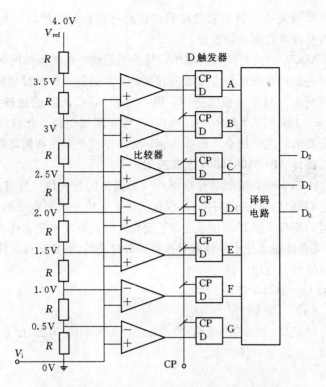

图 7.55　3 位并行比较模/数转换器原理图

表 7.6　　　　　　　　　　　　输入电压与比较器输出状态之间的对应关系

| 模拟电压 (V) | 比较器输出状态（D 触发器状态） | | | | | | | 权编码二进制 | | |
|---|---|---|---|---|---|---|---|---|---|---|
| | A | B | C | D | E | F | G | $D_2$ | $D_1$ | $D_0$ |
| $4V > V_i \geqslant 3.5V$ | 1 | 1 | 1 | 1 | 1 | 1 | 1 | 1 | 1 | 1 |
| $3.5V > V_i \geqslant 3.0V$ | 0 | 1 | 1 | 1 | 1 | 1 | 1 | 1 | 1 | 0 |
| $3.0V > V_i \geqslant 2.5V$ | 0 | 0 | 1 | 1 | 1 | 1 | 1 | 1 | 0 | 1 |
| $2.5V > V_i \geqslant 2.0V$ | 0 | 0 | 0 | 1 | 1 | 1 | 1 | 1 | 0 | 0 |
| $2.0V > V_i \geqslant 1.5V$ | 0 | 0 | 0 | 0 | 1 | 1 | 1 | 0 | 1 | 1 |
| $1.5V > V_i \geqslant 1.0V$ | 0 | 0 | 0 | 0 | 0 | 1 | 1 | 0 | 1 | 0 |
| $1.0V > V_i \geqslant 0.5V$ | 0 | 0 | 0 | 0 | 0 | 0 | 1 | 0 | 0 | 1 |
| $0.5V > V_i \geqslant 0.0V$ | 0 | 0 | 0 | 0 | 0 | 0 | 0 | 0 | 0 | 0 |

　　上述逻辑表达式可以用逻辑门电路实现，就得到了 3 位二进制数码。

　　通过前面对逐次比较式、双积分式 A/D、并行 ADC 比较，可以看出它们的应用场合。

　　1）双积分式 ADC。它在许多场合代表了一类计数式转换器，属于间接转换，采用的是积分技术，它们共同的特点是转换速度较低，精度可以达到较高。它们多数是利用平均值转换，所以对常态干扰的抑制能力强，常用在数字电压表等低速场合。

　　2）逐次比较式 ADC。它的转换速度要比积分式的转换速度高得多，精度也可以达到较高，控制电路不算很复杂。因为它是对瞬时值进行转换的，所以对常态干扰抑制能力差，适用于要求转换速度较高的情况下。

3）并行比较 ADC。它的转换速度很快，理论上完成一次转换的时间仅需要时钟一个节拍时间，但这种转换器在完成较多位数的转换时，所需的器件数量急剧增加，逻辑电路也越复杂。通常情况下，对于 $n$ 位二进码，并行比较 ADC 所需的比较器数目 $m=(2^n-1)$，当 $n=4$ 时，$m=15$，当 $n=5$ 时，$m=31$，位数 $n$ 增加 1 位，比较器数目就加倍。它常用于对转换速度要求较高的场合，例如雷达、数字电视机及高速瞬态信号记录仪等。

### 7.5.3　典型 ADC 器件 ADC0808/0809 及其应用

ADC0808 和 ADC0809 除精度略有差别外（前者精度为 8 位，后者为 7 位），其余各方面完全相同。它们都是 CMOS 器件，不仅包括一个 8 位逐次逼近型的 ADC 部分，而且还提供一个 8 通道的模拟多路开关和通道寻址逻辑，因此有理由把它作为简单的"数据采集系统"。利用它可直接输入 8 个单端的模拟信号分时进行 A/D 转换，这在多点巡回检测和过程控制、机床控制中应用广泛。

1. 主要技术指标和特性如下：

（1）分辨率：8 位。

（2）总的不可调误差：ADC0808 为 ±1/2LSB，ADC0809 为 ±1LSB。

（3）转换时间：取决于时钟频率。

（4）单一电源：+5V。

（5）模拟电压输入范围：单极性 0～5V；双极性 ±5V、±10V（需外加一定电路）。

（6）具有可控的三态输出缓冲器。

（7）启动转换控制为脉冲式（正脉冲），上升沿使所有内部寄存器清零，下降沿使 A/D 转换开始。

（8）使用时不需进行零点和满刻度调节。

2. 外部引脚

ADC0808 和 ADC0809 的外部引脚如图 7.56 所示。

（1）$IN_0 \sim IN_7$：8 路模拟输入，通过 3 根地址译码线 A、B、C 来选通一路。

（2）$D_0 \sim D_7$：A/D 转换后的数据输出端，为三态可控输出，故可直接与微处理器数据线连接。

（3）A、B、C：模拟通道选择地址信号，A 为低位，C 为高位，3 位译码分别选通 8 路模拟输入 $IN_0 \sim IN_7$。

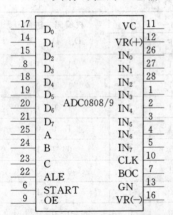

图 7.56　ADC0808/9 引脚图

（4）VR(+)、VR(−)：正负参考电压输入端，用于提供片内 DAC 电阻网络的基准电压。在单极性输入时，VR(+)=5V，VR(−)=0；双极性输入时，VR(+)、VR(−) 分别接正、负极性的参考电压。

（5）ALE：地址锁存允许信号，高电平有效。当此信号有效时，A、B、C 3 位地址信号被锁存，译码先通过模拟通道，在使用时，该信号常与 START 信号连在一起，以便同时锁存通道地址和启动 A/D 转换。

（6）START：A/D 转换启动信号，正脉冲有效。加于该端的脉冲的上升沿使逐次逼近寄存器清零，下降沿开始 A/D 转换，如正在进行转换时又接到新的启动脉冲，则原来的转换进程被中止，重新从头开始。

（7）EOC：转换结束信号，高电平有效，该信号在 A/D 转换过程中为低电平，其余时间为高电平。该信号可作为被 CPU 查询的状态信号，也可作为对 CPU 的中断请求信号。在需要对某个模拟量不断采样、转换的情况下，EOC 也可作为启动信号反馈到 START 端，但在刚加电时需由外电路第一次启动。

（8）OE：输出允许输入信号，高电平有效。当微处理器送出该信号到输入端时，ADC0808/0809 的输出三态门被打开，使转换结果通过数据总线被读走。在中断工作方式下，该信号往往是 CPU 发出的中断请求响应信号。

（9）CLK：工作时钟，10～1280kHz。

3. ADC0809 应用举例

ADC0809 为多通道 A/D 转换芯片，适用于多通道数据采集。在与 CPU 接口时，既可采用查询方式，也可采用中断方式。下面以中断方式为例进行说明。

ADC0809 与 8086CPU 的连接如图 7.57 所示。

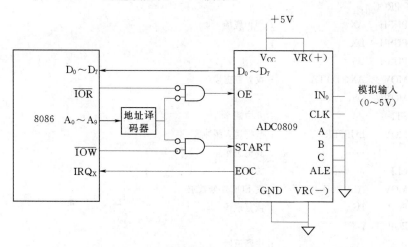

图 7.57　ADC0809 在中断方式下与 8086CPU 的连接图

ADC0809 片内带有三态锁存缓冲器，故其数据输出线直接与系统数据总线相连。转换结束后只要执行 IN 命令，控制 OE 端为高电平即可读入转换后的数字量。CPU 执行 OUT 指令即可启动信号使 START 端产生正脉冲，与读取数据占用同一端口地址，设为 200H。ADC0809 有 8 个模拟通道，本例使用 $IN_0$ 通道，所以地址锁存信号 ALE 和通道地址 C、B、A 均接低电平就可实现只选 $IN_0$ 通道。由于采用中断方式，转换结束信号 EOC 应接到中断控制器的中断请求输入端，当转换结束时，EOC 由低变为高电平，向 CPU 提出中断请求，在中断服务程序中读取转换结果并送内存单元。

采用中断方式，主程序主要完成启动 A/D 转换，设置中断服务的工作环境。启动转换后，主程序就可以做其他的事。当转换结束时，ADC0809 输出 EOC 信号送至 8259A 产生中断请求。CPU 相应中断后，转入中断服务程序的执行。中断服务程序的主要任务就是读取转换结果，将数据送入缓冲区。

主程序如下：

```
DATA   SEGMENT
        BUFFER        DB        0
        ⋮
DATA   ENDS
CODE   SEGMENT
        ASSUM     CS: CODE, DS: DATA
START: ……                       ;设置中断向量等工作
        ……                      ;8259A 初始化
        STI                     ;开中断
        MOV    DX, 200H         ;ADC0809 口地址
        OUT    DX, AL           ;启动 A/D 转换
        ……                      ;此后 CPU 可作其他工作
        ……                      ;等待转换结束后的中断请求

;中断服务程序
IN - OUT PROC
        PUSH   AX               ;保护现场
        PUSH   DX               ;
        PUSH   DS
        MOV    AX, DATA         ;设置数据段
        MOV    DS, AX
        STI                     ;开中断
        MOV    BUFFER, AL       ;数据送入缓冲区
        ……                      ;其他工作
        CLI                     ;关中断
        MOV    AL, 20H          ;发 EOC 中断请求
        POP    DS               ;恢复现场
        POP    DX
        IRET                    ;中断返回
        ……

        END    START
```

# 习 题 与 思 考 题

7.1  8255A 的 3 个端口在功能上各有什么不同特点？8255A 内部的 A 组和 B 组控制部件各管理哪些端口？

7.2  8255A 有哪几种工作方式？各用于什么场合？端口 A、端口 B、端口 C 各可以工作于哪几种工作方式？

7.3  8255A 的方式选择字和置位/复位字写入什么端口？用什么方式区别它们？

7.4  若 8255A 的系统地址为 2F9H，且各端口都是奇地址，则 8255A 的 3 个端口和控制寄存器的地址各是多少？

7.5 已知 CPU 的系统总线为 $A_9 \sim A_0$，$D_{15} \sim D_0$，$M/\overline{IO}$，$\overline{IOW}$，$\overline{IOR}$，RESET，试画出 8255A 的地址译码电路及它与 CPU 系统总线的连线图。

7.6 设 8255A 的 A 口、B 口、C 口和控制字寄存器的端口地址分别为 80H、82H、84H 和 86H。要求 A 口工作在方式 0 输出，B 口工作在方式 0 输入，C 口高 4 位输入，低 4 位输出，试编写 8255A 的初始化程序。

7.7 8255A 的端口地址同题 7.6，要求 $PC_4$ 输出高电平，$PC_5$ 输出低电平，$PC_6$ 输出一个正脉冲，试写出完成这些功能的指令序列。

7.8 8255A 的端口地址同题 7.6，若 A 口工作在方式 0 输入，B 口工作在方式 1 输出，C 口各位的作用是什么？控制字是什么？若 B 口工作在方式 0 输出，A 口工作在方式 1 输入，C 口各位作用是什么？控制字是什么？

7.9 若 A 口工作在方式 2，B 口工作在方式 1 输入，C 口各位作用是什么？若 A 口工作在方式 2，B 口工作在方式 0 输出，C 口各位的作用是什么？

7.10 设 8255A 的口地址为 300H～303H，A 口接 4 个开关 $K_3 \sim K_0$，B 口接一个 7 段 LED 显示器，用来显示 4 个开关所拨通的 16 进制 0～F，开关都合上时，显示 0，都断开时显示 F，每隔 2s 检测一次，试画出硬件连线图，并编写实现这种功能的程序。

7.11 计时、定时与频率、声音与音乐之间有什么关系？

7.12 在微机系统中为什么使用定时器/计时器？常用的定时方法有哪几种？各有何特点？在微机系统中最常用的定时方法是什么？

7.13 用 8254 作为某数据采集系统的定时器，每隔 10ms 用中断方式采集一次数据，已知输入时钟频率为 10kHz，8259 端口地址为 20H～21H，中断类型号为 13H，8254 端口地址为 40H～43H，请为 8259 和 8254 编制初始化程序。

7.14 试简要说明 8254 应用于 8086/80286 和 80386/80486 等不同字长的 PC 系统时，与地址总线的接口有什么不同？在 16 位和 32 位系统中，数据线的连接对地址总线接口有影响吗？若有，则如何影响？

7.15 8254 的一个通道定时周期长度是多少？此时，填入的计数初值应为多少？要实现长时间定时，可采用哪几种措施？

7.16 某系统中 8254 芯片的通道 0～通道 2 和控制字端口号分别为 FFF0H～FFF2H，定义通道 0 工作在方式 2，$CLK_0 = 5MHz$，要求输出 $OUT_0 = 1kHz$ 方波；定义通道 1 工作在方式 4，用 $OUT_0$ 作计数脉冲，计数值为 1000，计数器计到 0 向 CPU 发中断请求，CPU 响应这一中断后继续写入计数值 1000，重新开始计数，保持每 1s 向 CPU 发出一次中断请求。请画出硬件连线图，并编写初始化程序。

7.17 在 8086 系统中，用 8254 构成一个定时、计数与脉冲发生系统。利用通道 0 完成对外部事件计数功能，计满 100 次向 CPU 发中断请求；利用通道 1 产生频率为 1kHz 的方波，利用通道 2 产生 1s 标准时钟。8254 的计数频率为 2.5MHz，8254 的端口地址为 41H～47H，试完成硬件连线和初始化程序。

7.18 串行通信与并行通信的主要区别是什么？各有什么特点？

7.19 8251A 的 SYNDET/BRKDET 引脚有哪些功能？

7.20 如果系统中无 MODEM，8251A 与 CPU 之间有哪些连接信号？

7.21　在一个以 8086 为 CPU 的系统中，若 8251A 的数据端口地址为 84H，控制口和状态口的地址为 86H，试画出地址译码电路、数据总线和控制总线的连线图。

7.22　某微机系统用串行方式接收外设送来的数据，再把数据送到 CRT 去显示，若波特率为 1200，波特率因子为 16，用 8254 产生收发时钟，系统时钟频率为 5MHz，收发数据个数为 COUNT，数据存放到数据段中以 BUFFER 为始址的内存单元中。8254 和 8251A 的基地址分别为 300H 和 304H。

（1）画出系统硬件连线图。

（2）编写 8254 和 8251A 的初始化程序。

（3）编写接收数据和发送数据的程序。

7.23　简述几种 D/A 转换的基本原理。

7.24　简述 A/D 转换的基本原理。

7.25　简述 A/D 转换的主要性能指标。

7.26　画出 ADC0809 的功能模块及引脚。

7.27　用 8086 与 DAC0832 设计一个数字变频器，要求 256 级可调，电压变化范围为 0～10V。

7.28　用 8255A 与 ADC0809 设计一个简单的炉温监控系统，并编写驱动程序，当炉温低于 100℃时调用 warm 子程序，当炉温高于 500℃时调用 COOL 子程序。

# 第8章　人机交互接口

所谓人机交互设备，是指人和计算机之间建立联系、交流信息的有关输入/输出设备。通过人们把要执行的命令和数据送给计算机，同时又从计算机获得易于理解的信息。常规的人机交互设备有键盘、显示器和鼠标等。本章为选讲内容。

## 8.1　键盘及数码显示芯片—ZLG7290 I2C

在微型计算机构成的自动控制系统以及传感器系统中，经常需要用键盘对控制系统或传感器设置初值参数，也经常使用数码管显示设置的参数，利用ZLG7290可以很方便地构成该系统以完成键盘输入功能以及显示功能。

### 8.1.1　ZLG7290工作原理

1. ZLG7290的特点

（1）I2C串行接口，提供键盘中断信号，方便与处理器连接。

（2）可驱动8位共阴数码管或64只独立LED和64个按键。

（3）扫描位数可控，任一数码管闪烁可控。

（4）提供数据译码和循环、移位、段寻址等控制。

（5）8个功能键，可检测任一键的连击次数。

（6）无需外接元件即直接驱动LED，可扩展驱动电流和驱动电压。

（7）提供工业级器件，多种封装形式PDIP24，SO24。

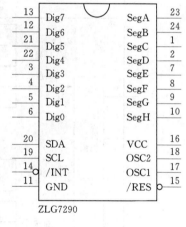

图8.1　ZLG7290引脚图

2. 引脚及功能描述

ZLG7290引脚如图8.1所示。

（1）键盘部分。

ZLG7290可采样64个按键，可检测每个按键的连击次数。其基本功能如下：

1）键盘去抖动处理。当键被按下和放开时，可能会出现电平状态反复变化，称作键盘抖动。若不作处理会引起按键盘命令错误，所以要进行去抖动处理以读取稳定的键盘状态为准。

2）双键互锁处理。当有两个以上按键被同时按下时，只采样优先级高的按键（优先顺序为S1＞S2＞…＞S64），如同时按下S2和S18时采样到S2。

3）连击键处理。当某个按键按下时，输出一次键值后，如果该按键还未释放，该键值连续有效就像连续压按该键一样，这种功能称为连击。连击次数计数器 RepeatCnt 可区别出单击或连击。

4）功能键处理。功能键能实现 2 个以上按键同时按下来扩展按键数目或实现特殊功能如 PC 机上的 Shift 键、Ctrl 键、Alt 键。

（2）显示部分。

在每个显示刷新周期，ZLG7290 按照扫描位数寄存器（ScanNum）指定的显示位数 N，把显示缓存的内容按先后顺序送入 LED 驱动器实现动态显示；减少 N 值可提高每位显示扫描时间的占空比，提高 LED 亮度。修改闪烁控制寄存器 FlashOnOff 可改变闪烁频率和占空比亮和灭的时间。

ZLG7290 提供两种控制方式：寄存器映像控制和命令解释控制。

1）映像控制：指直接访问底层寄存器，实现基本控制功能，须字节操作。

2）命令解释控制：指通过解释命令缓冲区（CmdBuf0，CmdBuf1）中的指令间接访问底层寄存器实现控制功能。如实现寄存器的位操作，对显示缓存循环、位移，对操作数译码等操作。

（3）寄存器。

寄存器映像图如图 8.2 所示。

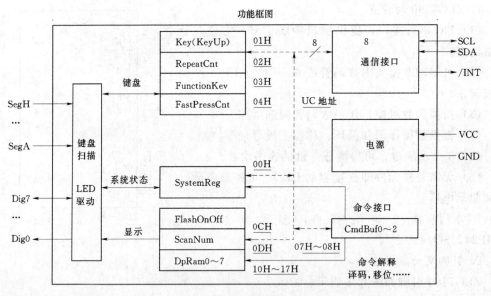

图 8.2 寄存器映像图

1）系统寄存器（SystemReg）：地址 00H，复位值 F0H；保存 ZLG7290 系统状态。其功能按位描述如下：KeyAvi（SystemReg.0）=1，表示有按键动作，/INT 引脚信号有效（低电平）；KeyAvi（SystemReg.0）=0，表示无按键动作，/INT 引脚信号无效（变为高阻）。有效的按键动作消失后或读 Key 后，KeyAvi 位自动清 0。

2）键值寄存器（Key）：地址 01H，复位值 00H。Key 表示被压按键的键值。当 Key=0 时，表示没有键被按下。

3）连击次数计数器（RepeatCnt）：地址 02H，复位值 00H。RepeatCnt=0 时，表示

单击键。RepeatCnt 大于 0 时，表示键的连击次数。

4）功能键寄存器（FunctionKey）：地址 03H，复位值 0FFH。FunctionKey 对应位的值＝0 表示对应功能键被按下，（FunctionKey. 7、FunctionKey. 0 分别对应 S64、S57）。

5）命令缓冲区（CmdBuf0 CmdBuf1）：地址 07H～08H。复位值 00H 用于传输指令。

6）闪烁控制寄存器（FlashOnOff）：地址 0CH，复位值 77H。高 4 位—亮的时间，低 4—灭的时间，改变其值同时也改变了闪烁频率，也改变了亮和灭的占空比。时间范围为 1～16。

7）扫描位数寄存器（ScanNum）：地址 0DH，复位值 7。用于控制最大的扫描显示位数（有效范围为 0～7），如 ScanNum＝3 时，只显示 DpRam0～DpRam3 的内容。

8）显示缓存寄存器（DpRam0～DpRam7）：地址 10H～17H，复位值 00H。缓存中的位置 1 表示该像素亮；DpRam7～DpRam0 的显示内容对应 Dig7～Dig0 引脚。

（4）通信接口。

ZLG7290 的 I2C 接口传输速率可达 32kbit/s，容易与处理器接口，并提供键盘中断信号，提高主处理器时间效率。

有效的按键动作都会令系统寄存器的 KeyAvi 位（SystemReg. 0）置 1，/INT 引脚信号有效变为低电平。用户的键盘处理程序可由/INT 引脚低电平中断触发，以提高程序效率，也可以不采样/INT 引脚信号节省系统的 I/O 数，而轮询系统寄存器的 KeyAvi 位。要注意读键值寄存器会令 KeyAvi 位清 0，并会令/INT 引脚信号无效。为确保某个有效的按键动作，所有参数寄存器的同步性建议利用 I2C 通信的自动增址功能连续读 RepeatCntFunctionKey 和 Key 寄存器，但用户无需太担心寄存器的同步性问题，因为键参数寄存器变化速度较缓慢（典型 250ms，最快 9ms）。

ZLG7290 内可通过 I2C 总线访问的寄存器地址范围为 00H～17H，任一寄存器都可按字节直接读写，也可以通过命令接口间接读写或按位读写，请参考指令详解部分。支持自动增址功能，访问一个寄存器后，寄存器子地址 subaddress 自动加 1；访问最后一寄存器子地址 17H 后，寄存器子地址翻转为 00H。ZLG7290 的控制和状态查询全部都是通过读/写寄存器实现的，用户只需像读写 24C02 内的单元一样，即可实现对 ZLG7290 的控制，关于 I2C 总线访问的细节请参考 I2C 总线规范。

3. ZLG7290 指令系统

ZLG7290 提供两种控制方式：寄存器映像控制和命令解释控制。寄存器映像控制是指直接访问底层，寄存器除通信缓冲区外的寄存器，实现基本控制功能请参考寄存器详解部分。命令解释控制是指通过解释命令缓冲区（CmdBuf0～CmdBuf1）中的指令，间接访问底层寄存器，实现扩展控制功能。如：实现寄存器的位操作，对显示缓存循环移位，对操作数译码等操作。

一个有效的指令由一字节操作码和数个操作数组成，只有操作码的指令称为纯指令；带操作数的指令称为复合指令。一个完整的指令须在一个 I2C 帧中，起始信号和结束信号间，连续传输到命令缓冲区（CmdBuf0～CmdBuf1），否则会引起错误。

（1）纯指令。

1）左移指令。表 8.1 为左移指令。

表 8.1　　　　　　　　　　左　移　指　令

| 通信缓冲区 | Bit7 | Bit6 | Bit5 | Bit4 | Bit3 | Bit2 | Bit1 | Bit0 |
|---|---|---|---|---|---|---|---|---|
| CmdBuf0 | 0 | 0 | 0 | 1 | N3 | N2 | N1 | N0 |

该指令使与 ScanNum 相对应的显示数据和显示属性（闪烁）自右向左移动 N 位 ［N3～N0）＋1］，移动后右边 N 位无显示。与 ScanNum 不相关的显示数据和显示属性则不受影响。

例：DpRam7　DpRam0＝"87654321"，其中"4"闪烁，ScanNum＝5，（"87"不显示）。实际显示"—654321"执行指令 00010001B 后 DpRam7～DpRam0＝"—4321—"。"4"闪烁，高两位和低两位无显示。

2）右移指令。表 8.2 为右移指令。

表 8.2　　　　　　　　　　右　移　指　令

| 通信缓冲区 | Bit7 | Bit6 | Bit5 | Bit4 | Bit3 | Bit2 | Bit1 | Bit0 |
|---|---|---|---|---|---|---|---|---|
| CmdBuf0 | 0 | 0 | 1 | 0 | N3 | N2 | N1 | N0 |

CmdBuf0　0　0　1　0　N3　N2　N1　N0

与左移指令类似。移动后左边 N 位无显示。

例：DpRam7 DpRam0＝"87654321"，其中"3"闪烁，ScanNum＝5，（"87"不显示）。实际显示"—654321"。执行指令 21H 后，DpRam7～DpRam0＝"— — — — — 6543"。"3"闪烁，高 4 位无显示。

3）循环左移指令。表 8.3 为循环左移指令。

表 8.3　　　　　　　　　　循　环　左　移　指　令

| 通信缓冲区 | Bit7 | Bit6 | Bit5 | Bit4 | Bit3 | Bit2 | Bit1 | Bit0 |
|---|---|---|---|---|---|---|---|---|
| CmdBuf0 | 0 | 0 | 1 | 1 | N3 | N2 | N1 | N0 |

同左移指令类似，不同的是原最左位的显示数据和属性转移到最右位。例：DpRam7～DpRam0＝"87654321"，其中"4"闪烁，ScanNum＝5，（"87"不显示）。实际显示"—654321"。执行指令 31H 后，DpRam7～DpRam0＝"—432165"。"4"闪烁，高两位无显示。

4）循环右移指令。表 8.4 为循环右移指令。

表 8.4　　　　　　　　　　循　环　右　移　指　令

| 通信缓冲区 | Bit7 | Bit6 | Bit5 | Bit4 | Bit3 | Bit2 | Bit1 | Bit0 |
|---|---|---|---|---|---|---|---|---|
| CmdBuf0 | 0 | 1 | 0 | 0 | N3 | N2 | N1 | N0 |

同循环左移指令类似，只是移动方向相反。例：DpRam7～DpRam0＝"87654321"，其中"3"闪烁，ScanNum＝5，（"87"不显示）。实际显示"—654321"。执行指令 41H 后，DpRam7～DpRam0＝"—216543"。"3"闪烁，高两位无显示。

5）SystemReg 寄存器位寻址指令。表 8.5 为 SystemReg 寄存器位寻址指令。

表 8.5　　　　　　　　　　SystemReg 寄存器位寻址指令

| 通信缓冲区 | Bit7 | Bit6 | Bit5 | Bit4 | Bit3 | Bit2 | Bit1 | Bit0 |
|---|---|---|---|---|---|---|---|---|
| CmdBuf0 | 0 | 1 | 0 | 1 | On | S2 | S1 | S0 |

当 On＝1 时，第 S（S2～S0）位置 1；当 On＝0 时，第 S 位清 0。

（2）复合指令。

1）显示像素寻址指令。表 8.6 为显示像素寻址指令。

表 8.6　　　　　　　　　　显 示 像 素 寻 址 指 令

| 通信缓冲区 | Bit7 | Bit6 | Bit5 | Bit4 | Bit3 | Bit2 | Bit1 | Bit0 |
|---|---|---|---|---|---|---|---|---|
| CmdBuf0 | 0 | 0 | 0 | 0 | 0 | 0 | 0 | 1 |
| CmdBuf1 | On | 0 | S5 | S4 | S3 | S2 | S1 | S0 |

该指令用于点亮/关闭数码管中的某一段，或 LED 矩阵中的某一特定的 LED；当 On＝1 时，第 S（S5～S0）点像素亮（置 1）；当 On＝0 时，第 S 点像素灭（清 0）。S5～S0 为像素地址，有效范围为：0～3FH，无效的地址不会产生任何作用。亮关闭数码管中某一段或 LED 矩阵中某一特定的 LED，该指令受 ScanNum 的内容影响 S6～S0。像素位地址映像见表 8.7。

表 8.7　　　　　　　　　　像 素 位 地 址 映 像

| 像素地址 | Sa | Sb | Sc | Sd | Se | Sf | Sg | Sh |
|---|---|---|---|---|---|---|---|---|
| DpRam0 | 00H | 01H | 02H | 03H | 04H | 05H | 06H | 07H |
| RpRam1 | 08H | 09H | 0AH | 0BH | 0CH | 0DH | 0EH | 0FH |
| ... | | | | | | | | |
| DpRam7 | 38H | 39H | 4AH | 3BH | 3CH | 3DH | 3EH | 3FH |

2）按数码位下载数据且译码指令。表 8.8 为按数据码位下载数据且译码指令。

表 8.8　　　　　　　　　　按数码位下载数据且译码指令

| 通信缓冲区 | Bit7 | Bit6 | Bit5 | Bit4 | Bit3 | Bit2 | Bit1 | Bit0 |
|---|---|---|---|---|---|---|---|---|
| CmdBuf0 | 0 | 1 | 1 | 0 | A3 | A2 | A1 | A0 |
| CmdBuf1 | Dp | Flash | 0 | D4 | D3 | D2 | D1 | D0 |

其中：A3～A0：显示缓存编号（范围：0～7，对应 DpRam0～DpRam7）。Dp＝1：点亮该位小数点；Flash＝1 时，该位闪烁；Flash＝0：该位正常显示；D4～D0 为要显示的数据，译码规则（字形码）见表 8.9。

表 8.9　　　　　　　　　　　　　　　译 码 规 则 表

| D4 | D3 | D2 | D1 | D0 | 十六进制 | 显示内容 | D4 | D3 | D2 | D1 | D0 | 十六进制 | 显示内容 |
|----|----|----|----|----|----------|----------|----|----|----|----|----|----------|----------|
| 0 | 0 | 0 | 0 | 0 | 00H | 0 | | | | | | 10H | G |
| 0 | 0 | 0 | 0 | 1 | 01H | 1 | | | | | | 11H | H |
| | | | | | 02H | 2 | | | | | | 12H | i |
| | | | | | 03H | 3 | | | | | | 13H | J |
| | | | | | 04H | 4 | | | | | | 14H | L |
| | | | | | 05H | 5 | | | | | | 15H | O |
| | | | | | 06H | 6 | | | | | | 16H | P |
| | | | | | 07H | 7 | | | | | | 17H | q |
| | | | | | 08H | 8 | | | | | | 18H | r |
| | | | | | 09H | 9 | | | | | | 19H | t |
| | | | | | 0AH | A | | | | | | 1AH | U |
| | | | | | 0BH | b | | | | | | 1BH | y |
| | | | | | 0CH | C | | | | | | 1CH | c |
| | | | | | 0DH | d | | | | | | 1DH | h |
| | | | | | 0EH | E | | | | | | 1EH | T |
| | | | | | 0FH | F | | | | | | 1FH | 无显示 |

3）闪烁控制指令。表 8.10 为闪烁控制指令。

表 8.10　　　　　　　　　　　　　　　闪 烁 控 制 指 令

| 通信缓冲区 | Bit7 | Bit6 | Bit5 | Bit4 | Bit3 | Bit2 | Bit1 | Bit0 |
|-----------|------|------|------|------|------|------|------|------|
| CmdBuf0 | 0 | 1 | 1 | 1 | X | X | X | X |
| CmdBuf1 | F7 | F6 | F5 | F4 | F3 | F2 | F1 | F0 |

Fn＝1 时，该位数码管闪烁（范围：0～7；）＝0 时，该位数码管不闪烁。该指令会改变所有像素的闪烁属性。例如，执行指令 01110000B 00000000B 后，所有数码管不闪烁。

### 8.1.2　ZLG7290 编程及应用实例

1. 键盘

（1）寄存器。

1）键值寄存器（Key 01H）。

2）连击次数寄存器（RepeatCnt 02H）。

3）功能键寄存器（FunctionKey 03H）。

（2）工作流程。

读/INT 引脚，高电平 1：无键按下；低电平 0：有键按下，读 3 个寄存器。

（3）编程思路。

ZLG7290 的从地址为 70H；寄存器地址：子地址。

需要用到的函数：从含有子地址的器件读 N 字节数据函数。

2. 显示

(1) 设置扫描位数（ScanNum 0DH）。

(2) 设置显示缓存内容（DpRam0 DpRam7 10H 17H）。

直接写显示缓存，命令解释，按数码位下载数据且译码指令。

(3) 闪烁控制。

1) 闪烁频率——闪烁控制寄存器（FlashONOff 0CH）。

2) 按像素闪烁——显示像素寻址指令。

3) 按数码位闪烁——闪烁控制指令。

4) 需要用到的函数：向含有子地址的器件写 N 字节数据函数。

a. 向含有子地址的器件发送多字节数据函数。

(a) 入口：从器件地址 sla，子地址 suba，发送内容的首地址 s，发送 n 个字节。

(b) 出口：如果返回 1 表示操作成功，否则操作有误。

```
bitISendStr(ucharsla,ucharsuba,uchar * s,uchar n)
{   uchari; bit ack;
    Start_I2c();                /* 启动总线 */
    ack=SendByte(sla);          /* 发送器件地址 */
    if(ack==0) return(0);
    ack=SendByte(suba);         /* 发送器件子地址 */
    if(ack==0) return(0);
    for(i=0;i<n;i++)
       {
    ack=SendByte( * s); s++;    /* 发送数据 */
    if(ack==0) return(0);
       }
    Stop_I2c();                 /* 结束总线 */
    return(1);
}
```

b. 从含有子地址的器件读取多字节数据函数。

(a) 入口：地址 sla，子地址 suba，读出的内容放入首地址为 s 的单元，字节数为 n。

(b) 出口：如果返回 1 表示操作成功，否则操作有误。

```
bit IRcvStr(uchar sla,uchar suba,uchar * s,uchar n)
{ uchar i; bit ack;
  Start_I2c();               /* 启动总线 */
  ack=SendByte(sla);         /* 发送器件地址 */
    if(ack==0) return(0);
  ack=SendByte(suba);        /* 发送器件子地址 */
    if(ack==0) return(0);
  Start_I2c();               /* 启动总线 */
  ack=SendByte(sla+1);  //读
```

```
      if(ack==0) return(0);
           for(i=0;i<n-1;i++)
             {   *s=RcvByte();    /*读取 n-1 个数据*/
                 Ack_I2c(0);      /*发送应答位*/
                 s++;
             }
        *s=RcvByte();      //最后一个数据
          Ack_I2C(1);          //发送非应答
          Stop_I2c();          //结束总线
          return(1);
}
```

c. 发送数据函数。

（a）入口：SubAdd -子地址（寄存器地址）；data：待发送的数据。

（b）出口：0 ：Fail　　　　1：OK。

```
unsigned char ZLG7290_SendData(unsigned char SubAdd,unsigned char Data)
{
  if(SubAdd>0x17)        //非法地址
       return 0;
  ISendStr(zlg7290,SubAdd,&Data,1);
  delayMS(10);
  return 1;
}
```

d. 发送命令（对子地址 7、8）。

（a）入口：data1：命令 1；data2：命令 2。

（b）出口：0 —Fail　　　　1：OK。

```
unsigned char ZLG7290_SendCmd(unsigned char Data1,unsigned char Data2)
{
    unsigned char Data[2];
    Data[0]=Data1;
    Data[1]=Data2;
    ISendStr(zlg7290,0×07,Data,2);
    delayMS(10);
    return 1;
}
```

e. 向显示缓冲区发送数据。

（a）入口：* disp _ buf：待发送数据的首地址 num：发送个数。

（b）出口：无。

```
void ZLG7290_SendBuf(unsigned char * disp_buf,unsigned char num)
{
  unsigned char i;
```

```
for(i=0;i<num;i++)
{
    ZLG7290_SendCmd(0x60+i,*disp_buf);
    disp_buf++;
}
}
```

**f. 读取键值。**

（a）入口：无。

（b）出口：>0 键值；    =0 无键按下。

```
unsigned char ZLG7290_GetKey()
{
    unsigned char recev;
    recev=0;
    IRcvStr(zlg7290,1,&recev,1);
    delayMS(10);
    returnrecev;
}
```

**3. ZLG7290 显示应用实例**

功能：8 个数码管，依次显示输入的键值。

```
#include     "reg52.h"
#include     "VIIC_C51.H"//I2C 软件包
#include        "zlg7290.h"
sbit   RST=P1^0;
sbit   KEY_INT=P3^2;
void main()
{
unsigned char i,KEY;
    RST=0;     //复位 7290
DelayNS(1);
    RST=1;      //正常工作
DelayNS(10);
while(1)
{
if(KEY_INT==0)     //有键按下
  {
KEY=ZLG7290_GetKey();
DelayNS(10);         //取键值
for(i=0;i<8;i++)
  {                            //显示
ZLG7290_SendCmd(0x60+i,KEY);
DelayNS(1);
}
```

```
        }
      }
    }
```

注意：程序中用到 IIC 和 ZLG7290 的函数，使用时要把 VI2C ＿ C51. C 和 ZLG7290. C 加入用户的项目中；在用户程序开头加入以下程序代码：

```
＃include "VI2C_C51. h"
＃include "zlg7290. h"
```

即可以使用上面的函数。

另外，VI2C ＿ C51. C 设置如下：

```
sbit SDA＝P1 7；        / ∗ 模拟 I2C 数据传送位 ∗ /
sbit SCL＝P1ˉ6；        / ∗ 模拟 I2C 时钟控制位 ∗ /
```

注意：在该方式下 MCU 的 fosc＜＝12MHz。

# 8.2　鼠　标　接　口

鼠标是目前计算机必备的输入设备之一，它具有快速定位功能，用于控制屏幕上的光标移动，在多种软件的支持下可实现屏幕编辑、菜单选择及图形绘制功能，是计算机图形界面交互的必备标准工具。

## 8.2.1　鼠标器的分类

### 1. 按鼠标接口分类

按鼠标接口分类，鼠标可分为 PS/2 接口的鼠标、串行接口的鼠标和 USB 接口的鼠标。一般使用老式 AT 结构的微机都只能通过串口接鼠标，串行接口鼠标通过串行口与计算机相连，有 9 针和 25 针之分。

ATX 结构主板上提供了一个标准 PS/2 鼠标接口和 PS/2 键盘接口。从功能上来说，PS/2 接口的鼠标和传统的串口鼠标没什么区别，PS/2 鼠标通过一个 6 针微型 DIN 接口与计算机相连，而 USB 接口的鼠标可以直接通过计算机的 USB 接口与计算机连接。

### 2. 按按键数目分类

按按键数目分类，鼠标可分为两键鼠标及三键鼠标。两键鼠标，又叫 MS Mouse，是由 Microsoft 公司设计的鼠标，只有左右两个按键。该鼠标可以说是默认的鼠标标准。三键鼠标，又叫 PS Mouse，是由 IBM 公司设计提倡的鼠标，在原有的左右两键当中增加了第三键"中键"。

### 3. 按鼠标结构分类

按照鼠标的结构，可以分为以下几类：

（1）机械式鼠标器。它的优点是结构简单，使用环境要求较低，缺点是传输速度慢，寿命短。

（2）光机式鼠标器。它的精确度和传输速度比机械式鼠标器的要高。

（3）光电式鼠标器。它一般配备一块专用的反光板，鼠标器只有在反光板上才能使用。

（4）轨迹球鼠标器。它工作时球在上面，而其球座在下面固定不动，主要应用于笔记本电脑中。

（5）无线式鼠标器。它不需连接线，只需在鼠标器内装入电池，就能在远距离操作主机。

### 8.2.2 鼠标与驱动

1. 技术指标

（1）分辨率。

所谓分辨率，是指鼠标每移动 1in 能检测出的点数，分辨率越高，鼠标移动的精度也就越高。最早鼠标的分辨率通常为 100dpi，现在使用的鼠标多为 400dpi 以上，也有某些高档产品的分辨率可以达到 500dpi 甚至更高。

（2）采样率。

鼠标采样速率可以视为 Windows 操作系统确认鼠标位置的速率，一般情况下采用 USB 接口的鼠标固定为 120 次/s，而 PS/2 接口的鼠标默认接口采样率比较低，只有 60 次/s。

（3）扫描次数。

扫描次数是光学鼠标特有的指标，它是指每秒钟鼠标的光学接收器将接收到的光反射信号转换为电信号的次数，次数越高，鼠标在高速移动的时候屏幕指针就不会由于无法判别光反射信号而"乱飘"。

2. 鼠标的驱动

Microsoft 为鼠标提供了一个软件中断指令 INT33H，只要加载了支持该标准的鼠标驱动程序，在应用程序中可直接调用鼠标器进行操作。在 Windows 系列操作系统中，鼠标和键盘都是标准输入设备，操作系统自带它们的驱动程序。INT33H 有多种功能，可通过在 AX 中设置功能号来选择。INT33H 功能见表 8.11。

**表 8.11** INT33H 功能

| 功能 00H | 初 始 化 鼠 标 |
|---|---|
| 功能 01H | 显示鼠标指针 |
| 功能 02H | 隐藏鼠标指针 |
| 功能 03H | 读取鼠标位置及其按钮状态 |
| 功能 04H | 设置鼠标指针位置 |
| 功能 05H | 读取鼠标按键信息 |
| 功能 06H | 读取鼠标按钮释放信息 |
| 功能 07H | 设置鼠标水平边界 |
| 功能 08H | 设置鼠标垂直边界 |
| 功能 09H | 设置图形鼠标形状 |
| 功能 0AH | 设置文本鼠标形状 |
| 功能 0BH | 读取鼠标移动计数 |

续表

| 功能 0CH | 为鼠标事件设置处理程序 |
|---|---|
| 功能 0DH | 允许光笔仿真 |
| 功能 0EH | 关闭光笔仿真 |
| 功能 0FH | 设置鼠标计数与像素比 |
| 功能 10H | 设置鼠标指针隐藏区域 |
| 功能 13H | 设置倍速的阈值 |
| 功能 14H | 替换鼠标事件中断 |
| 功能 15H | 读取鼠标驱动器状态的缓冲区大小 |
| 功能 16H | 存储鼠标驱动器状态 |
| 功能 17H | 重装鼠标驱动器状态 |
| 功能 18H | 为鼠标事件设置替换处理程序 |
| 功能 19H | 读取替换处理程序的地址 |
| 功能 1AH | 设置鼠标的灵敏度 |
| 功能 1BH | 读取鼠标的灵敏度 |
| 功能 1CH | 设置鼠标中断速率 |
| 功能 1DH | 为鼠标指针选择显示页 |
| 功能 1EH | 读取鼠标指针的显示页 |
| 功能 1FH | 禁止鼠标驱动程序 |
| 功能 20H | 启动鼠标驱动程序 |
| 功能 21H | 鼠标驱动程序复位 |
| 功能 22H | 设置鼠标驱动程序信息语言 |
| 功能 23H | 读取语种 |
| 功能 24H | 读取鼠标信息 |
| 功能 25H | 读取鼠标驱动程序信息 |
| 功能 26H | 读取最大有效坐标 |

## 8.3　显示器与显示卡

　　显示是一项重要的人机交互方式，计算机系统通过显示设备以多种方式向外部输出各种信息，如字符、图形和表格等计算机数据处理的结果。显示器是由显示器件和显示卡两部分组成。常用的显示器有阴极射线管显示器（CRT）和液晶显示器（LCD）两种。CRT 显示器在电子枪与荧光屏间有一个布满栅孔的金属荫罩板，因此也称为荫罩式显示器。这种显示器分辨率高、图像质量好、价格便宜、使用寿命较长，但体积大且能耗大。LCD 显示器的特点是体积小、重量轻、耗电小，但成本较高。

### 8.3.1 CRT 显示器

1. CRT 显示器结构及显示原理

CRT 显示器主要由阴极射线管（电子枪）、视频放大驱动电路和同步扫描电路等 3 部分组成。其主要部分是阴极射线管。阴极射线管由阴极、栅极、加速极、聚焦极以及荧光屏组成。阴极发射的电子在栅极、加速极、高压极和聚焦极产生的电磁场作用下，形成具有一定能量的电子束，射到荧光屏上使荧光粉发光产生亮点，从而达到显示的目的。

由于电子束从左到右、从上到下有规律地周期运动，在屏幕上会留下一条条扫描线，这些扫描线形成了光栅，这就是光栅扫描。如果电子枪根据显示的内容产生电子束，就可以在荧光屏上显示出相应的图形或字符。

2. CRT 显示器编程方法

下面列出了 CRT 显示器的部分编程方法。

（1）设置显示方式（0 号功能）。

1）功能：设置显示器的显示方式。

2）入口参数：(AH)=0，AL=设置方式（0～7）。

3）出口参数：无。

（2）设置光标类型（1 号功能）。

1）功能：根据 CX 给出光标的大小。

2）入口参数：(AH)=1，CH=光标开始行，CL=光标结束行。

3）出口参数：无。

（3）设置光标位置（2 号功能）。

1）功能：根据 DX 设定光标位置。

2）入口参数：(AH)=2，(BH)=页号，(DH)=行号，(DL)=列号。

3）出口参数：无。

（4）读当前光标位置（3 号功能）。

1）功能：读光标位置。

2）入口参数：(AH)=3，BH=页号。

3）出口参数：(DH)=行号，(DL)=列号，(CX)=光标大小。

（5）初始窗口或向上滚动（6 号功能）。

1）功能：屏幕或窗口向上滚动若干行。

2）入口参数：(AH)=6，AL=上滚行数，(CX)=上滚窗口左上角的行、列号。(DX)=上滚窗口右下角的行、列号。(BH)=空白行的属性。

3）出口参数：无。

（6）初始窗口或向下滚动（7 号功能）。

1）功能：屏幕或窗口向下滚动若干行。

2）入口参数：(AH)=7，(AL)=下滚行数，(CX)=下滚窗口左上角的行号、列号。(DX)=下滚窗口右下角的行号、列号。(BH)=空白行的属性。

3）出口参数：无。

（7）读当前光标位置的字符与属性（8 号功能）。

1）功能：读取当前光标位置的字符值与属性。

2）入口参数：AH＝08H，BH＝页号。

3）出口参数：AL 为读出的字符，AH 为字符属性。

（8）在当前光标位置写字符和属性（9 号功能）。

1）功能：在当前光标位置显示指定属性的字符。

2）入口参数：（AH）＝9，（BH）＝页号，（AL）＝字符的 ASCII 码，（BL）＝字符属性，（CX）＝写入字符数。

3）出口参数：无。

（9）在当前光标位置写字符（10 号功能）。

1）功能：在当前光标位置显示字符。

2）入口参数：（AH）＝0AH，（BH）＝页号，（AL）＝字符的 ASCII 码，（CX）＝写入字符数。

3）出口参数：无。

功能同 09 号，只是不设置属性。

（10）设置彩色组或背景颜色（11 号功能）。

1）功能：设置背景颜色。

2）入口参数：（AH）＝0BH，（BH）＝0 或 1，BH 为 0 时，设置背景颜色。当 BH 为 1 时，可设置彩色组，即为显示的像素点确定颜色组。（BL）＝背景颜色（0～15）或彩色组（0～1）。

色彩代码为：

| | |
|---|---|
| 00H 为黑色 | 08H 为灰色 |
| 01H 为蓝色 | 09H 为浅蓝色 |
| 02H 为绿色 | 0AH 为浅绿色 |
| 03H 为青色 | 0BH 为浅青色 |
| 04H 为红色 | 0CH 为浅青色 |
| 05H 为绛色 | 0DH 为浅绛色 |
| 06H 为褐色 | 0EH 为黄色 |
| 07H 为浅灰 | 0FH 为白色 |

3）出口参数：无。

（11）写像素（12 号功能）。

1）功能：指定位置写像素值。

2）入口参数：（AH）＝0CH，（DX）＝行数，（CX）＝列数，（AL）＝彩色值（AL 的 D7 为 1，则彩色值与当前点内容作"异或"运算）。

出口参数：无。

（12）读像素（13 号功能）。

1）功能：读指定位置的色彩值。

2）入口参数：（AH）＝0DH，（DX）＝行数，（CX）＝列数。

3）出口参数：AL＝彩色值。

（13）写字符并移动光标位置（14 号功能）。

1）功能：在指定位置写字符并将光标后移。

2）入口参数：（AH）＝0EH，（AL）＝写入字符，（BH）＝页号，（BL）＝前景颜色（图形方式）。

3）出口参数：无。

（14）读当前显示状态（15 号功能）。

1）功能：读显示的显示状态。

2）入口参数：（AH）＝0FH。

3）出口参数：（AL）＝当前显示方式，（BH）＝页号，（AL）＝屏幕上字符列数。

（15）显示字符串（19 号功能）。

1）功能：在指定位置显示字符串。

2）入口参数：（AH）＝13H，ES：BP＝串地址，（CX）＝串长度，（DX）＝字符串起始位置（DH：行号，DL：列号）。

3）出口参数：无。

### 8.3.2 液晶显示器

液晶显示器（Liquid Crystal Display，LCD）由于其体积小、重量轻和无电磁辐射，目前已经在平面显示器领域中占据了一个重要的地位，几乎是笔记本和掌上型电脑的必备部分，而且台式机也开始大量使用 LCD。

1. 液晶显示器类型

LCD 按照物理结构，可以分为双扫描无源阵列显示器（DSTN - LCD）、薄膜晶体管有源阵列显示器（TFT - LCD）和快速 DSTN（HPA）显示器。具体参数比较见表 8.12。

表 8.12　　　　　　　　　　　几种 LCD 显示器类型的技术参数比较

| 类　型 | 反应时间（ms） | 对比度 | 视　角 |
| --- | --- | --- | --- |
| DSTN | 300 | 25：1 | 20° |
| HPA | 150 | 35：1 | 25° |
| TFT | 80 | 100：1 | 45° |

（1）DSTN（Dual Scan Tortuosity Nomograph）双扫描扭曲阵列。

DSTN 双扫描扭曲阵列显示器是通过双扫描方式来扫描扭曲向列型液晶显示屏，从而达到完成显示的目的。DSTN 是由超扭曲向列型显示器（STN）发展而来的，由于 DSTN 采用双扫描技术，因而显示效果较 STN 有大幅度提高。笔记本电脑刚出现时主要是使用 STN，其后是 DSTN。STN 和 DSTN 的反应时间都较慢，一般约为 300ms。从液晶显示原理来看，STN 的原理是用电场改变原为 180°以上扭曲的液晶分子的排列从而改变旋光状态，外加电场通过逐行扫描的方式改变电场，在电场反复改变电压的过程中，每一点的恢复过程较慢，因而就会产生余晖现象。用户能感觉到拖尾（余晖），一般俗称为"伪彩"。由于 DSTN 显示屏上每个像素点的亮度和对比度不能独立控制，以至于显示效果欠佳，由这种液晶体所构成的液晶显示器对比度和亮度较差、屏幕观察范围较小、色彩欠丰富，特别是反应速度慢，不适于高速全动图像、视频播放等应用，一般只用于文字、表格和静态图像处理。但是它结构简单并且价格相对低廉，耗能也比 TFT－LCD 少，而视角小可以防止窥视屏幕内容达到保密作用，结构简单可以减小整机体积。

（2）快速 DSTN（HPA）显示器。

HPA 是 DSTN 的改良型，能提供比 DSTN 更快的反应时间、更高的对比度和更大的视角，由于它具有与 DSTN 相近的成本，因此在低端笔记本电脑市场上具有一定的优势。

（3）TFT（Thin Film Transistor）薄膜场效应晶体管显示器。

所谓薄膜晶体管，是指液晶显示器上的每一液晶像素点都是由集成在其后的薄膜晶体管来驱动。从而可以做到高速度、高亮度和高对比度显示屏幕信息。

由于彩色显示器中所需要的像素点数目是黑白显示器的 4 倍，在彩色显示器中像素大量增加，若仍然采用双扫描形式，屏幕不能正常工作，必须采用有源驱动方式代替无源扫描方式来激活像素。这样就出现了将薄膜晶体管（TFT）、或薄膜二极管、或金属－绝缘体－金属（MIM）等非线性有源元件集成到显示组件中的有源技术，用来驱动每个像素点，使每个像素都能保持一定电压，达到 100％ 的占空化，但这无疑是将增加设备的功耗。

TFT 属于有源矩阵液晶显示器（AM－LCD）中的一种，TFT－LCD 的每个像素点都是由集成在自身上的 TFT 来控制，是有源像素点。因此，不但反应时间可以极大地提高，而且对比度和亮度也大大提高了，同时分辨率也达到了较高的程度。因其具有比其他两种显示器更高的对比度和更丰富的色彩，荧屏更新频率也更快。

与 DSTN－LCD 和 HPA 相比，TFT 的主要特点是在每个像素配置一个半导体开关器件，其加工工艺类似于大规模集成电路。由于每个像素都可通过点脉冲直接控制，因而每个节点相对独立，并可连续控制，这样不仅提高了反应时间，同时在灰度控制上可以做到非常精确，这就是 TFT 色彩较 DSTN 更为逼真的原因。TFT－LCD 是目前最好的 LCD 彩色显示设备之一，TFT－LCD 具有屏幕反应速度快、对比度和亮度都较高、屏幕可视角度大、色彩丰富、分辨率高等特点，克服了两者原有的许多缺点，是目前桌面型 LCD 显示器和笔记本电脑 LCD 显示屏的主流显示设备。在色彩显示性能方面与 CRT 显示器相当，凡 CRT 显示器所能显示的各种信息都能同样显示，其效果已经接近 CRT 显示器。在有源矩阵 LCD 中，除了 TFT－LCD 外，还有一种黑矩阵 LCD，是当前的高品质显示技术产品。它的原理是将有源矩阵技术与特殊镀膜技术相结合，既可以充分利用 LCD 的有源显示特点，又可以利用特殊镀膜技术，在减少背景光泄漏、增加屏幕黑度和提高对比度的同时，可减小在日常明亮工作环境下的眩光现象。

2. LCD 显示原理

从液晶显示器的结构来看，无论是笔记本电脑还是桌面系统，采用的 LCD 显示屏都是由不同部分组成的分层结构。LCD 由两块玻璃板构成，厚约 1mm，其间由包含有液晶材料的 5μm 均匀间隔隔开。因为液晶材料本身并不发光，所以在显示屏两边都设有作为光源的灯管，而在液晶显示屏背面有一块背光板（或称匀光板）和反光膜，背光板是由荧光物质组成的可以发射光线，其作用主要是提供均匀的背景光源。背光板发出的光线在穿过第一层偏振过滤层之后进入包含成千上万液晶液滴的液晶层。液晶层中的液滴都被包含在细小的单元格结构中，一个或多个单元格构成屏幕上的一个像素。在玻璃板与液晶材料之间是透明的电极，电极分为行和列，在行与列的交叉点上，通过改变电压而改变液晶的旋光状态，液晶材料的作用类似于一个个小的光阀。在液晶材料周边是控制电路部分和驱动电路部分。当 LCD 中的电极产生电场时，液晶分子就会产生扭曲，从而将穿越其中的光线进行有规则的折射，然后经过第二层过滤层的过滤在屏幕上显示出来。对于液晶显示器来说，亮度往往和它的背板光源有关。背板光源越亮，整个液晶显示器的亮度也会随之提高。而在早期的液晶显示器中，因为只使用 2 个冷光源灯管，往往会造成亮度不均匀等现象，同时明亮度也不尽人意。一直到后来使用 4 个冷光源灯管产品的推出，才有很大的改善。

3. 液晶显示器驱动接口

PCF8576D 是一种通用外围器件，用于任意微处理器/微控制器和各种 LCD 之间的连接。它可直接驱动任何静态或多路复用 LCD 显示，含有 4 路背电极输出和 40 路段输出。其功能框图如图 8.3 所示。

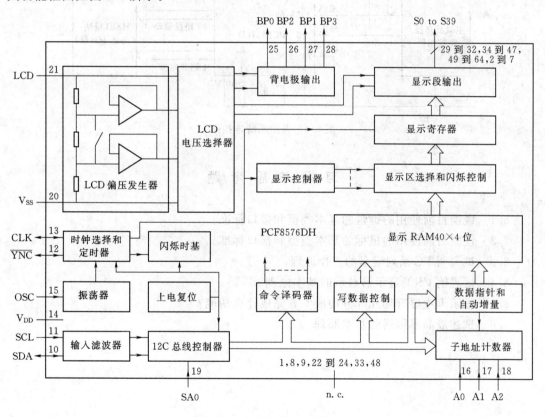

图 8.3 PCF8576D 功能框图

PCF8576D 驱动的 LCD 显示方式由有效的背电极输出路数决定，见表 8.13。对应的实现显示驱动方式的典型系统连接如图 8.4 所示。

PCF8576D 通过"二线"结构的 $I^2C$ 总线与主机微处理器/微控制器通信。将 PCF8576D 的 OSC 脚与 VSS 相连来使用内部振荡器。器件内部可产生多路复用 LCD 所需的合适偏压。最后，将各种电源信号（VDD、VSS 和 VLCD）以及所选的 LCD 电路连接好就可完成该系统应用的连线。

**表 8.13** 显 示 方 式 选 择

| 数目 | | 7 段数学字符 | | 14 段字母数字字符 | | 点 阵 |
|---|---|---|---|---|---|---|
| 背电极 | 段 | 数字 | 显示字符 | 字符 | 显示字符 | |
| 4 | 160 | 20 | 20 | 10 | 20 | 160 点（4 * 40） |
| 3 | 120 | 15 | 15 | 8 | 8 | 120 点（3 * 40） |
| 2 | 80 | 10 | 10 | 5 | 10 | 80 点（2 * 40） |
| 1 | 40 | 5 | 5 | 2 | 12 | 40 点（2 * 40） |

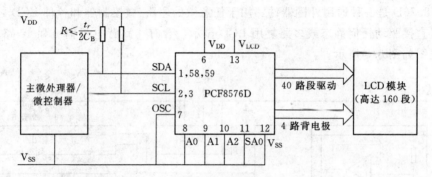

图 8.4 典型系统连接图

# 习 题 与 思 考 题

8.1 说明目前使用的键盘的基本类型和接口标准。

8.2 说明目前使用的鼠标的基本类型和接口标准。

8.3 试说明 PC 系列键盘的工作原理。

8.4 试说明 CRT 显示器显示的基本原理。

8.5 显示卡主要有哪几部分构成？各完成什么功能？

8.6 试述液晶显示器的基本原理。

# 第9章 总线技术

## 9.1 总线的基本概念

在计算机系统中，各部件之间传输信息的一组通信线叫做总线。微机系统采用总线结构。系统中主要部件通过系统总线相互连接、实现数据传输，并使微机系统具有组态灵活、易于扩展等诸多优点。广泛应用的总线都实现了标准化，互连各个部件时遵循共同的总线规范。接口的任一方只需要根据总线标准的要求来实现和完成接口的功能，而不必了解对方的接口方式。

### 9.1.1 总线的规范

总线标准是国际公布或推荐的互联各个模块的标准，它是把各种不同的模块组成计算机系统（或计算机应用系统）时必须遵守的规范。总线标准为计算机系统（或计算机应用系统）中各个模块的互联提供一个标准接口，该接口对接口两侧的模块而言都是透明的，接口的任一方只需根据总线标准的要求来实现接口的功能，而不必考虑另一方的接口方式。按总线标准设计的接口是通用接口。采用总线标准可以为计算机接口的软硬件设计提供方便。对硬件设计而言，由于总线标准的引入，使各个模块的接口芯片的设计相对独立，同时也给接口软件的模块化设计带来了方便。

为了充分发挥总线的作用，每个总线标准都必须有详细和明确的规范说明，一般包括如下几个部分。

1. 物理特性

物理特性指的是总线物理连接的方式，包括总线的根数、总线的插头、插座的形状以及引脚的排列。例如，IBM-PC/XT 的总线共 62 根线，分两列编号。

2. 功能特性

功能特性描述的是在一组总线中，每一根线的功能是什么。从功能上看，总线分为 3 组（即三总线）：地址总线、数据总线和控制总线。

3. 电气特性

电气特性定义每一根线上信号的传送方向、有效电平范围。一般规定送入 CPU 的信号为输入信号，从 CPU 送出的信号为输出信号。

4. 时间特性

时间特性定义了每根线在什么时间有效，也就是每根线的时序。

总线标准的制订接纳和主持制定总线标准工作的有 IEEE（美国电气与电子工程师协会）、IEC（国际电工委员会）、ITU（国际电信联盟）和 ANSI（美国国家标准局）组织的专门标准化委员会，这些委员会一方面为适应不同应用水平要求，从事开发和制定总线标准或建议草案；另一方面对现有的由一些公司提出的并为国际工业界广泛支持的实用总线标准进行筛选、研究、修改和评价，给以统一编号，作为对该总线标准的认可。

随着微机系统的发展，总线在不断地发展完善，一些老的总线标准已不适应于当前技术发展的需要，因而有的被淘汰，如 S - 100；有的进行改进，如 STD 总线。

### 9.1.2 总线的分类

根据不同的分类标准，总线有多种分类形式。

1. 按照总线的组数划分

按总线的组数可分为：①单总线：一组总线；②双总线：两组总线；③三总线：三组总线。

2. 按照传输方向划分

按传输方向可分为单向总线和双向总线。

3. 按照总线所处的位置划分

按总线所处的位置可分为以下几种：

(1) 微处理器内部总线：连接内部寄存器组、累加器、算逻单元和控制部件，又称为片内总线。

(2) 单机内总线：计算机内部系统板与插件板之间进行通信的总线，又称为内总线。

(3) 外总线：（多机之间）微型计算机和其他设备或控制对象之间进行通信的总线。

### 9.1.3 总线的性能指标

微机系统中使用的总线种类很多，没有哪种总线能适合所有的场合。尽管各类总线在设计上有许多不同之处，但从总体原则上它们的性能指标是可以比较的。评价一种总线的性能主要有如下几个方面。

(1) 总线时钟频率：总线的工作频率，以 MHz 表示。它是影响总线传输速率的一个重要参数，工作频率越高，传输速率越高。

(2) 总线宽度：是指数据总线的位数，单位为位 (bit)。如 8 位、16 位、32 位、64 位总线宽度。

(3) 总线的数据传输率：是指在总线上每秒钟传输的最大字节数，单位为 MB/s。总线的数据传输率的计算公式是：

$$总线的数据传输率＝（总线宽度÷8 位）×总线时钟频率$$

数据传输率的单位是 MB/s，总线宽度的单位是位 (bit)，总线时钟频率以 MHz 为单位。如 PCI 总线的总线时钟频率为 33.3MHz，总线宽度为 32 位的情况下，其数据传输率为 133MB/s。

## 9.2 PC 总 线

IBM - PC 及 XT 使用的总线就称为 PC 总线。当时使用的 CPU 是 Intel 公司的准 16 位 CPU8088，但 PC 总线不是 CPU 引脚的延伸，而是由 8282 锁存器、8286 发送接收器、8288 总线控制器、8259 中断控制器、8237DMA 控制器以及其他逻辑的重新驱动和组合控制而成，所以又称为 I/O 通道。它共有 62 条引线，全部引到系统板 8 个双列扩充槽插座上，每个插座相对应的引脚连在一起，再连到总线的相应信号线上。

PC 总线或称 XT 总线，它是一种数据线宽度为 8 位，地址线宽度为 20 根的开放性结构的微机系统总线。可直接寻址 1MB 内存空间和 1KB 的 I/O 端口，总线的最大工作频率为 8MHz。引到扩展槽引脚上的所有信号均为 TTL 电平，每个插槽信号的负载能力为 2 个 LS-TTL 门。IBM PC/XT 机的主板上有 8 个 62 芯的 I/O 扩展槽，序号为 $J_1 \sim J_8$。连接扩展槽的是 PC 总线，也是 IBM PC/XT 机的系统总线。

目前的 PC 中大多已不再使用 PC 总线，故不再详细分析。

## 9.3 PCI 总 线

随着 CPU 的迅速发展，主频率不断提高，数据总线的宽度也由 8 位到 16 位、32 位甚至 64 位，总线也随之不断发展。

随着 Pentium 芯片的出现和发展，一种新的总线——PCI 总线也得到广泛的应用，已经成为总线的主流。

PCI（Peripheral Component Interconnect）总线称为外部设备互连总线，它能与其他总线互连，如图 9.1 所示。

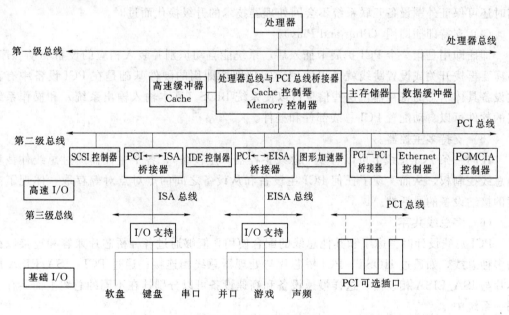

图 9.1 PCI 总线连接图

它把一个计算机系统的总线分为几个档次，速度最高的为处理器总线，可连接主存储器等高速部件；第二级为 PCI 总线，可直接连接工作速度较高的卡，如图形加速卡、高速网卡等，也可以通过 IDE 控制器、SCSI 控制器连接高速硬盘等设备；第三级通过 PCI 总线的桥，可以与具有 ISA 总线的设备相连，以提高兼容性。

1. PCI 总线的主要特点

（1）传输速率高。

最早提出的 PCI 总线工作在 33MHz 频率之下，传输速率达到了 133MB/s（33MHz ×32bit/8），比 ISA 总线有了极大的改善，基本上满足了当时处理器发展的需要。随着对更高性能的要求，1993 年提出了 64-bit 的 PCI 总线，后来又提出把 PCI 总线的频率提升到 66MHz，传输速率达到了 528MB/s，满足了当时及以后相当一段时期内 PC 机传输速率的要求。

（2）支持突发传输方式（Burst Transmission）。

传统的单次数据传输方式是在每传输一个数据前在总线上先给出数据的地址，然后进行数据操作。PCI 总线支持突发传输方式，即如果数据在内存中连续存放，则在访问这一组连续数据时，只有在传输第一个数据时需要先给出地址，再传输数据；而传输其后的连续数据时，只需将地址自动加 1 便可传输下一个字节数据。显然这种传输方式减少了无谓的地址操作，有效地利用了总线的带宽度，加快了传输速度，对于高性能图形设备尤为重要。

（3）独立于处理器。

PCI 总线是独立于处理器的系统总线，采用了独特的中间缓冲器设计，可将显示卡、声卡、网卡、硬盘控制器等高速外围设备直接挂在处理器总线上，使处理器性能得到充分的发挥。另外独立于处理器的总线结构使得插件的设计只针对 PCI 总线而不是处理器，同时还可保证外围设备互联系统不会因处理器技术的升级换代而过时。

（4）支持即插即用（Plug and Play）。

即插即用是指一个 PCI 扩展卡插入后，系统能自动识别并装入相应的设备驱动程序，不需要再拨开关或设置跳线就可以使用。实现即插即用的硬件基础是在 PCI 设备中有存放设备具体信息的寄存器，这些信息可以使系统 BIOS（基本输入输出系统）和操作系统层的软件可以自动配置 PCI 总线部件和插件。

（5）支持多主控器。

在同一条 PCI 总线上可以有多个总线主控器（主设备），各个主控器通过总线仲裁竞争总线控制权，从而实现了任何 PCI 主设备和从设备之间的点对点对等存取，体现了高度的接纳设备的灵活性。

（6）多总线共存。

PCI 总线设计时考虑了和其他总线的配合使用，能够通过各种桥芯片兼容和连接以往的多种总线，如通过 HOST-PCI 桥芯片与处理器总线相连接；通过 PCI-ISA/EISA 桥芯片与 ISA/EISA 相连接。这样慢速设备和高速设备可以分别挂在不同的总线上而共存于同一系统中。

（7）数据完整性。

PCI 总线提供了数据和地址的奇偶校验功能，保证了数据的完整性和准确性。

（8）适用于各种机型。

PCI 总线适用于各种规格的计算机系统，如台式机、便携机以及服务器等。PCI 总线定义了 5V 和 3.3V 两种信号环境，可以从 5V 向 3.3V 进行平滑的系统转换；在服务器环境下往往要连接较多的外围设备，而 PCI 总线规范规定一个计算机系统中可同时使用多条 PCI 总线，这又使得 PCI 总线广泛应用于服务器。

（9）低成本、高可靠性。

PCI 总线插槽短而精致；运用地址/数据复用技术，减少了引脚需求，并且每两个信号线之间都安排了一个地线，减少了信号之间的相互干扰；为总线标准提供支持的 PCI 芯片均为超大规模集成电路，体积小而可靠性更高。这些措施有效地降低了成本，并提高了系统的可靠性。

2. PCI 总线信号定义

在一个 PCI 应用系统中，如果某设备取得了总线控制权，就称其为主设备；而被主设备选中进行通信的设备称为从设备或目标设备。主设备应具备处理能力，能对总线进行控制，即当一个设备作为主设备时，它就是一个总线主控器。

主设备和从设备对应的接口信号线通常分为必备的和可选的两大类。主设备的必备信号线为 49 条，从设备的必备信号线为 47 条。可选信号线为 51 条，主要用于 64 位扩展、中断请求和高速缓存支持等。利用这些信号线可以处理数据、地址，实现接口控制、仲裁及系统功能。这些总线信号按功能可分为 9 组，如图 9.2 所示，图中左边为必备信号，右边为可选信号。为了叙述方便，对信号类型用下列符号表示：

（1）in：单向的标准输入信号。

（2）out：单向的标准输出信号。

（3）t/s：双向的三态信号。

（4）s/t/s：持续的且低电平有效的三态信号，该信号在某一时刻只能属于一个主设备并被其驱动，它从有效变为浮空（高阻状态）之前必须保证其具有至少一个时钟周期的高电平状态，另一主设备要想驱动它，至少要等待该信号的原有驱动者将其释放（变为高阻状态）一个时钟周期之后才能开始。

（5）o/d：表示漏极开路，允许多个设备以线或的形式共享该信号。

（6）＃：表示低电平有效的信号。

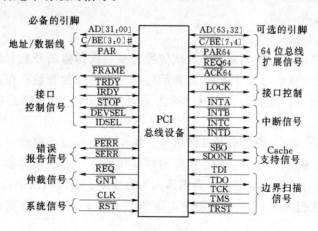

图 9.2  PCI 总线信号

需要注意的是以上的类型是从设备（连接在 PCI 总线上的每一台设备）角度定义的，而不是从仲裁和中央资源信号角度定义的。

1）系统信号。

a. CLK in：系统时钟信号。该信号对于所有的 PCI 设备均为输入，其频率最高可达 33MHz/66MHz，最低频率为 0Hz（DC），这个低频率可适应静态调试和低功耗的要求。除 RET♯、IRQB♯、IRQC♯ 和 IRQD♯ 之外，所有 PCI 的其他信号都在 CLK 的上升沿有效或采样。

b. RST♯ in：复位信号。该信号用于复位总线上的接口逻辑，并使 PCI 专用的寄存器、定序器和有关信号复位到指定的状态，在它的作用下 PCI 总线的所有输出信号处于高阻状态，SERR♯ 被浮空。为防止 AD、C/BE♯ 及 PAR 在复位期间浮动，可由中心设备将它们驱动到低电平。

2）地址和数据信号。

a. AD [31～0] t/s：地址、数据多路复用信号。当 FRAME♯ 有效时，信号线上传送的是物理地址，称为地址期。对于 I/O 端口，这是一个字节地址；对于配置空间或存储器空间，是双字地址。在 IRDY♯ 和 TRDY♯ 都有效时传送数据，称为数据期。AD [7～0] 为最低字节数据，而 AD [31～24] 为最高字节数据，传输数据的字节数是可变的，可以是 1 字节、2 字节、3 字节或 4 字节，这取决于字节使能信号。PCI 总线支持突发传输方式，一个 PCI 总线的传输中包含一个地址期和接着的一个或多个数据期。

b. C/BE [3～0] ♯ t/s：总线命令和字节使能多路复用信号。在地址期中，这 4 条线传送的是总线命令。在数据期中，他们传送的是字节使能信号，用于说明 AD [31～0] 上那些字节为有效数据，C/BE0♯～C/BE3♯ 分别对应第 0～3 字节。

c. PAR t/s：奇偶校验信号。该信号用于对 AD [31～0] 和 C/BE [3～0] 上的信号进行奇偶校验，以保证数据的准确性。对于地址信号，在地址期之后的一个时钟周期 PAR 稳定有效；对于数据信号，在 IRDY♯（写操作）或 TRDY♯（读操作）有效之后的一个时钟周期 PAR 稳定有效。一旦 PAR 有效，它将维持到当前数据期结束后的一个时钟周期为止。在地址期和写操作的数据期中，PAR 由主设备驱动；而在读操作的数据期中，PAR 由从设备驱动。

3）接口控制信号。

a. FRAME♯ s/t/s：帧周期信号。该信号表示一次传输的开始和结束，由当前主设备驱动。该信号转为有效时（下降沿），表示总线传输操作的开始；在其有效期间（低电平），表示数据传输在一直进行；当其变为无效时（上升沿），表示是传输的最后一个数据期。

b. TRDY♯ s/t/s：从设备准备就绪信号。该信号由从设备驱动，有效时表明从设备已做好当前数据传输的准备，可进行相应的数据传输。同样该信号要与 IRDY♯ 配合使用，二者同时有效时才能传输数据，否则插入等待周期。在写周期中，该信号有效表示从设备已做好接收数据准备；在读周期中，该信号有效表示有效数据已送至 AD [31～0] 上。

c. IRDY♯ s/t/s：主设备准备就绪信号。该信号由主设备驱动，有效时表明发起本次传输的设备（主设备）能够完成一个数据期，但是要与 TRDY♯ 配合使用，二者同时有效才能完成数据传输，否则插入等待周期。在写周期中，该信号有效表示数据已在 AD [31～0] 上；在读周期中，该信号有效表示主设备已做好接收数据准备。

d. STOP♯ s/t/s：停止数据传送信号。该信号由从设备驱动，有效时表示从设备要求主设备停止当前的数据传送。

e. DEVSEL♯ s/t/s：设备选择信号。该信号有效时，表示驱动它的设备已成为当前访问的从设备。换言之，它的有效说明总线上某一设备已被选中。

f. IDSEL in：初始化设备选择信号。在参数配置读写传输时用作片选信号。

g. LOCK♯ s/t/s：锁定信号。该信号由主设备驱动，有效时表示驱动它的设备所进行的操作可能需要多个传输才能完成，也就是说，对此设备的操作是排他性的。而此时，对于未被锁定的设备，对它的非互斥访问仍然可以进行。LOCK♯有自己的协议，并和GNT♯合作。即使有几个不同的设备在使用总线，但对LOCK♯的控制权只属于某一个主设备。

4）仲裁信号。

a. REQ♯ t/s：总线占用请求信号。该信号一旦有效即表明驱动它的设备要求使用总线，它是一个点到点的信号线，任何主设备都有其REQ♯信号。

b. GNT♯ t/s：总线占用允许信号。该信号有效时表明总线占用请求已被允许，它也是一个点到点的信号，任何主设备都有其GNT♯信号。

5）错误报告信号。

a. PERR♯ s/t/s：数据奇偶校验错信号。该信号有效表示总线数据奇偶错，但是它并不报告特殊周期中的数据奇偶错。一个设备只有在响应设备选择信号（DEVSEL♯）和完成数据期之后，才能报告一个PERR♯。对于每个数据接收设备，如果发现数据有错误，就应在数据收到后的两个时钟周期内将PERR♯激活。该信号的持续时间与数据期的多少有关，如果是一个数据期，则最小持续时间为一个时钟周期；若是一连串的数据期并且每个数据期都有错，那么PERR♯的持续时间将多于一个时钟周期。

b. SERR♯ o/d：系统错误报告信号。该信号用于报告地址奇偶错、数据奇偶错、命令错等可能引起灾难性后果的系统错误。SERR♯一般接至微处理器的NMI引脚，如果不希望产生非屏蔽中断，就应该采用其他方法来实现SERR♯的报告。由于SERR♯是一个漏极开路信号，因此报告此类错误的设备只需将该信号驱动一个PCI周期即可。SERR♯的发出和时钟同步，因而满足总线上所有其他信号的建立时间和保持时间的要求。要使该信号复位，需要一个微弱的上拉作用，但这应由系统设计来提供，而不是靠报错的设备或中央资源。一般这种上拉复位需要2～3个时钟周期才能完成。

6）中断请求信号。

INTx( x＝A、B、C、D)♯ o/d：中断请求信号。中断信号在PCI总线中是可选项。信号的建立与撤销与时钟不同步。对于单功能设备，只有一条中断线INTA♯，其他3条中断线没有意义；而多功能设备最多可有4条中断线，各功能与中断线的连接是任意的，二者最终对应关系由中断寄存器来定义，这显然提供了很大的灵活性。如果一个设备要实现一个中断，就定义为INTA♯；要实现两个中断，就定义为INTA♯和INTB♯，依次类推。对于多功能设备，可以多个功能共用同一条中断线，或者各自占一条中断线，或者是两种情况的组合。但是，对于单功能设备，只能使用一条中断线。

7）高速缓存（Cache）支持信号。为了使具有缓存功能的PCI存储器能够和通写式

（Write‐through）或回写式（Write‐back）的 Cache 操作相配合，PCI 总线设置了两个高速缓存支持信号。

a. SBO♯ in/out：窥视返回信号。该信号有效表示命中了一个 Cache 中的修改行。

b. SDONE in/out：查询完成信号。该信号有效表示查询已经完成，否则查询仍在继续。

8）64 位扩展信号。

a. AD［63～32］t/s：扩展的 32 位地址和数据多路复用线。

b. C/BE［7～4］♯ t/s：高 32 位总线命令和字节使能多路复用信号。在数据期，若 REQ64♯ 和 ACK64 同时有效，则以 4 条线上传输的信息说明数据线上哪些字节是有意义的。在地址期内，如果使用了 DAC 命令且 REQ64♯ 有效，则表明 C/BE［7～4］上传输的是总线命令。

c. REQ64♯ s/t/s：64 位传输请求信号。该信号由主设备驱动，时序与 FRΛME♯ 相同。

d. ACK64♯ s/t/s：64 位传输响应信号。该信号有效表示从设备将启用 64 位通道传输数据，其时序与 DEVSEL♯ 相同。

e. PAR64 t/s：高 32 位奇偶校验信号。该信号是 AD［63～32］和 C/BE［7～4］的校验位。

9）JTAG/边界扫描测试引脚。IEEE1149.1 边界扫描接口信号，用于板级和芯片级的测试。设备测试访问口（Test Access Port，TAP）使用 5 个信号，其中 1 个为可选信号。

a. TCK in：测试时钟。在边界扫描期间用于测试输入和输出的状态信息和数据的计时设备。

b. TDI in：测试输入。（与 TCK 结合）用于将测试数据和指令串行输入到设备。

c. TDO out：测试输出。（与 TCK 结合）用于从测试访问端口输出数据和指令。

d. TMS in：测试模式选择。用于控制测试访问端口控制器的状态。

e. TRST♯ in：测试复位。强制测试访问端口控制器复位到初始状态。

# 9.4 RS‐232 串行通信总线

RS‐232C（RS 即 Recommended Standard 推荐标准）美国电子工业协会 EIA 制定的通用标准串行接口。1962 年公布，1969 年修订，1987 年 1 月正式改名为 EIA‐232D。其设计目的是用于连接调制解调器，现已成为数据终端设备 DTE（例如计算机）与数据通信设备 DCE（例如调制解调器）的标准接口。RS‐232 可实现远距离通信，也可近距离连接两台微机，属于网络层次结构中的最低层：物理层。

232C 接口标准使用一个 25 针连接器（DB‐25），绝大多数设备只使用其中 9 个信号，所以就有了 9 针连接器（DB‐9）。232C 包括两个信道：主信道和次信道。次信道为辅助串行通道提供数据控制和通道，但其传输速率比主信道要低得多，其他跟主信道相同，通常较少使用。其引脚排列如图 9.3 和图 9.4 所示。

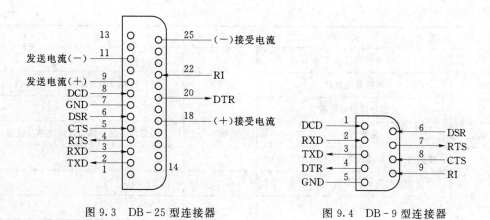

图 9.3 DB - 25 型连接器                    图 9.4 DB - 9 型连接器

信号功能介绍如下：

RS - 232C 规定了在串行通信中数据终端设备 DTE（Data Terminal Equipment）和数据通信设备 DCE（Data Communication Equipment）之间的接口信号。表 9.1 给出 RS - 232C 信号的名称、引脚及功能。其中"发送"和"接收"均是从数据终端设备的立场来定义的。

表 9.1                              RS - 232C 接 口 标 准 信 号

| 引 脚 | 信 号 名 | 缩 写 名 | 说 明 |
|---|---|---|---|
| 1 | 保护地 | PG | 设备地 |
| 2 | 发送数据 | TxD | 终端发送串行数据 |
| 3 | 接收数据 | RxD | 终端接收串行数据 |
| 4 | 请求发送 | RTS | 终端请求通信设备切换到发送方式 |
| 5 | 清除发送 | CTS | 通信设备已切换到准备发送 |
| 6 | 数据机就绪 | DSR | 通信设备准备就绪，可以接收信号地 |
| 7 | 信号地 | SG | 信号地 |
| 8 | 数据载体检出（接收线信号检出） | DCD（RLSD） | 通信设备已接收到远程载波 |
| 9 | 未定义 | | |
| 10 | 未定义 | | |
| 11 | 未定义 | | |
| 12 | 辅信道接收测定器 | | |
| 13 | 辅信道的清除发送 | | |
| 14 | 辅信道的发送数据 | | |
| 15 | 发送器信号码元定时（DCE 源） | | |
| 16 | 辅信道的接收数据 | | |
| 17 | 接收器码元定时 | | |
| 18 | 未定义 | | |

续表

| 引 脚 | 信 号 名 | 缩 写 名 | 说 明 |
|---|---|---|---|
| 19 | 辅信道的请求发送 | | |
| 20 | 数据终端就绪 | DTR | 终端准备就绪，可以接收 |
| 21 | 信号质量测定器 | | |
| 22 | 振铃指示器 | RI | 通信设备通知终端通信线路已接通 |
| 23 | 数据信号速率选择器（DCE/DTE 源） | | |
| 24 | 发送器信号码元定时（DTE 源） | | |
| 25 | 未定义 | | |

由表 9.1 可以看出，RS－232C 标准有 25 条信号线，这里只介绍常用的 9 条。

（1）TxD：发送数据信号线，通过 TxD 线 DTE 将串行数据发送到 DCE。

（2）RxD：接收数据信号线，由 DCE 到 DTE 的串行数据信号。

（3）DSR：数据装置就绪，由 DCE 到 DTE 的信号，高电平有效（接通状态）。该信号有效表示 DCE 已处于可以使用状态。

（4）DTR：数据终端就绪，由 DTE 到 DCE 的信号，高电平有效（接通状态）。该信号有效表示 DTE 处于可以使用状态。

DSR 和 DTR 有时直接连到电源上，系统上电就有效。目前有些 RS－232C 接口甚至省去用此类信号，认为设备始终是准备好的。可见，这两个信号只表明设备本身可用，并不说明通信线路可以进行通信，能否通信还由其他信号决定。

（5）RTS：请求发送，由 DTE 发送至 DCE 的信号，表示 DTE 要求向 DCE 发送数据。当 DSR、DTR 均为高电平，DCE 要发送数据时，该信号有效（高电平）。

（6）CTS：允许发送，由 DCE 发送至 DTE 的信号，表示 DCE 已准备好接收来自 DTE 的数据，是对 RTS 的响应信号。当 DSR、RTS 均为高电平有效时，CTS 有效（高电平）。

（7）DCD：接收线信号检出。当 DCE 收到满足要求的载波信号时，该信号有效（高电平）。这个信号可用来驱动载波检测二极管，使之发光。

（8）RI：振铃提示，由 DCE 发至 DTE 的信号。该信号有效（高电平），指示 DCE 正在接收振铃信号。

（9）SG、PG：信号地和保护信号地信号线，无方向。

上述信号线中，发送数据 TxD、接收数据 RxD、信号地 SG 是 3 条最基本的。DSR、DTR、DCD、RI 是针对电话网络设计的。在本地互连的微机系统中，最常用到的联络信号是 DTR、DSR、RTS 和 CTS。下面给出几种典型连接方式供参考。

1）全双工标准连接。如计算机与调制解调器之间的连接，如图 9.5 所示。

2）三线连接。如计算机之间的连接，DSR、CTS 用软件设置为高电平，如图 9.6 所示。

3）交叉连接。如同一型号的计算机之间的连接，如图 9.7 所示。

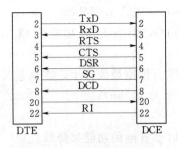

图 9.5  计算机与调制解调器
          之间的连接

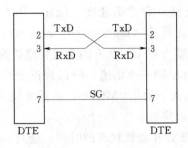

图 9.6  三线互联

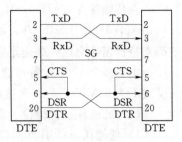

图 9.7  IBM - PC 间的连接

# 9.5  通用串行总线 USB

通用串行总线 USB（universal serial bus）是由 Intel、Compaq、Digital、IBM、Microsoft、NEC、Northern Telecom 等 7 家世界著名的计算机和通信公司共同推出的一种新型接口标准。它基于通用连接技术，实现外设的简单快速连接，达到方便用户、降低成本、扩展 PC 连接外设范围的目的。

1. USB 的优点

（1）方便终端用户的使用。

方便终端用户使用主要表现在以下几个方面：

1）自动设置。当用户将 USB 设备连接到计算机上时，Windows 操作系统会自动检测该设备，并且加载适合的驱动程序。在第一次安装时，Windows 会提醒用户放入包含 USB 设备驱动程序的磁盘。其后的安装过程，Windows 会自动帮助用户完成，而不必重新安装程序，也不需要重新开机就可以直接使用该 USB 外围设备。

2）没有用户设置。USB 外围设备没有用户设置的选项，例如指定通信端口地址或是中断号码（IRQ）等。在安装 USB 设备时，PC 会自动检测。

3）容易连接。USB 外围设备是属于外接设备，不必打开计算机机箱来安插扩充卡。新型的 PC 至少会有两个 USB 连接端口，如果要连接更多的 USB 设备，只要将 USB 集线器连接到 PC 上的一个 USB 端口，然后将其他的 USB 设备连接到该集线器即可。

4）支持动态热插拔操作。可以在 PC 与 USB 外围设备开机的状态下，插入或是拔出 USB 连接头，而不会造成对 PC 或是 USB 外围设备的损害。操作系统会自动检测 USB 外围设备是否连接，以及是否可以进行读/写操作。

5）需要电源。USB 接口包含＋5V 的电源线与接地线，可以从计算机或是集线器提供电源。在 500mA 下，USB 外围设备可以直接使用信道提供的电源。

6）共同接口。不同种类的 USB 外围设备可以使用相同的接口，因此不必设计另外的连接类型。使用 USB 外围设备可以释放多余的 IRQ 中断，PC 会指定多个通信端口地址与一个 IRQ 中断给 USB 接口。如果使用的是非 USB 的外围设备，不但各需一个 IRQ 中断，而且常常需要占用扩充卡插槽。

（2）传输速度快。

在传输速度方面，USB 支持 3 种信道速度：低速（low speed）的 1.5Mbit/s，全速（full speed）的 12Mbit/s，以及高速（high speed）的 480Mbit/s。具备 USB 功能的 PC 都支持低速与全速，高速则需要支持 USB2.0 的主机板或扩充卡。

由于多个 USB 设备可能分享同一个信道，所以理论上的单一传输最大速率，在高速模式下为 53Mbit/s，在全速模式下为 1.2Mbit/s，在低速模式下为 800bit/s。

（3）低能耗、低价位、高稳定性。

1）低能耗。USB 外围设备处在待机状态的时候，会自动启动省电的功能来降低耗电量。当要使用设备时，又会自动恢复原来的状态。

2）低价位。虽然 USB 接口比起以前的接口来得复杂，不过它的组件与电缆都不贵，与以前的接口比较起来，USB 接口甚至可能只需更少的成本。低速模式的 USB 设备价钱更低。

3）高稳定性。不管是硬件的设计或是数据传输的协议，USB 都很稳定。USB 驱动程序、接收器以及电缆的硬件规范，都会尽量减少噪声的干扰而产生错误的数据。如果 USB 协议检测到数据有错误，它也会通知发送端重新传送数据。这些特性都是由硬件来自动完成，不需要另外在程序中拦截错误通知。

（4）操作系统的支持。

Windows 98 是第一个支持 USB 的操作系统，其后是 Windows2000 等。其他的计算机与操作系统也支持 USB，例如在 Apple 的 iMac 计算机上，USB 是惟一的外围设备连接器。其他操作系统例如 Linux、NetBSD 以及 FreeBSD 等也都支持 USB。

在 Windows 上，已经有键盘、鼠标、遥控杆、音响设备、调制解调器、数码相机、扫描仪、打印机以及大容量的硬盘等设备的驱动程序提供，以后 Windows 还会写入更多设备的支持。制造商也会提供自己的驱动程序，来让设计者使用他们的芯片。

（5）外围设备的支持。

在 USB 外围设备内，必须有包含控制 USB 通信的控制芯片。有些是在完整的微型计算机内包含有 CPU 与内存来储存设备特定程序代码，在外围设备内执行；有些则只执行 USB 特定的功能，然后使用数据信道来连接到处理非 USB 相关功能的微处理器。

（6）使用灵活、有弹性。

USB 有 4 种传输类型（控制、中断、批量与实时）与 3 种传输速度（低速、全速与高速），使外围设备可以有弹性的选择。不管是交换少量或是大量的数据，还是有无时效的限制，都有适合的传输类型。在操作系统、驱动程序以及应用程序上如果数据不能有延迟，USB 会尽其可能来达到真实传输时间。

USB 并没有指定信号的处理例程，也不会假设接口如何使用，因此，USB 适用于任何类型的设备。一般常用的设备，例如打印机、调制解调器，USB 都有定义所需的类别与协议，来节省设计者的开发时间。

（7）工作负荷大、应用范围广。

USB 可以同时支持速度从几 KB/s 到几 MB/s 的设备，且支持多达 127 个物理外设；在同一总线上可同时支持同步和异步传输类型及多个设备的同时操作；在主机和设备上支持对多个数据和信息流的传输。

**2. USB 的缺点**

从使用者的角度来看，USB 还不是尽善尽美，还存在着以下缺点：

(1) 缺乏对旧硬件的支持。旧的计算机和外围设备，都没有 USB 连接端口。

如果要将一个非 USB 设备连接到 USB 连接端口上，必须使用转换器。这些转换器包括使用在 RS-232、RS-485 以及并行端口等外围设备上。不过转换器只对该转换器驱动程序支持的传统协议有效，例如并行端口的转换器只支持打印机而不支持其他的外围设备类型。

如果要将一个 USB 设备连接到不支持 USB 的 PC 上，必须在该 PC 上加上 USB 的功能，这就需要有 USB 的主机控制器硬件，以及支持 USB 的操作系统。

另外要考虑的是与 USB 设备沟通的驱动程序只能够在 Windows 98 上执行，所以，在 MS-DOS 上执行的应用程序就不能够存取 USB 设备。

(2) 点对点的通信。在 USB 的系统上，由一个主计算机来管理所有的通信。外围设备不能够直接彼此沟通，必须通过主计算机才可以通信。而其他的接口（例如 IEEE 1394）允许外围设备直接与外围设备通信。

(3) 速度的限制。USB 的高速模式可以达到 480Mbit/s，可与 IEEE 1394 的 400Mbit/s 匹敌。不过 IEEE 1394B 的速度更快，可以达到 3.2Gbit/s。

(4) 距离的限制。USB 虽然是设计使用在台式计算机上，不过其节点之间的传输距离则较短，电缆长度最长可 5m 远，而其他的接口，例如 RS-232、RS-485 等，则允许使用更长的电缆。

(5) 程序设计复杂。从设计端的观点来看，USB 的主要缺点是增加了程序设计的复杂程度。因此，不论在外围设备的 USB 硬件上，还是在 PC 上可能会有错误或故障，都会延迟计划的开发或是在生产出的产品上发生问题。

(6) 协议的复杂性。要做 USB 外围设备的程序设计，必须先了解 USB 协议，即如何在信道上交换数据。虽然控制器的芯片会自动处理大部分的通信，不过仍然需要使用程序。例如驱动程序的开发者，就需要熟悉 USB 协议。

**3. USB 的物理接口**

USB 的物理接口包括电气特性和机械特性两部分。

(1) 电气特性。

USB 中的物理介质由一根 4 线的电缆组成，如图 9.8 所示。

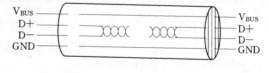

图 9.8  USB 电缆

图 9.8 中两条（$V_{BUS}$ 和 GND）用于提供设备工作所需的电源；另外两条（D+、D-）用于传输数据。信号线的特性阻抗为 $90\Omega$，而数据信号是利用差模方式送入信号线的。利用这种差模传输方式，接收端的灵敏度可以达到不低于 200mV。

USB 电缆中还有两条用来向设备提供电源的电源线，即 $V_{BUS}$ 和 GND。$V_{BUS}$ 在源端的标称值为 +5V。可以允许 USB 使用不同长度的电缆，最长可达 5 米。为了提供可靠的输入电压和适当的终端阻抗，在电缆的每一端都有一个带偏压的终端。该终端可以发现任一端口上 USB 设备的"插入"和"拔除"操作，并能区分全速和低速设备。

（2）机械特性。

所有 USB 外设都有一个上行的连接。上行连接采用 A 型接口，而下行连接一般则采用 B 型接口，这两种接口不可简单地互换，这样就避免了集线器之间循环往复的非法连接。一般情况下，USB 集线器输出连接口为 A 型口，而外设及 HUB 的输入口均为 B 型口。所以 USB 电缆一般采用一端 A 口、一端 B 口的形式。USB 的插头、插孔如图 9.9 所示，USB 连接线定义见表 9.2。

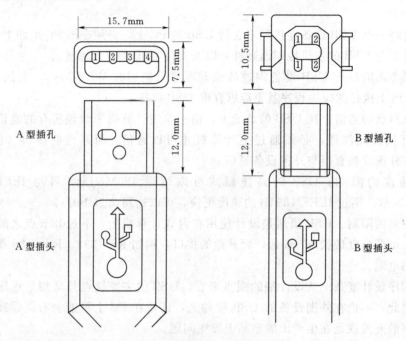

图 9.9 USB 插头、插孔示意图

表 9.2　　　　　　　　　　　　　　　USB 连 接 线 定 义

| 连 接 序 号 | 信 号 名 称 | 典型连接线 |
| --- | --- | --- |
| 1 | $V_{BUS}$（电源正） | 红 |
| 2 | D－（负差分信号） | 白 |
| 3 | D＋（正差分信号） | 绿 |
| 4 | GND（电源地） | 黑 |
| 外层 | 屏蔽层 | — |

4. USB 电源

USB 电源的规范包括 USB 上的功率分配及电源管理两个方面。

（1）功率分配。

每一个 USB 段上，电源电缆都是提供受限的功率（最大可提供 500mA 的电流）。主机向直接与其相连的 USB 设备提供电源。而且，每一个 USB 设备都可以有它自己的电源。那些完全依赖于 USB 电缆为其供电的 USB 设备称为总线供电设备（Bus - powered Devices）。与之相对，那些具有可替换电源供应的 USB 设备称为自供电设备（Self - powered Devices）。一个集线器也可以为其连接的设备供电。

（2）电源管理

USB 主机拥有一个独立于 USB 的电源管理系统。USB 系统软件和主机电源管理系统相互作用，以此来控制像挂起或唤醒（恢复）等系统电源事件。另外，USB 设备可以具有 USB 技术规范所规定的电源管理信息，以便这些设备可以由系统软件或类似设备驱动程序来对其进行电源管理。

5. USB 协议

总线上的所有处理都包括最多 3 个分组的传输。每一次处理操作开始时，都是由 USB 主控制器根据一个计划的步骤，发送一个用于描述处理类型和方向、USB 设备地址、端点（endpoint）号的 USB 分组，这一分组被当作令牌分组。被寻址的 USB 设备通过对恰当的地址域进行解码就可以知道这是发给自己的分组。对一个特定的处理操作而言，数据总是由主机传向 USB 设备或者由 USB 设备传向主机。这种数据传送方向在令牌分组中加以规定。然后处理操作的信源就可以发送数据分组或指出它自己没有数据需要发送。通常情况下，信宿通过"握手分组"来指明这次传送是否成功。

USB 上的这种在主机和设备端点之间的数据传输模型称为"管道"。共有两种管道类型：流管道和消息管道。流管道中的数据没有确定的 USB 帧结构，而消息管道中的数据却有。另外，管道还同数据传输带宽、传送服务类型和传送缓冲区大小这类的端点特性相联系。只要某一 USB 设备完成了配置之后，就会存在管道 0。当一个 USB 设备上电后，控制管道 0 这一消息管道就总是存在。因为这一管道要提供对设备配置、状态和控制信息的访问。

对处理操作进行安排可以对一些流模式的管道实现流控功能。对于硬件而言，流控功能可以使用 NACK 信号来扼制数据速率、以此来防止缓冲区溢出情况的发生。当有可以利用的总线时间出现时，系统可以为一个收到否定应答的处理操作重新发出令牌分组。这种流控机制可以建立灵活的操作规划，从而可以服务于许多不同种类的流管道通信。因此，在 USB 中多个流管道可以拥有大小不同的分组，并可以在不同时间获得服务。

## 习 题 与 思 考 题

9.1　什么是总线？简述微机总线的分类。

9.2　总线的性能指标有哪些？

9.3　什么是总线标准？总线标准应包括哪些内容？

9.4　什么是 PC 总线？

9.5　简述 PCI 总线的特点。

9.6　RS-232 应用在什么场合？

9.7　简述 USB 总线的优缺点。

9.8　USB 的传输线有几根？分别的作用是什么？

# 第10章 应 用 实 例

　　本章以 KJ93 型矿井安全生产监控系统的信息传输接口卡与监控工作站设计为例，介绍接口技术综合应用实例。KJ93 矿井监控系统是河南理工大学自主研制开发的品牌产品，该产品曾在我国煤炭行业得到了推广应用，系统属于分布式总线型树状结构监控网络。本章内容为选讲内容。

## 10.1　KJ93 型矿井安全生产监控系统简介

### 10.1.1　系统组成

　　KJ93 型矿井安全生产监控系统采用时分制分布式结构，主要由地面监控主机、数据库服务器、网络终端、图形工作站、通信接口、避雷器、监控工作站、各种传感器和控制执行器等部分组成。该系统是一套集矿井安全监控、生产工况监控内容为一体的矿井安全生产综合监控系统。如图 10.1 所示给出了 KJ93 矿井监控系统的基本组成结构图。

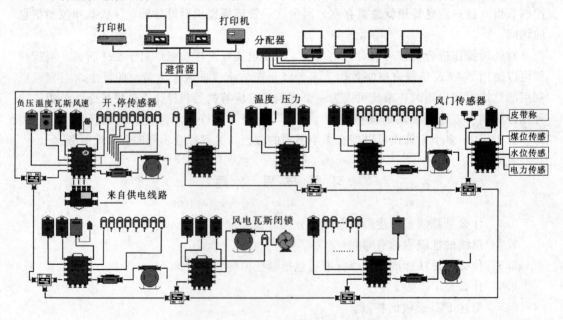

图 10.1　KJ93 矿井监控系统基本结构

### 10.1.2　系统特点

　　KJ93 型矿井安全生产监控系统主要具备以下特点：
　　（1）系统满足 AQ6201-2006 新的煤矿监控系统行业标准。
　　（2）具有良好的开放性和可伸缩性，采用模块化设计，组态灵活。

(3) 地面监控中心运行在标准的 Ethernet TCP/IP 网络环境，可方便实现网上信息共享和网络互联。

(4) 系统显示画面采用文本、图形兼容方式，显示信息直观、生动，具有实时多屏显示功能。

(5) 具有实时数据存储和各种统计数据存储能力。

(6) 有系列化，多用途监控工作站，功能丰富，具有甲烷断电仪及甲烷风电闭锁装置的全部功能。

(7) 监控工作站及传感器实现了智能化和红外遥控进行调校、设置。

(8) 监控工作站电源具有宽范围动态自适应能力，适合矿井电网波动大的复杂环境。

(9) 传感器全面满足行业标准，具有稳定性高、寿命长、功耗低、传输距离远等特点。

(10) 系统设备具有完善的故障闭锁功能，当与闭锁有关的设备未投入正常运行或故障时能切断与之有关设备的电源并闭锁。

### 10.1.3  系统主要技术指标

KJ93型矿井安全生产监控系统主要包括 KJF20 矿用本安型监控工作站及 KJJ26 型信息传输接口（监控主站），其主要技术指标如下。

1. KJ93型矿井安全生产监控系统

(1) 基本容量。

KJ93型矿井安全生产监控系统可扩展至 32 个监控工作站，监测 128 个模拟量，256 个开关量，128 个开出量。

(2) 传输距离。

主站到工作站最长距离达 10km，接入中继器的话可将最远距离扩展至 20km；矿用各类传感器到工作站的距离可大于 2km。

2. KJF20 矿用本安型监控工作站

KJF20 监控工作站是 KJ93 监控系统的关键配套设备，主要实现对各类传感器的数据采集、实时处理、存储、显示、控制以及与地面监控中心的数据通信。同时，监控工作站具有红外遥控初始化设置功能，可独立使用，可实现瓦斯断电仪和瓦斯风电闭锁装置的全部功能。其主要技术指标如下：

(1) 数据采集容量：开关输入量：8 路；信号标准：1～5mA/9～18V。

(2) 模拟输入量：4 路；信号标准：200～1000Hz。

(3) 开关输出量：4 路；信号标准：0～5mA/5V～18V。

(4) 传输信号：基带双差分方式。

(5) 传输距离：≥10km。

(6) 传输线芯数：2 芯（橡胶外套屏蔽不延燃电缆）。

(7) 传输速率：1200Bit/s，半双工。

(8) 传感器到工作站距离：≥2km。

(9) 工作站到断电仪距离：≥2km。

(10) 系统控制执行时间：手动控制≤30s；自动控制≤15s；异地控制≤60s。

(11) 防爆型式：矿用本质安全型 ibI（150℃）

(12) 工作电压：12～18VDC。

(13) 工作电流：≤200mA。

(14) 遥控距离：4m。

(15) 外形尺寸：310mm×210mm×100mm。

3. KJJ26 型信息传输接口

KJJ26 型信息传输接口是 KJ93 监控系统的关键配套设备，主要实现地面中心站与井下监控工作站之间的数据双向通信、地面非防爆设备与矿井防爆设备之间的电气安全隔离等功能。通信方式采用 RS-485 方式，通信速率为 1200bit/s。具体技术指标如下：

(1) 管理监控工作站基本容量：32 个。

(2) 接口输出：本质安全信号。

(3) 最大开路电压：6.1V。

(4) 最大短路电流：≤100mA。

(5) 数据传输形式：基带 RS-485。

(6) 传输距离：≥10km。

(7) 接口类型：内置式（地面普通兼本安型）。

(8) 巡检周期：≤30s。

(9) 传输速率：1200bit/s。

(10) 传输方式：半双工。

(11) 传输电缆：主信号电缆为 4 芯（2 芯备用）；模拟量传感器电缆为 4 芯（可接两个传感器）；开关量传感器电缆为 2 芯（监控工作站智能接口电缆最多可接 8 个智能开关量传感器）。

(12) 传输误码率：≤$10^{-8}$。

(13) 系统精度：≤±0.5%。

# 10.2 KJJ26 信 息 传 输 接 口

## 10.2.1 概述

KJJ26 信息传输接口的主要功能是监视及管理系统中监控工作站的工作状态，完成全部监控工作站与监控主机之间的通信，接收监控主机的命令，对监控工作站进行配置，将监控工作站采集到的数据传送给监控主机。通信接口卡插在监控主机机箱的插件板插槽内，通过 PC 总线与监控主机连接，其与监控主机的连接如图 10.2 所示。通信接口卡利用单片机的串行口与各监控工作站之间通过长线通信驱动器 MAX481E 进行通信，收集各监控工作站采集到的信息数据。

## 10.2.2 KJJ26 接口卡的硬件设计

1. 信息传输接口基本功能

KJJ26 信息传输接口卡一经加电就以广播式自动呼叫监控工作站，并将接收到的各监控工作站的数据以表格形式顺序暂存在数据存储器中。

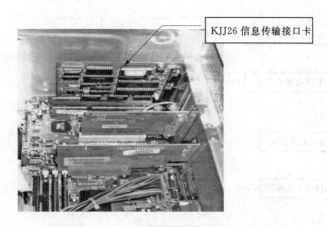
KJJ26 信息传输接口卡

图 10.2　KJJ26 信息传输接口卡与主机连接图

PC 机通过并行接口芯片将信息送入到接口卡，信息内容主要是监控系统所有在线工作站表，接口卡接收到站表后，即以现有站表管理监控工作站。

接口卡和一个监控工作站交换一次数据后，查询是否能和 PC 机交换数据，若能，则将所有在线工作站数据以并行方式送到 PC 机；否则，将和下一个监控工作站进行数据通信。

PC 机如果在一轮工作完成后，要求和接口卡进行数据交换，则将请求标志送向接口卡的存储器中。在接口卡完成当前工作站数据交换后，立刻响应 PC 机，并进行数据交换。

2. 信息传输接口卡基本结构

通信接口卡的硬件结构框图如图 10.3 所示。主要由 8031 单片机、程序存储器、数据存储器、长线通信驱动器、看门狗计数器、并行接口芯片 8255、总线驱动器以及相应的外围电路构成。

程序存储器用于存放接口卡的监控程序，8031 单片机执行这个程序，协调通信接口卡上各有关接口进行有序的工作。正常工作时，通信接口卡轮流巡检各监控工作站，经长线通信驱动器接收各监控工作站的数据，并将所接收数据存入数据存储器中的数据缓冲区。I/O 接口芯片 8255 用于与监控主机通信。总线驱动器用于与监控主机通信时数据总线和地址总线的驱动。端口编址电路用于设置通信接口卡所占用的端口地址。看门狗计数器用于监视 8031 单片机程序执行的情况，当程序执行过程中出现"弹飞"或"死锁"等现象时，强制 8031 自动复位。下面分别论述通信接口卡的各个组成部分：

（1）8031。

8031 在智能通信接口卡上的使用与在监控工作站上的使用类似，采用内部振荡器方式，选用 11.05MHz 的晶体振荡器。

（2）程序存储器 27C256。

EPROM27C256 是一种 32K×8 位的可改写的只读存储器，有 15 位地址线用于片内地址选择，存储器的地址空间为 0000H－7FFFH。选用 27C256 作为外部程序存储器，将8031 $\overline{\text{EA}}$ 引脚接地，迫使系统从外部程序存储器取指。在信息传输接口卡的软件设计中使

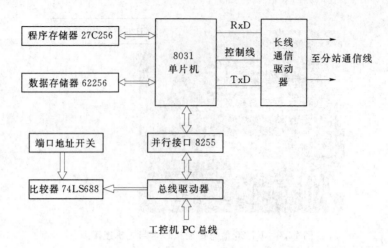

图 10.3 信息传输接口的硬件结构框图

用了两个中断，分别为 $T_0$ 溢出和外部 $\overline{INT_0}$ 中断，$T_0$ 溢出中断用于定时，外部 $\overline{INT_0}$ 中断用于同主机通信。在接口卡电路中，$A_{14} \sim A_8$ 依次接 8031 的 P2.6～P2.0，$A_7 \sim A_0$ 通过地址锁存器依次接 8031 单片机的 P0.7～P0.0。数据线 $D_7 \sim D_0$ 直接与 8031 的 P0.7～P0.0 连接。片选信号线 $\overline{CE}$ 接地，在系统正常工作期间一直保持有效。读允许线 $\overline{OE}$ 与 8031 单片机的外部程序存储器读选通信号线 $\overline{PSEN}$ 连接，用来控制程序读出。

（3）数据存储器 62256。

62256 是 32K×8 位的 RAM，用于存储从监控工作站读取的数据。地址线的连接同 EPROM27256。读允许线 $\overline{OE}$ 与 8031 单片机的 $\overline{RD}$ 信号线连接，写允许线 $\overline{WR}$ 与 8031 单片机的 $\overline{WR}$ 信号线连接，片选信号由 8031 的 P2.7 给出，所以存储器空间的地址范围为 0000H～7FFFH。

（4）通信驱动器 MAX481E。

MAX481E 接收器的输出端（RO）接 8031 的 RxD（串行口数据输入端），接收器输出使能端（$\overline{RE}$）和驱动器输入使能端（DE）接 8031 的 P1.0 口，驱动器输入端（DI）接 8031 的 TxD（串行口数据输出端）。

（5）并行接口 8255。

8255 主要完成接口卡与主机间的数据交换，具体设计如下：

1）与通信接口卡的接口：系统使用 8255 通道 A 和 C 实现接口卡与主机间的连接。主机利用通道 A 与通信接口卡进行数据交换，其 PA$_7$～PA$_0$ 与 8031 的 P0.7～P0.0 相连，通道 C 用于控制和状态联络。

2）内部逻辑：8255 根据主机的命令控制其工作方式。

3）与主机接口：包括数据总线缓冲器和读写控制逻辑，数据总线缓冲器是一个 8 位双向三态缓冲器，该缓冲器实现 8255 与主机数据总线的接口，实现主机向 8255 发送控制字，以及作为从 8255 读取数据的缓冲。

4）8255 的通道寻址：8255 共 4 个通道地址，通道 A、B、C 和控制寄存器各一个地址。地址线 $A_1$ 和 $A_0$、片选信号 $\overline{CS}$、读写线 $\overline{RD}$ 和 $\overline{WR}$ 5 个信号配合使用实现对 4 个通道的寻址，具体见第 7 章的表 7.1。

5）8255 方式选择。8255 的工作方式指令由主机向 8255 控制字寄存器发送的控制字决定。8255 3 种工作方式：方式 0，基本的输入/输出；方式 1，选通的输入/输出；方向 2，双向数据传送。8255 的方式选择控制字格式如第 7 章的图 7.5 所示。

针对信息传输接口卡上，具体选择通道 A 工作于方式 2，所以方式控制字为：C1H（11000001）。

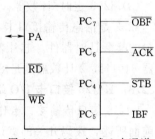

图 10.4 8255 方式 2 中通道 C 用作联络线

通道 A 作为一个 8 位的双向总线使用，输入输出都是锁存的，利用 C 通道的高 4 位作为控制和状态联络线，如图 10.4 所示。

a. $\overline{OBF}$（输出缓冲器满）：主机发送数据时给接口卡的选通信号，表示主机已把数据输出到通道 A，此引脚接至 8031 的 $\overline{INT_0}$ 端口，主机发送数据后向 8031 申请中断，8031 响应中断后接收数据。

b. $\overline{ACK}$（响应信号）：接口卡发送给主机的对 $\overline{OBF}$ 的响应信号，此引脚接至 8031 的 $\overline{RD}$ 端口，接口卡利用该信号打开通道 A 的三态缓冲器，将接口卡输出数据开放到通道外数据线上。

c. $\overline{STB}$（选通输入）：该引脚接 8031 的 $\overline{WR}$ 端口，是接口卡送给主机的把输入数据锁存进输入缓冲器的控制信号。

d. IBF（输入缓冲器满）：主机发送给接口卡的对 $\overline{STB}$ 的响应信号，用于指示输入数据还没有被主机取走，该引脚接 P1.5 端口，用于接口卡的查询。

（6）总线驱动器 74LS245 和 74LS244。

CPU 本身的驱动能力是很有限的，需要采用总线驱动以减少主机的负载。总线驱动器具有较强的驱动能力，对负载电阻和分布电容能够提供较大的驱动电流，能够较好的保证总线上信号的波形，使信号不至于因为分布电容的影响而破坏波形的前后沿。除此以外，还能对其后面的负载变化起到隔离作用。在通信接口卡上，驱动有两种，即数据总线的双向驱动和地址总线及三态控制线的单向驱动，对于数据总线的驱动，采用 74LS245，一般 74LS245 总线上可以挂接 30 个左右的同类门。地址总线和三态控制线采用单向驱动，选用 74LS244。74LS244 和 74LS245 的逻辑关系见表 10.1。

**表 10.1** 总线驱动器工作方式

| 74LS245 的逻辑关系 | | | 74LS244 的逻辑关系 | | |
|---|---|---|---|---|---|
| E DIR | | 功能 | 1G 2G | | 功能 |
| 0 0 | | 总线 B→总线 A | 0 0 | | 总线 A→总线 Y |
| 0 1 | | 总线 B←总线 A | 1 1 | | 三态 |
| 1 × | | 三态 | — | | — |

（7）I/O 端口编址电路。

接口卡的编址使用了比较器 74HC688。接口卡地址采用可选式口地址，即采用拨码开关选择口地址，该地址同总线上的地址 $A_9 \sim A_2$ 进行比较，$A_1$ 及 $A_0$ 接 8255 的 $A_1$ 及

$A_0$ 端，用于选择 8255 的 3 个通道及控制字寄存器，所以接口卡地址为 0000H～03FFH。PC 总线地址允许信号接 74HC688 的 $\overline{CE}$ 端（允许），通过比较电路检测主机发出的 I/O 地址与接口卡预置地址是否相同，如果相同则 74HC688 输出的 $\overline{P=Q}$ 端输出低电平，此引脚接至 8255 的片选信号 $\overline{CE}$，8255 被选通，产生输入和输出。否则 8255 片选无效。

(8) 8253 定时/计数器。

8253 是信息传输接口卡在管理监控工作站时为防止呼叫工作站而产生的程序死机而设置的唤醒计时器件。芯片各端口地址：控制口地址 8403H，0 计数器地址 8400H，1 计数器 8401H，2 计数器地址 8402H。

### 10.2.3 KJJ26 接口卡 I/O 端口地址

KJJ26 信息传输接口卡作为监控主机（PC 机）的外设，所占用的端口编址方法如本章前面所述，拨码开关的默认设置为：开关第 8 位置 OFF，其他置 ON，则 8255 的 PA、PB、PC 及控制字寄存器的端口地址分别为 0200H、0201H、0202H 及 0203H。

### 10.2.4 KJJ26 接口卡同监控主机通信

KJJ26 信息传输接口卡安装在监控主机机箱的总线插槽中，与监控主机通过 PC 总线连接。该总线具有 20 位地址线（1MB 空间）和 8 位数据线，是一种有 62 个引脚的 8 位并行总线。

PC 总线分为地址总线、数据总线、控制总线、状态联络线、辅助与电源线 5 类。KJJ26 信息传输接口卡与监控主机之间的连接使用了其中的地址线 $A_0$～$A_9$、数据线 $D_7$～$D_0$、控制线 AEN、$\overline{IOR}$、$\overline{IOW}$ 和 RESET DRV。

信息传输接口卡中用到了 PC 总线插槽的以下引脚：

(1) 地址线 $A_{19}$～$A_0$：使用了其中的 $A_9$～$A_0$，这是系统地址信号，用作 I/O 设备的寻址，寻址范围为 1K 个端口。系统中通信接口卡上的 8255 接口芯片为 I/O 设备，它有 3 个 8 位 I/O 端口。

(2) 数据线 $D_7$～$D_0$：为 CPU、存储器和 I/O 设备提供数据，是双向总线。

(3) 控制线：

1) RESET DRV（B2）：复位驱动信号，加电时、断电后复位或初始化系统逻辑时为高电平信号，监控主机通过此线给出通信接口卡上 8255 的 RESET 信号。

2) $\overline{IOR}$（$B_{14}$）和 $\overline{IOW}$（$B_{13}$）：读写命令信号，用于控制并行口 8255 的输入输出。

3) AEN（$A_{11}$），地址允许信号，接至比较芯片 74HC688 的而引脚。

(4) 电源线：

1) +5V 电源（$B_3$）。

2) GND（$B_{11}$）。

KJJ26 接口卡同监控主机的通信过程如下：

(1) 由监控主机实现对并行接口 8255 的初始化，置控制字 C1H（11000001B），设置 8255 的通道工作方式（方式 2）。

(2) 初始化并行口 8255 后，监控主机向 KJJ26 信息传输接口卡发送联络信号字节 F8H，接口卡接收到这个字节后即认为与主机通信正常，置标志位 42H，在以后的通信中，只有这一位为"1"时，接口卡才能与主机交换数据。

（3）由PC机向信息传输接口卡发送全部监控工作站的状态表，即监控主机对监控工作站的配置情况，接口卡只与激活状态的监控工作站保持通信，以提高整个系统的工作效率。PC机向接口卡发送状态表之前首先发联络信号，字节6FH，接口卡接收到这一字节后准备接收全部监控工作站的状态表。

（4）信息传输接口卡向PC机发送数据。

1）PC机首先向信息传输接口卡送出联络信号，即字节8FH，此信号意味着PC机下一个发送的数据将是一个站号，若这个站号不为零，则传输接口卡接到这个信号后将它转存到外部RAM的2FFFH单元，准备向PC机传送数据。

2）向上传送数据时，信息传输接口卡首先向PC机发送这个监控工作站的状态字节，若该字节为0，表示该监控工作站处于挂起状态，结束数据传送，若这一字节不为0，则继续发送该监控工作站的故障字节，若这一字节为0，表示信息传输接口卡与该监控工作站的通信处于故障状态，结束数据传送。

3）向PC机发送该监控工作站数据的个数，使PC机能够按照这个个数正确地接收全部的数据。

4）依次向PC机发送该监控工作站的全部数据，PC机将接收到的数据送入到数据缓冲区以备处理，这一功能由上位机监控系统完成。

8255的A口工作于方式2，PC机向信息传输接口卡发出联络字节后，随即向接口卡申请中断，信息传输接口卡与PC机之间的通信在$\overline{\text{INT}}$中断服务中完成。

### 10.2.5 KJJ26接口卡同监控工作站的通信

KJJ26接口卡呼叫监控工作站，向监控工作站发送信息：

（1）起始标志：即呼叫信号，单字节信息，格式固定为11111111B，该字节表明下一个发送的数据是一地址字节。

（2）地址字节：用来选择监控工作站，单字节信息，该字节的内容为所呼叫的监控工作站的地址编码。

监控工作站确认信息传输接口呼叫本站后，依次向信息传输接口卡发送以下信息：

（1）本站地址编码，这一字节的内容是被呼叫监控工作站的地址编码。信息传输接口卡依据接收到的字节内容，判断与该监控工作站的通信是否正常。

（2）数据信息，监控工作站向信息传输接口卡发送的数据信息，共11个字节。依次为：该监控工作站的数据个数（单字节）、故障自诊断的状态字节（单字节）、4个模拟量值（均为双字节）、8个开关量状态（共1个字节）。

# 10.3 KJF20矿用本安型监控工作站

### 10.3.1 监控工作站工作原理

本质安全型监控工作站一般由模拟输入接口、开关量输入接口、开关量输出接口、数字串口、累计量输入接口、模拟量输出接口、系统接口、信息处理与存储单元、显示单元、报警单元、遥控单元、稳压单元等（或其中的部分模块）组成，如图10.5所示。

模拟量输入接口将甲烷等模拟量传感器输出的频率型（或电流型、电压型）模拟信号

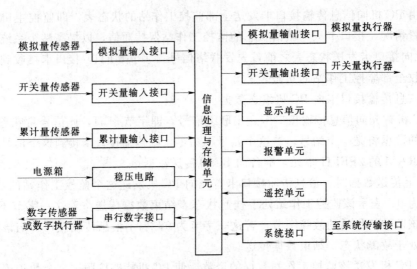

图 10.5　监控工作站组成框图

转换为数字信号送至信息处理与存储单元，并具有本质安全防爆隔离、抗电磁干扰等功能。模拟量输入接口通常由用于本质安全防爆隔离和抗干扰隔离的光电耦合器、频率/数字（F/D）转换器和滤波器等电路组成。若模拟量输入为电流型或电压型，除具有上述电路外，还具有电压/频率（V/F）或电流/频率（I/F）转换器，当然，也可以采用光电隔离的模/数（A/D）转换器。

　　开关量输入接口通常由用于本质安全防爆隔离和抗干扰隔离的光电耦合器和滤波器等电路组成，将设备开停等开关量传感器输出的开关量信号经隔离后送至信息处理与存储单元。

　　累计量输入接口将煤炭产量计量装置等累计量传感器输出的信号转换为数字信号送至信息处理与存储单元。累计量输入接口的功能也可由模拟量输入接口或开关量输入接口完成。

　　开关量输出接口一般由光电耦合器等电路组成，将信息处理与存储单元的数字信号转换为开关量信号输出至断电控制器等执行器，并具有本质安全防爆隔离和抗干扰隔离功能。

　　模拟量输出接口一般由光电耦合器、数/模（D/A）转换器、滤波器等电路组成，将信息处理与存储单元的数字信号转换为模拟量信号，并具有本质安全防爆隔离和抗干扰等功能。

　　串行数字接口由光电耦合器、滤波器、放大器等电路组成，将数字式传感器输出的串行数字信号隔离后送至信息处理与存储单元，将信号处理与存储单元输出的串行数字信号隔离放大后送至数字式执行器。

　　系统传输接口由光电耦合器、滤波器、放大器等电路组成，接收系统传输接口输出的串行数字信号隔离后送至信息处理与存储单元，将信息处理与存储单元输出的串行数字信号隔离放大后送至系统传输接口。

　　显示单元由显示电路及其驱动电路等组成，用于监控工作站电源指示、通信指示、故障指示、光报警、模拟量和开关量显示等。

报警单元由光报警和声报警两部分组成。声光报警可以外接声光报警器，也可以由显示单元完成光报警功能。

信息处理与存储单元一般由单片机及其外围电路组成，完成多路信号复用传输、信号输入/输出、数据处理和执行器控制等功能。

遥控单元由遥控接收电路组成。用于传感器配接通道号、类型、量程、断电点、报警上限和报警下限以及监控工作站的其他功能参数设置等。

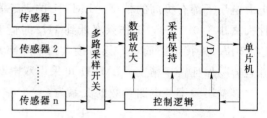

图 10.6　模拟量输入通道结构图

### 10.3.2　监控工作站数据采集

#### 1. 模拟量输入通道

在监控系统中，监控工作站测量的传感器往往是几路或十几路，对这些模拟量的采集需要经过 A/D 转换器把它变成二进制，然后再输入到单片机处理。A/D 转换器每次只能处理一个模拟量，输入量多时，若采用一个公共的 A/D 电路，就需要利用多路开关，以达到分时的目的。

如图 10.6 所示是模拟量输入通道结构图，主要由输入接口电路、多路采样开关、数据放大器、采样保持器和 A/D 转换器等组成。

多路采样开关的作用是对 n 路输入的模拟量进行 n 选 1 操作，即利用多路开关将 n 路输入信号依次（或根据需要）切换，实现对模拟量的采样；数据放大电路是将输入的信号变换为适合 A/D 转换的信号，在 A/D 转换期间，如果信号发生变化，则会引起转换误差，所以加采样保持器进行信号保持；A/D 转换器是对采样信号进行量化的器件；以上器件都是在 CPU 的统一指挥下协调工作的。

模拟开关理想情况下，开关接通时导通电阻等于零，无附加残余电动势，能不失真地传输模拟信号；开关断开时电阻等于无穷大，无泄漏电流，使各路信号源相互之间以及与数据采集装置之间完全隔离，但实际上并不能彻底实现这一要求。煤矿监控系统采集的模拟量参数大多变化缓慢，又由于矿井环境的干扰源很强，A/D 转换器多选用积分型，有的采用逐次逼近型。为提高抗干扰能力，可采取滤波电路或者软件滤波（又称数字滤波）措施予以解决。

模拟量传感器的输出标准制式有：电压型 $0 \sim 1V$、$0 \sim 5V$；电流型 $1 \sim 5mA$、$4 \sim 20mA$；频率型 $5 \sim 15Hz$、$200 \sim 1000Hz$ 等。其中，频率型以脉冲形式表示，这是因为在传感器的输出电路中设置了电压—频率变换器（V/F 变换），因此，只需进行脉冲计数，再乘以变换系数即可测量，不需进行 A/D 变换。

（1）电压/频率转换。

电压型和电流型制式的信号，则需要经过输入接口电路变为 A/D 转换器所要求的标准输入信号形式，方能进行转换。电压/频率转换即 V/F 转换，是将一定的输入电压信号按线性的比例关系转换成频率信号，当输入电压变化时，输出频率也响应变化。针对煤矿的特殊要求，我们只分析如何将电压转换成 $200 \sim 1000Hz$ 的频率信号。

电压/频率转换器型号很多，如国产的 BG382，TD650 和国外的 LM131，LM331，AD537，AD650 等，它们的工作原理大同小异。其中 LM331 是一款性能价格比较高的芯片，由美国 NS 公司生产，是一种目前十分常用的电压/频率转换器，还可用作精密频率/电压转换器、A/D 转换器。

由于 LM331 采用了新的温度补偿能隙基准电路，在整个工作温度范围内和低到 4.0V 电源电压下都有极高的精度。LM331 的动态范围宽，可达 100dB；线性度好，最大非线性失真小于 0.01%，工作频率低到 1Hz 时尚有较好的线性；变换精度高，数字分辨率可达 12 位；外接电路简单，只需接入几个外部元件就可方便构成 V/F 或 F/V 等变换电路，并且容易保证转换精度。LM331 可采用双电源或单电源供电，可工作在 4.0～40V 之间。

其输出频率与电路参数的关系为：

$$F_{out} = V_{in}R_s/(2.09R_1R_tC_t) \tag{10.1}$$

可见，在参数 $R_s$、$R_1$、$R_t$、$C_t$ 确定后，输出脉冲频率 $F_{out}$ 与输入电压 $V_{in}$ 成正比，从而实现了电压—频率的线性变换。改变式中 $R_s$ 的值，可调节电路的转换增益，即 V 和 F 之间的线性比例关系。将 1～5V 的电压转换成 200～1000Hz 的频率信号，电路参数理论值为 $R_t$=18kΩ，$C_t$=0.022μF，$R_1$=100kΩ，$R_s$=16.5528kΩ，由于元器件与标称值存在误差，在电路参数基本确定后，通过调节 $R_s$ 的电位器，可以实现所需 V/F 线性变换。如图 10.7 所示电路是将 1～5V 的电压转换成 200～1000Hz 的频率信号的典型电路及参数，要实现将 4～20mA 或 0～5V 转换成 200～1000Hz 的频率信号只要增加一些辅助电路即可实现。

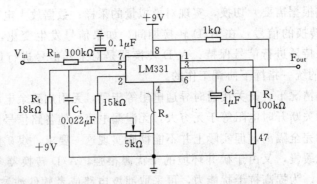

图 10.7 频率型模拟量数据采集电路原理图

(2) 频率型制式信号采集。

频率信号具有抗干扰性强、易于传输、测量精度高等待点，已广泛应用于长距离传输的测控系统中。在低速测量中，人们经常将传感器的输出信号转化为频率量进行测量。因此，测频方法的研究已备受人们的重视。由于单片机内部含有稳定度较高的标准频率源、定时/计数器等硬件，能方便地对外部信号或标准频率信号进行计数，并且可以进行计数的逻辑控制以及数据存储运算等，使得基于单片机的频率测量系统得到了广泛的应用。用单片机测量频率有测频率法和测周期法两种方法。

测量频率主要是在单位定时时间里对被测信号脉冲进行计数；测量周期则是在被测信号一个周期时间里对某一基准时钟脉冲进行计数。测频法适于高频信号的测量，测周期法适于较低频信号测量。

测频率法又可分为软件计数法和硬件计数法。软件计数法是一种通过软件方法直接对单片机 I/O 口计数的方法，通过程序设计对 I/O 口接入的脉冲信号进行计数，然后按照算法进行数据处理，即可得到被测信号的频率值，软件计数法测量频率适合于低频率，要求实时的增量型频率计量场合。硬件计数法实质上是通过单片机控制扩展的外围硬件计数单元独立计数，使用若干外围扩展计数芯片（如 8253、8254、8155）作为计数单元，在受单片机控制的同时对各路被测频率信号进行计数，然后再将计数结果送单片机进行处理，得到被测信号的频率值。

使用多路硬件计数法时，既可测量高频信号，又可以在测量低频信号不过分占用 I/O 口及内部软件资源，尽管其电路较复杂、造价较高。但仍作为一种比较通用的多路频率测量方法得到了广泛的应用。

在图 10.8 中，为防止将带有瞬时高压信号或大电流信号的线缆接到电路的输入端，对后面的电路产生毁灭性的破坏，在电路的入口处增加了保护电路，即在信号的输入端串接一个具有一定熔断电流的保险丝，并接 1 个稳压二极管。保险丝的熔断电流和稳压二极管的稳压值可根据实际信号最大可能电流值和电压值确定。$R_2$ 和 $C_1$ 组成无源低通滤波网络，接至集成运算放大电路的同相输入端，组成低通滤波电路。其传输函数为：

$$\dot{A}=\frac{\dot{U}_0}{\dot{U}}=\left(1+\frac{R_4}{R_3}\right)\frac{1}{1+\mathrm{j}\omega RC}=\frac{A_{\mathrm{up}}}{1+\mathrm{j}\dfrac{\omega}{\omega_0}} \tag{10.2}$$

式中　$A_{\mathrm{up}}=1+\dfrac{R_4}{R_3}$ ——通带电压放大倍数；

　　　$\omega_0=\dfrac{1}{R_2C_1}$ ——通带截止角频率。

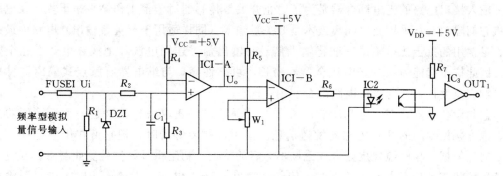

图 10.8　频率型模拟量数据采集电路原理图

利用通带截止角频率计算公式，很容易计算出低通滤波器允许通过的最大频率值。另外，对于低通有源滤波电路，可以通过改变电阻 $R_4$ 和 $R_3$，的阻值来调节通带电压的放大倍数。

低通滤波电路的输出端接至电压跟随器的反相输入端。由于电压跟随器输入阻抗很高，输出阻抗却很低，因此，其带负载能力很强。另外，电压跟随器能把滤波电路和负载很好的隔离。除了因为这两个优点而在低通滤波电路后端增加电压跟随电路之外，还有一个目的，就是可以通过调节电位器 $W_1$ 的值，限制经过滤波电路之后信号的幅值，从而，也能达到限制信号幅值的目的。在实验中发现，频率越高的信号经过低通滤波之后其信号失真的越严重，因此，电压跟随电路的加入就为滤波电路增加了一层保护。使得出现大数的机会更少了。

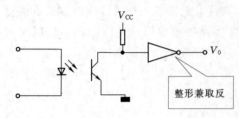

图 10.9 开关量采集电路原理图

在如图 10.8 所示电路中，光电耦合器起到两个作用。一是隔离作用，即把输入信号和数据采集的智能单元隔离；二是信号电平提升作用，信号经过数据采集电路的滤波处理后，必然会有衰减，如果直接输出到数字电路接口，由于逻辑电平不可靠，仍然会产生错误的数据，经光电耦合器对信号的高电平提升之后，能够满足数字电路对逻辑电平的要求，再经过反向器的整形和驱动能力的增强，最终输出到数据采集的智能单元。从而，充分保证数据采集的智能单元可靠、准确、及时地捕捉到传感器的信号。

2. 开关量输入通道

开关量采集电路主要由光电耦合器、整形电路等构成，其电路原理图如图 10.9 所示。

开关量输入信号经过光电耦合开入电路直接与开停状态检测传感器相接，将接收到的电流信号或触点信号，经光电隔离、整形转换成标准的 TTL 电平信号。开停状态信息经数据总线送单片机处理。

开关量的采集是通过接口电路的位测量操作来实现的，每个开关量输入对应一位数据线，单片机扫描位状态是否发生了变化，判断各路被测开关的"合"、"分"状况或设备开停状态。当被检测的开关量多于 8 路时，可在输入接口电路设置多路转换开关进行扩展。

输入接口电路的光电耦合器是为了防止开关量传感器对监控工作站带来干扰，在电路上将它们隔离开。采用光电隔离技术是开关量输入（同样适用于开关量输出）电路中最有效、最常用的抗干扰措施。它能将输入信号与输出信号连同电源和地线在电气上完全隔离，因此抗干扰能力强。光电耦合器寿命长，可靠性高，与继电器有触点式隔离器件相比，响应速度快，易与逻辑电路配合使用。

监测设备开停状态，可利用它的控制开关辅助接点获取信息，这是一种最简便的办法，也可采用专门的开停传感器发送信息。使用这种传感器时，把它卡在供电电线（橡套）上，依据三相电缆外皮处合成磁场不为零的特点，利用霍耳元件检测此漏磁。当设备处于运转状态且负载电流足够大时，传感器输出＋5mA 电流；设备停止时，传感器输出 0 或 1mA 电流。

### 10.3.3　KJF20 监控工作站硬件设计

KJF20 矿用本安型监控工作站适用于具有爆炸性气体（甲烷）和煤尘的矿井。当工作站和关联的设备有序的联结起来，可对矿井安全、生产等重要环节的参数进行连续检测，在甲烷超限时，可控制断电控制器断电，多个工作站联结在一起可完成对整个矿井安全、生产参数的检测与控制。KJF20 型工作站可接入目前存在的、经防爆检验符合安全条件的各式模拟量频率传感器和设备开/停量电流传感器，KJF20 型工作站是一种具有数据采集功能、控制功能，并能将数据进行远距离传输的多功能通用工作站。

KJF20 型工作站属于本质安全型，本身不带电源，使用时必须配接经联检的隔爆兼本安型电源箱。工作站主板上装有拨码开关，用于工作站地址编码及工作站方式选择，设有两个通信指示发光二极管，用于指示通信是否工作正常。工作站使用时，无须进行零点调整。监控工作站显示窗口分别采用数码管和发光二极管指示，模拟量数据采用 5 位数码管指示，第 1 位数码指示端口号，第 2 位数码指示参数类型（C 代表瓦斯、F 代表风速、P 代表负压、C 代表温度、O 代表 CO 等传感器类型），第 3、4、5 位指示模拟量实测值（红色显示）；数码管的上部横排 8 个绿发光管指示 8 个开关量输入信号状态；数码管的下部横排 6 个红色发光管指示 6 路断电控制状态，如图 10.10 所示为 KJF20 型工作站显示窗口图。

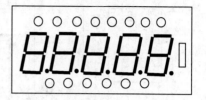

图 10.10　KJF20 型工作站
显示窗口图

KJF20 型工作站主要有 AT89C51 单片机，81C55、82C53 接口芯片以及所属的外围电路组成，如图 10.11 所示，各器件的功能如下：

(1) U1：MAX813L；构成看门狗自动复位电路。

(2) U2：AT89C51 单片机；信号处理单元，兼有串行通信和定时功能。

(3) U3：74LS373 锁存器；用于区分数据/地址信号。

(4) U4：AT24C02 电可擦写可编程只读存储器，用于存放工作站的配置参数。

(5) U5：82C53 具有 3 个计数通道的计数器，这里用作模拟量计数器单元。

(6) U6、U9、U11：74LS14 施密特电路，用于对光耦合过来的频率信号和开关量输入信号进行整形。

(7) U7、U8、U10：TLP521 - 4 光电耦合器件，使传感器信号和工作站没有电的联系。

(8) U12：81C55 芯片，该芯片有 3 个并行口和一个计数/定时器口，这里 A 口和 8 位地址开关构成工作站地址编码电路，B 口用于 8 路开入量信号，C 口用于 6 路开出控制量信号。

(9) U13：74LS09 与门电路用作通信指示驱动器件，使 D1、D2 发光，以指示通信工作状态。

(10) U14：75176 芯片用作长线通信驱动器件，该芯片为双差分工作方式，完成远距离通信功能。是 RS485 通信方式的重要器件。

(11) U15：ZLG7290 数码管显示驱动芯片，能够直接驱动 8 位共阴式数码管（或 64 只独立的 LED），采用 I2C 总线方式。

(12) U16：TC9149 遥控接收芯片与红外线一体化接收器 HS0038 等相关器件构成遥控电路。

(13) T1：78H05（或 LM323）组件，三端稳压器，将电源箱来的电源电压变成工作站各芯片所需的工作电压。

0～5mA 开出控制量信号由 U17、U18 光电耦合器件及发光二极管和相关电路构成。

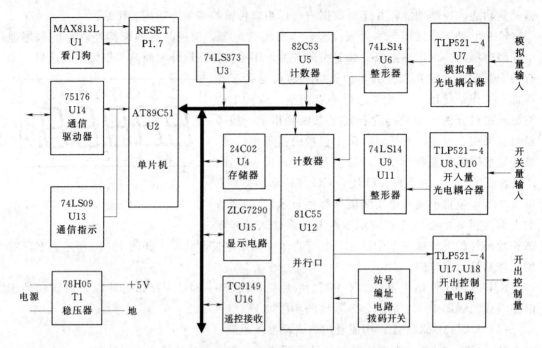

图 10.11 KJF20 矿用本安型监控工作站原理框图

工作站由矿用隔爆兼本安型电源箱供电,并同时向传感器和断电控制器供电,上电后即可进入工作状态。外输入信号即传感器信号,经光电耦合后整形,进入各有关芯片。

四路模拟量信号经 U7 光电耦合 (TLP521 - 4) 进入 U6 (74LS14) 进行整形后,其中三路频率信号进入 U5 (82C53),另一路频率信号进入 U12 (81C55) 的计数器口。

八路开关量信号经 U8、U10 两个芯片 (TLP521 - 4) 光电耦合后进入 U9、U11 (74LS14) 整形,整形后的信号进入 U12 (81C55) 的 B 口。

工作站地址电信号由 5V 电源经 RW1、RW2 组成的八路分压器而产生,并经 8 位地址开关进入 81C55 芯片的 A 口。

U2 (AT89C51) 单片机的定时器 T0 设计成定时方式,时间为 1s,即:1s 的末时刻对 U5 计数器 (82C53)、U12 (81C55) 计数器所计脉冲信号进行采样,1s 内计的脉冲个数对应着相应的模拟量频率值。

U12 (81C55) 的 C 口,由 U17、U18 光耦及相关电路构成输出控制信号,$5\sim12V/0\sim5mA$。这个控制信号在传输线截面积为 $1mm^2$ 的条件下可达 2km。

U12 (81C55) 的 A 口为本工作站地址口,通过拨动地址开关来确定本站编码;B 口为开入量输入口;C 口为开出控制量口。

U2 (AT89C51) 单片机主要用于协调各有关接口进行有顺序的工作。当有主站发送呼叫信号时,工作站进入工作站编码服务程序,收到的编码如与本站编码一致,则将采得的数据经 U14 (75176) 发送到主站,否则本工作站继续进行有序的工作,即不断地采集数据,比较数据发出控制信号等工作。

工作站与主监控机的通信,经 U14 (75176) 完成,其状态可从 D1、D2 显示出来,其中一个指示上行信号 D1，另一个指示下行信号 D2。

模拟量传感器必须是频率信号，其频率范围在 200～1000Hz，电流脉幅 0～5mA 均可，工作电压范围＋12～18VDC。

开关量信号必须是 1～5mA 的电流信号，工作电压范围＋12～18VDC。

# 附录1  8086 指令系统一览表

| 类型 | 汇编指令格式 | 功  能 | 操作数说明 | 时钟周期数 | 字节数 |
|---|---|---|---|---|---|
| 数据传送类 | MOV dst, src | (dst)←(src) | mem, reg | 9+EA | 2~4 |
| | | | reg, mem | 8+EA | 2~4 |
| | | | reg, reg | 2 | 2 |
| | | | reg, imm | 4 | 2~3 |
| | | | mem, imm | 10+EA | 3~6 |
| | | | seg, reg | 2 | 2 |
| | | | seg, mem | 8+EA | 2~4 |
| | | | mem, seg | 9+EA | 2~4 |
| | | | reg, seg | 2 | 2 |
| | | | mem, acc | 10 | 3 |
| | | | acc, mem | 10 | 3 |
| | PUSH src | (SP)←(SP)-2<br>((SP)+1, (SP))←(src) | reg | 11 | 1 |
| | | | seg | 10 | 1 |
| | | | mem | 16+EA | 2~4 |
| | POP dst | (dst)←((SP)+1, (SP))<br>(SP)←(SP)+2 | reg | 8 | 1 |
| | | | seg | 8 | 1 |
| | | | mem | 17+EA | 2~4 |
| | XCHG op1, op2 | (op1) ←→ (op1) | reg, mem | 17+EA | 2~4 |
| | | | reg, reg | 4 | 2 |
| | | | reg, acc | 3 | 1 |
| | IN acc, port<br>IN acc, DX | (acc)←(port)<br>(acc)←((DX)) | | 10<br>8 | 2<br>1 |
| | OUT port, acc<br>OUT DX, acc | (port)←(acc)<br>((DX))←(acc) | | 10<br>8 | 2<br>1 |
| | XLAT | | | 11 | 1 |
| | LEA reg, src | (reg)←src | reg, mem | 2+EA | 2~4 |
| | LDS reg, src | (reg)←src<br>(DS)←(src+2) | reg, mem | 16+EA | 2~4 |
| | LES reg, src | (reg)←src<br>(ES)←(src+2) | reg, mem | 16+EA | 2~4 |
| | LAHF | (AH)←(FR 低字节) | | 4 | 1 |
| | SAHF | (FR 低字节)←(AH) | | 4 | 1 |
| | PUSHF | (SP)←(SP)-2<br>((SP)+1, (SP))←(FR 低字节) | | 10 | 1 |
| | POPF | (FR 低字节)←((SP)+1, (SP))<br>(SP)←(SP)+2 | | 8 | 1 |

| 类型 | 汇编指令格式 | 功　　能 | 操作数说明 | 时钟周期数 | 字节数 |
|---|---|---|---|---|---|
| 算术运算类 | ADD dst, src | (dst)←(src) + (dst) | mem, reg | 16+EA | 2～4 |
| | | | reg, mem | 9+EA | 2～4 |
| | | | reg, reg | 3 | 2 |
| | | | reg, imm | 4 | 3～4 |
| | | | mem, imm | 17+EA | 3～6 |
| | | | acc, imm | 4 | 2～3 |
| | ADC dst, src | (dst)←(src) + (dst) + CF | mem, reg | 16+EA | 2～4 |
| | | | reg, mem | 9+EA | 2～4 |
| | | | reg, reg | 3 | 2 |
| | | | reg, imm | 4 | 3～4 |
| | | | mem, imm | 17+EA | 3～6 |
| | | | acc, imm | 4 | 2～3 |
| | INC op1 | (op1)←(op1)+1 | reg | 2～3 | 1～2 |
| | | | mem | 15+EA | 2～4 |
| | SUB dst, src | (dst)←(src) − (dst) | mem, reg | 16+EA | 2～4 |
| | | | reg, mem | 9+EA | 2～4 |
| | | | reg, reg | 3 | 2 |
| | | | reg, imm | 4 | 3～4 |
| | | | mem, imm | 17+EA | 3～6 |
| | | | acc, imm | 4 | 2～3 |
| | SBB dst, src | (dst)←(src) − (dst) − CF | mem, reg | 16+EA | 2～4 |
| | | | reg, mem | 9+EA | 2～4 |
| | | | reg, reg | 3 | 2 |
| | | | reg, imm | 4 | 3～4 |
| | | | mem, imm | 17+EA | 3～6 |
| | | | acc, imm | 4 | 2～3 |
| | DEC op1 | (op1)←(op1) − 1 | reg | 2～3 | 1～2 |
| | | | mem | 15+EA | 2～4 |
| | NEG op1 | (op1)←0 − (op1) | reg | 3 | 2 |
| | | | mem | 16+EA | 2～4 |
| | CMP op1, op2 | (op1) − (op2) | mem, reg | 9+EA | 2～4 |
| | | | reg, mem | 9+EA | 2～4 |
| | | | reg, reg | 3 | 2 |
| | | | reg, imm | 4 | 3～4 |
| | | | mem, imm | 10+EA | 3～6 |
| | | | acc, imm | 4 | 2～3 |
| | MUL src | (AX)←(AL) * (src) | 8 位 reg | 70～77 | 2 |
| | | | 8 位 mem | (76～83)+EA | 2～4 |
| | | (DX, AX)←(AX) * (src) | 16 位 reg | 118～133 | 2 |
| | | | 16 位 mem | (124～139)+EA | 2～4 |
| | IMUL src | (AX)←(AL) * (src) | 8 位 reg | 80～98 | 2 |
| | | | 8 位 mem | (86～104)+EA | 2～4 |
| | | (DX, AX)←(AX) * (src) | 16 位 reg | 128～154 | 2 |
| | | | 16 位 mem | (134～160)+EA | 2～4 |

续表

| 类型 | 汇编指令格式 | 功　　能 | 操作数说明 | 时钟周期数 | 字节数 |
|---|---|---|---|---|---|
| 算术运算类 | DIV src | (AL)←(AX) / (src) 的商<br>(AH)←(AX) / (src) 的余数<br>(AX)←(DX, AX) / (src) 的商<br>(DX)←(DX, AX) / (src) 的余数 | 8 位 reg<br>8 位 mem<br>16 位 reg<br>16 位 mem | 80～90<br>(86～96)＋EA<br>144～162<br>(150～168)＋EA | 2<br>2～4<br>2<br>2～4 |
| | IDIV src | (AL)←(AX) / (src) 的商<br>(AH)←(AX) / (src) 的余数<br>(AX)←(DX, AX) / (src) 的商<br>(DX)←(DX, AX) / (src) 的余数 | 8 位 reg<br>8 位 mem<br>16 位 reg<br>16 位 mem | 101～112<br>(107～118)＋EA<br>165～184<br>(171～190)＋EA | 2<br>2～4<br>2<br>2～4 |
| | DAA | (AL)←AL 中的和调整为组合 BCD | | 4 | 1 |
| | DAS | (AL)←AL 中的差调整为组合 BCD | | 4 | 1 |
| | AAA | (AL)←AL 中的和调整为非组合 BCD<br>(AH)←(AH)＋调整产生的进位值 | | 4 | 1 |
| | AAS | (AL)←AL 中的差调整为非组合 BCD<br>(AH)←(AH)－调整产生的进位值 | | 4 | 1 |
| | AAM | (AX)←AX 中的积调整为非组合 BCD | | 83 | 2 |
| | AAD | (AL)←(AH) * 10 ＋ (AL)<br>(AH)← 0<br>(注意是除法进行前调整被除数) | | 60 | 2 |
| 逻辑运算类 | AND dst, src | (dst)←(dst) ∧ (src) | mem, reg<br>reg, mem<br>reg, reg<br>reg, imm<br>mem, imm<br>acc, imm | 16＋EA<br>9＋EA<br>3<br>4<br>17＋EA<br>4 | 2～4<br>2～4<br>2<br>3～4<br>3～6<br>2～3 |
| | OR dst, src | (dst)←(dst) ∨ (src) | mem, reg<br>reg, mem<br>reg, reg<br>reg, imm<br>mem, imm<br>acc, imm | 16＋EA<br>9＋EA<br>3<br>4<br>17＋EA<br>4 | 2～4<br>2～4<br>2<br>3～4<br>3～6<br>2～3 |
| | NOT op1 | (op1)←($\overline{op1}$) | reg<br>mem | 3<br>16＋EA | 2<br>2～4 |
| | XOR dst, src | (dst)←(dst) ⊕ (src) | mem, reg<br>reg, mem<br>reg, reg<br>reg, imm<br>mem, imm<br>acc, imm | 16＋EA<br>9＋EA<br>3<br>4<br>17＋EA<br>4 | 2～4<br>2～4<br>2<br>3～4<br>3～6<br>2～3 |
| | TEST op1, op2 | (op1) ∧ (op2) | reg, mem<br>reg, reg<br>reg, imm<br>mem, imm<br>acc, imm | 9＋EA<br>3<br>5<br>11＋EA<br>4 | 2～4<br>2<br>3～4<br>3～6<br>2～3 |

| 类型 | 汇编指令格式 | 功　　能 | 操作数说明 | 时钟周期数 | 字节数 |
|---|---|---|---|---|---|
| 逻辑运算类 | SHL op1, 1<br><br>SHL op1, CL | 逻辑左移 | reg<br>mem<br>reg<br>mem | 2<br>15＋EA<br>8 ＋ 4/bit<br>20＋EA＋ 4/bit | 2<br>2～4<br>2<br>2～4 |
| | SAL op1, 1<br><br>SAL op1, CL | 算术右移 | reg<br>mem<br>reg<br>mem | 2<br>15＋EA<br>8 ＋ 4/bit<br>20＋EA＋ 4/bit | 2<br>2～4<br>2<br>2～4 |
| | SHR op1, 1<br><br>SHR op1, CL | 逻辑右移 | reg<br>mem<br>reg<br>mem | 2<br>15＋EA<br>8 ＋ 4/bit<br>20＋EA＋ 4/bit | 2<br>2～4<br>2<br>2～4 |
| | SAR op1, 1<br><br>SAR op1, CL | 算术右移 | reg<br>mem<br>reg<br>mem | 2<br>15＋EA<br>8 ＋ 4/bit<br>20＋EA＋ 4/bit | 2<br>2～4<br>2<br>2～4 |
| | ROL op1, 1<br><br>ROL op1, CL | 循环左移 | reg<br>mem<br>reg<br>mem | 2<br>15＋EA<br>8 ＋ 4/bit<br>20＋EA＋ 4/bit | 2<br>2～4<br>2<br>2～4 |
| | ROR op1, 1<br><br>ROR op1, CL | 循环右移 | reg<br>mem<br>reg<br>mem | 2<br>15＋EA<br>8 ＋ 4/bit<br>20＋EA＋ 4/bit | 2<br>2～4<br>2<br>2～4 |
| | RCL op1, 1<br><br>RCL op1, CL | 带进位位的循环左移 | reg<br>mem<br>reg<br>mem | 2<br>15＋EA<br>8 ＋ 4/bit<br>20＋EA＋ 4/bit | 2<br>2～4<br>2<br>2～4 |
| | RCR op1, 1<br><br>RCR op1, CL | 带进位位的循环右移 | reg<br>mem<br>reg<br>mem | 2<br>15＋EA<br>8 ＋ 4/bit<br>20＋EA＋ 4/bit | 2<br>2～4<br>2<br>2～4 |
| 串操作类 | MOVSB | $((DI)) \leftarrow ((SI))$<br>$(SI) \leftarrow (SI) \pm 1, (DI) \leftarrow (DI) \pm 1$ | | 不重复:18<br>重复:9＋17/rep | 1 |
| | MOVSW | $((DI)) \leftarrow ((SI))$<br>$(SI) \leftarrow (SI) \pm 2, (DI) \leftarrow (DI) \pm 2$ | | 不重复:18<br>重复:9＋17/rep | 1 |
| | STOSB | $((DI)) \leftarrow (AL)$<br>$(DI) \leftarrow (DI) \pm 1$ | | 不重复:11<br>重复:9＋10/rep | 1 |
| | STOSW | $((DI)) \leftarrow (AX)$<br>$(DI) \leftarrow (DI) \pm 2$ | | 不重复:11<br>重复:9＋10/rep | 1 |

| 类型 | 汇编指令格式 | 功 能 | 操作数说明 | 时钟周期数 | 字节数 |
|---|---|---|---|---|---|
| 串操作类 | LODSB | (AL)←((SI))<br>(SI)←(SI)±1 | | 不重复:12<br>重复:9+13/rep | 1 |
| | LODSW | (AX)←((SI))<br>(SI)←(SI)±2 | | 不重复:12<br>重复:9+13/rep | 1 |
| | CMPSB | ((SI))－((DI))<br>(SI)←(SI)±1,(DI)←(DI)±1 | | 不重复:22<br>重复:9+22/rep | 1 |
| | CMPSW | ((SI))－((DI))<br>(SI)←(SI)±2,(DI)←(DI)±2 | | 不重复:22<br>重复:9+22/rep | 1 |
| | SCASB | (AL)－((DI))<br>(DI)←(DI)±1 | | 不重复:15<br>重复:9+15/rep | 1 |
| | SCASW | (AX)－((DI))<br>(DI)←(DI)±2 | | 不重复:15<br>重复:9+15/rep | 1 |
| | REP string_instruc | (CX)=0 退出重复,否则<br>(CX)←(CX)－1 并执行<br>其后的串指令 | | 2 | 1 |
| | REPE/REPZ<br>string_instruc | (CX)=0 或(ZF)=0 退出重复,否则<br>(CX)←(CX)－1<br>并执行其后的串指令 | | 2 | 1 |
| | REPNE/REPNZ<br>string_instruc | (CX)=0 或(ZF)=1 退出重复,<br>否则(CX)←(CX)－1 并执行<br>其后的串指令 | | 2 | 1 |
| 控制转移类 | JMP SHORT op1 | 无条件转移 | reg<br>mem | 15 | 2 |
| | JMP NEAR PTR op1 | | | 15 | 3 |
| | JMP FAR PTR op1 | | | 15 | 5 |
| | JMP WORD PTR op1 | | | 11 | 2 |
| | JMP DWORD PTR op1 | | | 18+EA<br>24+EA | 2~4<br>2~4 |
| | JZ/JE op1 | ZF=1 则转移 | | 16/4 | 2 |
| | JNZ/JNE op1 | ZF=0 则转移 | | 16/4 | 2 |
| | JS op1 | SF=1 则转移 | | 16/4 | 2 |
| | JNS op1 | SF=0 则转移 | | 16/4 | 2 |
| | JP/JPE op1 | PF=1 则转移 | | 16/4 | 2 |
| | JNP/JPO op1 | PF=0 则转移 | | 16/4 | 2 |
| | JC op1 | CF=1 则转移 | | 16/4 | 2 |
| | JNC op1 | CF=0 则转移 | | 16/4 | 2 |
| | JO op1 | OF=1 则转移 | | 16/4 | 2 |
| | JNO op1 | OF=0 则转移 | | 16/4 | 2 |
| | JB/JNAE op1 | CF=1 且 ZF=0 则转移 | | 16/4 | 2 |
| | JNB/JAE op1 | CF=0 或 ZF=1 则转移 | | 16/4 | 2 |
| | JBE/JNA op1 | CF=1 或 ZF=1 则转移 | | 16/4 | 2 |

| 类型 | 汇编指令格式 | 功　　能 | 操作数说明 | 时钟周期数 | 字节数 |
|---|---|---|---|---|---|
| | JNBE/JA op1 | CF＝0 且 ZF＝0 则转移 | | 16/4 | 2 |
| | JL/JNGE op1 | SF ⊕ OF＝1 则转移 | | 16/4 | 2 |
| | JNL/JGE op1 | SF ⊕ OF＝0 则转移 | | 16/4 | 2 |
| | JLE/JNG op1 | SF ⊕ OF＝1 或 ZF＝1 则转移 | | 16/4 | 2 |
| | JNLE/JG op1 | SF ⊕ OF＝0 且 ZF＝0 则转移 | | 16/4 | 2 |
| | JCXZ op1 | (CX)＝0 则转移 | | 18/6 | 2 |
| | LOOP op1 | (CX) ≠ 0 则循环 | | 17/5 | 2 |
| | LOOPZ/LOOPE op1 | (CX) ≠ 0 且 ZF＝1 则循环 | | 18/6 | 2 |
| | LOOPNZ/LOOPNE op1 | (CX) ≠ 0 且 ZF＝0 则循环 | | 19/5 | 2 |
| 控制转移类 | CALL dst | 段内直接:(SP)←(SP)−2<br>((SP)+1,(SP))←(IP)<br>(IP)←(IP) + D16<br>段内间接:(SP)←(SP)−2<br>((SP)+1,(SP))←(IP)<br>(IP)←EA<br>段间直接:(SP)←(SP)−2<br>((SP)+1,(SP))←(CS)<br>(SP)←(SP)−2<br>((SP)+1,(SP))←(IP)<br>(IP)←目的偏移地址<br>(CS)←目的段基址<br>段间间接:(SP)←(SP)−2<br>((SP)+1,(SP))←(CS)<br>(SP)←(SP)−2<br>((SP)+1,(SP))←(IP)<br>(IP)←(EA)<br>(CS)←(EA+2) | reg<br>mem | 19<br><br><br>16<br>21+EA<br>28<br><br><br>37+EA | 3<br><br><br>2<br>2～4<br>5<br><br><br>2～4 |
| | RET | 段内:(IP)←((SP)+1,(SP))<br>(SP)←(SP)+2<br>段间:(IP)←((SP)+1,(SP))<br>(SP)←(SP)+2<br>(CS)←((SP)+1,(SP))<br>(SP)←(SP)+2 | | 16<br><br>24 | 1<br><br>1 |
| | RET exp | 段内:(IP)←((SP)+1,(SP))<br>(SP)←(SP)+2<br>(SP)←(SP)+D16<br>段间:(IP)←((SP)+1,(SP))<br>(SP)←(SP)+2<br>(CS)←((SP)+1,(SP))<br>(SP)←(SP)+2<br>(SP)←(SP)+D16 | | 20<br><br><br>23 | 3<br><br><br>3 |

续表

| 类型 | 汇编指令格式 | 功　　能 | 操作数说明 | 时钟周期数 | 字节数 |
|---|---|---|---|---|---|
| 控制转移类 | INT N<br>INT | (SP)←(SP)−2<br>((SP)+1,(SP))←(FR)<br>(SP)←(SP)−2<br>((SP)+1,(SP))←(CS)<br>(SP)←(SP)−2<br>((SP)+1,(SP))←(IP)<br>(IP)←(type * 4)<br>(CS)←(type * 4+2) | N≠3<br>(N=3) | 51<br>52 | 2<br>1 |
| | INTO | 若 OF=1,则<br>(SP)←(SP)−2<br>((SP)+1,(SP))←(FR)<br>(SP)←(SP)−2<br>((SP)+1,(SP))←(CS)<br>(SP)←(SP)−2<br>((SP)+1,(SP))←(IP)<br>(IP)←(10H)<br>(CS)←(12H) | | 53(OF=1)<br>4(OF=0) | 1 |
| | IRET | (IP)←((SP)+1,(SP))<br>(SP)←(SP)+2<br>(CS)←((SP)+1,(SP))<br>(SP)←(SP)+2<br>(FR)←((SP)+1,(SP))<br>(SP)←(SP)+2 | | 24 | 1 |
| 处理器控制类 | CBW | (AL)符号扩展到(AH) | | 2 | 1 |
| | CBD | (AX)符号扩展到(DX) | | 5 | 1 |
| | CLC | CF 清 0 | | 2 | 1 |
| | CMC | CF 取反 | | 2 | 1 |
| | STC | CF 置 1 | | 2 | 1 |
| | CLD | DF 清 0 | | 2 | 1 |
| | STD | DF 置 1 | | 2 | 1 |
| | CLI | IF 清 0 | | 2 | 1 |
| | STI | IF 置 1 | | 2 | 1 |
| | NOP | 空操作 | | 3 | 1 |
| | HLT | 停机 | | 2 | 1 |
| | WAIT | 等待 | | ≥3 | 1 |
| | ESC mem | 换码 | | 8+EA | 2~4 |
| | LOCK | 总线封锁前缀 | | 2 | 1 |
| | seg: | 段超越前缀 | | 2 | 1 |

注　表中所涉及的一些符号的意义：指令字段的说明中 dst 表示目的操作数，src 表示源操作数，op1、op2 分别表示第一操作数和第二操作数，acc 表示累加器，port 表示外设的端口，reg 表示寄存器操作数，mem 表示存储器操作数，exp 为表达式，N 表示中断类型号。功能描述中 FR 表示标志寄存器。时钟周期数的计算中，EA 表示有效地址的计算时间。

# 附录 2　常用 DOS 功能调用（INT 21H）

| AH | 功　能 | 调用参数 | 返回参数 |
|---|---|---|---|
| 00 | 程序终止（同 INT 20H） | CS＝程序段前缀 | |
| 01 | 键盘输入并回显 | | AL＝输入字符 |
| 02 | 显示输出 | DL＝输出字符 | |
| 03 | 辅助设备（COM1）输入 | | AL＝输入数据 |
| 04 | 辅助设备（COM1）输出 | DL＝输出数据 | |
| 05 | 打印机输出 | DL＝输出字符 | |
| 06 | 直接控制台 I/O | DL＝FF（输入）<br>DL＝字符（输出） | AL＝输入字符 |
| 07 | 键盘输入（无回显） | | AL＝输入字符 |
| 08 | 键盘输入（无回显）<br>检测 Ctrl-Break 或 Ctrl-C | | AL＝输入字符 |
| 09 | 显示字符串 | DS：DX＝串地址<br>以 '＄' 结束字符串 | |
| 0A | 键盘输入到缓冲区 | DS：DX＝缓冲区首地址<br>(DS：DX)＝缓冲区最大字符数 | (DS：DX＋1)＝<br>实际输入的字符数 |
| 0B | 检验键盘状态 | | AL＝00 有输入<br>AL＝FF 无输入 |
| 0C | 清除输入缓冲区并<br>请求指定的输入功能 | AL＝输入功能号<br>(1，6，7，8) | |
| 0D | 磁盘复位 | | 清除文件缓冲区 |
| 0E | 指定当前缺省的磁盘驱动器 | DL＝驱动器号 0＝A，1＝B，… | AL＝系统中驱动器数 |
| 0F | 打开文件（FCB） | DS：DX＝FCB 首地址 | AL＝00 文件找到<br>AL＝FF 文件未找到 |
| 10 | 关闭文件（FCB） | DS：DX＝FCB 首地址 | AL＝00 目录修改成功<br>AL＝FF 目录中未找到文件 |
| 11 | 查找第一个目录项（FCB） | DS：DX＝FCB 首地址 | AL＝00 找到匹配的目录项<br>AL＝FF 未找到匹配的目录项 |
| 12 | 查找下一个目录项（FCB） | DS：DX＝FCB 首地址<br>使用通配符进行目录项查找 | AL＝00 找到<br>AL＝FF 未找到 |
| 13 | 删除文件（FCB） | DS：DX＝FCB 首地址 | AL＝00 删除成功<br>AL＝FF 文件未删除 |
| 14 | 顺序读文件（FCB） | DS：DX＝FCB 首地址 | AL＝00 读成功<br>＝01 文件结束，未读到数据<br>＝02 DTA 边界错误<br>＝03 文件结束，记录不完整 |

| AH | 功　　能 | 调用参数 | 返回参数 |
|---|---|---|---|
| 15 | 顺序写文件 (FCB) | DS：DX＝FCB 首地址 | AL＝00 写成功<br>＝01 磁盘满或是只读文件<br>＝02 边界错误 |
| 16 | 建文件 (FCB) | DS：DX＝FCB 首地址 | AL＝00 建立成功<br>＝FF 磁盘操作有误 |
| 17 | 文件改名 (FCB) | DS：DX＝FCB 首地址<br>(DS：DX＋1)＝旧文件名<br>(DS：DX＋17)＝新文件名 | AL＝00 改名成功<br>AL＝FF 未成功 |
| 19 | 取当前缺省磁盘驱动器 |  | AL＝缺省的驱动器号<br>0＝A，1＝B，2＝C，… |
| 1A | 设置 DTA 地址 | DS：DX＝DTA 地址 |  |
| 1B | 取缺省驱动器 FAT 信息 |  | AL＝每簇的扇区数<br>DS：BX＝FAT 标识字节<br>CX＝物理扇区大小<br>DX＝缺省驱动器的簇数 |
| 1C | 取指定驱动器 FAT 信息 | DL＝驱动器号 | 同上 |
| 1F | 取缺省磁盘参数块 |  | AL＝00 无错<br>AL＝FF 出错 |
| 21 | 随机读文件 (FCB) | DS：DX＝FCB 首地址 | AL＝00 读成功<br>＝01 文件结束<br>＝02 DTA 边界错误<br>＝03 读部分记录 |
| 22 | 随机写文件 (FCB) | DS：DX＝FCB 首地址 | AL＝00 写成功<br>＝01 磁盘满或是只读文件<br>＝02 DTA 边界错误 |
| 23 | 测定文件大小 (FCB) | DS：DX＝FCB 首地址 | AL＝00 成功 (文件长度<br>填入 FCB)<br>AL＝FF 未找到匹配的文件 |
| 24 | 设置随机记录号 | DS：DX＝FCB 首地址 |  |
| 25 | 设置中断向量 | DS：DX＝中断向量<br>AL＝中断类型号 |  |
| 26 | 建立程序段前缀 PSP | DX＝新的程序段前缀 |  |
| 27 | 随机分块读 (FCB) | DS：DX＝FCB 首地址<br>CX＝记录数 | AL＝00 读成功<br>＝01 文件结束<br>＝02 DTA 边界错误<br>＝03 读部分记录 |
| 28 | 随机分块写 (FCB) | DS：DX＝FCB 首地址<br>CX＝记录数 | AL＝00 写成功<br>＝01 磁盘满或是只读文件<br>＝02 DTA 边界错误 |

| AH | 功　　能 | 调用参数 | 返回参数 |
|---|---|---|---|
| 29 | 分析文件名字符串（FCB） | ES：DI＝FCB 首地址<br>DS：SI＝ASCII 串<br>AL＝控制分析标志 | AL＝00 标准文件<br>＝01 多义文件<br>＝02 非法盘符 |
| 2A | 取系统日期 | | CX＝年（1980—2099）<br>DH：DL＝月：日（二进制） |
| 2B | 设置日期 | CX：DH：DL＝年：月：日 | AL＝00 成功<br>＝FF 无效 |
| 2C | 取系统时间 | | CH：CL＝时：分<br>DH：DL＝秒：1/100 秒 |
| 2D | 设置时间 | CH：CL＝时：分<br>DH：DL＝秒：1/100 秒 | AL＝00 成功<br>＝FF 无效 |
| 2E | 设置磁盘检验标志 | AL＝00 关闭检验<br>AL＝01 打开检验 | |
| 2F | 取 DAT 地址 | | ES：BX＝DAT 首址 |
| 30 | 取 DOS 版本号 | | AH＝发行号，AL＝版本号<br>BH＝DOS 版本标志<br>BL：CX＝序号（24 位） |
| 31 | 结束并驻留 | AL＝返回码<br>DX＝驻留区大小 | |
| 32 | 取驱动器参数块 | DL＝驱动器号 | AL＝FF 驱动器无效<br>DS：BX＝驱动器参数块地址 |
| 33 | Ctrl-Break 检测 | AL＝00 取状态<br>＝01 置状态（DL）<br>DL＝00 关闭检测<br>＝01 打开检测 | DL＝00 关闭 Ctrl-Break 检测<br>＝01 打开 Ctrl-Break 检测 |
| 35 | 取中断向量 | AL＝中断类型 | ES：BX＝中断向量 |
| 36 | 取空闲磁盘空间 | DL＝驱动器号<br>0＝缺省，1＝A，2＝B，… | 成功：AX＝每簇扇区数<br>BX＝有效簇数<br>CX＝每扇区字节数<br>DX＝磁盘总簇数<br>失败：AX＝FFFF |
| 38 | 置/取国别信息 | DS：DX＝信息区首地址 | BX＝国家码（国际电话前缀码）<br>AX＝错误码 |

续表

| AH | 功　能 | 调用参数 | 返回参数 |
|----|--------|----------|----------|
| 39 | 建立子目录（MKDIR） | DS：DX=ASCIIZ 串地址 | AX=错误码 |
| 3A | 删除子目录（RMDIR） | DS：DX=ASCIIZ 串地址 | AX=错误码 |
| 3B | 改变当前目录（CHDIR） | DS：DX=ASCIIZ 串地址 | AX=错误码 |
| 3C | 建立文件 | DS：DX=ASCIIZ 串地址<br>CX=文件属性 | 成功：AX=文件代号<br>错误：AX=错误码 |
| 3D | 打开文件 | DS：DX=ASCIIZ 串地址<br>AL=0 读<br>=1 写<br>=3 读/写 | 成功：AX=文件代号<br>错误：AX=错误码 |
| 3E | 关闭文件 | BX=文件代号 | 失败：AX=错误码 |
| 3F | 读文件或设备 | DS：DX=数据缓冲区地址<br>BX=文件代号<br>CX=读取的字节数 | 读成功：<br>AX=实际读入的字节数<br>AX=0 已到文件尾<br>读出错：AX=错误码 |
| 40 | 写文件或设备 | DS：DX=数据缓冲区地址<br>BX=文件代号<br>CX=写入的字节数 | 写成功：<br>AX=实际写入的字节数<br>写出错：AX=错误码 |
| 41 | 删除文件 | DS：DX=ASCIIZ 串地址 | 成功：AX=00<br>出错：AX=错误码（2，5） |
| 42 | 移动文件指针 | BX=文件代号<br>CX：DX=位移量<br>AL=移动方式（0：从文件<br>头绝对位移，1：<br>从当前位置相对移动，<br>2：从文件尾绝对位移） | 成功：DX：AX=新文件指针位置<br>出错：AX=错误码 |
| 43 | 置/取文件属性 | DS：DX=ASCIIZ 串地址<br>AL=0 取文件属性<br>AL=1 置文件属性<br>CX=文件属性 | 成功：CX=文件属性<br>失败：CX=错误码 |
| 44 | 设备文件 I/O 控制 | BX=文件代号<br>AL=0 取状态<br>=1 置状态 DX<br>=2 读数据<br>=3 写数据<br>=6 取输入状态<br>=7 取输出状态 | DX=设备信息 |
| 45 | 复制文件代号 | BX=文件代号 1 | 成功：AX=文件代号 2<br>失败：AX=错误码 |
| 46 | 人工复制文件代号 | BX=文件代号 1<br>CX=文件代号 2 | 失败：AX=错误码 |

续表

| AH | 功　　能 | 调用参数 | 返回参数 |
|---|---|---|---|
| 47 | 取当前目录路径名 | DL＝驱动器号<br>DS：SI＝ASCIIZ 串地址 | (DS：SI)＝ASCIIZ 串<br>失败：AX＝出错码 |
| 48 | 分配内存空间 | BX＝申请内存容量 | 成功：AX＝分配内存首地<br>失败：BX＝最大可用内存 |
| 49 | 释放内容空间 | ES＝内存起始段地址 | 失败：AX＝错误码 |
| 4A | 调整已分配的存储块 | ES＝原内存起始地址<br>BX＝再申请的容量 | 失败：BX＝最大可用空间<br>AX＝错误码 |
| 4B | 装配/执行程序 | DS：DX＝ASCIIZ 串地址<br>ES：BX＝参数区首地址<br>AL＝0 装入执行<br>AL＝3 装入不执行 | 失败：AX＝错误码 |
| 4C | 带返回码结束 | AL＝返回码 | |
| 4D | 取返回代码 | | AX＝返回代码 |
| 4E | 查找第一个匹配文件 | DS：DX＝ASCIIZ 串地址<br>CX＝属性 | AX＝出错代码 (02, 18) |
| 4F | 查找下一个匹配文件 | DS：DX＝ASCIIZ 串地址<br>(文件名中带有？或＊) | AX＝出错代码 (18) |
| 54 | 取盘自动读写标志 | | AL＝当前标志值 |
| 56 | 文件改名 | DS：DX＝ASCIIZ 串 (旧)<br>ES：DI＝ASCIIZ 串 (新) | AX＝出错码 (03, 05, 17) |
| 57 | 置/取文件日期和时间 | BX＝文件代号<br>AL＝0 读取<br>AL＝1 设置 (DX：CX) | DX：CX＝日期和时间<br>失败：AX＝错误码 |
| 58 | 取/置分配策略码 | AL＝0 取码<br>AL＝1 置码 (BX) | 成功：AX＝策略码<br>失败：AX＝错误码 |
| 59 | 取扩充错误码 | | AX＝扩充错误码<br>BH＝错误类型<br>BL＝建议的操作<br>CH＝错误场所 |
| 5A | 建立临时文件 | CX＝文件属性<br>DS：DX＝ASCIIZ 串地址 | 成功：AX＝文件代号<br>失败：AX＝错误码 |
| 5B | 建立新文件 | CX＝文件属性<br>DS：DX＝ASCIIZ 串地址 | 成功：AX＝文件代号<br>失败：AX＝错误码 |
| 5C | 控制文件存取 | AL＝00 封锁<br>＝01 开启<br>BX＝文件代号<br>CX：DX＝文件位移<br>SI：DI＝文件长度 | 失败：AX＝错误码 |
| 62 | 取程序段前缀 | | BX＝PSP 地址 |

# 附录3 常用 BIOS 功能调用

| INT | AH | 功 能 | 调用参数 | 返回参数 |
|---|---|---|---|---|
| 10 | 0 | | | |
| | | 设置显示方式 | AL=00 40×25 黑白方式<br>AL=01 40×25 彩色方式<br>AL=02 80×25 黑白方式<br>AL=03 80×25 彩色方式<br>AL=04 320×200 彩色图形方式<br>AL=05 320×200 黑白图形方式<br>AL=06 320×200 黑白图形方式<br>AL=07 80×25 单色文本方式<br>AL=08 160×200 16 色图形（PCjr）<br>AL=09 320×200 16 色图形（PCjr）<br>AL=0A 640×200 16 色图形（PCjr）<br>AL=0B 保留（EGA）<br>AL=0C 保留（EGA）<br>AL=0D 320×200 彩色图形（EGA）<br>AL=0E 640×200 彩色图形（EGA）<br>AL=0F 640×350 黑白图形（EGA）<br>AL=10 640×350 彩色图形（EGA）<br>AL=11 640×480 单色图形（EGA）<br>AL=12 640×480 16 色图形（EGA）<br>AL=13 320×200 256 色图形（EGA）<br>AL=40 80×30 彩色文本（CGE400）<br>AL=41 80×50 彩色文本（CGE400）<br>AL=42 640×400 彩色图形（CGE400） | |
| 10 | 1 | 置光标类型 | $(CH)_{0-3}$=光标起始行<br>$(CL)_{0-3}$=光标结束行 | |
| 10 | 2 | 置光标位置 | BH=页号<br>DH，DL=行，列 | |
| 10 | 3 | 读光标位置 | BH=页号 | CH=光标起始行<br>DH，DL=行，列 |
| 10 | 4 | 读光笔位置 | | AH=0 光笔未触发<br>　　=1 光笔触发<br>CH=像素行<br>BX=像素列<br>DH=字符行<br>DL=字符列 |
| 10 | 5 | 置显示页 | AL=页号 | |
| 10 | 6 | 屏幕初始化或上卷 | AL=上卷行数<br>AL=0 整个窗口空白<br>BH=卷入行属性<br>CH=左上角行号<br>CL=左上角列号<br>DH=右下角行号<br>DL=右下角列号 | |

| INT | AH | 功　　能 | 调用参数 | 返回参数 |
|---|---|---|---|---|
| 10 | 7 | 屏幕初始化或下卷 | AL=下卷行数<br>AL=0 整个窗口空白<br>BH=卷入行属性<br>CH=左上角行号<br>CL=左上角列号<br>DH=右下角行号<br>DL=右下角列号 | |
| 10 | 8 | 读光标位置的字符和属性 | BH=显示页 | AH=属性<br>AL=字符 |
| 10 | 9 | 在光标位置显示字符及属性 | BH=显示页<br>AL=字符<br>BL=属性<br>CX=字符重复次数 | |
| 10 | A | 在光标位置显示字符 | BH=显示页<br>AL=字符<br>CX=字符重复次数 | |
| 10 | B | 置彩色调板（320×200 图形） | BH=彩色调板 ID<br>BL=和 ID 配套使用的颜色 | |
| 10 | C | 写像素 | DX=行（0-199）<br>CX=列（0-639）<br>AL=像素值 | |
| 10 | D | 读像素 | DX=行（0-199）<br>CX=列（0-639） | AL=像素值 |
| 10 | E | 显示字符<br>（光标前移） | AL=字符<br>BL=前景色 | |
| 10 | F | 取当前显示方式 | | AH=字符列数<br>AL=显示方式 |
| 10 | 13 | 显示字符串（适用 AT） | ES：BP=串地址<br>CX=串长度<br>DH，DL=起始行，列<br>BH=页号<br>AL=0，BL=属性<br>串：char, char, …<br>AL=1，BL=属性<br>串：char, char, …<br>AL=2<br>串：char, attr, char, attr, …<br>AL=3<br>串：char, attr, char, attr, … | 光标返回起始位置<br><br>光标跟随移动<br><br>光标返回起始位置<br><br>光标跟随移动 |

| INT | AH | 功　能 | 调用参数 | 返回参数 |
|---|---|---|---|---|
| 11 | | 设备检验 | | AX＝返回值<br>bit0＝1，配有磁盘<br>bit1＝1，80287 协处理器<br>bit4，5＝01，40×25BW（彩色板）<br>　　　　＝10，80×25BW（彩色板）<br>　　　　＝11，80×25BW（黑白板）<br>bit6，7＝罗盘驱动器<br>bit9，10，11＝RS－232 板号<br>bit12＝游戏适配器<br>bit13＝串行打印机<br>bit14，15＝打印机号 |
| 12 | | 测定存储器容量 | | AX＝字节数（KB） |
| 13 | 0 | 软盘系统复位 | | |
| 13 | 1 | 读软盘状态 | | AL＝状态字节 |
| 13 | 2 | 读磁盘 | AL＝扇区数<br>CH，CL＝磁盘号，扇区号<br>DH，DL＝磁头号，驱动器号<br>ES：BX＝数据缓冲区地址 | 读成功：AH＝0<br>　　　　AL＝读取的扇区数<br>读失败：AH＝出错代码 |
| 13 | 3 | 写磁盘 | 同上 | 写成功：AH＝0<br>　　　　AL＝写入的扇区数<br>写失败：AH＝出错代码 |
| 13 | 4 | 检验磁盘扇区 | 同上（ES：BX 不设置） | 成功：AH＝0<br>　　　　AL＝检验的扇区数<br>失败：AH＝出错代码 |
| 13 | 5 | 格式化盘磁道 | ES：BX＝磁道地址 | 成功：AH＝0<br>失败：AH＝出错代码 |
| 14 | 0 | 初始化串行通信口 | AL＝初始化参数<br>DX＝通信口号（0，1） | AH＝通读口状态<br>AL＝调制解调器状态 |
| 14 | 1 | 向串行通信口写字符 | AL＝字符<br>DX＝通信口号（0，1） | 写成功：(AH)$_7$＝0<br>写失败：(AH)$_7$＝1<br>　　　(AH)$_{0-6}$＝通信口状态 |
| 14 | 2 | 从串行通信口读字符 | DX＝通信口号（0，1） | 读成功：(AH)$_7$＝0<br>　　　　(AL)＝字符<br>写失败：(AH)$_7$＝1<br>(AH)$_{0-6}$＝通信口状态 |
| 14 | 3 | 取通信口状态 | DX＝通信口号（0，1） | AH＝通信口状态<br>AL＝调制解调器状态 |
| 15 | 0 | 启动盒式磁带马达 | | |
| 15 | 1 | 停止盒式磁带马达 | | |

| INT | AH | 功　能 | 调用参数 | 返回参数 |
|---|---|---|---|---|
| 15 | 2 | 磁带分块读 | ES：BX＝数据传输区地址<br>CX＝字节数 | AH＝状态字节<br>AH＝00 读成功<br>　　＝01 冗余检验错<br>　　＝02 无数据传输<br>　　＝04 无引导 |
| 15 | 3 | 磁带分块写 | DS：BX＝数据传输区地址<br>CX＝字节数 | 同上 |
| 16 | 0 | 从键盘读字符 | | AL＝字符码<br>AH＝扫描码 |
| 16 | 1 | 读键盘缓冲区字符 | | ZF＝0　AL＝字符码<br>　　　　AH＝扫描码<br>ZF＝1　缓冲区空 |
| 16 | 2 | 读键盘状态字节 | | AL＝键盘状态字节 |
| 17 | 0 | 打印字符<br>回送状态字节 | AL＝字符<br>DX＝打印机号 | AH＝打印机状态字节 |
| 17 | 1 | 初始化打印机<br>回送状态字节 | DX＝打印机号 | AH＝打印机状态字节 |
| 17 | 2 | 取状态字节 | DX＝打印机号 | AH＝打印机状态字节 |
| 1A | 0 | 读时钟 | | CH：CL＝时：分<br>DH：DL＝秒：1/100s |
| 1A | 1 | 置时钟 | CH：CL＝时：分<br>DH：DL＝秒：1/100s | |
| 1A | 2 | 读实时钟 | | CH：CL＝时：分（BCD）<br>DH：DL＝秒：1/100s（BCD） |
| 1A | 6 | 置报警时间 | CH：CL＝时：分（BCD）<br>DH：DL＝秒：1/100s（BCD） | |
| 1A | 7 | 清除报警 | | |